U0888771

蒸汽计量与能源数据采集监控

纪 纲 纪波峰 编著

化学工业出版社
·北京·

内容简介

本书是一本关于蒸汽流量测量仪表及数据采集与监控系统（SCADA 系统）应用的专业书籍。从分析蒸汽的性质入手，首先详细而系统地介绍了蒸汽流量测量方法、蒸汽密度的求取、蒸汽干度的求取及精密级流量测量仪表的原理等；然后介绍蒸汽流量测量仪表应用中的设计选型，提高流量测量精确度的实用方法，蒸汽流量测量仪表的安装调试、校验与检定，流量测量准确度的现场验证，并对引起流量测量误差的常见问题和特殊问题做详细分析；最后对能源供应数据采集与监控系统的组成、功能及应用做了全面介绍。

本书适合从事蒸汽计量与流量测量仪表应用的设计、安装、调试、检定、维修技术人员，中高级仪表工和计量、能源管理人员阅读，并适合作为供热网技术、运行、管理工作者的培训教材，也可作为高等学校及职业学院教学参考书。

图书在版编目（CIP）数据

蒸汽计量与能源数据采集监控/纪纲，纪波峰编著.
北京：化学工业出版社，2025. 11. -- ISBN 978-7-122-49118-3

Ⅰ. TB94

中国国家版本馆 CIP 数据核字第 20256SC346 号

责任编辑：葛瑞祎　刘　哲　　文字编辑：周　童　孙月蓉
责任校对：刘曦阳　　装帧设计：张　辉

出版发行：化学工业出版社
（北京市东城区青年湖南街 13 号　邮政编码 100011）
印　　装：北京建宏印刷有限公司
787mm×1092mm　1/16　印张 20¾　字数 515 千字
2026 年 1 月北京第 1 版第 1 次印刷

购书咨询：010-64518888　　售后服务：010-64518899
网　　址：http://www.cip.com.cn
凡购买本书，如有缺损质量问题，本社销售中心负责调换。

定　　价：98.00 元

版权所有　违者必究

前言

计量即测量，蒸汽计量即蒸汽流量测量。在蒸汽流量测量中，不同用途的测量系统对系统精确度和可调比的要求也不同，其中用于贸易交接计量的系统要求最高，对于一个具体的流量测量而言，除了上述的主要要求之外，还有其他要求，不同要求的测量任务，应采用不同的策略和方法，以满足测量任务各方面的要求。

这是一本关于流量测量仪表应用的专业书。在流量测量仪表使用现场，人们有时会发现，流体贸易交接供需双方各自装设的流量测量仪表，虽然计量检定都是合格的，但投运之后得到的计量结果却相差甚远。究其原因，是流量测量的复杂性和流体的多样性所引发。安装在同一根管道上、下游不同管段上的两套流量计，尽管流量计本身计量检定都是合格的，但若存在设计选型不合理、安装调试不合理、数据设置不合理、流体有特殊情况、测量要求太严苛或环境条件太恶劣等情况，则有可能导致得不到准确的计量结果。

随着我国节能环保事业的发展，热电联产集中供热已在全国蓬勃兴起。能源公司、热电公司、供热公司的蒸汽用户数不胜数。很多大型企业都有自己的热电厂、热电车间或锅炉房，为热用户供汽。供需双方都希望能有简单可靠、准确高效的蒸汽计量仪表，管理和维修人员渴求有专门介绍蒸汽流量仪表应用方面的专业书籍，本书就是在这个背景下编写的。

本书在介绍蒸汽性质的基础上，讨论了蒸汽质量流量和热量的测量方法，仪表系统的设计选型、计量校准、安装调试和流量测量精确度的现场验证。

在组建和运行蒸汽流量测量系统的过程中，会遇到各种各样的困难，例如流量信号传送失准，流量脉动、蒸汽严重带水引起测量误差，流量计超上限流速引起测量误差等，这些影响大多是隐蔽的，从表面现象很难察觉，本书从大约三十个实例入手，洞察、剖析其作用机理和处理方法。这些实例均来自流量测量仪表使用现场。

编著曾在大约50期的“能源计量与流量测量仪表应用”培训班中对本书中的主要内容作过讲解。在培训班上与学员的交流中，学员们提出了很多难题，编著者本着从实际出发的原则，耐心倾听，细心观察检查，深入分析研究，积极讨论切磋，科学试验求证，最终找到症结所在。这些案例分析，将使从事类似工作的技术人员掌握分析问题的技巧，少走弯路，提高工作效率和工作质量，减少浪费，使企业受益。

在本书所述的一些示例和方法中，也有一部分是编著者几十年来，在组建蒸汽流量测量系统，解决现场问题的工作中积累的点滴经验和教训。但是由于流量测量这门技术的复杂性，还会出现很多新问题，所以需要人们不断探索、不断研究、不断创新，以推动这门技术向更高水平发展。

随着计算机技术、通信技术和互联网技术的发展，计算机数据采集与监控系统在供热等能源供应网中应用得越来越普遍，而且随着人们经验的积累和技术水平的提高，流量测量系统的功能越来越丰富，对能源供应网各项管理的贡献越来越大。其功能已经从早期的基本功能如数据的实时采集、保存、统计、显示、制表等发展到全网下位机自诊断信息管理、重要监控点参数越限报警、趋势图制作、管损分析、现场仪表故障分析、预付费管理、网上发布信息管理等，为管控现代化、企业效益最大化，发挥举足轻重的作用。

在本书的编写过程中，得到多位专家和朋友的指点与帮助。在这个收获成果的美好时刻，首先要感谢斯派莎克工程（中国）有限公司的蔡方明高级工程师和张毅高级工程师，是他们提供了线性孔板差压流量计的详细资料，并对部分章节的撰写提供了极其宝贵的意见。

还要感谢上海同欣自动化仪表有限公司的何志俊软件工程师，为第 12 章的架构提供了指导性意见。上海同欣自动化仪表有限公司曾令飞工程师，校阅了全部书稿；姜璐女士为书稿的整理和图表的绘制付出了大量精力。

另外还要感谢参加“能源计量与流量测量仪表应用”学习班交流的所有朋友，是他们提供了流量测量仪表在现场应用的详细信息，并一起对异常情况诊断分析讨论，进行现场测试和整改，直至最终解决问题。

特别要感谢国家蒸汽流量计量烟台检定站许文达教授，花费宝贵时间审阅了全书，并提出极其重要的指导意见，从而使本书的质量更有保障。

由于编著者水平有限，加之时间仓促，书中不足之处在所难免，望读者朋友批评指正。

编著者

目录

第 1 章
绪论

1.1 蒸汽流量测量的意义

蒸汽是应用最广泛的二次能源之一。蒸汽的使用为能量的输送提供了一种可控的方法。在蒸汽供热网中，将能量从集中的、自动化的、高效的锅炉房输送到使用现场，输送成本很低，而且对健康无害，对环境无污染。它用静压输送能量，无须增设机泵等设备。所以这一方法本身就有节能环保效果。

蒸汽在用户端放出热量结为凝结水，可返回锅炉房利用，以提高总效益，在石油、化工、冶金、电力、煤炭、轻工、纺织、食品、制药等各行各业获得广泛应用。

随着我国节能环保事业的蓬勃发展，越来越多的电厂实现了热电联产，往往一个地级市，热电公司或热力公司就多达几十家，蒸汽用户更是多达三四千家。在供热网中供热单位将蒸汽卖给用户，蒸汽计量结果就是贸易交接的依据。有些用汽量大的用户，多半是供需双方各装一套流量计，如果两套流量计的计量结果之差超过允许范围，极易引发纠纷。因此，对流量测量精确度的要求是非常高的。除此之外，在石油、化工等行业，蒸汽也作为重要的工艺介质，有时直接参与生产过程的化学反应，因此也需要精确计量。

蒸汽计量对蒸汽用户来说是能耗统计的基础；对供热单位来说，既是能效统计的基础又是经营管理的基础。历史上因用于贸易交接计量的流量计故障，造成流量示值严重偏低而又长时间未查到原因，引发经营亏损的事件并非绝无仅有，这使得人们对蒸汽计量极为重视。

在工业生产过程中，流量是温度、压力、流量、液位四大参数中计量难度最高的一个参数，尤其是用于安全联锁和自动控制的流量。在这类应用中，测量的可靠性比精确度更重要。有的设计中，采用三取二表决的方法提高可靠性，即在一个差压装置上开三对差压信号取压口，每对取压口各连接一台差压变送器，变送器输出送集散式控制系统（distributed control system，DCS）或可编程逻辑控制器（programmable logic controller，PLC）做逻辑判断。

所以，蒸汽流量测量是既量大面广又难度很高，而且极其重要的测量任务，在节能减排事业中扮演着重要角色。

1.2 蒸汽计量技术研究的主要任务

（1）保证测量精确度

保证流量测量精确度是流量测量研究的永恒主题。流量测量精确度指的是流量测量系统所获得的精确度，它同流量计本身的精确度是有区别的。仅流量计本身性能好，精确度高，并不一定能获得较高的测量精确度。

要保证流量测量系统的精确度，除了合理地选型、正确安装与调试、及时地维护和保养之外，应用智能化技术对测量部分可能引入的误差进行恰到好处的补偿和校正也是一个有效的方法。例如对差压式流量计的雷诺数影响和可膨胀性进行补偿，对各种流量计流量系数的非线性进行补偿，对涡街流量计的温度、压力影响进行补偿等。这种补偿和校正是用系统的方法对检测部分所固有的、依靠其本身无法克服的误差进行处理，使之消除或得到基本消除。实践表明这一方法简单有效，很有发展前途。这一方法将在第 9 章做详细介绍。

差压式流量计的最大弱点是可调比[1]小，人们在原有的一台差压变送器基础上增设一台低量程差压变送器，组成双量程差压流量计，使量程低段的流量测量精确度大大提高，可调比也得到拓宽。这个问题将在本书第 3 章做详细分析。

(2) 扩大流量可调比

流量可调比有理论可调比和实际能达到的可调比之分。在本书的第 4 章中给出了不同通径的 DY 型涡街流量计用来测量饱和蒸汽时，在不同压力条件下的理论可调比。对一个具体的测量点来说，如果流量传感器的通径选得太大，最大流量对应的流速只有 40m/s，则最终得到的实际可调比只有理论可调比的一半。因此，可调比与用户的设计选型密切相关。

涡街流量计的理论可调比与流量传感器允许的最高流速成正比关系，允许最高流速为 40m/s 的仪表与允许最高流速为 80m/s 的仪表相比，前者的理论可调比只有后者的一半。所以，提高允许最高流速，是仪表制造厂的重要研究内容。

(3) 提高流量测量系统的可靠性

用于安全联锁报警的流量仪表如果不可靠，应该联锁动作时不动作，容易酿成事故，不该动作时乱动作，容易导致不应有的停车，造成损失。用于过程控制的流量仪表如果不可靠，容易对调节系统发出错误信息，导致调节系统失调，破坏生产过程的稳定，影响产品的质量、产量和物耗，造成损失。用于贸易结算计量的流量计如果不可靠，容易引起计量失准，引发计量纠纷和为企业带来损失。可以看出，流量仪表的可靠性是极为重要的。

提高流量测量可靠性的途径主要是提高仪表本身的可靠性，即选用可靠性高的仪表和进行可靠性设计。近年来，流量测量仪表的可靠性获得了显著的提高，主要表现在以下几方面。

a. 引入冗余技术。如采用双传感器，并对传感器的正常与否进行自动判断，将发生故障的那路信号予以剔除。

标准差压装置配备两对取压口，每一对取压口配置一台差压变送器，其输出一用一备，互相校对，互为冗余。

在流量演算器中也引入冗余技术，例如当 CPU（中央处理器）判断温度传感器、压力变送器信号异常时，取预先设置的温度、压力值代替测量值参与运算，从而减小示值波动，同时发出报警信号，要求人工干预。

b. 引入自诊断技术，并通过现场总线将诊断结果送到操作站或专用的设备管理系统（AMS）予以显示报警，以及时发现故障，及早采取措施。

自诊断结果的报告也可由流量演算器作为汇集站，即流量演算器用 HART（可寻址远程传感器高速通道）通信的方法将差压变送器自诊断结果读入，连同本机自诊断结果一起，经现场总线上传到上位机，既节省投资又简单可靠。这个问题将在本书第 8 章详细讨论。

c. 采用 UPS（不间断电源设备）供电，在主电源掉电时自动切入后备电源，同时发出报警信号。

(4) 提高涡街流量计的耐振性

涡街流量计对管道和环境振动敏感性强是其主要弱点。克服该弱点最有效的方法是采用频谱分析技术，对振动频谱进行辨识，然后予以剔除，但是到现在为止，还有很多制造厂没

---

[1] 可调比（turndown 或 turndown ratio），GB/T 22133—2008 中为可调比，也称量程比。

有掌握这一技术。

(5) 贸易结算功能的完善

贸易结算功能是用于贸易交接计量中，要求流量演算器具有的特殊功能，对公平贸易具有重要意义。现在已在使用的有防擅自修改菜单功能、分时段计费功能、复费率计费功能、小流量计费功能、停汽判断功能、超计划用能计费功能、断电记录功能、定时抄表功能等。

除了上述功能之外，还应满足使用者的其他要求，如压损要求、防爆要求、防护要求等，还应注意维修方便，有的还应考虑便于实施强制检定。

1.3 供热网数据采集与监控的意义

数据采集与监控系统（supervisory control and data acquisition system，SCADA 系统）是一个集硬件和软件于一体的系统，被用于远程仪表数据采集与监控，在能源供应网中扮演着重要角色。

在 SCADA 系统中，操作站（上位机）用通信的方法采集下位机数据，并将控制信号传送至下位机，以实现控制。下位机包括智能仪表或可编程逻辑控制器（programmable logic controller，PLC）。相比以模拟信号直接传输为基础的 DCS 和工控机，SCADA 系统可节省大量线缆，并提高系统精确度和可靠性，以实现管控一体化，这是现代测量控制技术的一大进步。

热电公司对采用 SCADA 系统对供热网进行管理必要性的认识也是有一个过程的，例如江苏扬州某热电公司有 200 个用户，以前一直采用现场巡视、人工上门抄表、人工统计计算的方法管理。由于管理方式落后，不能及时发现系统存在的问题，以至某年某月月底核算出现管损陡增、经营亏损现象。热网办人员开展现场细查，得到的结论是他们的最大用户，即一家啤酒厂的流量计故障，导致流量示值严重偏低，尽管及时采取措施修复流量计，但是造成的损失已无法挽回。

严峻的现实使领导层认识到数据实时采集对全网产销状况及时监控的重要性，从而下定决心筹建能源计量 SCADA 系统，杜绝由于人工管理不能及时发现问题而引起的巨大经济损失。

(1) 供热网 SCADA 系统的功能

a. SCADA 系统的基本功能是数据采集。系统能实现从热源厂（或冷源厂）到最终用户的海量数据采集，再对数据进行保存、分析。

b. SCADA 系统可实现以地理信息系统（geographic information system，GIS）地图（或楼层）为基础的运行数据显示分析。

c. SCADA 系统可以对所有下位机上传的自诊断信息进行记录、显示、编制事件报表，并用中文显示事件的具体内容，以便及时处理。

d. SCADA 系统可以完成重要参数的越限报警，防止流量计在超限的状态下运行。

e. SCADA 系统可以自动编制各种统计报表并显示，包括生产报表和收费报表。

f. SCADA 系统可以为问题查找和分析提供形象化的材料，可用趋势图显示采集到的数据和分析计算结果随时间变化的关系。

g. SCADA 系统可以实现断点数据补齐。数据传输中断恢复后可自动至下位机海量存储器内补录有关历史数据，以保证数据的完整性。

h. SCADA 系统提供丰富的接口，能够与第三方软件平台融合。

i. SCADA 系统可以集中显示全部实时数据。若有某个参数越限，则该数值会转红并闪烁报警，以引起操作人员注意。

（2）系统的增强功能

a. 供热网管损统计与分析。

b. 锅炉单耗统计分析。

c. 将供热品质控制在最佳状态，实现效益最大化。

d. 计量与远程控制相结合，实现能源的合理分配。

e. 改进经营方式实现预付费管理。

f. 对下位机的当前状态进行监视。

g. 网上发布功能使用户经收集获得用能信息成为可能。

h. 以大数据技术为工具，及时发现工艺设备的故障。

第 2 章
蒸汽的性质

在讨论蒸汽流量测量具体实施方法之前，先了解一下蒸汽的性质极其重要，因为只有对蒸汽的性质有了较深入的认识之后，才能对蒸汽流量测量中存在的问题和看似奇怪的现象进行分析和计算，找出病因。如果脱离流量测量对象本身，脱离测量仪表所处的环境以及现场的安装情况，就事论事地“诊断故障”，往往难以解决问题。

本章将对与蒸汽流量测量有关的蒸汽性质做一介绍，包括 H_2O 的三相点，蒸发与冷凝、比焓与蒸发焓及冷凝焓、蒸汽的品质、闪蒸现象等[1]。

2.1 H_2O 的三相点

某种物质的三相只能在某个特定温度和压力下达到平衡状态而共存，这就是三相点。

H_2O 的三相点，也就是冰、水和蒸汽三相共存的点是 273.16K 和绝对压力 0.6112kPa。此压力非常接近绝对真空，如果在此温度下压力进一步下降，冰就会直接升华为蒸汽。

（1）冰

冰的分子以点阵形式有序地排列，它们仅能在其平衡位置附近振动。在固体状态，分子运动仅限于在特定的位置上振动，振动的幅度不会超过分子直径。

热量的持续增加会导致分子振动加剧，最终相互脱离，于是固体开始融化为液体（无论何种压力下总是在 0℃时开始融化）。

冰融化时虽然发生了相变，但冰的温度并不上升，此时吸收的热量称为溶解热，相变现象是可逆的，当水结冰时会有同样多的热量释放到周围环境中。

对大多数物质来说，当由固态变为液态的时候，其密度将会下降。然而，H_2O 是一个例外，当冰融化成水的时候，它的密度会增加，这就是冰会浮于水面上的原因。

（2）水

在液态下，分子可以自由移动，但是由于相互之间的吸引力作用，其移动距离仍然小于一个分子的间距，分子之间的碰撞经常发生。不断增加的热量增加了分子运动和碰撞，把液体的温度提高到汽化的温度，这个阶段吸收的热量称为水的液体焓或显热，这些热量把水由 0℃加热到当前温度。

把 0.01℃的水的焓定义为零，于是其他状态的焓就可以根据其参考状态得出。

在大气压下（101.325kPa A❶），水在 100℃时沸腾，把 1kg 水从 0℃加热到 100℃需要吸收 418.68kJ 热量。由此可以推导出水的平均比热容 c_p 是 4.1868kJ/（kg·℃）。

（3）蒸汽

当水的温度上升到它沸腾的状态，一些分子得到了足够的动能，具有了足够的速度，这样就可以在落回液体中之前从液体表面逸出。继续加热使分子运动进一步加剧，大量的分子具有离开液体表面的动能，当水被加热到沸点时，气泡从水中逸出并在表面爆裂。

液体和气体的分子结构中，很显然蒸汽的密度比水低得多，因为蒸汽的分子之间的距离要大得多，所以蒸汽会存在于水的表面以上的空间。

当离开液体表面的分子比那些重新进入液面的分子多的时候，水会自由蒸发。这时，水已经达到了它的沸点或饱和温度。

---

❶ A：绝对压力 absolute 的缩写。

如果压力保持不变，增加更多的热量不会使水温上升，但会使水变成饱和蒸汽。同一系统中饱和水的温度和饱和蒸汽的温度是一样的，但是单位质量蒸汽中含有的热量要大得多。

在标准大气压力条件下水的饱和温度是100℃，但是，如果压力上升，将会吸收更多的热，水饱和温度也将上升，但是并不发生相变。

因此，增加压力有效增加了水的焓值和饱和温度，饱和温度和压力之间的关系，即饱和蒸汽曲线（简称饱和曲线）如图 2.1 所示。

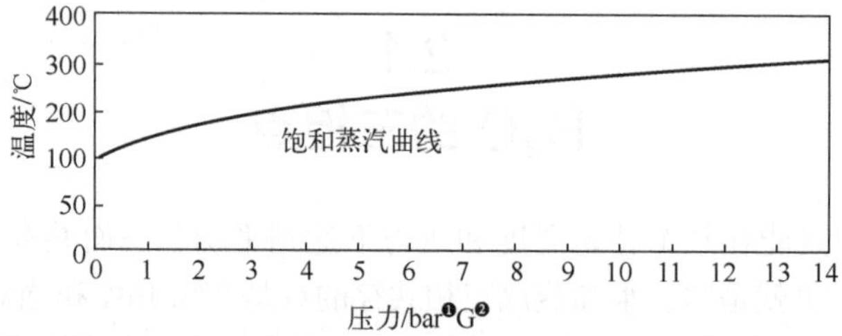

图 2.1　饱和蒸汽曲线

在该曲线上，水和蒸汽可以在任何压力下共存，饱和曲线以上的是过热蒸汽。

- 饱和曲线以上的温度称为蒸汽的过热度。
- 饱和曲线以下的水为过冷水。

如果蒸汽从锅炉中输出的速度与其产生的速度相同，继续增加的热量仅简单地增加了产量；如果蒸汽离开锅炉时受到阻挡，继续增加的热量仍然是那么多，则流入锅炉的能量要比流出的能量多，这样多余的能量就会使压力上升，由于饱和温度和压力是相关的，所以饱和温度也会上升。

2.2 蒸发焓

蒸发焓指的是在沸腾温度下水变成蒸汽需要吸收的热量，其间，水和蒸汽的混合物温度不上升，所有的能量用来把水由液态变为气态（饱和蒸汽）。

以前将蒸发焓称为潜热是因为汽化期间热量增加，而温度却没有变化。

正如从冰到水的相变过程，蒸发的过程也是可逆的。当蒸汽遇到较低温度的表面时，蒸汽冷凝会放出同样多的热量。当蒸汽作为加热用途时，通常就是利用这部分热量，也就是从蒸汽冷凝成凝结水所释放的热量。

2.3 饱和蒸汽焓

饱和蒸汽焓等于饱和蒸汽的总能量，它是饱和水焓值和蒸发焓的总和。

---

❶ bar 为压力单位，1bar=100kPa。

❷ G：表压力 gauge 的缩写。

2.4
蒸汽的密度和比容

随着蒸汽压力升高，蒸汽的密度同样增大。由于比容是密度的倒数，因此比容随着压力升高而降低。图 2.2 所示为压力和比容的关系，图中表明，压力较低时比容随压力变化非常大，而压力较高时比容随压力变化比较小。

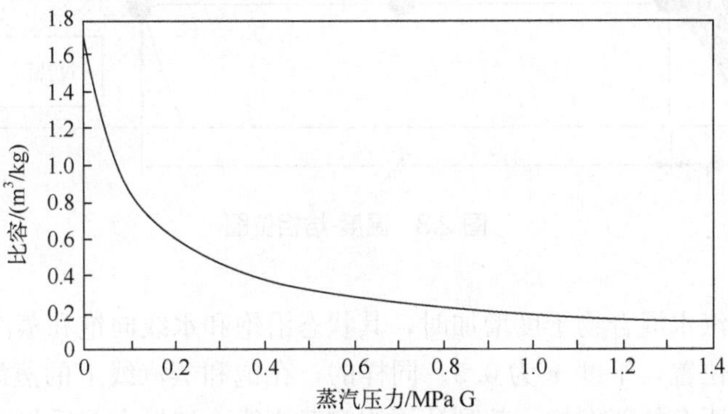

图 2.2 蒸汽压力和比容的关系

蒸汽在不同温度条件下的比容和比焓，将在第 5 章做详细讨论，也可参阅有关专著[1]。

2.5
蒸汽的干度

在某个压力下，具有沸点温度的蒸汽被称为干饱和蒸汽。然而，在工业锅炉中产生100%干度的蒸汽几乎是不可能的，所以，这些蒸汽通常含有小水滴。实际上，当蒸汽在水的表面破裂时，由于紊流和液体飞溅，蒸汽空间里实际是小水滴和蒸汽的混合物[2]。

在工业锅炉中，热量仅传递给水，且蒸汽气泡表面与水接触，所以产生的蒸汽带水率一般小于 5%，此时蒸汽的干度大于 95%（质量比）。

湿蒸汽的实际蒸发焓是干度（x）和蒸发焓（Δh）的乘积，湿蒸汽含有的可用能量比干饱和蒸汽少。

2.6
蒸汽相位图

蒸汽性质表中的数据也可以用图、表来表示。图 2.3 表示了焓和温度在不同压力下的关系，这就是相位图[2]。

当水从 0℃加热到饱和温度时，直到吸收到所有的液体焓 h_f（A—B）之前，其状态一直是沿着饱和水线变化。如果继续加热，饱和水会保持饱和温度不变的情况下继续吸热发生相变，直至吸收全部蒸发焓 h_{fg}（B—C）后，全部变为饱和蒸汽。

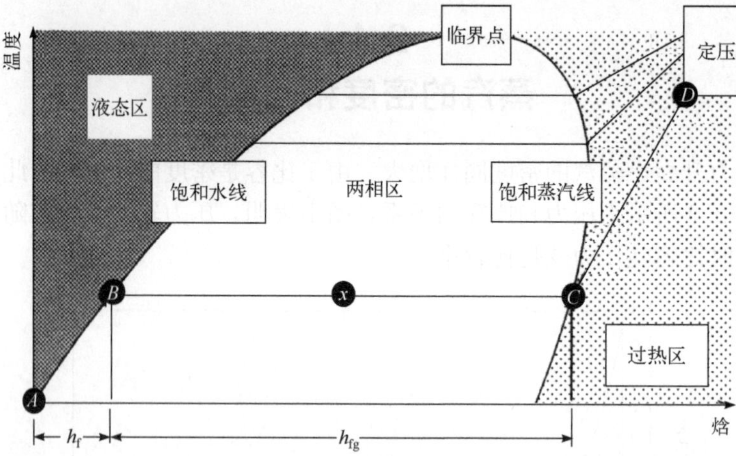

图 2.3　温度-焓相位图

在此期间，当汽水混合物干度增加时，其状态沿饱和水线向饱和蒸汽线移动，因此，在此两个状态正中的位置，干度 x 为 0.5。同样的，在饱和蒸汽线上的蒸汽干度为 100%。当汽水混合物吸收到所有的蒸发焓，就到达了饱和蒸汽线，如果在此后仍继续吸热，蒸汽的温度就会继续升高并过热（C—D）。

饱和水线和饱和蒸汽线形成了一个区域，在其中，蒸汽和水共同存在称为湿蒸汽。在饱和水线左边仅有水存在，在饱和蒸汽线右边全部为过热蒸汽。

饱和水线与饱和蒸汽线的交点为临界点，压力越靠近临界点，蒸发焓就越少，在临界点上，蒸发焓为零。也就是说在临界点上，水直接变为饱和蒸汽。在临界点以上仅有气体存在，气态时分子运动几乎不受到限制，当压力降低的时候，体积会增大。临界点是液体能够存在的最高温度，在临界点以上对气体进行定温压缩，蒸汽不会产生相变。在临界点以下对蒸汽进行定温压缩，蒸汽就会从过热区进入湿蒸汽区而液化。

在 374.15℃和 22.12MPa A 时达到蒸汽的临界点。在此压力以上的蒸汽被称为超临界，没有确切定义的沸腾点。

2.7
闪蒸蒸汽

闪蒸蒸汽传统上指的是从凝结水罐排放和直接向大气排放的蒸汽疏水器排放口排出的蒸汽。那么，水是如何在不额外增加热量的情况下变成蒸汽的呢？

闪蒸蒸汽发生于高压水（水温高于低压时的饱和温度）变为低压水的时候。如果高压水的温度低于低压水的饱和温度，那么闪蒸蒸汽就不会产生。当凝结水从蒸汽疏水器经过的时候，通常上游温度足够高，就会产生闪蒸蒸汽。

1kg 凝结水（0.6MPa A）饱和温度为 159℃，通过蒸汽疏水器后压力为 0.1MPa A，1kg 凝结水在 0.6MPa A 时具有的能量是 670kJ，根据热力学第一定律，低压侧的凝结水含有的能量与高压侧的能量必然相同，遵守能量守恒定律。因此，低压侧的凝结水的能量同样也是 670kJ，但是，0.1MPa A 的水中最多含有 419kJ 热量，低压侧的能量就与高压侧不平衡，多余 670－419＝251kJ，这样，对水来说，就会产生过热。这些过剩的热量就会使部分凝结水沸腾形成闪蒸蒸汽，这个沸腾的过程就叫闪蒸。因此，原来存在于高压侧凝结水中的能量现在就存在于低压侧的水和蒸汽的混合物之中了。

在最终压力（p_2）下产生的闪蒸蒸汽的量可以用式（2.1）来计算：

$$闪蒸蒸汽=\frac{(p_1\text{ 下的 }h_f)-(p_2\text{ 下的 }h_f)}{(p_1\text{ 下的 }\Delta h)} \tag{2.1}$$

式中 p_1——初始压力；

p_2——最终压力；

h_f——液体焓（kJ/kg）；

Δh——蒸发焓（kJ/kg）。

例 1：闪蒸蒸汽量的计算。

一定量的水在 0.6MPa A 压力、159℃的饱和温度时，含有 670kJ/kg 热量，如果此时压力降为大气压力（0.1MPa A），水的最高温度仅为 100℃，含有 419kJ/kg 热量。其间的差额为 670－419＝251kJ/kg 的热量，就会在大气压力下产生闪蒸蒸汽。

因此

$$产生的闪蒸蒸汽=\frac{670-419}{2257}$$

$$闪蒸蒸汽份额=0.111\ \frac{\text{kg 蒸汽}}{\text{kg 水}}\ （或 11.1\%）$$

产生的闪蒸蒸汽的比例是过剩的热量与最终压力下的蒸发焓的比值。

2.8 过热蒸汽

如果锅炉中产生的饱和蒸汽通过更高温度的换热面，它的温度会上升并超过蒸发温度。这时，蒸汽就会被描述为超过饱和温度一定温度或具有一定过热度的过热蒸汽。

当仍有水存在的时候，过热度是无法产生的，因为吸收的热量首先会蒸发更多的水。饱和蒸汽必须通过额外的换热器才能得到更高的温度，这就需要在锅炉中二次换热或经过单独的过热器，主要的加热媒介可以是热烟气或者单独的加热装置。

采用大幅度减压的方法也能使饱和蒸汽进入过热状态，这是因为饱和蒸汽的焓与其压力有关，在其压力较高时，拥有较高的焓，减压后如果还处于饱和状态，其焓值较低。

例如压力为 1.1MPa A 的干饱和蒸汽，其温度为 184℃，焓值为 2779.7kJ/kg，而压力为 0.6MPa A 的干饱和蒸汽，其温度为 158.3℃，焓值为 2755.5kJ/kg，将 1.1MPa A 干饱和蒸汽减压到 0.6MPa A 后，就会出现 25.7℃的过热度。

当然这种情况是很少见的，因为锅炉内和管道内流动的饱和蒸汽总是带一定的液滴，这些液滴的质量比如果较高，则减压后，部分液滴闪蒸成为蒸汽，未闪蒸的液滴与减压后的蒸汽一起仍属湿饱和蒸汽。

减压后液滴闪蒸变为蒸汽的量 Y_1 可用下面的方程式计算，由于节流膨胀是一个等焓过程，所以此方程式为

$$Y_1 h_{L1} + (1 - Y_1) h_{S1} = h_{S2} \tag{2.2}$$

式中 Y_1——减压前蒸汽湿度；

h_{L1}——减压前饱和水焓值，kJ/kg；

h_{S1}——减压前饱和蒸汽焓值，kJ/kg；

h_{S2}——减压后饱和蒸汽焓值，kJ/kg。

例如，减压前的压力为 1.1MPa A，减压后的压力为 0.6MPa A，则查附录 A 中表 A.3 和表 A.4 得 $h_{L1}=781.13$kJ/kg，$h_{S1}=2779.7$kJ/kg，$h_{S2}=2755.5$kJ/kg。

代入式（2.2）计算得

$$781.13Y_1 + (1 - Y_1) \times 2779.7 = 2755.5$$

所以

$$Y_1 = 1.21\%$$

也就是说，减压前饱和蒸汽如果 $Y_1 > 1.21\%$，则减压后仍为湿饱和蒸汽。减压前饱和蒸汽如果 $Y_1 = 1.21\%$，则减压后为干饱和蒸汽。减压前饱和蒸汽如果 $Y_1 < 1.21\%$，则减压后进入过热状态。

蒸汽的过热状态与干饱和状态之间的转换虽不发生相变但也是可逆的。过热蒸汽在沿着管道流动过程中，由于损失热量温度降低从而进入饱和状态。干饱和蒸汽在管道内流动，部分结为凝结水并放出凝结热散发到周围环境中。

参考文献

[1] 瓦格纳，克鲁泽. 水和蒸汽的性质. 项红卫，译. 北京：科学出版社，2001.

[2] 斯派莎克工程(中国)有限公司. 蒸汽和冷凝水系统手册. 上海：上海科学技术文献出版社，2007：2.2.2-2.3.10.

第3章 用差压式流量计测量蒸汽质量流量

3.1 差压式流量计在蒸汽流量测量中的地位

差压式流量计（以下简称 DPF 或流量计）是根据安装于管道中流量检测件产生的差压、已知的流体条件和检测件与管道的几何尺寸测量流量的仪表。DPF 由一次装置（检测件）和两次装置（差压转换和流量显示仪表）组成。

DPF 检测件的作用原理可分为多种形式，其中以节流式和动压头式应用最为广泛。

节流式 DPF 的检测件按其标准化程度分为标准型和非标准型两大类。所谓标准型是指按照标准文件设计、制造、安装和使用，无须经实流校准即可确定流量值并估算流量测量不确定度的检测件；非标准型是成熟程度较差，尚未列入标准文件中的检测件。

标准型节流式 DPF 的发展经过了漫长的过程，早在 20 世纪 20 年代，美国和欧洲即开始进行大规模的差压装置试验研究。用得最普遍的差压装置——孔板和喷嘴，开始标准化。现在标准喷嘴的一种形式 ISA 1932 喷嘴，其几何形状就是 30 年代标准化的，而标准孔板亦曾称为 ISA 1932 孔板。因此，此类流量计是历史最悠久、研究最深入、积累资料最丰富的流量测量仪表。

标准型节流式 DPF 除了不经实流标定就能保证精确度之外，还具有下列突出的优势：

- 优异的稳定性、可靠性和抗振动能力、抗干扰能力；
- 对高温、高压、低静压、低流速、低密度流体具有适应性；
- 通径从小到大，系列齐全；
- 变更量程方便；
- 价格相对便宜。

这些优点，使其在蒸汽计量中获得广泛应用，尤其是在高温高压大口径的蒸汽计量中，更是独领风骚。

3.2 差压式流量计工作原理

3.2.1 节流式差压流量计

当充满管道的流体流经管道内的节流件时，如图 3.1 所示，流束将在节流件处形成局部收缩，因而流速增加，静压力降低，于是在节流件前后便产生了压差。流体流量越大，产生的压差越大，这样可依据压差来衡量流量的大小。这种测量方法是以流动连续性方程（质量守恒定律）和伯努利方程（能量守恒定律）为基础的。压差的大小不仅与流量有关，还与其他许多因素有关，例如当差压装置形式或管道内流体的物理性质（密度、黏度）不同时，在同样大小的流量下产生的压差也是不同的。其流量方程为

$$q_m = \frac{C}{\sqrt{1-\beta^4}} \varepsilon \frac{\pi}{4} d^2 \sqrt{2\Delta p \rho_1} \tag{3.1}$$

式中 q_m——质量流量，kg/s；

C——流出系数；

ε——可膨胀性系数；

β——直径比，$\beta=d/D$，式中，D 为工作条件下上游管道内径，m；

d——工作条件下节流件的孔径，m；

Δp——差压，Pa；

ρ_1——节流件正端取压口流体密度，kg/m^3。

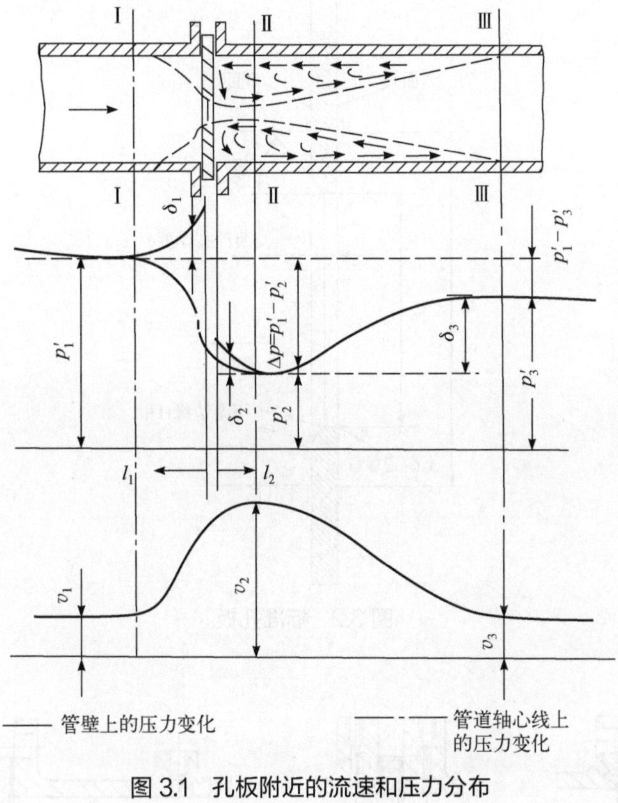

图 3.1　孔板附近的流速和压力分布

由式（3.1）可见，流量为 C、ε、d、ρ_1、Δp、$\beta(D)$ 6 个参数的函数，此 6 个参数可分为实测量（d、ρ_1、Δp、β）和统计量（C、ε）两类。

3.2.2
动压式差压流量计

动压式差压流量计依据动压转变为静压的原理工作，如均速管差压流量计。

3.3 标准差压装置的结构

3.3.1 标准孔板

标准孔板又称同心直角边缘孔板，其轴向截面如图 3.2 所示。孔板是一块加工成同心圆形的具有锐利直角边缘的薄板。孔板开孔的上游侧边缘应是锐利的直角。标准孔板有三种取压方式：角接取压、法兰取压及 D-$D/2$ 取压，如图 3.3 所示。

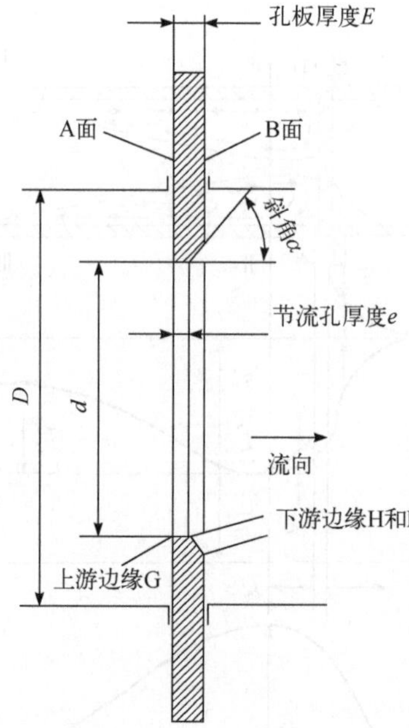

图 3.2 标准孔板

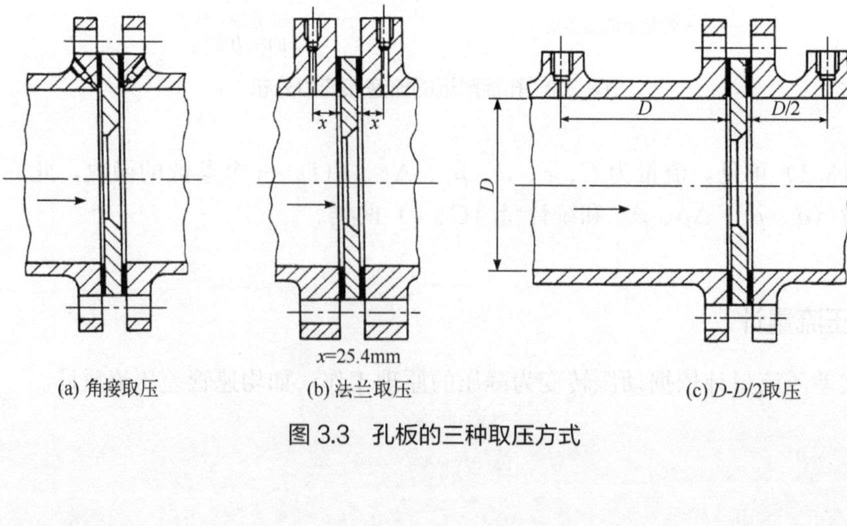

图 3.3 孔板的三种取压方式

3.3.2
标准喷嘴

标准喷嘴有两种结构形式：ISA 1932 喷嘴和长径喷嘴。

① ISA 1932 喷嘴

ISA 1932 喷嘴上游面由垂直于轴的平面、廓形为圆周的两段弧线所确定的收缩段、圆筒形喉部和凹槽组成。ISA 1932 喷嘴的取压方式仅角接取压一种。如图 3.4 所示。

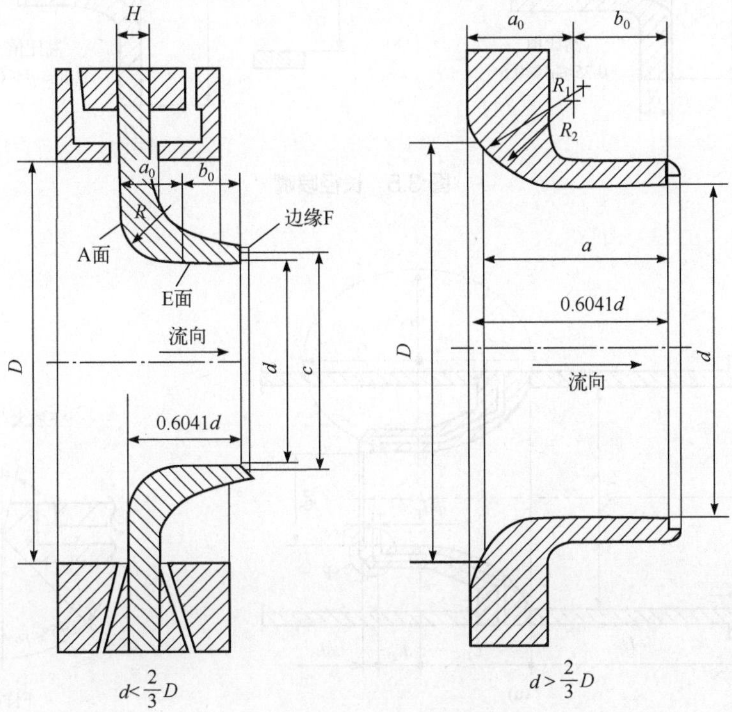

图 3.4　ISA 1932 喷嘴

② 长径喷嘴

长径喷嘴上游面由垂直于轴的平面、廓形为 1/4 椭圆的收缩段、圆筒形喉部组成，可能有凹槽或斜角。长径喷嘴的取压方式仅 D-$D/2$ 取压一种，如图 3.5 所示。

③ 喉部取压喷嘴

因负端采用喉部取压而得名，如图 3.6 所示。

④ 文丘里喷嘴

因带有文丘里扩散段而得名，如图 3.7 所示。

3.3.3
经典文丘里管

由入口圆筒段 A、圆锥收缩段 B、圆筒形喉部 C 和圆锥扩散段 E 组成，如图 3.8 所示。根据不同的加工方法，有以下结构形式：具有粗铸收缩段的、具有机械加工收缩段的、具有铁板焊接收缩段的。不同结构形式的 L_1、L_2、R_1、R_2 与 D、d 的关系如表 3.1 所示。

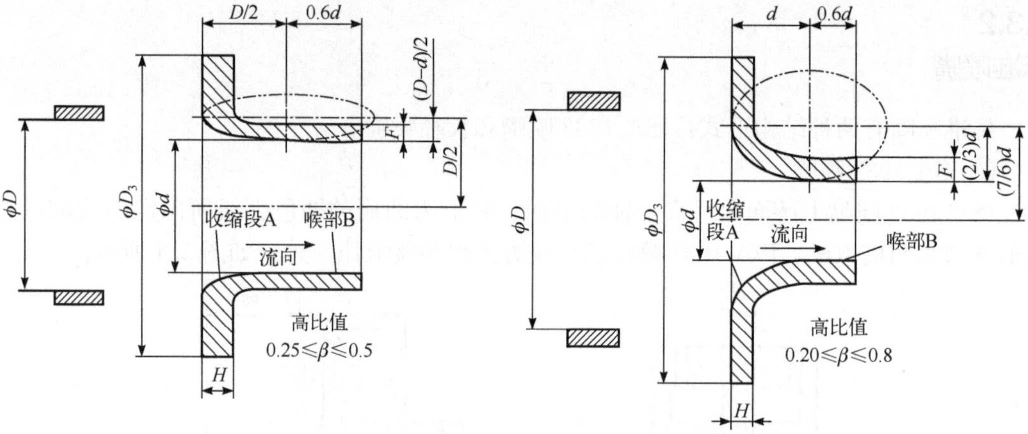

图 3.5 长径喷嘴

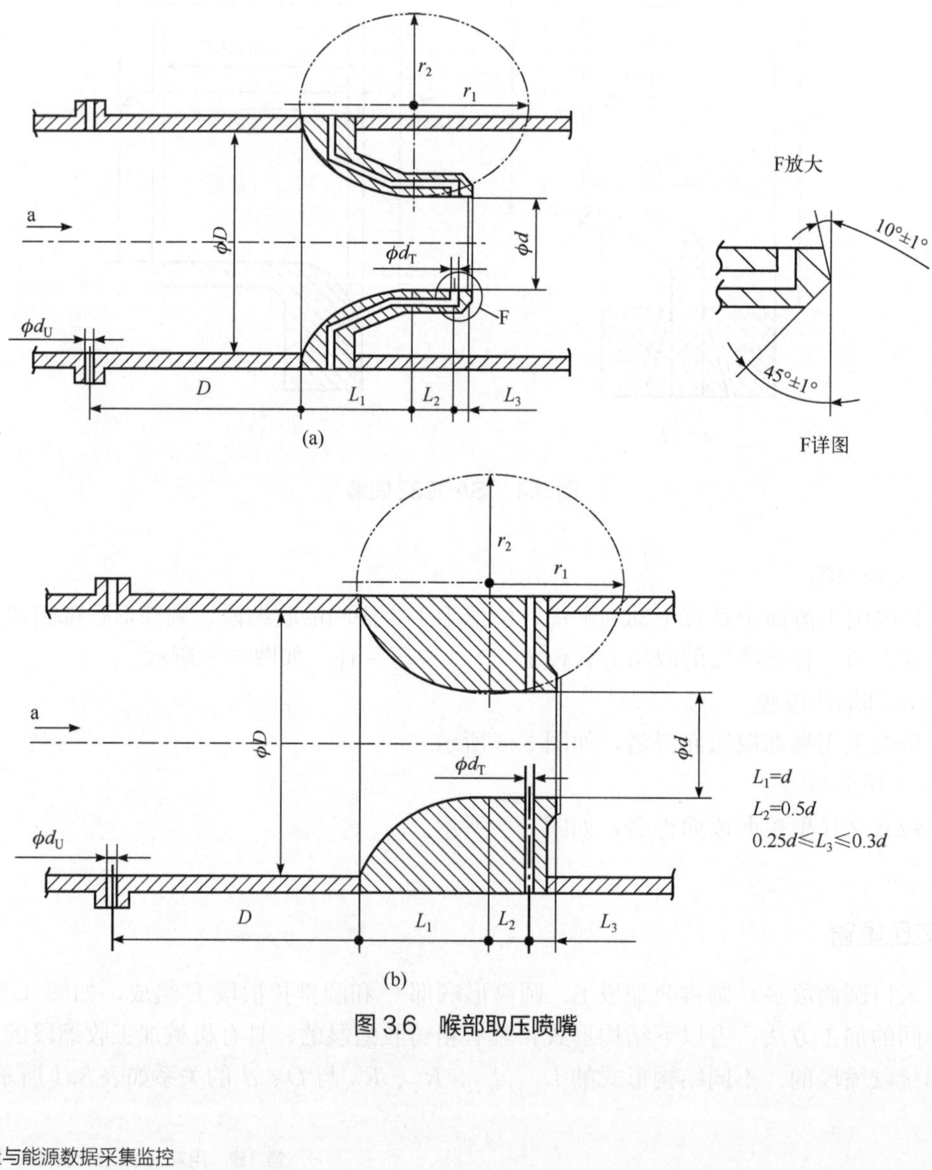

图 3.6 喉部取压喷嘴

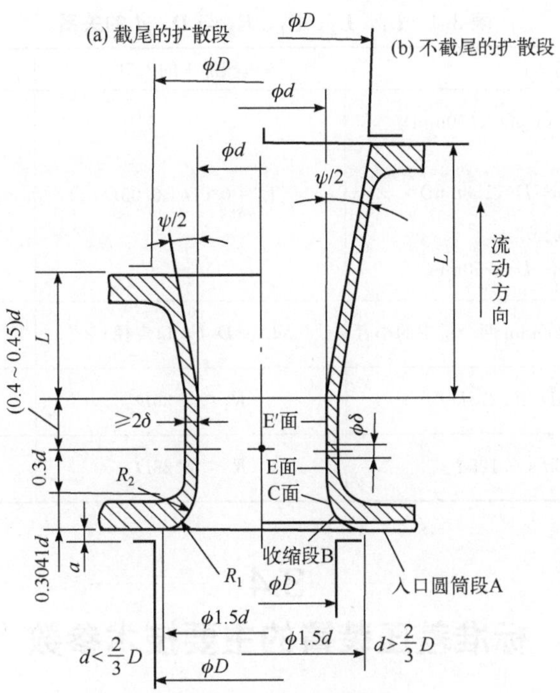

图 3.7　文丘里喷嘴

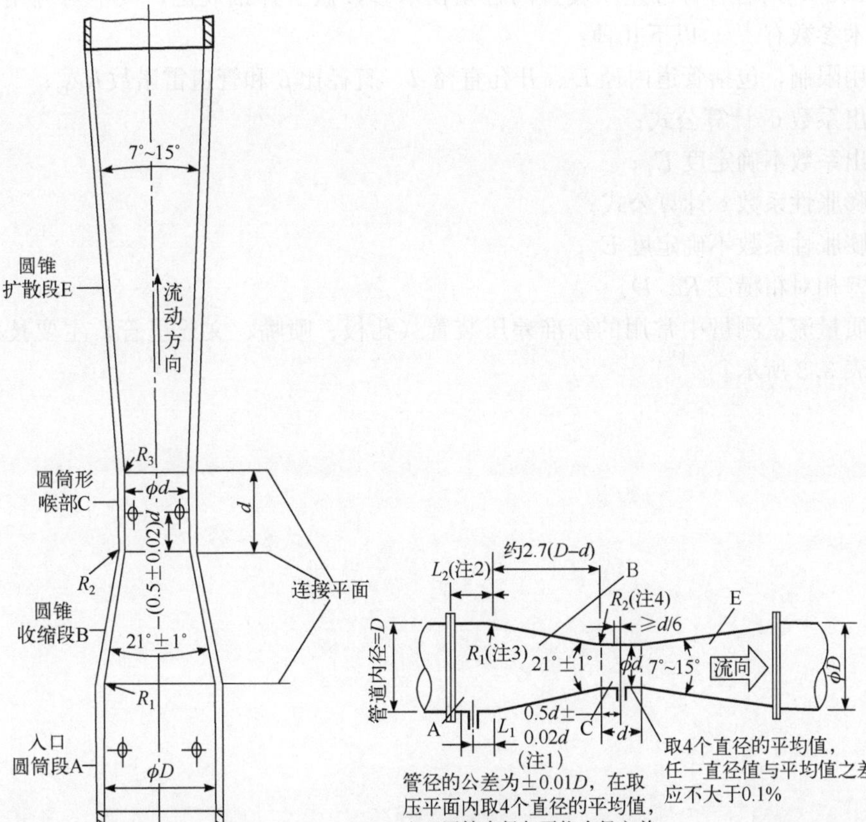

图 3.8　经典文丘里管

表 3.1　L_1、L_2、R_1、R_2 与 D、d 的关系

注	粗铸入口	机械加工的入口	粗焊的铁板入口
1	$\pm 0.25D$（$100\text{mm}<D<150\text{mm}$） $L_1=\begin{cases}0.25D\\(100\text{mm}<D<150\text{mm})\\0.5D^{+0}_{-0.25D}\\(150\text{mm}<D<750\text{mm})\end{cases}$	$L_1=0.5D\pm 0.05D$	$L_1=0.5D\pm 0.05D$
2	$L_2=1D$ 或 $0.25D+250\text{mm}$ 两个量中的小者	$L_2\geqslant D$（入口直径）	$L_2\geqslant D$（入口直径）
3	$R_1=1.375D\pm 0.275D$	$R_1<0.25D$	$R_1=0$，焊缝除外
4	$R_2=3.625d\pm 0.125d$	$R_2<0.25D$	$R_2=0$，焊缝除外

3.4 标准差压装置的主要技术参数

ISO 5167-1～5167-6：2022（后简称 ISO 5167）和 GB/T 2624.1～2624.4—2006（后简称 GB/T 2624）对各种标准差压装置的各项技术参数做了详细规定，其中与应用密切相关的主要技术参数有[1,2] 以下几种：

- 使用限制，包括管道内径 D、开孔直径 d、直径比 β 和管道雷诺数 Re_D；
- 流出系数 C 计算公式；
- 流出系数不确定度 E_c；
- 可膨胀性系数 ε 计算公式；
- 可膨胀性系数不确定度 E_ε；
- 管壁相对粗糙度 Ra/D。

蒸汽质量流量测量中常用的标准差压装置（孔板、喷嘴、文丘里管）主要技术参数如表 3.2 和表 3.3 所示。

表 3.2　各类节流装置主要技术参数

节流件名称	管道内径 D/mm	开孔直径 d/mm	直径比 β	管道雷诺数 Re_D	流出系数不确定度 E_c	可膨胀性系数不确定度 E_ε/%	管壁相对粗糙度 Ra/D	备注
角接取压孔板、D-$D/2$ 取压孔板	$50 \leqslant D \leqslant 1000$	$d \geqslant 12.5$	$0.1 \leqslant \beta \leqslant 0.75$	$0.1 \leqslant \beta \leqslant 0.56$ 时 $Re_D \geqslant 5000$，$\beta > 0.56$ 时 $Re_D \geqslant 16000\beta^2$	$0.1 \leqslant \beta < 0.2$：$(0.7-\beta)\%$；$0.2 \leqslant \beta \leqslant 0.6$：$0.5\%$；$0.6 < \beta \leqslant 0.75$：$(1.667\beta-0.5)\%$	$3.5\dfrac{\Delta p}{\kappa p_1}$	$Ra/D \leqslant (0.26 \sim 15) \times 10^{-4}$	若 $D<71.12$mm，不确定度再算术相加 $(0.75-\beta)\left(2.8-\dfrac{D}{25.4}\right)$ (D:mm)
法兰取压孔板	$50 \leqslant D \leqslant 1000$	$d \geqslant 12.5$	$0.1 \leqslant \beta \leqslant 0.75$	$Re_D \geqslant 5000$ 且 $Re_D \geqslant 170\beta^2 D$ (D:mm)				
ISA　1932 喷嘴	$50 \leqslant D \leqslant 500$		$0.3 \leqslant \beta \leqslant 0.8$	$0.30 \leqslant \beta < 0.44$ 时 $7 \times 10^4 \leqslant Re_D \leqslant 10^7$，$0.44 \leqslant \beta \leqslant 0.80$ 时 $2 \times 10^4 \leqslant Re_D \leqslant 10^7$	$\beta \leqslant 0.6$：0.8%；$\beta > 0.6$：$(2\beta-0.4)\%$	$2\dfrac{\Delta p}{p_1}$	$Ra/D \leqslant (1.2 \sim 8) \times 10^{-4}$	
长径喷嘴	$50 \leqslant D \leqslant 630$		$0.2 \leqslant \beta \leqslant 0.8$	$10^4 \leqslant Re_D \leqslant 10^7$	2.0%	$2\dfrac{\Delta p}{p_1}$	$Ra/D \leqslant 3.2 \times 10^{-4}$	
喉部取压喷嘴	$100 \leqslant D \leqslant 630$		$0.4 \leqslant \beta \leqslant 0.5$	$8 \times 10^5 \leqslant Re_D \leqslant 2 \times 10^7$	0.7%	$2\dfrac{\Delta p}{p_1}$	$Ra/D \leqslant 28 Re_D^{-0.92}$	
文丘里喷嘴	$65 \leqslant D \leqslant 500$	$d \geqslant 50$	$0.316 \leqslant \beta \leqslant 0.775$	$1.5 \times 10^5 \leqslant Re_D \leqslant 2 \times 10^6$	$(1.2+1.5\beta^4)\%$	$(4+100\beta^8) \times \dfrac{\Delta p}{p_1}$	$Ra/D \leqslant (1.2 \sim 8) \times 10^{-4}$	
经典文丘里 粗铸收缩段 机械加工收缩段 粗焊铁板收缩段	 $100 \leqslant D \leqslant 800$ $50 \leqslant D \leqslant 250$ $200 \leqslant D \leqslant 1200$		 $0.3 \leqslant \beta \leqslant 0.75$ $0.4 \leqslant \beta \leqslant 0.75$ $0.4 \leqslant \beta \leqslant 0.7$	 $2 \times 10^5 \leqslant Re_D \leqslant 2 \times 10^6$ $2 \times 10^5 \leqslant Re_D \leqslant 1 \times 10^6$ $2 \times 10^5 \leqslant Re_D \leqslant 2 \times 10^6$	 0.7%、 1%、 1.5%	$(4+100\beta^8) \times \dfrac{\Delta p}{p_1}$	$Ra/D \leqslant 3.2 \times 10^{-4}$	

注：κ 为等熵指数。

表 3.3　各类差压装置的流出系数和可膨胀性系数

节流件	流出系数 C
孔板	里德-哈利斯/加拉赫（Reader-Harris/Gallagher）公式： $C=0.5961+0.0261\beta^2-0.216\beta^8+0.000521\left(\frac{10^6\beta}{Re_D}\right)^{0.7}+(0.0188+0.0063A)\beta^{3.5}\left(\frac{10^6}{Re_D}\right)^{0.3}$ $+(0.043+0.080e^{-10L_1}-0.123e^{-7L_1})(1-0.11A)\frac{\beta^4}{1-\beta^4}-0.031(M'_2-0.8M'^{1.1}_2)\beta^{1.3}$ 在 $D<71.12$mm 情况下，上述公式应加上下列数项： $0.011(0.75-\beta)\left(2.8-\frac{D}{2.54}\right)$ 式中　β——直径比，$\beta=d/D$； Re_D——与 D 有关的雷诺数； A——$A=\left(\frac{19000\beta}{Re_D}\right)^{0.8}$； L_1——孔板上游端面到上游取压口的距离除以管道直径的商，$L_1=l_1/D$； M'_2——$M'_2=\frac{2L'_2}{1-\beta}$，式中，$L'_2$为孔板下游端面到下游取压口的距离除以管道直径的商（符号 L'_2 表示自孔板下游端面为起始位置的有关下游距离，而 L_2 表示自孔板上游端面为起始位置的有关下游距离），$L'_2=l'_2/D$； D——mm。 对于角接取压法　$L_1=L'_2=0$ 对于 D-$D/2$ 取压法　$L_1=1$，$L_2=0.47$ 对于法兰取压法　$L_1=L'_2=\frac{25.4}{D}$
ISA　1932 喷嘴	$C=0.9900-0.2262\beta^{4.1}-(0.00175\beta^2-0.0033\beta^{4.15})\left(\frac{10^6}{Re_D}\right)^{1.15}$ 式中符号意义同孔板
长径喷嘴	$C=0.9965-0.00653\left(\frac{10^6\beta}{Re_D}\right)^{1.15}$ $C=0.9965-0.00653\left(\frac{10^6}{Re_d}\right)^{1.15}$ 式中　Re_D——与 D 有关的雷诺数； Re_d——与 d 有关的雷诺数
喉部取压喷嘴	$C=1.0090-\frac{0.255}{Re_d^{0.2}}\left(1-\frac{400000}{Re_d}\right)^{0.8}$　　$(8.0\times10^5\leqslant Re_d<3.0\times10^6)$ $C=0.9823-\frac{0.255}{Re_d^{0.2}}\left(1-\frac{400000}{Re_d}\right)^{0.8}+0.0018\ln(Re_d)$　　$(3.0\times10^6\leqslant Re_d)$
文丘里喷嘴	$C=0.9858-0.196\beta^{4.5}$ 式中符号意义同孔板
经典文丘里管	具有粗铸收缩段的　$C=0.984$ 具有机械加工收缩段的　$C=0.995$ 具有粗焊铁板收缩段的　$C=0.985$

节流件	可膨胀性系数 ε
孔板	$\varepsilon=1-(0.351+0.256\beta^4+0.93\beta^8)\left[1-\left(\frac{p_2}{p_1}\right)^{1/\kappa}\right]$ 式中　β——$\beta=d/D$，直径比； p_2——孔板下游侧压力； p_1——孔板上游侧压力； κ——等熵指数
喷嘴、文丘里喷嘴、经典文丘里管	$\varepsilon=\left[\left(\frac{\kappa\tau^{2/\kappa}}{\kappa-1}\right)\left(\frac{1-\beta^4}{1-\beta^4\tau^{2/\kappa}}\right)\left(\frac{1-\tau^{(\kappa-1)/\kappa}}{1-\tau}\right)\right]^{1/2}$ 式中　τ——压力比，$\tau=p_2/p_1$。 其余符号意义同孔板

3.5 用线性孔板差压流量计测量蒸汽质量流量

传统的孔板流量计最大的不足是在被测流量相对于满量程流量较小时，差压信号很小，这一缺点大大影响其可调比和测量精确度。人们针对其不足在传统的孔板差压流量计基础上开发了可变面积、可变压头孔板流量计。因为其输出的差压信号与被测流量之间有线性关系，所以也称线性孔板差压流量计。

3.5.1 线性孔板差压流量计工作原理

线性孔板又称弹性加载可变面积可变压头孔板，其环隙面积随流量大小而自动变化，曲面圆锥形塞子在差压弹簧力的作用下来回移动，环隙变化使输出信号（差压）与流量成线性关系，并大大地扩大可调比，其结构如图 3.9 所示。

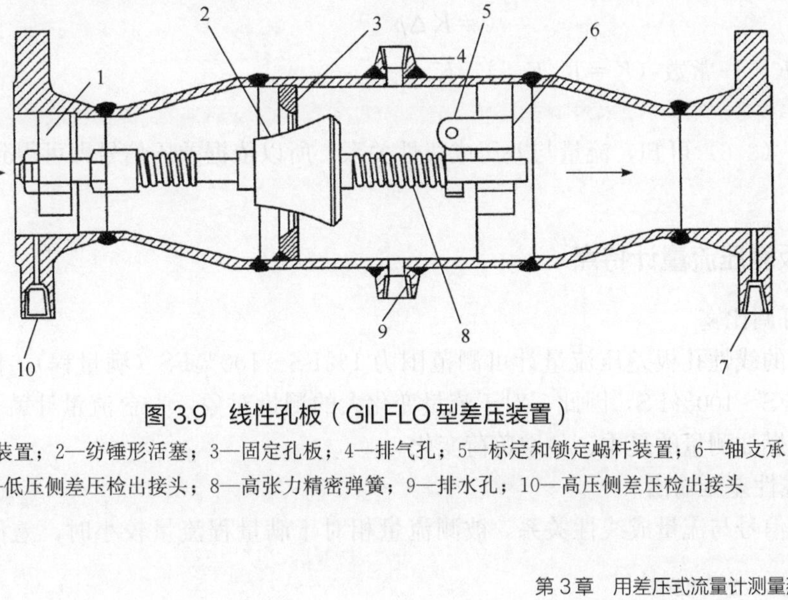

图 3.9　线性孔板（GILFLO 型差压装置）

1—稳定装置；2—纺锤形活塞；3—固定孔板；4—排气孔；5—标定和锁定蜗杆装置；6—轴支承；7—低压侧差压检出接头；8—高张力精密弹簧；9—排水孔；10—高压侧差压检出接头

在孔板流量计中，当流体流过开孔面积为 A 的孔板时，流量 q 与孔板前后产生的差压之间有如下关系[3]：

$$q=K_1A\sqrt{\Delta p} \tag{3.2}$$

式中　q——流量；

K_1——常数；

A——孔板开孔面积；

Δp——差压。

在如图 3.9 所示的线性孔板中，于孔板处插入一个纺锤形活塞，由差压引起的活塞-弹簧组件的压缩量（活塞的移动距离）为 X，则式（3.3）成立[3]：

$$\Delta p=K_2X \tag{3.3}$$

式中　K_2——弹簧系数。

当活塞向前移动时，流通面积受活塞形状的影响而发生变化，其关系为

$$A=K_3\sqrt{X} \tag{3.4}$$

式中　K_3——常数。

由式（3.3）和式（3.4）得

$$A=K_3\sqrt{\Delta p/K_2} \tag{3.5}$$

将式（3.5）代入式（3.2）得

$$\begin{aligned} q&=K_1K_3\sqrt{\Delta p/K_2}\sqrt{\Delta p} \\ &=K\Delta p \end{aligned} \tag{3.6}$$

式中　K——常数（$K=K_1K_3\sqrt{1/K_2}$）。

由式（3.6）可知，流量与差压成线性关系，所以依据差压信号即可得到流量。

3.5.2 线性孔板差压流量计特点

① 可调比宽

典型的线性孔板差压流量计可测范围为 1%FS～100%FS（满量程），保证精确度的范围为 5%FS～100%FS，因此，对于流量变化大的测量对象，一台流量计就可解决，且能适应蒸汽、燃油测量的夏季、冬季负荷变化。

② 线性差压输出

差压信号与流量成线性关系，被测流量相对于满量程流量较小时，差压信号幅值也较

小，有利于提高测量精确度。

③ 直管段要求低

孔板的变面积设计，使其成为在高雷诺数条件下工作的测量机构，可在紧靠弯管、三通下游的部位进行测量（为了保证测量精确度，制造厂还是要求上游直管段≥6 倍管径，下游直管段≥3 倍管径）。

3.5.3 保证测量精确度的措施

典型的线性孔板差压流量计 GILFLO 承诺具有 1%的精确度，为了达到这一指标，采取了几项重要措施。

（1）对线性孔板逐台用水标定

从式（3.3）和式（3.4）可知，只要线性孔板中的弹簧线性好，而且活塞被加工成理想形状，使得流通面积 A 与位移 X 的 1/2 次方成线性关系，就能使差压与流量之间的线性关系成立。但是，活塞的曲面很难加工得很理想，最终不得不用逐台标定的方法来弥补这一不足。

3

斯派莎克公司对线性孔板进行逐台标定是以水为介质，不同口径的线性孔板均选择 14 个标定点，其中流量较小时，标定点排得较密，图 3.10 所示为一台 DN200 线性孔板的标定曲线。图中的差压单位为英寸水柱（in H_2O，1in H_2O=249.0889Pa），表 3.4 所示是一台 DN200 的线性孔板的实际标定数据，其中从体积流量换算到质量流量是在水的密度 ρ=998.29kg/m^3 的基础上得到的。

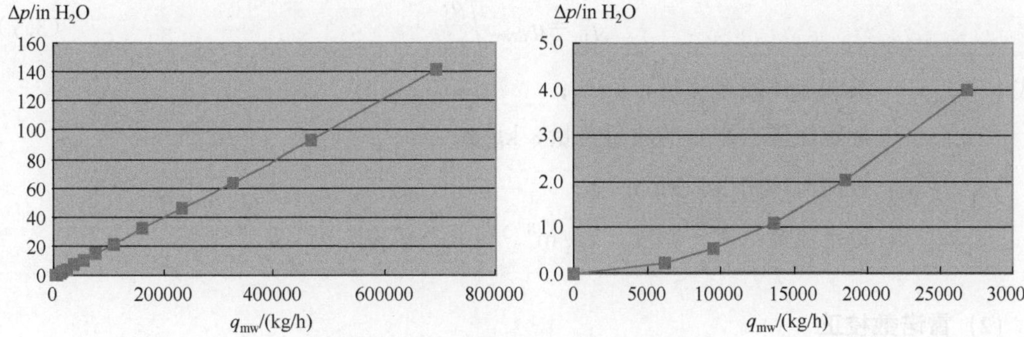

图 3.10 线性孔板标定曲线（介质：水）

表 3.4 GILFLO 线性孔板水标定数据（DN200）

标定数据		查表数据	
水的质量流量(20℃)/(kg/h)	差压/in H_2O	差压变送器输出电流/mA	工作流体体积流量/(L/min)
0.0000	0.0000	4.0000	0.0000
6247.4055	0.2450	4.0280	104.3018
9475.9305	0.5425	4.0620	158.2027
13543.0335	1.0938	4.1250	226.1039
18556.5315	2.0300	4.2320	309.8053

续表

标定数据		查表数据	
水的质量流量(20℃)/(kg/h)	差压/in H_2O	差压变送器输出电流/mA	工作流体体积流量/(L/min)
26804.5443	3.9813	4.4550	447.5076
40256.9694	6.8250	4.7800	672.0988
55856.3351	10.2988	5.1770	932.5336
78318.6682	14.7263	5.6830	1307.5470
111950.1528	21.5600	6.4640	1869.0319
163394.0063	31.7363	7.6270	2727.8981
235423.2212	45.7363	9.2270	3930.4414
327416.7604	63.7175	11.2820	5466.2934
469675.5153	92.8900	14.6160	7841.3340
693845.3638	141.3038	20.1490	11583.8979

而利用标定数据对线性孔板的非线性误差进行校正还须借助于流量二次表。具体做法是将标定数据写入二次表的折线表中，然后根据输入的差压信号（电流值），用查表和线性内插的方法求得水流量值 q_{mw}。

得到水流量值还不是最终目的，因为被测流体不一定是水，当被测流体为其他流体时，用式（3.7）进行密度校正：

$$q_m = q_{mw}\sqrt{\frac{\rho_f}{\rho_w}} \tag{3.7}$$

式中 q_m——被测流体质量流量，kg/h；

q_{mw}——标定流体（水）的质量流量，kg/h；

ρ_f——被测流体密度，kg/m^3；

ρ_w——标定流体（水）密度，kg/m^3。

（2）雷诺数校正

线性孔板差压流量计的流量系数同雷诺数之间有确定的函数关系[3]，当质量流量变化时，雷诺数成正比变化，因而引起流量系数的变化。在 GILFLO 型流量计中，采用较简单的经验公式（3.8）进行雷诺数校正：

$$k_{re} = \left(1 - \frac{n}{q_{mw}}\right)^{-1} \tag{3.8}$$

式中 k_{re}——雷诺数校正系数；

n——常数，kg/h。

但若计算结果大于 m 值时，则取 $k_{re}=m$。n 和 m 数值同孔板的口径 DN 有关，已经固化在制造商提供的流量二次表内。

(3) 温度对线性孔板的影响及其校正

温度影响线性孔板，使之产生误差主要通过三条途径：

a. 流体温度变化引起流体密度变化，从而导致差压与流量之间的关系变化。

b. 流体温度变化引起管道内径、孔板开孔直径以及活塞几何尺寸的变化，温度升高，环隙面积增大，导致流量计示值有偏低趋势。

c. 流体温度变化，线性孔板中的承载弹簧温度相应变化，引起式（3.3）中的弹性常数 K_2 发生变化。温度升高，K_2 减小，活塞位移 X 增大，用通俗的话来说就是温度升高，弹簧变软，在相同的差压条件下，活塞位移增大。因此，环隙面积相应增大，流量计示值也有降低趋势。

上述三条途径对流量示值的影响都可以进行校正，其中途径 a 可由上面式（3.7）中的流体密度进行补偿。在用线性孔板来测量蒸汽流量时，流体温度作为自变量，参与查蒸汽密度表，从而可由二次表自动进行此项补偿。

上述途径 b 和 c 流量示值的影响关系较复杂，在 GILFLO 型流量计中，采用式（3.9）所示的经验公式进行校正：

$$k_t = 1 + B\,(t - t_c) \tag{3.9}$$

式中 k_t——温度校正系数；

B——系数,℃$^{-1}$（取 B＝0.000189℃$^{-1}$）；

t——流体温度,℃；

t_c——标定时流体温度,℃（t_c 常为 20℃）。

此项校正也是在流量二次表中完成的，其中 t 为来自温度传感器（变送器）的流体温度信号。

(4) 可膨胀性校正

节流式差压流量计用来测量蒸汽、气体流量时，必须进行流体的可膨胀性（expandability）校正，线性孔板差压流量计也不例外。传统孔板的可膨胀性系数修正请参阅第 3.4 节。在 GILFLO 型流量计中用式（3.10）进行校正，公式如下：

$$k_\varepsilon = 1 - (0.41 + 0.35\beta^4)\,\frac{\Delta p}{\kappa p_1} \tag{3.10}$$

式中 k_ε——可膨胀性校正系数；

β——直径比（孔板开孔直径与管道内径之比）；

Δp——差压，Pa；

κ——等熵指数；

p_1——节流件正端取压口绝对压力，Pa。

可膨胀性校正也在流量二次表中完成，由二次表进行在线计算。

(5) 蒸汽质量流量的计算

用 GILFLO 型流量计测量蒸汽流量时，蒸汽质量流量在二次表中由式（3.11）计算得到，公式如下：

$$q_{ms}=k_{re}k_{\varepsilon}k_{t}\sqrt{\frac{\rho_f}{\rho_w}}q_{mw} \tag{3.11}$$

式中　q_{ms}——蒸汽质量流量，kg/h；

k_{re}——雷诺数校正系数；

k_{ε}——可膨胀性校正系数；

k_t——温度校正系数；

ρ_f——被测流体密度，kg/m^3；

ρ_w——标定流体（水）密度，kg/m^3；

q_{mw}——水的质量流量，kg/h。

在流量二次表中，先由差压输入信号查折线表得到 q_{mw}，再由蒸汽温度、压力值查蒸汽密度表得 ρ_f，然后与校正系数 k_{re}、k_{ε}、k_t 一起（ρ_w 为设置数据）计算得到蒸汽质量流量 q_{ms}。

GILFLO 型流量计的安装如图 3.11 所示。

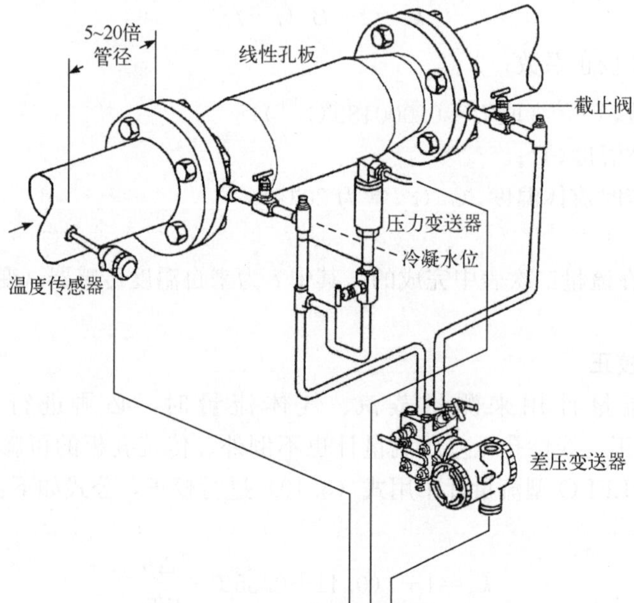

图 3.11　GILFLO 型流量计的安装

3.6 用均速管差压流量计测量蒸汽质量流量

在流程工业中有大量的蒸汽流量测量点，用于一般监视和自动调节，其可靠性要求高但测量精确度不像以贸易交接计量为目的的系统那么高，在管道通径很大时，为了节省投资，有时选用均速管差压流量计，其中传感器结构如图 3.12 所示。其检测杆从水平蒸汽管道的水平直径方向插入。在检测杆的迎流面开有四个（或六个）小孔，其位置是精确设计的，每一个孔测得的流速代表蒸汽管内 1/4（或 1/6）流通截面的平均流速。均速管差压流量计是一种径流速型流量计，是在点流速型流量计的基础上发展起来的，其传感器由一根横贯管道直径的中空金属杆及导压管件组成。中空金属杆迎流面有多点测量孔测量总压，背流面有一点或多点测量孔测量静压。由总压与静压的差值（差压）反映流量值。流量计算式为

$$q_{\mathrm{m}}=\alpha\varepsilon A(2\rho\Delta p)^{1/2} \tag{3.12}$$

式中 q_{m}——质量流量，kg/s；

α——流量系数；

ε——可膨胀性系数；

A——管道横截面面积，m^2；

ρ——被测介质密度，$\mathrm{kg/m^3}$；

Δp——差压，Pa。

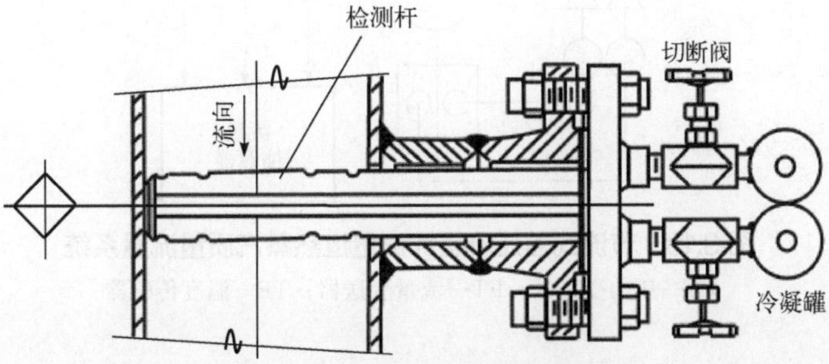

图 3.12 均速管流量传感器（俯视）

由于迎流面上的测量孔在检测杆上的位置是经过精确设计的，以 4 孔为例，每个孔测得的流速代表蒸汽管道内 1/4 流通截面的平均流速。因此 4 个测量孔经检测杆内的空腔连通，所以传感器输出的差压代表整个流通截面的平均流速，精确度比点流速型流量计高得多。这是因为从点流速推算整个流通截面的平均流速会引入误差。

均速管流量传感器输出的差压幅值可根据伯努利方程估算，例如蒸汽密度为 $4\mathrm{kg/m^3}$，流速为 40m/s 时，差压约为 3.2kPa，适合用低量程差压变送器测量。

3.7 用标准差压式流量计测量蒸汽质量流量

在式（3.1）中，β 和 d 为常数，C 和 ε 在一定的流量范围之内也可看作常数，因此式（3.1）可简化为

$$q_{\mathrm{m}}=k\sqrt{\rho_1}\sqrt{\Delta p} \tag{3.13}$$

从式（3.13）可清楚看出，q_{m} 同 ρ_1 密切相关。而蒸汽工况（温度 t，压力 p）的变化，

必然使 ρ_1 产生相应的变化。因此，差压式流量计必须与用以求取蒸汽密度的工况测量仪表配合，并同计算部分一起组成推导式质量流量计，才能保证测量精确度。

在实际应用系统中，常用测量点附近的流体温度、压力，经计算后求得相应的密度，再经演算求得瞬时质量流量，通常称作温度、压力补偿。由于水蒸气的性质和特点，在过热状态和饱和状态时可有不同的补偿方法。

（1）过热蒸汽质量流量测量

当流体为过热蒸汽时，ρ_1 取决于流体压力 p_1 和流体温度 t_1。图 3.13 所示为测量系统示意图。

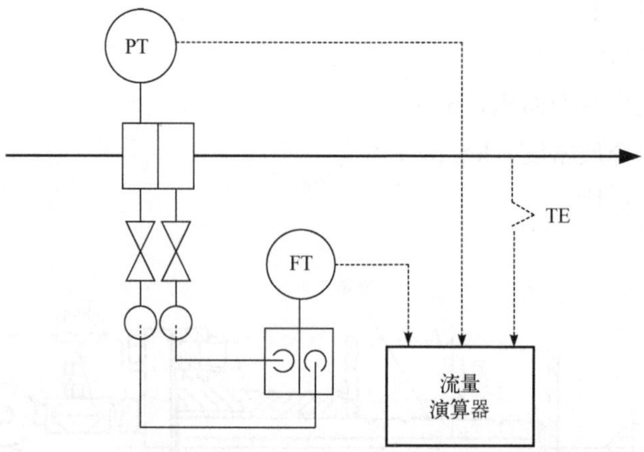

图 3.13　节流式差压流量计测量过热蒸汽质量流量系统

PT—压力变送器；FT—流量变送器；TE—温度传感器

（2）饱和蒸汽质量流量测量

饱和蒸汽的压力和温度是密切相关的，临界饱和状态的蒸汽从其压力查得的密度同从其温度查得的密度是相等的，所以推导式质量流量计测量其流量时，既可采用压力补偿，也可采用温度补偿。采用压力补偿时，是利用 $\rho_1=f(p_1)$ 的关系获得 ρ_1；采用温度补偿时，是利用 $\rho_1=f(t_1)$ 的关系获得 ρ_1。两种方法中以压力补偿较宜，详见第 5.4 节的分析。

图 3.14（a）所示为压力补偿法，图 3.14（b）所示为温度补偿法。

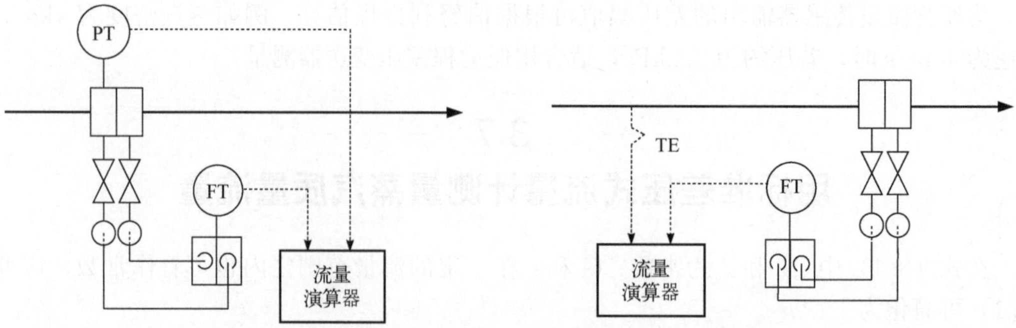

图 3.14　差压式流量计测量饱和蒸汽质量流量的系统

3.8 用双量程差压流量计测量蒸汽质量流量

差压式流量计有它固有的缺陷，即可调比不理想，这主要是由其测量原理决定的。对流量不确定度影响最大（也是流量测量可调比影响最大）的因素是差压测量不确定度：

$$\frac{\partial q_{\mathrm{m}}}{q_{\mathrm{m}}}=\frac{1}{2}\times\frac{\delta\Delta p}{\Delta p} \tag{3.14}$$

式中 $\frac{\partial q_{\mathrm{m}}}{q_{\mathrm{m}}}$——流量测量不确定度；

$\frac{\delta\Delta p}{\Delta p}$——差压测量不确定度。

例如，对于0.055级精确度等级的变送器，在$\Delta p=100\%$FS时，$\frac{\delta\Delta p}{\Delta p}=0.055\%$；在$\Delta p=2.75\%$FS时，$\frac{\delta\Delta p}{\Delta p}=2\%$。由式（3.14）可知，在后一种情况下，对流量测量不确定度影响为1%。即为了获得1%的流量测量精度，如果选用的是0.055级精度等级的差压变送器，只有在差压大于2.75%FS，即流量大于16.6%FS时，才能保证精确度。

为了提高流量量程低端的测量精确度，必须大大提高低差压段的差压测量精确度，其中最省力、最有效的方法是增设一台低量程差压变送器，组成双量程差压流量计[4,5]。

(1) 增设一个低量程差压变送器

一台差压变送器，其差压低端的示值误差无法进一步减小的原因是其精确度并非可以任意确定，而且受膜盒面积等因素制约。其实膜盒面积制约的不仅仅是精确度等级所对应的差压值，还有环境温度影响以及长期漂移影响所对应的差压值。

为了提高相对流量较小时的差压测量精确度，另外增设一台低量程差压变送器是一个行之有效的方法。

例如，有一蒸汽流量测量对象，最大流量100t/h，最小流量3t/h，常用压力1.1MPa，常用温度250℃，公称通径DN500，高量程差压变送器选用0.055级中差压变送器，测量范围设定为0～100kPa，低量程差压变送器选用0.055级低差压变送器，测量范围设定为0～3kPa。这样，两台变送器在智能二次表的指挥下，可自动切换，相互配合，在流量量程（3%～100%FS）范围内，$\frac{\partial q_{\mathrm{m}}}{q_{\mathrm{m}}}$为0.75%[4]。

① 其他因素的对策[5-7]

节流式差压流量计的测量不确定度不仅与差压测量的不确定度有关，而且与流体密度ρ_1、流出系数C的非线性以及可膨胀性系数ε的不确定度有关，为了消除或基本消除这些因素对流量测量不确定度的影响，可在二次表内按规定的数学模型进行密度补偿、流出系数补偿、可膨胀性系数校正等[5]。

② 防止差压信号的传送失准

在式（3.14）所示的差压测量不确定度同流量测量不确定度的关系中，是假定差压变送器输入的差压值与差压装置所产生的差压值一致。但是，导压管在将差压装置所产生的差压引到变送器的过程中，由于多种原因，很容易产生差压信号传送失准。例如，根部阀选型安装不合理、导压管坡度不符合要求、冷凝罐安装高度不相等、导压管太长而且管内传输介质（液体）温度不相同等[6]。在被测介质为干气体时，这种传送失准一般可忽略；在被测介质为湿气体和蒸汽时，如果不注意就会引起传送失准。

对于一个具体的流量测量装置，相同的差压信号传送失准，在流量为不同值时，其影响也不一定相同。其中相对流量较大时，影响较小；相对流量较小时，影响较大，这是因为相对流量较小时，差压装置送出的差压信号较小的缘故。所以，在双量程差压式流量计的设计和安装中，要特别注意差压信号的传送失准，想方设法尽量避免这种失准。

图 3.15 所示是采用一体化方法来避免差压信号传送失准的一个实例。图中导压管很短，在差压装置和差压变送器之间没有引起传送失准的零部件，只要工艺管道的水平度较好，差压信号的传送失准就可忽略。

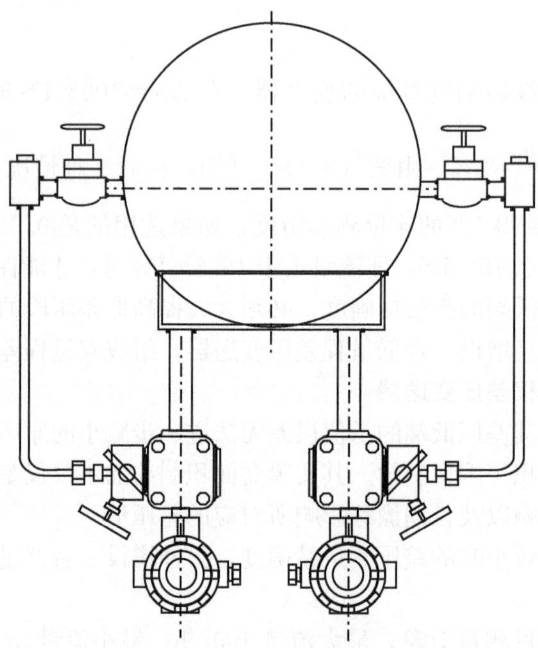

图 3.15　典型双量程一体化节流式差压流量计结构

（2）高低量程的选定

对于一套双量程差压流量计，高低量程切换点的选定是设计的重要内容，不仅受可调比要求、允许压损、系统不确定度的制约，而且受差压变送器规格的制约。

具体设计计算时需遵循下面的原则：

a. 在压损允许的前提下，将高量程的差压上限尽量选得大一些。这样，最小流量所对应的差压值可相应大一些，以减小各种干扰因素对小流量测量精确度的影响。

b. 系统不确定度能满足用户的要求，尤其要保证大流量时的系统不确定度。

c. 不必强调差压装置的不确定度，因此流量在很大的范围内变化，流出系数相应的变化和可膨胀性系数相应的变化都较大。但是，这些变化都可以在二次表内得到补偿和校正，最终对系统不确定度的影响仍可忽略。

遵循这些原则，在上面的例子中，高量程差压上限取 100kPa，选用中差压变送器。而低量程差压上限选 3kPa，选用低差压变送器，相应的流量切换点为 17.326%FS。这样，在切换点处，高量程变送器的差压测量不确定度为 1.8%，流量测量不确定度为 0.9%。而低量程时，差压测量不确定度为 1.5%，所对应的差压值为 0.09kPa，对应的流量为 3%FS。

(3) 讨论

① 过范围运行问题

在双量程差压流量计中，低量程差压变送器有很多时候是在过范围的条件下工作，过范围的差压值尽管不是很可观，但毕竟已使变送器内的膜盒进入过载保护状态。

现代新型的差压变送器内的传感器特殊设计的过载保护结构，使得其具有优秀的单向过压性能，即使过压 16MPa，也能完全恢复而不留痕迹[7]。

② 开平方运算放在差压变送器内进行较有利

在差压式流量计中，不可避免地要进行开平方运算，差压变送器和二次表中的开平方运算都是由单片机完成的，所以不管是在差压变送器中完成还是在流量二次表中完成，开平方运算本身都不增加误差，因为都是数字量运算。但是，差压变送器测得的差压值（数字量）经 D/A（数模转换）转换成 4～20mA，送入流量二次表后再经 A/D（模数转换）转换成数字量的过程中，要损失两次精度。在开平方的过程中，经无量纲化处理的信号，其幅值总是得到放大，例如 1%FS 的流量值，幅值放大了 10 倍，而较大幅值的模拟信号在转换和传送过程中，损失的精度相对要小些，因此，在用模拟信号传送此信号时，开平方运算放在差压变送器中完成较合理。

如果采用数字信号传送此信号，则无上述差异。

③ 用数字信号传送差压信号

现在市场上销售的差压变送器，大多数已实现智能化。在差压变送器中，膜盒感知的未经处理的差压信号，由数字运算部分进行温度补偿、静压补偿、非线性补偿等处理之后，可用数字通信的方式输出，也可经 D/A 将此数字信号转换成（4～20）mA 信号，然后输出。

后级仪表流量演算器如果以数字通信的方法接收差压信号，则完全不损失精度。而如果以其模拟输入口接收差压信号，则由于 D/A 和 A/D 两次转换，会损失相应的精度。这种精度的损失，在相对流量高的区间，影响约为 0.3%，但在相对流量低的区间，影响显著增大，相对流量越小，影响越大。所以推荐用数字量传送差压信号。

④ 双量程差压流量计的推广

双量程差压流量计能将可调比扩大到 30 倍，如果要求更大的可调比，可配用低量程、中量程、高量程三台差压变送器，分段测量差压装置送出的差压，这样流量可调比可扩大到 120 倍。

⑤ 得到社会的承认

双量程差压流量计的应用始于 20 世纪 70 年代，多年来，仪表的结构虽有显著的差异但核心内容没变，大量的应用实例证明，这一方法是有效的。近年来在官方文件和国际标准中，也开始使用这一方法提高差压测量精确度。例如国家计量检定规程 JJG 640—2016《差压式流量计检定规程》中，关于系数检定法的部分，检定方法明确规定差压装置输出差压的测量“应准备至少 2 台不同量程的差压变送器”。在国际标准 ISO 5167-1:2022 中，也强调采用高、低量程两台差压变送器配合，提高流量测量精确度。图 3.16 为该标准中给出的差压流量测量系统图[8]。

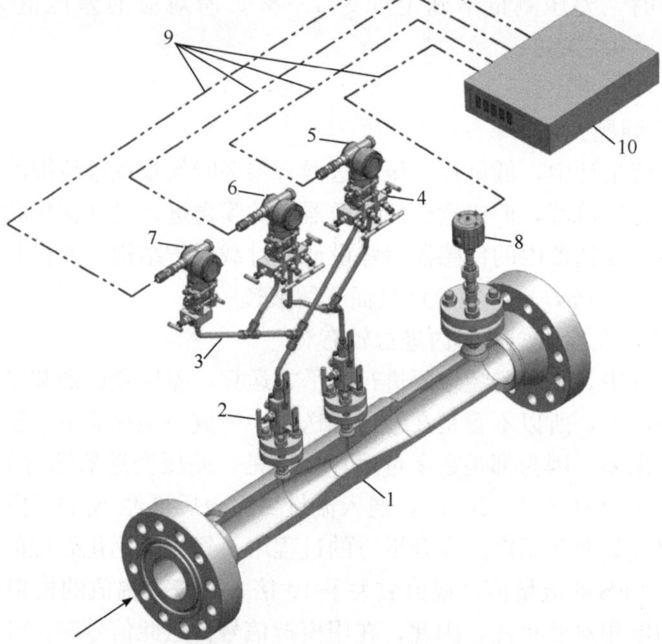

图 3.16 差压流量测量系统

1——一次装置；2—隔离阀；3—导压管；4—阀组；5—高量程差压变送器；6—低量程差压变送器；7—压力变送器；8—温度传感器或温度变送器；9—电缆线；10—流量计算机

⑥ 用实流标定的方法确定流出系数 C

ISO 5167-1:2022 认定，标准孔板若经实流标定得到 C，不确定度 $\frac{\delta C}{C}$ 能达到 0.2%，而不经实流标定，只能达到 0.5%。

如图 3.17 所示，低、中、高量程三台 0.05 级精确度的差压变送器接力与经过实流标定的标准孔板配合，在流量不确定度达到 0.5%的条件下，可调比可达到 42 ∶ 1[2]。若想得到 0.3%级别的不确定度，则可适当缩小可调比，从而使标准孔板流量计进入精密级行列。其实上述技术指标还是有余地的，因为现在市场上销售的 0.04%级精确度的差压变送器已进入成熟期。

⑦ 成套流量计配套校验配套使用

将组成一套标准差压式流量计的所有部分，在流量标准装置上实流校验，并将校验得到的误差在流量计算机中逐点修正，并配套使用，能将流量精确度进一步提高。因为在各校验点上，由各种因素引起的误差已被修正，余下的仅有重复性误差。

上述标定和校验时的流体雷诺数应与实际使用时的雷诺数保持一致或近似相等。

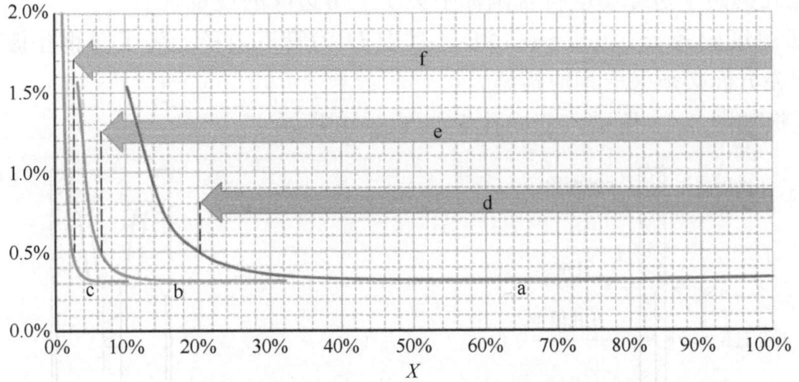

图 3.17 多台差压变送器接力的系统的不确定度图解

X—满量程流量分数；Y—质量流量扩展不确定度；a—使用高量程差压变送器的质量流量不确定度；b—使用中量程差压变送器的质量流量不确定度；c—使用低量程差压变送器的质量流量不确定度；d—仅使用高量程差压变送器（在 0.5%质量流量不确定度时）5∶1 可调比；e—仅使用高、中量程差压变送器（在 0.5%质量流量不确定度时）16∶1 可调比；f—使用全部三台差压变送器（在 0.5%质量流量不确定度时）42∶1 可调比

3.9 双向蒸汽流量的测量

有些生产装置，在正常生产时可外供蒸汽，但在某一段时间，例如开车过程中，需消耗蒸汽。两个独立核算的热网之间，蒸汽有时从 A 网流向 B 网，有时从 B 网流向 A 网。这就需要流量计具有双向流量测量能力。

目前市场上能够买到的双向流量计有容积式流量计、涡轮流量计、电磁流量计、热式流量计、科里奥利质量流量计等多种，但蒸汽温度高、无自润滑能力、管道通径一般都比较大等，使得这几种流量计无法适应。

下面介绍的几种双向流量计，在测量蒸汽双向流量方面各具特色，只要设计、制造、安装得当，就能很好地完成测量任务。

3.9.1 双向孔板流量计

用标准孔板流量计测量蒸汽流量，仪表工程师大多有丰富的经验，但是对用标准孔板流量计测量双向蒸汽流量，大家可能知之不多。其实，在国家标准 GB/T 2624 和国际标准 ISO 5167 中，对双向孔板做了详细的规定，只要按照标准设计、制造、检验、安装、使用，就能获得标准所规定的精确度。

(1) 双向孔板流量计工作原理

与普通孔板流量计相比，双向孔板流量计具有下列特殊之处[3]。

① 双向孔板结构

a. 孔板不切斜角。

b. 两个端面均应符合国标中关于上游端面的规定。

c. 节流孔的两个边缘均应符合国标中关于上游边缘的规定。

d. 孔板厚度应等于 0.005～0.02D，其中 D 为管道内径。为了防止孔板变形，在结构上和其他相关方面必须采取相应措施。

单向孔板如图 3.18 所示，双向孔板如图 3.19 所示。

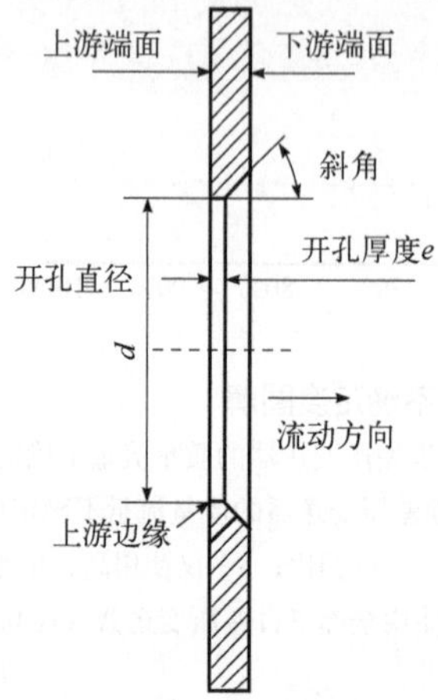

图 3.18　单向孔板

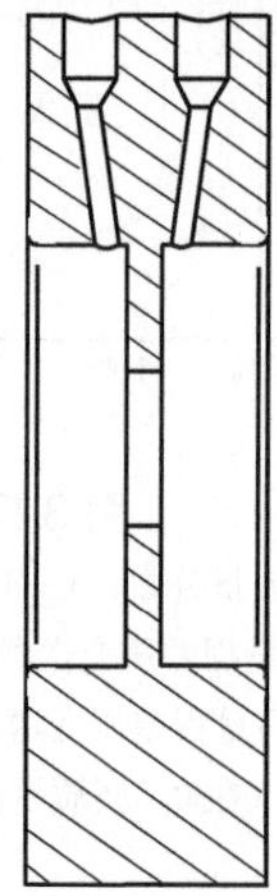

图 3.19　双向孔板

② 对直管段的要求

测量正向流时的后直管，在测量反向流时变为前直管，因此，仪表的两个直管段都应满足国家标准中前直管段的要求。

③ 正端取压口压力 p_1 的计算

仪表的节流件正端取压口压力 p_1，用压力变送器测量。该变送器安装在正向流的正端取压口。在流体反向流动时，该点压力变成了反向流的负端取压口，根据正端取压口压力、负端取压口压力和差压的定义知：

$$p_1'=p_1+\Delta p'$$

式中　p_1'——反向流正端取压口压力，Pa；

p_1——正向流正端取压口压力，Pa；

$\Delta p'$——反向流差压，Pa。

其实 p_1' 就是正向流的负端取压口压力，只因该点未安装压力变送器，所以只能用间接的方法得到。

④ 温度传感器的安装

按照国家标准，温度传感器的套管只能安装在节流件上游 20D 以外的管段上，由于制造厂提供的直管段长度有限，所以，当管径较大时，测温套管由用户自行安装在主管道上。而且套管管径要尽量小，插入深度在不影响测量精确度的前提下，要尽量浅一些。

双向孔板输出的正反向差压信号通常采用两台差压变送器测量，流量为零时，两台差压变送器均输出 4mA，小信号切除值可按单向孔板流量计方法处理。两台变送器的差压上限，分别与正反向流量上限相对应。如图 3.20 所示。

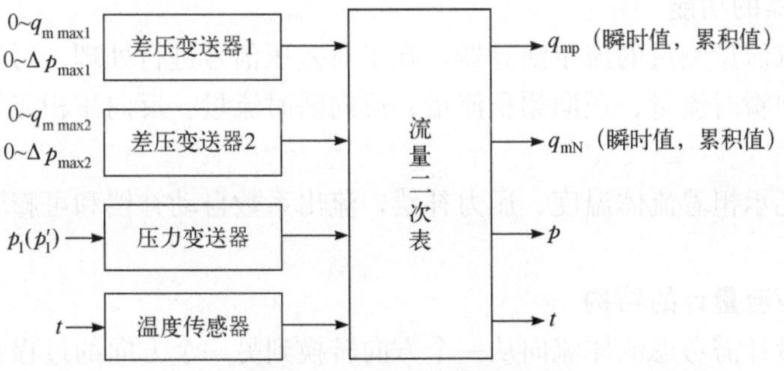

图 3.20 双向孔板流量计系统

⑤ 利用差压变送器的双向输出功能

智能差压变送器具有双向差压测量能力，测量范围为$-\Delta p_{max}\sim\Delta p_{max}$，这样实现图3.20所示的测量任务，用一台智能差压变送器就够了。但是，采用这一方法实现双向流量测量时，负向差压信号只能用数字通信的方法传送，因为变送器的（4～20）mA输出只有一路，已被用作代表正向差压。

好在这路电流环路上还调制有HART数字信号，智能差压变送器将其正负差压的测量结果，按HART协议的格式调制成通信报文，送到流量二次表，从而实现差压信号的数字量传送。

⑥ 用通信方法实现双向流量测量的优点

a. 用一台智能差压变送器代替两台模拟输出差压变送器，从而节省设备费和工程费。

b. 用数字通信方法传送差压信号能做到无差传送，而用模拟信号传送却要损失大约0.1%FS的精度。这一损失不仅会使小流量应用时产生较大的流量示值误差，当使用两台差压变送器测量差压时，还会在实际流量接近0时，既显示一个正向流量值又显示一个反向流量值，自相矛盾。而用数字通信方法传送差压信号时，由于信号只有一路，上述这种自相矛盾的流量显示绝对不会出现。

⑦ 双向流的温压补偿

对于过热蒸汽和一般气体，流体流过节流件可认为是等温过程，所以流体温度无变化。

对于饱和蒸汽，由于蒸汽中可能带有微量水滴，所以流体流过节流件后产生的压降，可能会使温度有一些降低，因此，饱和蒸汽推荐采用压力补偿，即根据节流件前蒸汽压力查蒸汽密度表。

如果蒸汽状态不能确定，有时为过热蒸汽，有时为饱和蒸汽，则应采用温压补偿压力优先方式[3]。

⑧ 双向流的流出系数补偿

在差压式流量计中，流出系数随雷诺数的变化而变化，因此，须按数学模型对此变化进行在线补偿才能保证系数精确度。

流量显示装置中，按照正向流孔板计算书设置的流出系数C补偿数据，同样适用于反向流。

⑨ 双向流的可膨胀性系数补偿

反向流与正向流采用相同的公式计算可膨胀性系数ε，所以反向流ε补偿与正向流相同。

⑩ 流量演算器的功能

用于双向蒸汽流量测量的流量演算器，除了对差压信号进行处理、对流动方向做出判断之外，还需对正向瞬时流量、正向累积流量、反向瞬时流量、反向累积流量进行计算，并予以显示。

除此之外，还承担着流体温度、压力补偿，流出系数自动补偿和可膨胀性系数自动补偿等任务。

（2）双向孔板流量计的结构

双向孔板流量计需考虑流体流向从一个方向转换到另一个方向的过程中，有可能在小流量区间停留较长时间，因此，流量计必须有很小的切除值。这就要求仪表有很大的可调比。为了做到这一点，仪表的变送部分宜采用一体化结构，只有这样，孔板送出的差压信号才能不失准地传递到差压变送器。

图 3.21 所示是 FDIt 双向流量计的结构，仪表变送部分由节流件、前直管段、后直管段、夹持法兰、垫片、双头螺栓、支架、三阀组、差压变送器、压力变送器、导压管和温度传感器、切断阀、冷凝罐等组成。直管段末端自带配对法兰，压力高时为焊接坡口，以便与工艺管连接。

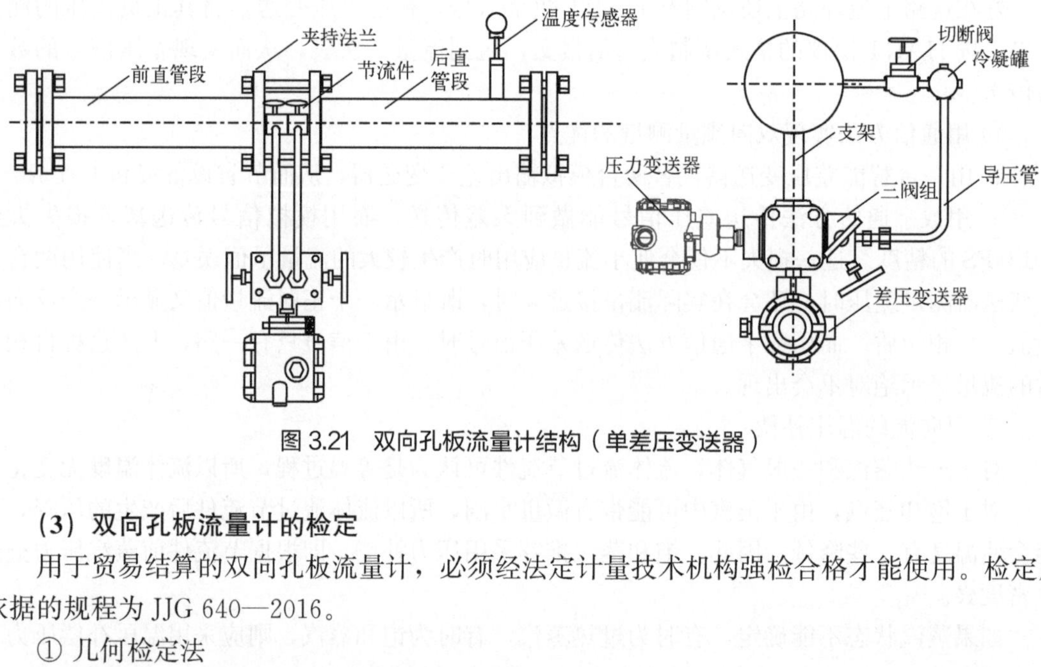

图 3.21 双向孔板流量计结构（单差压变送器）

（3）双向孔板流量计的检定

用于贸易结算的双向孔板流量计，必须经法定计量技术机构强检合格才能使用。检定所依据的规程为 JJG 640—2016。

① 几何检定法

按照 GB/T 2624 规定，标准节流装置可以采用几何检定法检定[7]，检定项目包括节流件开孔直径 d_{20}、厚度、锐缘、管道内径 D_{20}、端面粗糙度、平整度等。然后再对差压变送器、压力变送器、温度传感器和流量二次表进行检定。最后用误差合成法评估系统不确定度。

② 实流检定法

双向孔板流量计的各部分组装成一个整体后，就可放在流量标准装置上进行实流检定。检定点可按规程选定。在正向流量检定完毕后，应将被检流量计进出口颠倒，对其反向流量的测量指标进行检定。只有正反向流量检定结果均合格，才算整套仪表合格。

3.9.2
菱形截面阿牛巴流量计

上述双向孔板流量计用来测量蒸汽流量时，精确度比较高，而且检定方便，受到热电、热力行业的欢迎。但是投资较高，而且永久性压损也较大。在不须强制检定的测量点，如果测量精确度要求也不高，则可用菱形截面阿牛巴流量计来测量蒸汽的双向流量。

阿牛巴流量计是径流速计中的一种，其检测杆的截面形状有圆形、T形、子弹头形和菱形等。其中，菱形截面检测杆，其迎流面和背流面开有相同的四个孔，每个孔测量蒸汽管道截面积的四分之一的平均流速，由于迎流面与背流面完全对称，所以就可用来测量双向流量[8,9]。

图 3.12 所示的菱形截面均速管流量传感器也可用来测量双向蒸汽流量。

差压变送器的零点设置等与双向孔板流量计相同。

阿牛巴流量计结构简单，价格便宜，永久性压力损失也小，但检定困难，所以，多用在过程测量与控制中。

JJG 640—2016 规定，阿牛巴流量计只能采用流量系数法检定，即必须放在流量标准装置标定其流量系数。这样，就必须有一段内径与实际安装地点管道内径相同的测量管，才能实施检定，这就为检定造成了很大困难。

3.9.3
结束语

注意

a. 双向蒸汽流量的测量是一项特殊的测量任务，可供选择的方法相当有限，应当谨慎从事。

b. 在一般测量时，采用菱形截面阿牛巴流量计是个简单且经济的方法，但因差压信号很小，实施时应处处留心，防止差压信号的传送失准。由于阿牛巴流量计的检定要在流量标准装置上才能进行，所以，难度很高。

c. 用双向孔板流量计测量是双向蒸汽流量测量的成熟方法，能够适应的温度和压力范围、管径和流速范围都很宽广，检定也方便，所以是蒸汽计量交接的实用方法。

3.10
高温高压蒸汽流量的测量

高温高压蒸汽流量测量中，由于流体工况条件严苛，可以选用的流量测量方法相当有限，大多选用长径喷嘴流量计和文丘里管流量计，两者均具有良好的安全可靠性、耐磨性和长期稳定性，均能适应介质高温高压工况条件。

符合 GB/T 2624 标准的流量计，不经实流标定就能达到规定的不确定度，因此校验校准成本很低。长径喷嘴流量计与文丘里管流量计的经济技术指标也有显著的差异。

注意

a. 公称通径的差异：前者为 DN50～DN630，后者若为机械加工收缩段经典文丘里管，则为 DN50～DN250。如经实流标定，均不受此限制。

b. 不确定度的差异：前者为 2.0%，后者能做到 1.0%。但若经过实流标定并将校准得到的误差实行在线逐点修正，两者的不确定度都能做到优于 0.5%。

c. 直管段要求差异：前者较长，后者较短。

d. 在文丘里管中，流体流过收缩段和扩散段，其流通截面的收缩和扩散均较平缓，节流件出口不形成旋涡，因此振动小，噪声较低，压损只及长径喷嘴的五分之一，但一次装置体积大，造价高。

在高温高压条件下工作的差压装置，其机械强度要比常温条件下能达到的机械强度低得多，对材料和制造工艺的要求非常高，差压装置外壳的材质必须与导压管材质相同，差压装置与工艺管道的连接大多采用焊接方式，这时，差压装置外壳的材质必须与工艺管道的材质相同。每一种材料都有极限使用温度，同一种材料在不同的温度下，强度差异很大，在设计差压装置壳体及导压管时，选择材料和计算壁厚时，应符合相应的标准[10]。在制造过程中，产品焊接完毕，还须经过无损检测、热处理、耐压试验和泄漏试验等工序，整个产品制造工艺操作过程必须在政府授权的特种设备监察机构的监检人员的监督下进行，产品满足安全技术规范和相关标准[11]，并获得监检证书后方得出厂。

参考文献

[1] 全国工业过程测量和控制标准化技术委员会第一分技术委员会. 用安装在圆形截面管道中的差压装置测量满管流体流量：GB/T 2624. 2—2006. 中国标准出版社，2006.

[2] Measurement of fluid flow by means of pressure differential devices inserted in circular cross-section conduits running full：ISO 5167：2022.

[3] 纪纲. 流量测量仪表应用技巧. 2 版. 北京：化学工业出版社，2009.

[4] 陈勇，马璐文，陈新亮，等. 双量程孔板流量计不确定度及量程比. 石油化工自动化，2013(5)：52-56.

[5] 魏峥，谢林，纪波峰，等. 双量程差压流量计不确定度和量程比的验证. 石油化工自动化，2013，49(6)：4.

[6] 国家质检总局计量司，中国计量协会组. 2008 全国能源计量优秀论文集. 北京：中国计量出版社，2008.

[7] 中国计量科学研究院. 差压式流量计检定规程：JJG 640—2016. 中华人民共和国国家质量监督检验检疫总局，2016.

[8] 侯娟. 双向毕托管流量计的特性分析. 仪表技术与传感器，2003(5)：2.

[9] 叶非，叶海清，纪纲. 双向蒸汽流量的测量. 石油化工自动化，2012，48(2)：4.

[10] 全国锅炉压力容器标准化技术委员会(SAC/TC 262). 压力管道规范：GB/T 20801. 1—2020. 中国标准出版社，2020.

[11] 压力管道监督检验规则：TSG D7006—2020. 国家市场监督管理总局，2020.

第4章 用涡街流量计测量蒸汽质量流量

4.1 涡街流量计在蒸汽流量测量中的地位

4.1.1 涡街流量计的优势

1969 年，日本横河公司和美国 Eastech 公司几乎同时推出涡街流量计产品并投入工业应用，并以其突出的优势迅速地征服了用户，尽管开头的几年因其抗振动能力和抗干扰能力不尽如人意，受到用户的抱怨，但随着这两项指标的改善，其迅速占领原先由标准差压式流量计所占领的一部分市场。尤其是流体温度压力不是很高的中小通径测量对象。

涡街流量计的主要优点有：

a. 输出与流速成正比的脉冲信号，完全不存在零点漂移。而且脉冲信号在送智能二次装置做后续处理时，可以做到不损失精确度。

b. 线性分度，可调比大。

c. 结构简单、牢固，无可动部件。

d. 安装维修方便，无须导压管及三阀组，减少泄漏、堵塞和冻结等问题。

e. 测量蒸汽流量时能达到 1.5 级精确度，满足用户的需求。

f. 在一定雷诺数范围内，流量系数不受流体组分、密度、温度、压力影响。

g. 应用范围广泛，既适用于液体，也适用于气体和蒸汽。

4.1.2 涡街流量计的局限性

a. 对环境和管道的机械振动较敏感，不适合用于强振动测量对象。

b. 通径越大，分辨率越低，一般满管式流量计用于 DN≤400。

c. 蒸汽严重带水易产生漏脉冲现象。带水特别严重时，甚至会完全无输出脉冲，而这种情况的出现又很难察觉。

d. 当实际流速高于仪表允许的上限流速后，必然出现漏脉冲现象，而且超流速越严重，漏脉冲也越严重，以致很难察觉超流速事实的存在。

e. 涡街流量计是最容易受流动脉动伤害的一种流量计，当脉动幅值大于一定值时，流量计输出升高，当脉动频率与旋涡剥离频率之比较大时，旋涡剥离周期被锁定为与脉动周期相同或是脉动周期的一半，在锁定条件下，流量计输出停顿。

因此，用户在设计选型时宜取其所长避其所短。

4.2 涡街流量计工作原理

在流体中设置旋涡发生体（阻流体），从旋涡发生体两侧交替地产生有规则的旋涡，这种旋涡称为卡曼涡街，如图 4.1 所示。旋涡列在旋涡发生体下游非对称地排列。设旋涡的发生频率为 f，被测介质测量管内的平均流速为 U，旋涡发生体迎面宽度为 d，测量管内径为

D，根据卡曼涡街原理，有如下关系式：

$$f=Sr\frac{U_1}{d}=Sr\frac{U}{md} \tag{4.1}$$

式中 U_1——旋涡发生体两侧平均流速，m/s；

Sr——斯特罗哈尔数；

m——旋涡发生体两侧弓形面积与管道横截面面积之比。

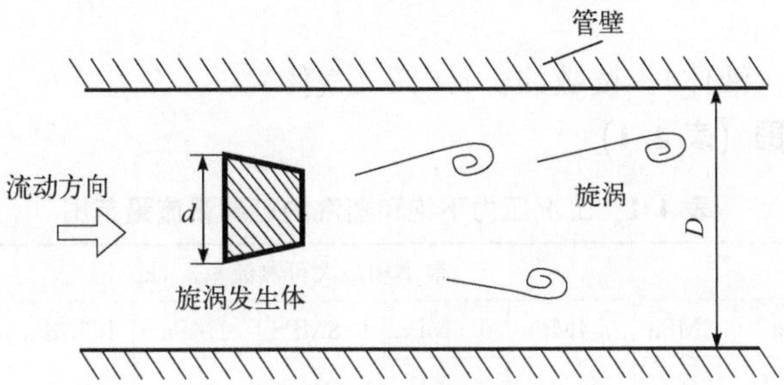

图 4.1　卡曼涡街

$$m=1-\frac{2}{\pi}\left[\frac{d}{D}\sqrt{1-(d/D)^2}+\arcsin\frac{d}{D}\right] \tag{4.2}$$

管道内体积流量 q_v 为

$$q_v=\frac{\pi}{4}D^2U=\frac{\pi D^2}{4Sr}mdf \tag{4.3}$$

$$K=f/q_v=\left(\frac{\pi D^2}{4Sr}md\right)^{-1} \tag{4.4}$$

式中 K——流量计的流量系数，脉冲数/m^3（P/m^3）。

图 4.2 所示为斯特罗哈尔数同雷诺数的关系。由图可见，在 $Re_D=2\times10^4\sim7\times10^6$ 范围内，Sr 可视为常数，这是仪表正常工作范围。

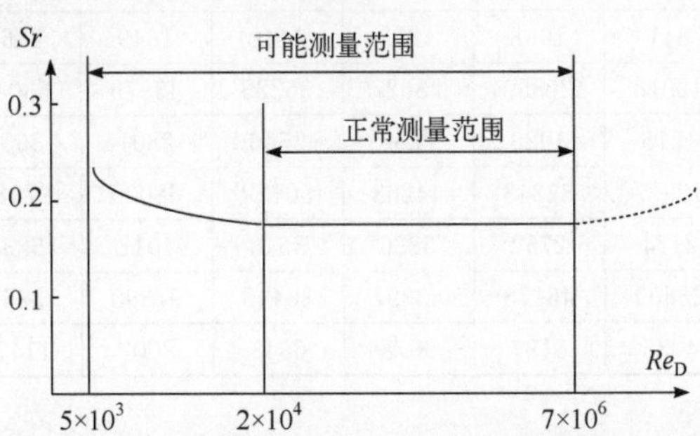

图 4.2　斯特罗哈尔数同雷诺数的关系

4.3 涡街流量计的主要技术参数

不同品牌的涡街流量计，技术规格和技术指标差异很大。下面以横河公司的DY型涡街流量计为例，介绍与蒸汽流量测量有关的主要技术参数。

(1) 公称通径

DN15～DN400。

(2) 精确度

读数的±0.75％（液体）；读数的±1.0％（气体）。

(3) 可测流量范围（表4.1）

表4.1　工况压力下饱和蒸汽的可测量流量范围

通径	流量范围	最小和最大可测流量/（kg/h）									
		0.1MPa	0.2MPa	0.4MPa	0.6MPa	0.8MPa	1MPa	1.5MPa	2MPa	2.5MPa	3MPa
15mm	最小	(5.8) 11.1	(7.0) 11.1	(8.8) 11.6	(10.4) 12.1	(11.6) 12.3	12.8	15.3	19.1	23.6	28.1
	最大	55.8	80	129	177	225	272	390	508	628	748
25mm	最小	(13.4) 18.9	(16.2) 20.0	20.5	24.1	27.1	30	36	41	49	58
	最大	169.7	247.7	400	548	696	843	1209	1575	1945	2318
40mm	最小	(26.5) 29.2	32	40.6	47.7	53.8	59	72	93	116	138
	最大	405	591	954	1310	1662	2012	2884	3759	4640	5532
50mm	最小	44.0	53	67.3	79	89	98	119	156	192	229
	最大	671	979	1580	2170	2753	3333	4778	6228	7688	9166
80mm	最小	84.9	103	130	152	171	189	231	300	371	442
	最大	1295	1891	3050	4188	5314	6435	9224	12024	14842	17694
100mm	最小	148	179	227	267	300	330	402	524	647	772
	最大	2261	3300	5326	7310	9276	11232	16102	20986	25907	30883
150mm	最小	324	392	498	600	761	922	1322	1723	2127	2536
	最大	4950	7226	11661	16010	20315	24595	35258	45953	56729	67624
200mm	最小	697	841	1068	1252	1410	1649	2364	3081	3803	4534
	最大	8851	12918	20850	28627	36325	43976	63043	82165	101422	120913
250mm	最小	1256	1518	1929	2260	2546	2801	3655	4764	5882	7011
	最大	13687	19977	32243	44268	56172	68005	97489	127058	156854	186979
300mm	最小	1799	2174	2762	3236	3646	4012	5235	3823	8423	10041
	最大	19602	28609	46175	63397	80445	97390	139614	181960	224633	267772
400mm	最小	3381	4086	5187	6078	6848	8002	11472	14957	18468	22003

注：1. 表中所列压力为表压。

2. 最大流量对应的流速为80m/s。

3. 括号中的值为最小可测流量。

(4) 理论可调比

根据表 4.1 所列的最大流量和最小流量，可计算得到不同通径的 DY 型涡街流量计测量饱和蒸汽流量时，能达到的理论可调比。其中最大流量等于测量管内流速为 80m/s 对应的流量。如果具体测量点最高流速低于 80m/s，则实际可调比相应减小。工况压力下饱和蒸汽的理论范围度如表 4.2 所示。

表 4.2 工况压力下饱和蒸汽的理论可调比

通径	理论可调比								
	0.1MPa	0.2MPa	0.4MPa	0.6MPa	0.8MPa	1MPa	1.5MPa	2MPa	2.5MPa	3MPa
15mm	(10)5	(11)7	(15)11	(17)15	(19)18	21	25	27	27	27
25mm	(13)9	(15)12	20	23	26	28	34	38	37	40
40mm	(15)14	18	23	27	31	34	40	40	40	40
50mm	15	18	23	27	31	34	40	40	40	40
80mm	15	18	23	28	31	34	40	40	40	40
100mm	15	18	23	27	31	34	40	40	40	40
150mm	15	18	23	27	27	27	27	27	27	27
200mm	13	15	20	23	26	27	27	27	27	27
250mm	11	13	17	20	22	24	27	27	27	27
300mm	11	13	17	20	22	24	27	48	27	27
400mm	10	12	15	17	19	20	20	20	20	20

(5) 流体温度范围

一体式：流体温度≤160℃；

分体式：流体温度≤260℃；

高温型：流体温度≤450℃。

高温型仪表适用的流体温度范围还与环境温度有关，如图 4.3 所示。

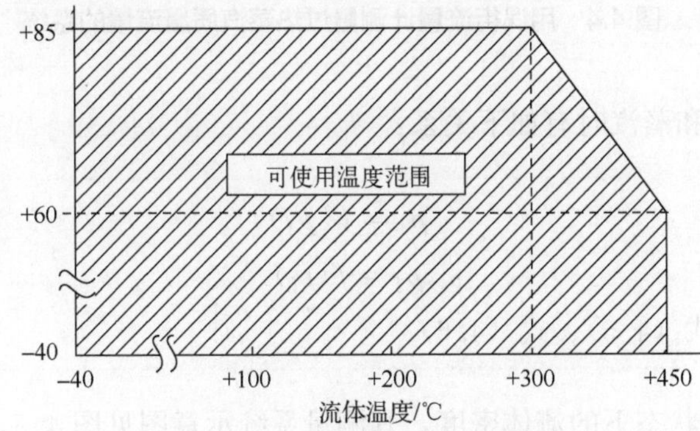

图 4.3 高温型仪表适用流体温度范围

除了以上各项之外，主要技术参数还有压力等级、连接方式、法兰标准、防护等级、防爆等级、进线口规格等，详见各公司产品样本。

4.4 用涡街流量计测量蒸汽质量流量

用涡街流量计测量蒸汽质量流量的系统，因蒸汽状态不同，仪表的配置也有些不同。

脉冲输出涡街流量计测量质量流量的表达式为[1]

$$q_m = 3.6\frac{f}{K_t}\rho_f \tag{4.5}$$

式中 q_m——质量流量，kg/h；

f——涡街流量传感器输出频率，P/s；

K_t——工作状态下的流量系数，P/L；

ρ_f——被测流体密度，kg/m^3。

当被测流体为过热蒸汽时有如下关系：

$$\rho_f = f(p_f, t_f) \tag{4.6}$$

式中 p_f——蒸汽压力，MPa A；

t_f——蒸汽温度，℃。

查附录 A 得工作状态下的流体密度。测量系统图如图 4.4 所示。

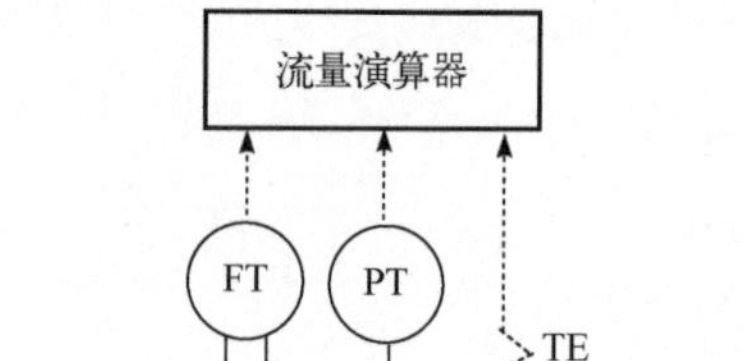

图 4.4 用涡街流量计测量过热蒸汽质量流量的系统

当被测流体为饱和蒸汽时有如下关系：

$$\rho_f = f(p_f) \tag{4.7}$$

或

$$\rho_f = f(t_f) \tag{4.8}$$

式中符号的意义同式（4.5）、式（4.6）。

查附录 A 得工作状态下的流体密度，其测量系统示意图见图 4.5。

在式（4.7）中，ρ_f 应是涡街流量计出口的流体密度，因此，p_f 的测压点应取在涡街流量计出口的规定管段上。

有些研究成果表明，临界饱和状态蒸汽经减压后会发生相变，即从饱和状态变为过热状态，这时，如果将其仍作为饱和蒸汽从式（4.7）或式（4.8）的关系中求取 ρ_f 必将引入较

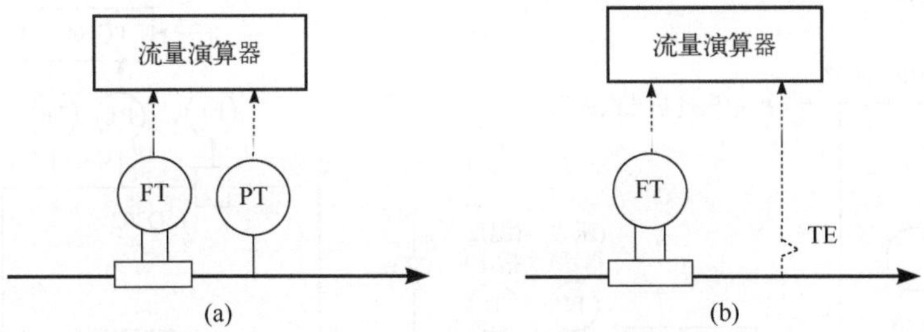

图 4.5　用涡街流量计测量饱和蒸汽质量流量的系统

大误差[2]。如果出现这种情况，应进行温度、压力补偿[2]。

4.5 蒸汽带水对涡街流量计的影响

干蒸汽在长距离输送过程中，会因热量损失而出现部分凝结，导致蒸汽干度降低，变成湿蒸汽。

没有过热器的锅炉，锅炉出口的蒸汽中就带有少量的水。

目前使用的流量计都是在单相流动状态下评定其测量性能，现在还没有将单相流标定的流量计用来测量两相流时系统变化的评定标准。但是，两相流是客观存在的，它对流量测量的影响也是无法避免的，尽管困难较多，人们还是在想方设法研究其对流量测量影响的机理，并采取相应的对策，提高流量测量精度。

4.5.1 涡街流量计的漏脉冲现象

人们很早就发现蒸汽带水较多时，涡街流量计会出现漏脉冲现象，即在蒸汽流速平稳的情况下，涡街流量计应有与流速成正比的稳定的脉冲输出，但是有时却发现仪表的输出脉冲莫名其妙地少了。从输出脉冲在二维坐标上的分布情况也能清楚看出，应当近似均匀分布的脉冲却在某一处少一个脉冲，严重的时候，竟少了很多脉冲，最严重的时候是完全没有脉冲。这可能同分布不均匀的体积较大的液滴撞击在旋涡发生体上，抑制了涡列的形成有关。

有关这方面的实验研究，尚未见到详细的报道，但是人们在使用现场已碰到不少该问题，而且，处理这一问题的方法，人们也早已在应用。

4.5.2 关于漏脉冲现象的实例一[3]

上海的一家药业公司在组建全厂蒸汽计量网的项目中，碰到了一个令人费解的故障，这个故障发生在一个测量过热蒸汽流量的系统中，该系统的管道连接如图 4.6 所示。

该工厂的锅炉房除了向全厂供应中压过热蒸汽外，还经减温减压系统向全厂供应 0.4MPa G、160℃低压过热蒸汽。FIQ303 就是对这路蒸汽进行计量的总表。

该套仪表与其他多台分表组成低压蒸汽计量网，在投运后的半年内，一直运行正常，总表示值与各分表之和也基本相符。这一情况在年度停车大检修之后发生了变化，原来进出平

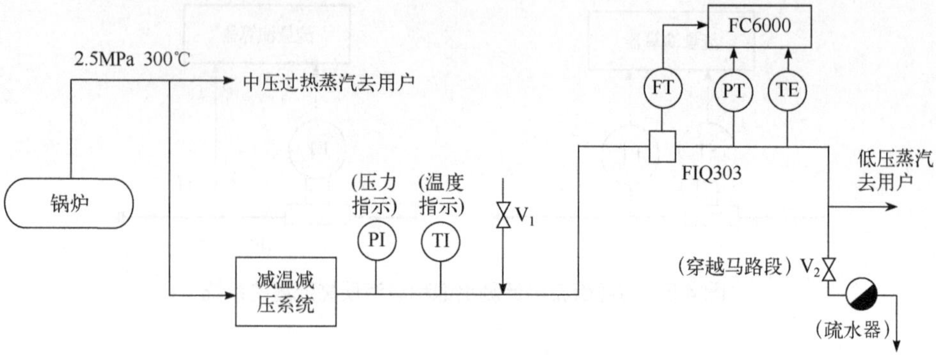

图 4.6 低压蒸汽流量测量系统

衡的计量数据出现了负的管损，该厂能源科根据低压蒸汽网的数据平衡关系和锅炉的能量平衡关系作出了 FIQ303 指示偏低的判断。

在检查了各台仪表之后，发现各台仪表均正常。于是请涡街流量计制造厂上门服务，经检查发现一台 DN350 的涡街流量计有漏脉冲现象存在，在正常的流量范围内，记录到数次如图 4.7 所示的输出波形[4]。

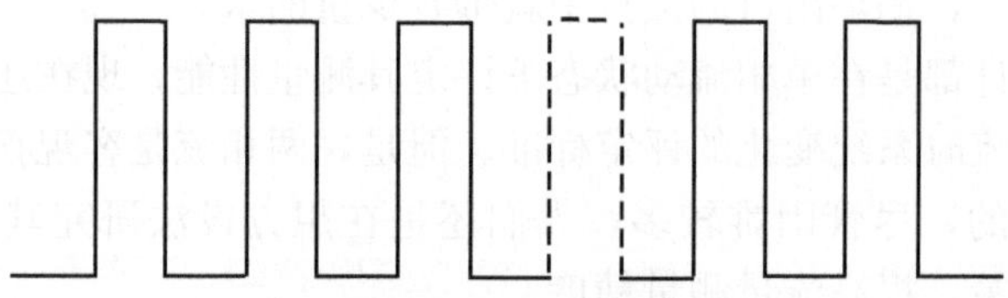

图 4.7 示波器记录到的波形

根据制造厂的经验，这种情况可能是蒸汽带水引起的。

能源科工程师否定了涡街流量计安装处蒸汽带水的可能性，理由是减温减压系统都有自动调节来保证其运行参数，于是当时一时间没有结论。又过了一个星期，事态有了进一步的发展。从 FC6000 型流量演算器中的海量存储器查阅到的历史数据表明，该路流量示值逐渐减小，甚至有时减小到零，而这时，全厂生产照常进行，蒸汽一点不少用。

进一步的检查焦点主要集中在蒸汽是否带水方面，能源科主要强调检查减温减压系统出口处的温度压力参数。经查，减温器出口温度压力显示正确。但是根据 FC6000 型仪表显示的温度、压力数据分析，涡街流量计安装处的蒸汽的确已进入饱和状态，于是要求打开疏水器验证。能源科人员坚持认为疏水器不可能排出水，但为了说服仪表人员，还是同意打开疏水器前的切断阀（图 4.6 中的 V_2）试一试。

疏水器打开后，大量凝结水喷出，二十分钟也未排光，于是真相大白。

至于大量凝结水是从哪里来的，他们随即进行了调查。经查，在减温器出口到流量计之间只有一根装有阀 V_1 的管道与外界相通，能源科人员解释：这根管道里有水，大检修之后，V_1 阀可能有泄漏，导致冷水入侵。

这一事情的最后处理方法是在穿越马路前的管道最低处，增设一个疏水器，从而使流量计恢复正常测量。

4.5.3
关于漏脉冲现象的实例二

上海某热力公司新增一个热源厂，该厂生产的是饱和蒸汽，锅炉投运后对一个远在2km处的用户供汽。其管网如图 4.8 所示。

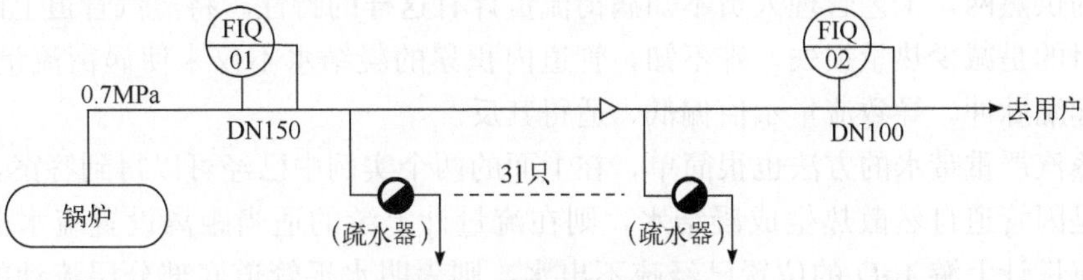

图 4.8　锅炉供汽系统

热力公司怀疑流量计不准，因为锅炉房出口的流量计 FIQ01 稳定显示 2.5t/h 左右的流量，而用户端流量计 FIQ02 显示时有时无，流量最大时也只有 0.75t/h。

作者通过电话为热力公司提供咨询服务，了解到，热力公司为了减少热量损失，将沿途的 31 只疏水器全部关掉，显然流经 FIQ02 仪表处的蒸汽中含有大量凝结水。作者建议将靠近用户流量计处的几只疏水器打开，排掉管道中的凝结水。这样做了之后，流量计示值在 1t/h 以下较稳定，至于该示值同 FIQ01 显示的 2.5t/h 之间的差值，应该是 2km 长的管道热损耗引起的，热力公司接受了这一结论。

4.5.4
关于漏脉冲现象的实例三

某热力公司有一个间歇用汽的用户，其管网如图 4.9 所示，白天用汽，夜间停用。热力公司反映，该用户的仪表在每天上午开工后，在开始的一段时间，如果阀门开得小，则显示正常，阀门逐渐开大后，示值反而减小，直到热管完毕，仪表显示才能恢复正常。

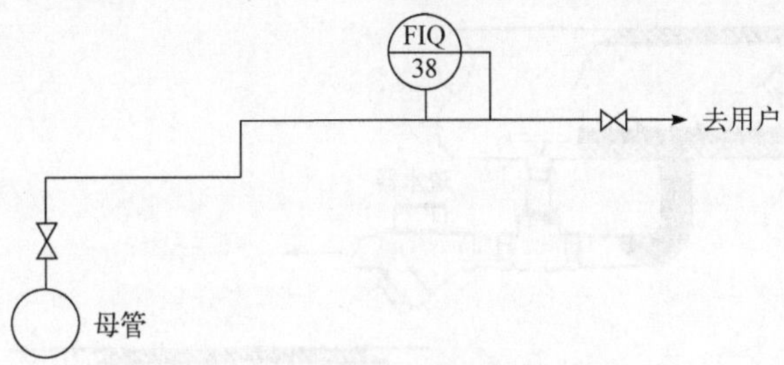

图 4.9　间歇用汽用户供汽系统

经现场察看，发现从蒸汽母管到用户仪表之间有一段长约百米的管道，用户夜间停止用汽后，管道内仍有蒸汽。由于管道散热，一夜之间在管道底部积了很多凝结水，在阀门开度小的时候，管道上方的蒸汽流经涡街流量计，仪表显示正常，阀门开度增大后，管内流体流速增大，凝结水被带走，流经涡街流量计时，导致严重的漏脉冲现象，但当管道中的凝结水被全部带到流量计的下游后，与旋涡发生体接触的全部为蒸汽，仪表显示又恢复正常。

4.5.5
蒸汽带水的处理方法

蒸汽严重带水会造成涡街流量计漏脉冲，这是一个客观事实，作为仪表专业从业者来说，有义务将这一事实告知工艺专业和相关的管理人员。

在有的供热网，工艺管理人员不知涡街流量计有这样的特性。将蒸汽管道上的疏水器全部停用，目的是减少热量损失，殊不知，管道内积累的凝结水不仅未使涡街流量计多走字，相反却引起漏脉冲，导致流量示值偏低，适得其反。

处理蒸汽严重带水的方法也很简单，在上面的两个实例中已经可以得到答案，即对症下药。如果是因管道自然散热生成凝结水，则在流量计上游的适当距离设置疏水器并充分疏水。如果流量计上游 $40D$ 的位置已经疏不出水，则表明水平管道底部分层流动的水已不存在，如图 4.10 所示。

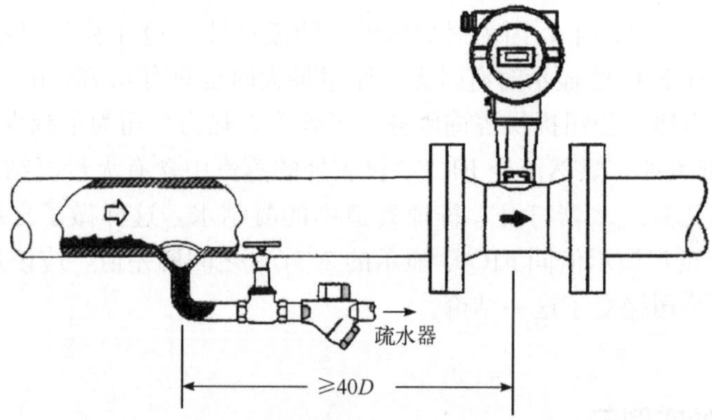

图 4.10　蒸汽是否严重带水的验证

为了获得良好的疏水效果，在安装疏水器时，增设一个集水器是个简单且有效的方法，如图 4.11 所示。

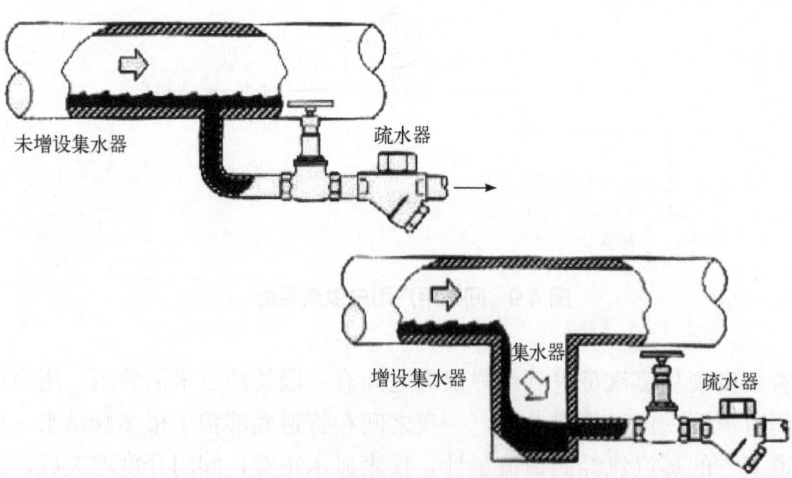

图 4.11　蒸汽管道集水器布置实例

4.5.6
讨论

注意

a. 湿蒸汽就其属性而言是两相流体，但在湿度不高的情况下，可将其当作单相流体并用普通的流量计进行测量。

b. 当 $X>95\%$的情况下，涡街流量计的输出脉冲仅代表湿蒸汽的干部分，如果想测量湿蒸汽的质量流量，可对涡街流量计少计的部分进行补偿。

c. 蒸汽严重带水，将使涡街流量计出现漏脉冲现象，更严重时，涡街流量传感器会完全没有脉冲输出。究竟含水率达到多少开始出现漏脉冲现象，以及含水率达到多少会将脉冲漏完，现在没有人给出具体数字。

d. 对于蒸汽严重带水影响涡街流量计正常测量的情况，常用的处理方法是在涡街流量计上游的适当位置充分疏水。合理布置疏水器，使湿蒸汽的干度尽量提高，能保证涡街流量计正常测量。

4

4.6
超上限流速对涡街流量计的影响

在制造厂的产品说明书中以及有关的书刊中，多给出卡门涡街斯特罗哈尔数 Sr 与雷诺数 Re_D 之间的关系，如图 4.2 所示[5]。

从图 4.2 可看出，只有 $Re_D<20000$ 和 $Re_D>7\times10^6$ 时，Sr 才略有升高，而在 $20000\leqslant Re_D\leqslant7\times10^6$ 区间，Sr 是一根水平直线，因此即使雷诺数在 350 倍范围之内变化，也都应该能得到很高的精确度，从而不用担心超流速使用会出现流量示值严重偏低的事。

然而，涡街流量计超上限流速使用会使流量示值严重偏低，是客观存在的事实，来自使用现场的很多事例也证明了这一点，想回避也回避不了。

为了论证这一问题，下面按不同的分析判断类型举实例说明。

4.6.1
通过汽水平衡关系进行判断

上海浦东某热力公司增设一台锅炉，项目中共有 9 套涡街流量计，施工图中均为日本某品牌，但总包单位为了节省投资，擅自修改为江苏某品牌涡街流量计。

锅炉投运初期，负荷较小，锅炉的产汽流量与进水流量基本相符。运行一年后锅炉负荷逐渐增大，运行人员发现产汽流量比进水流量低得越来越严重，直至 24 小时总量偏低 16%（扣除排污后）。运行人员怀疑锅炉负荷增大后，蒸汽流速超上限流速导致示值偏低。业主单位遂令总包单位将产汽流量用的涡街流量传感器拆下送第三方检定。

先是放在水流量标准装置上检定，得到的流量系数与铭牌上标示的数值相符。这一点也不奇怪，因为用水检定时流速较低，只有 6m/s 左右，而实际使用时，流速却高达每秒几十米。于是，再将该台仪表放在空气流量标准装置上检定，检定结果令人吃惊，在 60m/s 流速时，误差竟达到－24%[5]，找到了问题原因。最后总包单位只得重新采购，将用于蒸汽测量的三台涡街流量计换成施工图上指定的品牌，使问题得到解决，但总包单位承受重大损失。

4.6.2
一根管道四台流量计案例

（1）问题描述

江苏江阴某热电公司与两个用户之间因流量计量问题发生纠纷。

该公司分别经 DN100 管道和 DN250 管道向这两个用户供过热蒸汽。供方在两根管道的上游各安装了一套孔板流量计，作为收费计量手段，用户在下游安装了一台江苏某厂生产的涡街流量计，作为监督计量手段。前后两套仪表均经当地计量机构检定合格。仪表运行二年以来，总是上游仪表计得多，下游仪表计得少，下游仪表计量总量只有上游仪表的 70%左右。上下游仪表之间距离只有几十米。

由于需方只肯按下游仪表计量结果付费，从而发生纠纷。

供方提出，需方说下游的涡街流量计准确，上游的孔板流量计不准，要搞清楚究竟哪个准确。其次，在同一根管道上另外装一套孔板流量计和一套涡街流量计，如图 4.12 所示，证明究竟是孔板流量计好还是涡街流量计好。此项工作所发生的费用实事求是计收。

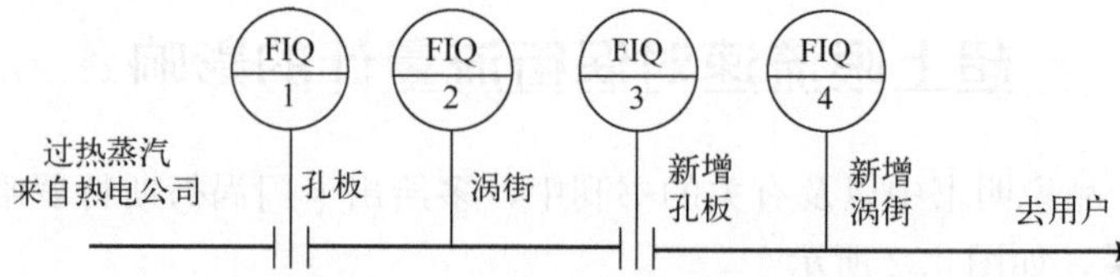

图 4.12　一根管道四套流量计的例子

（2）分析

①量差原因估计

作者根据以前所接触的此类涡街流量计的经验，初步估计上下游仪表量差是由所安装的涡街流量计品质欠佳引发的。但在有充分的证据之前，不能定结论。

②对新增的（一根管道上）两套仪表的承诺

a. 新增孔板流量计和涡街流量计各一套（两根管道共 4 套）。每一套仪表均应符合国家标准或行业标准。

b. 每一套仪表均经政府授权机构计量检定合格，其中孔板流量计经实流检定合格。

c. 同一根管道上新增的两套仪表（一套是孔板流量计，另一套是 DY 型涡街流量计）在瞬时流量不小于满量程流量 20%的考核条件下，24 小时计量结果相互之间的量差不大于 3%。

d. 新增的两套仪表与原有的两套仪表之间，误差多少不作承诺。

③ 运行结果与讨论

a. 新增的两套仪表相互之间的计量误差。进行一星期的数据统计，每天的计量误差均小于示值的 2%。原有的孔板流量计计量结果与新增的两套仪表基本相符[5]。

b. 关于谁是谁非问题。关于提问者急于知道的谁是谁非问题，结论是明确的。原有的两套仪表中，孔板流量计是准确的，涡街流量计偏低。

c. 关于孔板流量计和涡街流量计哪一种更好的问题。这个案例表明，蒸汽质量流量用孔板流量计测量和用涡街流量计测量，都能得到较准确的结果，都能满足国家标准 GB 17167—2006 的要求[6]。

d. 原有的两套流量计检定均合格，但实际使用后涡街流量计示值严重偏低。目前，涡街流量计的流量系数一般是在水流量标准装置上标定得到的。标定时水的流速最高只有几米每秒，而测量蒸汽时，流速高达几十米每秒，从涡街的工作原理可知，涡街流量计流量系数是不受流体物性（密度、黏度）和组成影响的，但这一特点并不能保证其在超上限流速条件下不偏低，因为标定得到的流量系数只有在允许的流速范围之内才是可用的[7]。

e. 新增的涡街流量计改为 DY 型示值不偏低的原因。不同品牌的涡街流量计，允许的上限流速各不相同，例如[5]横河公司，80m/s；E＋H 公司（恩德斯豪斯自动化有限公司），77.5m/s；罗斯蒙特公司，76m/s；菲波公司，70m/s。

纯国产的涡街流量计，都未给出上限流速数据，一般高于 45m/s 就显著偏低。但也有例外。

新装的 DY 型涡街流量计虽然其公称通径与原有的一台涡街流量计相同，但上限流速是老涡街流量计的 2 倍，所以老的涡街流量计超上限流速，新的不超。

f. 这一案例说明了两点：

• 无论涡街流量计还是标准孔板流量计，只要使用得当，都能获得准确的结果；

• 不同品牌的涡街流量计，允许的上限流速差异较大，但超过上限流速都表现为示值严重偏低。

4.6.3 分表示值之和与总表示值比对发现问题

（1）现象描述

上海某体育中心引进两台 10t/h 燃油自动锅炉，为游泳池及其他设施供热，由于锅炉产生饱和蒸汽，故流量计只进行压力补偿。仪表配置及设计参数如图 4.13 所示。由于工艺设计者提自控条件时确认锅炉常用操作压力为 1.0MPa（表压，下同），所以锅炉出口流量选用 DN100 足够。

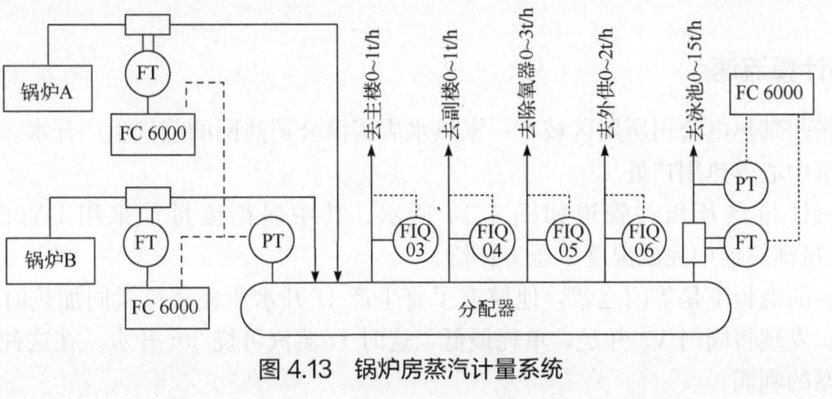

图 4.13　锅炉房蒸汽计量系统

交工验收时，需方提出蒸汽流量计有时准确有时不准确，要求做平衡测试并查找原因。测试方法是分表示值之和（总耗汽量）与总表示值（发汽量）平衡，发汽量与锅炉进水量平衡。

现场测试工作开始后，作者发现该单位锅炉采用间歇运行操作法。锅炉喷油置“手动”位置，而且开到最大，测试时锅炉单台运行，耗汽总量小于 10t/h，所以锅炉自动点火后蒸汽压力几乎是等速上升。当压力升高到所设置的上限压力 1.1MPa 后，自动熄火停炉。于是压力近似等速下降，当压力降到 0.25MPa 后，锅炉自动点火开炉，如此周而复始地循环。

在平衡测试中，压力等于 0.4MPa 时，分表之和与总表读数（累积值）最多只差 1%；但是压力低于 0.4MPa 后，分表之和与总表读数之差逐渐增大；压力为 0.25MPa 时，总表读数低 5%。根据当时的运行数据计算，总表（YF110 E 型）测量管内的流速已超过 100m/s，又分别计算了各台分表低压运行时的流速，均未高于 75m/s，显然，误差是由总表流量计超上限流速（80m/s）运行引起的[7]。

作者向业主单位提出操作压力应不低于 0.4MPa，需方不同意，理由有两个：

其一，他们的锅炉属生活锅炉，对供汽压力要求不高，0.25MPa 的压力也不影响热用户使用。

其二，间歇生产有利于节能，而且点火起动压力越低，起一停周期越长对节能越有利。

分析这一事件的起因，应属工艺设计者提自控条件时未想到实际运行时是如此低的操作压力。

这一事件虽然完全不属仪表选型的责任，但给选型者一个启示，即除了请提条件人员写明最大流量、常用压力、最低压力之外，还需对流量最大、压力最低时，流过涡街流量计的流速进行校核，流速不得高于上限值。

（2）分析

a. 本实例中，锅炉操作压力降低后，产汽流量计大幅度偏低，是因操作压力偏离设计值太多，涡街流量计在超上限流速条件下运行。

b. 这样的运行方式对锅炉的寿命不利。因为操作压力低时，汽包和炉管内介质温度也低（0.25MPa 对应 139℃），操作压力高时，汽包和炉管内介质温度也高（1.1MPa 对应 188℃）[8]，冷热交替变化，长此以往，材料容易产生蠕变，引发连接处泄漏等问题。

c. 本案例中所用的涡街流量计均为名牌产品，虽然品质较好，但超上限流速后，示值同样表现为偏低。

4.6.4
通过压损计算流速

江苏扬州某热电公司所属区域有一家热水店买该公司热网的蒸汽生产开水，然后用槽车运送到洗浴中心等热用户处。

该蒸汽计量点及相关管道如图 4.14 所示。其中涡街流量计采用 DY080 型，并在 FC6000 流量演算器中完成温度、压力补偿。

开水店的老板不是等闲之辈，他摸索了每生产 1t 开水所耗蒸汽量同加热时蒸汽瞬时流量的关系。发现将阀门 V_2 开足，单耗最低，这时 1t 蒸汽可烧 30t 开水。在这种操作下老板赚得了丰厚的利润。

热电公司的管理人员去现场巡查时发现，蒸汽总管内压力为 0.7MPa，而流量计出口处

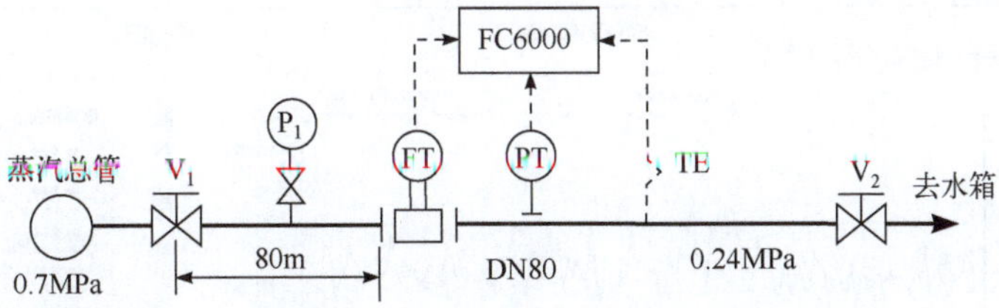

图 4.14　热水店用户计量系统

压力在 0.22～0.26MPa 之间变化，温度为 260℃。此时的蒸汽流量计显示值为 1.5t/h，而且涡街流量计处有啸叫声，显然流过涡街流量计的蒸汽流速非常高。又听说开水店的蒸汽单耗如此低，初步判断这套流量计示值严重偏低。

热电公司处理这件事时先从流量计出口端压力偏低入手，于是在流量计上游的 DN80 管道旁又增设了一路 DN65 的管道，两根管道并联使用，以降低管道上的压力损失。但运行效果不显著，只是流量计前面和后面的压力略有升高，计量值偏低的情况并无改观。

热电公司为此事向作者咨询。作者先根据流量计前后压力计算流过涡街流量计的平均流速。因为流体流过涡街流量计时，流量计前后压差同流速之间有下面的关系[4]：

$$\Delta p=1.08\times 10^{-6}\rho V^2 \tag{4.9}$$

式中　Δp——差压，MPa；

ρ——流体密度，kg/m^3；

V——流速，m/s。

流量计出口处压力以 0.24MPa 计，在温度为 260℃时，蒸汽密度为 $\rho=1.4kg/m^3$，蒸汽总管压力为 0.7MPa，扣除沿途压力损失，到流量计上游约为 $p_1=0.5MPa$，然后计算压差。

$$\Delta p=0.5-0.24=0.26MPa$$

代入式（4.9）得

$$V=\left(\frac{\Delta p}{1.08\times 10^{-6}\rho}\right)^{1/2}\approx 414m/s \tag{4.10}$$

显然已经超过上限流速 4 倍，示值偏低是必然结果。后来热电公司经局部扩管，换上大口径涡街流量计后解决了问题。

4.6.5 借助趋势图进行分析判断

江苏常州某热电厂供热网所属的两台大口径涡街流量计超上限流速引起的示值严重偏低，是从管损趋势图发现的。

该供热网通过四路总管对用户供汽。每一路总管和全厂总管管损在 SCADA 系统上均用趋势图显示。其管理人员告知，从 2013 年 4 月 2 日起，发生管损陡增的现象，如图 4.15 所示。

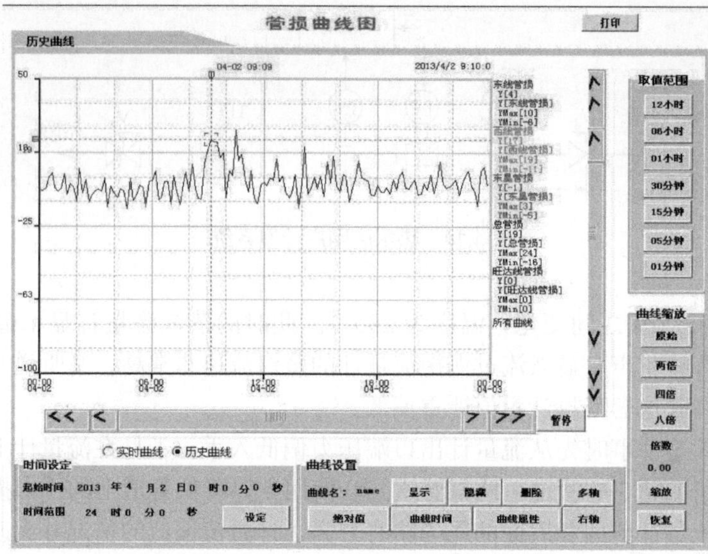

图 4.15　供热网管损陡增

经关联分析，发现在 4 路总管中有 3 路管损与时间变化的关系稳定不变，但第 2 路管损趋势图（图 4.16）与图 4.15 所示的趋势图具有大致相同的波形，显然，这一天开始的管损陡增不是别的原因引发的，而是由于第 2 路总管管损陡增引起的。

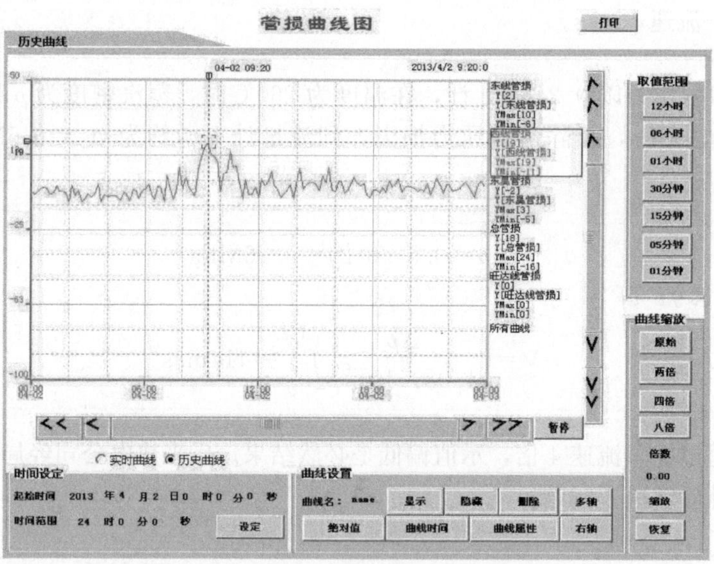

图 4.16　第 2 路总管管损趋势图

接下来是分析该路总管每天上午 9：00 开始管损增大的原因，从统计数据计算，9：00 开始管损增大，是由于分表之和比关口表示值少 15t/h 左右。

查看该路总管上 8 个分表的流量趋势图，发现有一个用汽单位的两台流量计，因新增流程启用，每天上午 9：00 起用汽量大增，与该路总管管损图在时间上和波形上密切相关，于是就怀疑该路总管管损陡增是由于这两个计量点计量不准引发的。这两个计量点的流量趋势图如图 4.17 和图 4.18 所示。

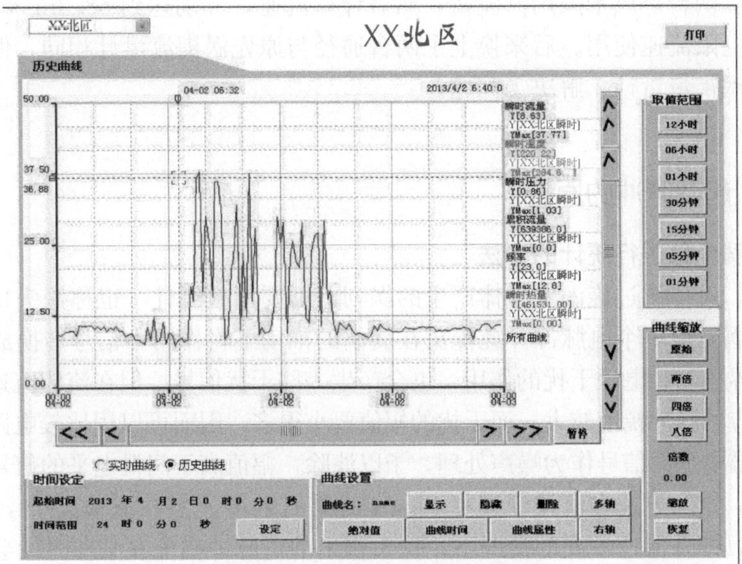

图 4.17　某北区流量趋势图

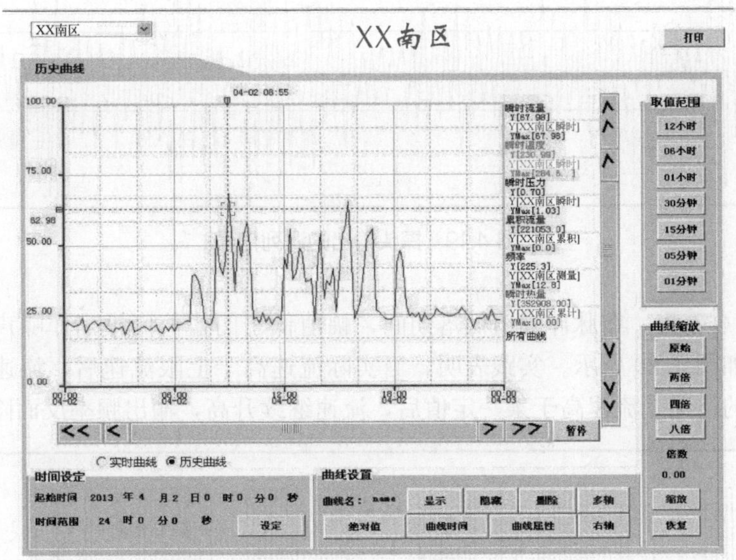

图 4.18　某南区流量趋势图

这两个计量点所计的蒸汽都是用户用于湿料热风干燥的。这个公司的产品是颜料，每天下午和夜间生产的颜料都是湿料，按照他们的作业计划，要在第二天的上午用热风干燥的方法予以干燥，制成粉料，这一工艺过程需要消耗大量蒸汽。

经进一步调查研究发现，这两个计量点采用的测量方法是涡街流量计＋压力变送器＋温度传感器＋流量演算器，而具体选用的涡街流量计是国内某个品牌的产品，公称通径分别是

DN300 和 DN250。经调查，这个品牌的涡街流量计在测量气体和蒸汽时，保证测量精确度的上限流速是 40m/s，在进一步的分析计算中，9：00 后的第 2 路总管流量，减去 6 个小用户的流量，估算两台热风干燥用汽流量，然后计算流速，分别达到 68.3m/s 和 56.3m/s[8]，从而判断其超上限流速使用。后来换上了两台通径与原先涡街流量计相同，但上限流速允许 80m/s 的优质涡街流量计，解决了问题。

4.6.6 超上限流速引起漏脉冲的原因

(1) 对旋涡个数进行统计的方法

如前所述，流体流过旋涡发生体产生的涡列，都要用检测件（也称探头）将其转换成电信号，一个旋涡对应一个电脉冲。此探头在旋涡的推动下将作用力信号转换成电脉冲信号的同时，由于外界振动和电磁干扰的作用，也会产生一些干扰信号。但在流体流速高于下限流速时，与涡列对应的脉冲幅值较大，而干扰的幅值要小得多，因而可以用比较电路将其滤除，即将幅值低于门槛电平的信号作为噪声处理，予以滤除，幅值高于门槛电平的信号，予以输出。

实践证明，这一方法在流体流速≤40m/s 时是有效的。但在流速高于 40m/s 之后，出现了新的情况，即在流速不变的情况下，探头输出的电脉冲幅值在某些时段会出现随机的低落，图 4.19 所示为高流速时输出信号随时间变化的典型波形。

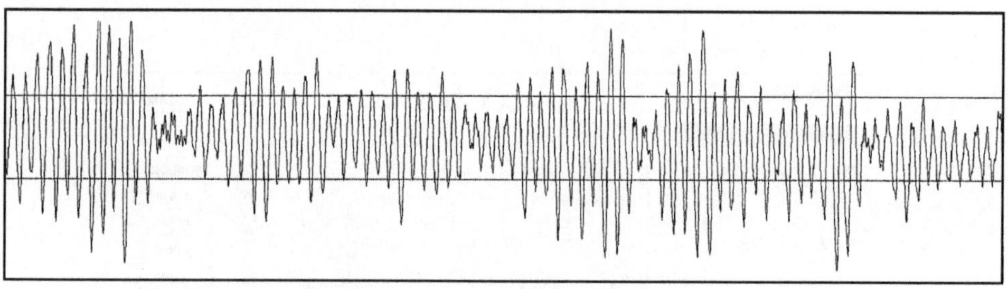

图 4.19 探头输出的涡列信号

从图 4.19 可看出，在脉冲幅值低落期间，幅值低于门槛值而被当作噪声处理，从而导致脉冲漏计，如图 4.20 所示。实践表明，当实际流速高于上限流速后，流速越高脉冲漏计越多，最严重的情况是流速高于某一定值后，流速继续升高，输出频率反而降低[9]。

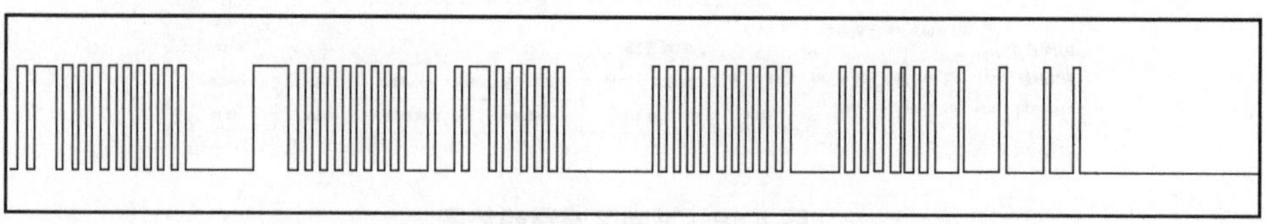

图 4.20 超上限流速后的漏脉冲现象

(2) 处理方法

对图 4.19 所示的信号波形进一步分析可以发现，在流速恒定的条件下，幅值低落期间的波形虽然信号幅值较低，但其周期与幅值正常期间的信号周期相比并无明显差异。因此，如果能将统计方法从对脉冲幅值进行计数改为对脉冲频率进行测定，则幅值低落现象就不会对统计结果产生影响。

要完成这一任务，就得将图 4.19 所示的时域信号转换成频域信号。也就是要用频谱分析技术测得探头送出的电信号中所包含的各个频率。图 4.21 所示即为典型的频谱分析结果，然后对涡列的频率进行识别，就可得到测量结果[10]。

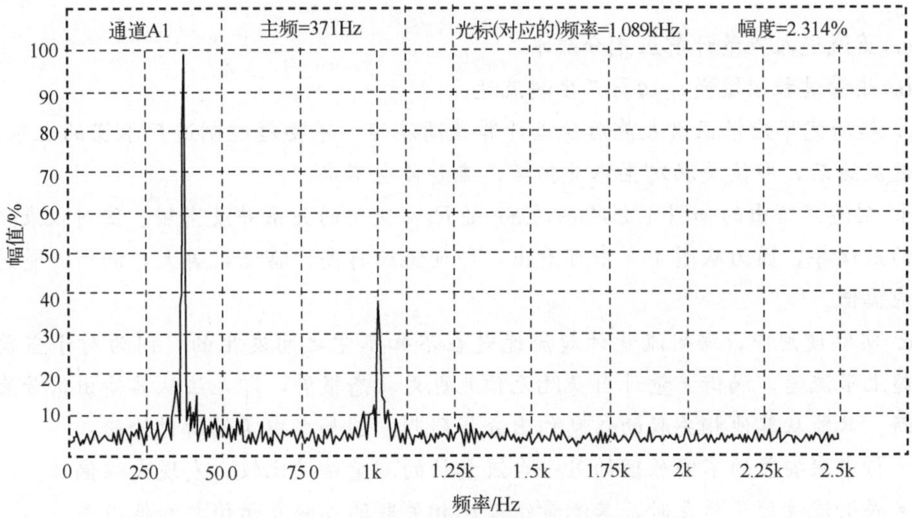

图 4.21　涡街传感器压电晶体信号频谱

(3) 涡列频谱的特征

在图 4.21 所示的探头输出信号的频谱中，峰值高于可以识别的频率信号往往不止一个，这是因为探头感知的信号除了涡列之外还有振动干扰、电磁场干扰和探头的本底噪声。具体处理时，有的公司用快速傅里叶变换法（FFT）计算信号的功率谱，得到涡街信号频率，再通过功率谱中相邻边频的间距和边频的幅值来估计干扰频率和幅值[11]。

由于干扰频率是稳定不变的，所以比较容易识别。

还有的公司采用频谱信号处理（spectral signal processing）技术，利用信号频谱分析结果，结合最佳噪声比搜索算法，调整带通滤波器（band pass filter，BPF），除去噪声。

4.6.7
旋涡发生体多次被折断

四川某化工厂买了 20 台北京知名品牌涡街流量计测量蒸汽流量，除了一台 DN40 仪表之外，都运行得很好。这台 DN40 涡街流量计投运后不久旋涡发生体就被冲掉了。后来供应商无偿换了一台相同规格的仪表，没几天旋涡发生体又被冲掉了。

大多数品牌的涡街流量计都发生过发生体被打断或被冲掉的事件。其中个别属品质问题，没有焊牢，但大多数是使用问题。

流体以很高的流速通过旋涡发生体时，会在旋涡发生体背面产生强烈的旋涡，引发振动，对旋涡发生体造成强大的推力。该推力与流速的平方成正比，与流体的密度成正比。

当仪表用来测量蒸汽流量时，如果流量计进出口之间压差较大，流速很高，有的超过 200m/s，甚至接近声速，旋涡发生体很容易被冲掉。对于间歇使用的对象更危险，如果白天用汽，夜间停用，那么第二天上班开阀时，管道是冷的，阀后的压力接近大气压，流速很容易升得太高。此时上游管道内的水被蒸汽夹带，以很高的线速度冲撞在旋涡发生体上，由于流体平均密度大，推力特别大，以致旋涡发生体损坏。因此，冷管起动时应注意以下几点：

注意

a. 蒸汽进入流量计前应充分疏水。

b. 热管过程应缓慢，切忌产生超流速。

c. 起动完毕应根据仪表前后压差计算最高流速，不要超过制造厂承诺的上限流速。因为超流速后，即使旋涡发生体没损坏，流量计也不准。

d. 制造厂给出的如图 4.2 所示的 Sr 随 Re_D 变化的关系并没有错。但对仪表用户起作用的是误导，因为从图 4.2 中可看出，即使流速再高，雷诺数再大，涡街流量计输出也不应偏低。

e. 实际使用中，涡街流量计超流速是在不知不觉之间发生的，因为对于当前是否已经超上限流速，涡街流量计自身既无预兆也无状态报警，即无法从其输出信号直观作出判断。只能从其他相关联的信息作出分析研判。例如书中实例所讨论的：

- 与串联安装的不同原理的另一台流量计的测量结果比较，发现大幅偏低。
- 涡街流量计为总表时，其测量结果比相关联的各分表示值之和低很多。
- 对生产过程或工艺设备中当前的过程变量进行基于质量守恒定律或能量守恒定律的分析计算，看涡街流量计是否严重偏低。
- 通过涡街流量计进出口压差计算流速。
- 基于 SCADA 系统给出的管损数据和趋势图波形进行关联分析，作出判断。

f. 不同品牌的涡街流量计，其允许的上限流速差异很大，有的竟差 1 倍之多，不能一概而论。设计选型前应做深入细致的调查研究。上限流速高的品牌，价格可能贵一点，但可以通过缩小仪表通径的方法节省投资。

4.7 流动脉动对涡街流量计的影响与对策

4.7.1 引言

流量计实流校准时的参比条件是流动状态必须为定常流（稳定流）。所谓定常流就是流场中各点处的流速、压力、密度和温度等诸参数不随时间变化的一种流动状态。

如果流动流体的某个参数，如流速、压力、密度、温度等，不断地随时间变化，就称非定常流。如果测量管段中的流量虽为时间的函数，但在足够长的时间间隔内的平均值是一个常数，则称这种流动为（具有恒定平均值的）脉动流，它是非定常流中的一种流动状态。

在蒸汽流量测量中，流动脉动常见于蒸汽管流，它可能由调节系统振荡、减压阀阀芯的抖动、气泡破裂引发的振动、蒸汽高速流过三通管等引起。

从现场仪表指示往往看不出工业管流中脉动的存在，这是因为平常使用的流量计、压力计响应较慢，而且设有阻尼，但事实上，流动脉动可能是存在的。脉动还可以从上游传递到下游，也可以从下游回溯到上游，所以脉动源可能在流量计的上游影响其示值，也可能在流量计的下游影响其示值。然而从脉动源到流量计的距离增大能使脉动衰减，幅值变小。可以通过可压缩性效应（包括气体和液体）使之衰减到在流量计安装地点探测不到脉动幅值。

当然，如果脉动的频率很低，也能从管道内的蒸汽压力等观察到脉动的存在。

流动脉动对多种原理的流量计产生影响。其中，涡街流量计是最容易受伤害的一种流量计，当脉动幅值达到一定值时，涡街流量计输出会显著偏高。当脉动频率与旋涡剥离频率之比值较大时，就会出现一种强烈的趋势，即旋涡剥离周期被锁定为与脉动周期相同（$f_v=f_P$）或一半（$f_v=f_P/2$）。在锁定条件下，流量计输出停顿，流量指示误差可高达±80%。当脉动频率大大高于旋涡剥离频率时，无明显的锁定现象，但斯特罗哈尔数变化，其后果是稳定流校准数据明显偏离，达到 10^{-1} 的数量级[12]。

下面举几个实例描述蒸汽流量测量中流动脉动对涡街流量计的影响及处理方法。

4.7.2 脉动流影响流量测量的几个实例

例 1：调节系统振荡引起的脉动及其克服。

上海某轮胎厂新建两台 35t/h 锅炉供 3.9MPa 饱和蒸汽，蒸汽流量用涡街流量计测量，仪表配置如图 4.22 所示。锅炉投入运行后，各路蒸汽分表示值之和与总表经平衡计算，差值≤1%R❶，发汽量与进水量平衡测试结果也令人满意，但运行三个星期后出现了新情况，即去除氧器的一套蒸汽流量计示值有时突然跳高，从而使分表之和比总表示值高约 20%。

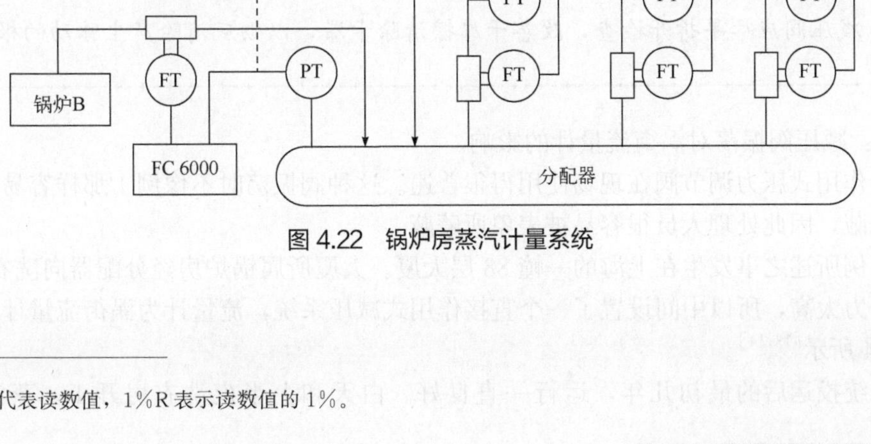

图 4.22　锅炉房蒸汽计量系统

❶ R 代表读数值，1%R 表示读数值的 1%。

在现场运行人员介绍之际，仪表人员观察到流量计示值跳高现象突然发生，从记录纸上的记录也可清楚看出，测量范围为0～10t/h的除氧器耗汽流量正常时在3t/h左右波动，最高时也未高于5t/h，但是异常情况发生后，流量示值突然跳到10t/h以上并长时间维持此值。

仪表人员立即到蒸汽分配器处观察，发现去除氧器的一路蒸汽管有异常的振动，管内压力有周期性地小幅度摆动。仪表人员又到除氧器处观察，其配管如图4.23所示。3.9MPa蒸汽经直接作用式压力调节系统减压到0.6MPa后，再经用于除氧温度控制的偏芯旋转阀送入除氧头。仪表人员发现，减压阀后蒸汽压力在0.1～0.8MPa之间大幅度、周期性摆动，周期约4s，而偏芯旋转阀阀位并无明显摆动，显然，压力振荡是由直接作用式压力调节系统振荡引起的。

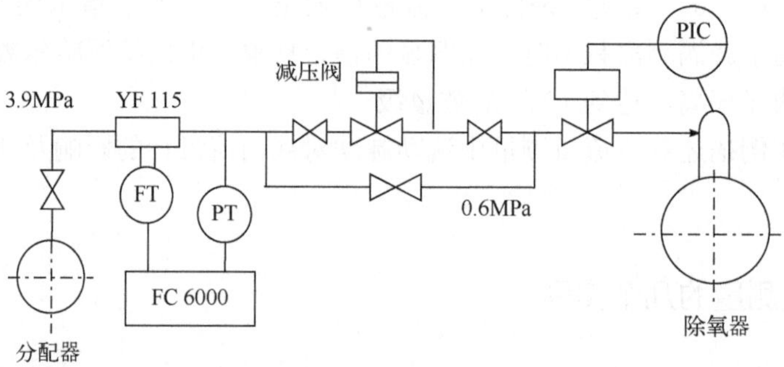

图4.23 除氧器蒸汽系统

仪表人员建议热力工程师将减压阀前的切断阀缓慢关小，直至振荡停止，这样流量示值可恢复正常。

分析上述现象，归纳出以下五点：

注意

a. 流量示值突然跳高是由于流体从定常流突然变为脉动流。

b. 脉动流的形成源于减压阀振荡。

c. 减压阀振荡是因其两端压差大，阀门开度小，阀芯还可能存在一定的干摩擦。

d. 关小调节阀的上游切断阀后，减压阀开度增大，振荡停止，这是因为阀门开大后，减压阀两端压差减小，等效放大系数相应减小。

e. 减压阀应尽早拆开检查，改善干摩擦清除卡滞，以彻底消除产生脉动的根源。

例2：减压阀振荡对涡街流量计的影响。

直接作用式压力调节阀在现场使用得很普遍。这种阀振荡时不像例1那样容易察觉，而且非常隐蔽，因此处理人员很容易被表象所蒙蔽。

该实例所述之事发生在上海的一幢88层大厦。大厦所属锅炉房经分配器向洗衣房供汽。因蒸汽压力太高，所以中间设置了一个直接作用式减压系统，流量计为涡街流量计。系统图如图4.24所示[13,14]。

该系统投运后的最初几年，运行一直良好。白天和上半夜洗衣房开工，蒸汽流量在

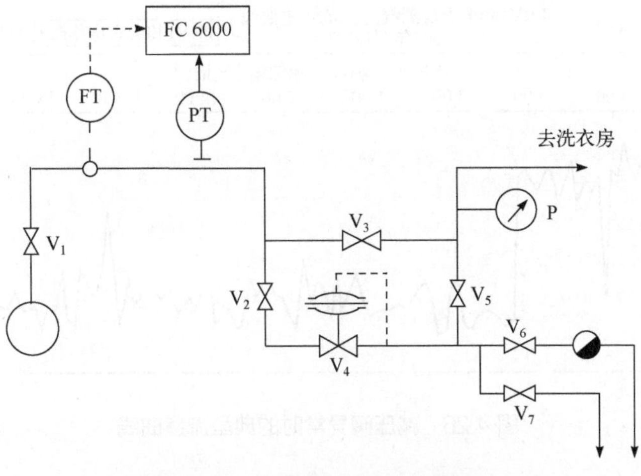

图 4.24　蒸汽减压与流量测量系统

1.0～2.5t/h 之间波动；后半夜收工后，流量减为 0.2t/h 左右。典型的历史曲线如图 4.25 所示。

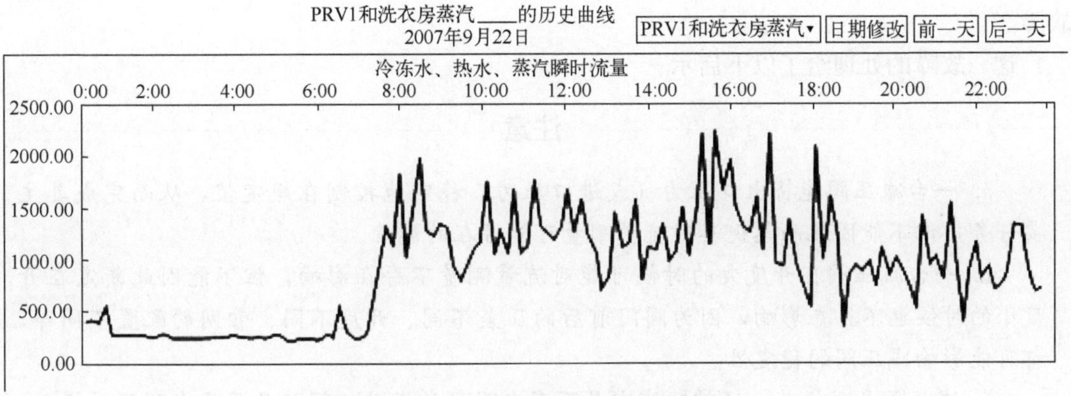

图 4.25　减压阀正常时的典型流量曲线

可是在 2007 年 5 月的一次停车小修之后，情况发生了变化。其中，开工期间的流量变化范围并无异样，而停工期间的流量示值却大幅度升高，甚至比开工期间的最大流量还要大。典型的历史曲线如图 4.26 所示。因此，有关人员特地在停工期间进行检查。

先是检查了涡街流量计的零点。然而，关掉切断阀后，流量计指零。其次怀疑是否是涡街流量计损坏。然而，将涡街流量计拆下放在流量标准装置上校验，一切正常，指标合格。

在停工期间，检查人员靠近图 4.24 中阀门 V_4 的位置听管道中流体流动的声音，噪声很大，在场人员推算，管内流速很高。可是顺着管路去查，沿途无任何泄漏，也无疏水器漏汽的迹象。

有人怀疑疏水器损坏，在洗衣房停工期间流量太小，饱和蒸汽带入减压系统的凝结水有可能在图 4.24 中的 V_5 前积累，使得蒸汽通过水层时出现鼓泡，导致流量脉动。可是，打开阀门 V_7，并无积水的现象。

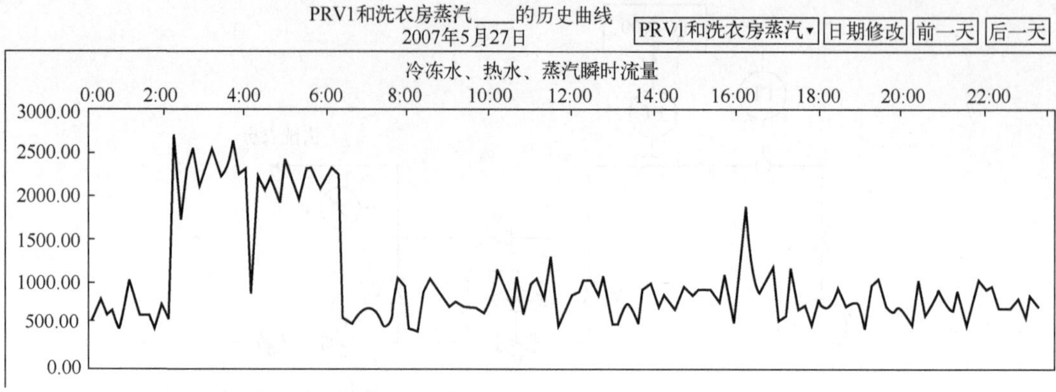

图 4.26　减压阀异常时的典型流量曲线

在一筹莫展的情况下，开始怀疑减压阀，因为不论流量大与小，减压阀后的压力总是稳定在 0.4MPa，所以，人们一直认为它是好的，没有怀疑的必要。于是，通过阀门 V_3 对出口压力进行控制，将阀门 V_2 逐步关小，直至关死。待切换完毕，流量示值跌到 0.2t/h 以下，从而真相大白。后来，维修人员更换了减压阀的金属膜片，最终处理了故障。

这一故障的处理给了以下启示：

注意

a. 一台减压阀能将出口压力（或进口压力）稳定地控制在规定值，从而完成其主要任务，但不能因此而忽视其对流量测量可能存在的影响。

b. 一台减压阀在开度大的时候可能对流量测量不存在影响，但不能因此断定在开度小的时候也不存在影响，因为阀门前后的压差不同、开度不同、管网的配置不同等，都可能影响减压阀的稳定性。

c. 减压阀是否振荡，通常观察它是否存在明显的振动，阀芯是否存在明显的振动，是否发出振荡叫声，但即使无振动、无抖动也无叫声，也不能做出不振荡的判断。

检验减压阀是否振荡并对涡街流量计产生干扰，最可靠和简单的办法是跳开减压阀，改由旁通阀控制。

d. 减压阀振荡（或仅在某一开度存在振荡现象）导致涡街流量计示值偏高，是由于振荡引起流动脉动，干扰了涡街流量传感器的工作。

e. 解决减压阀振荡的方法是对减压阀进行维修或改善其工作条件，使振荡条件不成立。

例 3：T 形管道引起的脉动及其克服。

横河公司在其涡街流量计选型资料中介绍，由图 4.27 所示的 T 形管道而引起的脉动压力，会对涡街流量计产生干扰。当图中的阀门 V_1 关闭时，流体沿 B 方向流动，对流量计 A 来说，流量为 0，但由于该脉动压力被流量计中的传感器检测到，以致流量计产生假流量输出，出现所谓的“无中生有”现象。该公司建议将 V_1 的位置换到 V_1' 位置，这时，V_1' 关闭，能将脉动压力完全阻断，从而消除“无中生有”现象。而 V_1' 保持一定开度时，由于 V_1' 的节流作用，对脉动压力有一定的衰减效果。当然，流量计的安装位置如有可能，应尽量向下游移，远离脉动源，上述衰减作用会更显著。

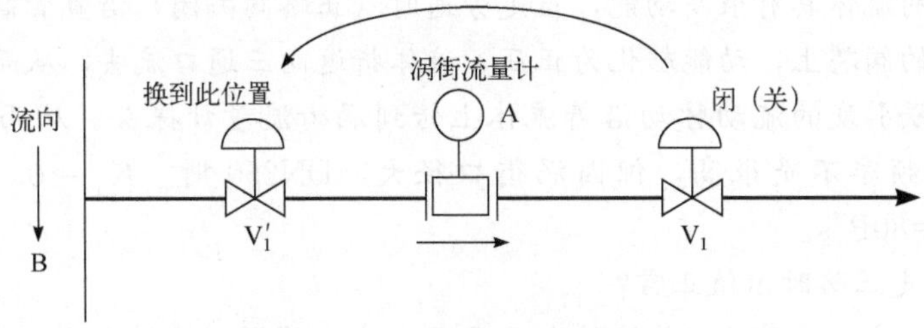

图 4.27 T 形管道引起的脉动

本章例 3 所讨论的是流体在三通管处做直线运动时，对支管上的涡街流量计造成干扰的例子，其实流体在三通管处做 90°曲线运动时，也会引发流动脉动，而且破坏性更严重，下面就是一个此类实例。

例 4：用旁通阀控制流量示值陡增 20%。

苏州某热电厂供热网上的一路蒸汽管上装有一台山东某厂生产的涡街流量计，其系统图如图 4.28 所示。该系统在试运行过程中，下游切断阀走正路时，示值正常，走旁通时，流量示值陡增 20%。不仅如此，瞬时流量示值还非常不稳定，经常出现很高的毛刺。走旁通和走正路时的流量趋势图如图 4.29 所示。

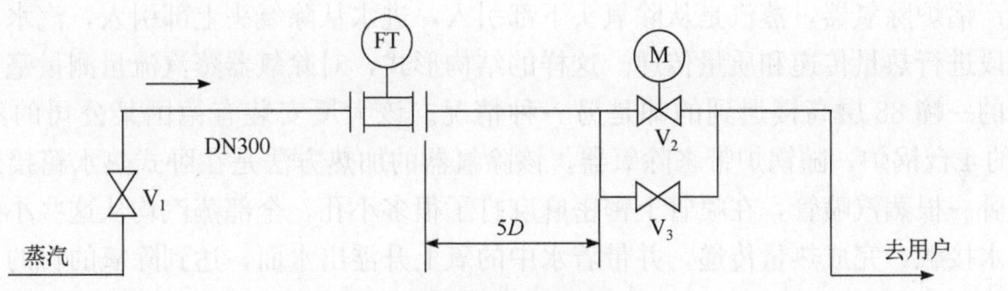

图 4.28 流量测量与控制系统

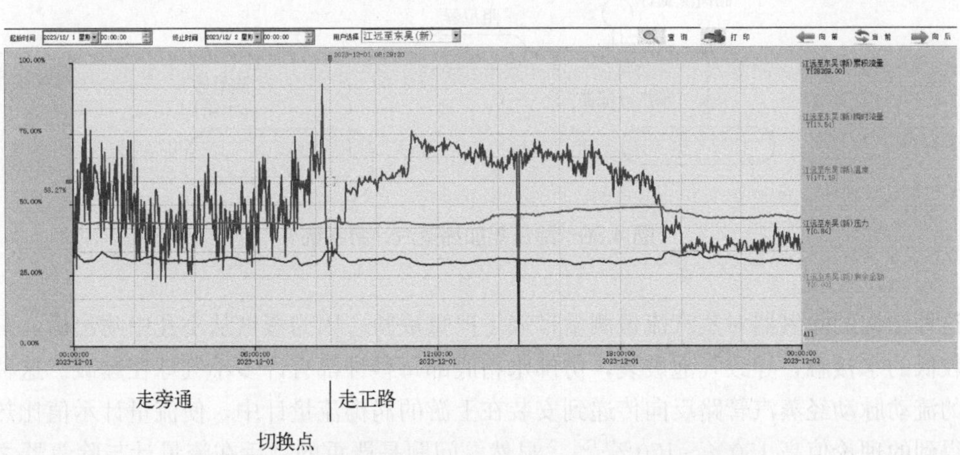

图 4.29 用旁通阀控制和用正路阀控制的流量趋势图

注意

a. 为什么走旁通时，流量示值大幅偏高？

高速流动的流体具有很高动能，当走旁通时（正路阀关闭）沿直管高速流动的流体撞击在正路阀的阀芯上，动能转化为正压，流体折返向三通口流去，从而导致流体旋转产生旋涡，旋涡引发的流动脉动沿着流体上传到涡街流量计探头，从而使输出脉冲增多。这个脉动频率不是很高，但因涡街口径大，DN250 时，$K_t=0.0699\text{P/L}$，$V=20\text{m/s}$ 时，$f=80\text{P/s}$。

b. 为什么走正路时示值正常？

走正路时，高速流动的流体流过全开阀不会产生旋涡；流过下游 90°弯头时，由于管壁的导向作用，流路平滑，可顺畅通过，只引起流场对称性变差，也不会产生旋涡。但是流体流过三通管口时，因为管径较大，可能会产生旋涡。

要判断流过三通时是否有旋涡发生，最简单的方法是在近三通管处安装一台压力表，如果在高流速时压力值有明显的抖动，则表明有旋涡存在。当然最好的方法是在涡街流量传感器附近，不要设置大直径三通管。

例 5：蒸汽喷嘴引入的脉动及其克服。

锅炉的除氧器是用蒸汽将进水加热到规定温度，水中氧的饱和溶解度相应减小，从而达到除去水中部分氧的目的。

国产锅炉除氧器，蒸汽是从除氧头下部引入，进水从除氧头上部引入，汽水在除氧头内的筛板段进行热量传递和质量传递。这样的结构形式，对除氧器蒸汽流量测量毫无影响。但在上海的一幢 88 层高楼遇到的却是另一种情况。该大厦安装有德国某公司的蒸发量各为 10t/h 的 4 台锅炉，随锅炉带来除氧器。该除氧器的加热方法是在卧式热水箱接近底部的高度，横卧一根蒸汽喷管，在喷管上密密麻麻打了很多小孔，全部蒸汽均从这些小孔中喷出同周围的水接触，完成热量传递，并带着水中的氧上升浮出水面，达到除氧的目的。其蒸汽计量和加热系统如图 4.30 所示。

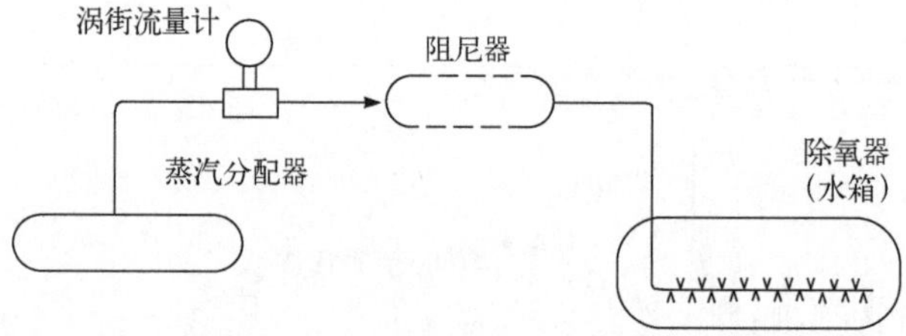

图 4.30 除氧器加热蒸汽计量系统

这种结构的除氧器对蒸汽流量测量带来了严重威胁。因为蒸汽从小孔中喷出后，马上同温度较低的水接触，导致气泡破裂，仿佛水箱底部每秒钟都有许多小气球在爆破。这种爆破产生的流动脉动经蒸汽管路反向传递到安装在上游的涡街流量计中，使流量计示值比热平衡计算得到的理论值高 150%～170%[13]。显然，问题是严重的。后在流量计与除氧器之间加装了一台阻尼器，使气泡破裂产生的脉动在阻尼器中得到衰减。阻尼器投入运行后，不仅流量计示值与理论计算值基本符合，而且管道振动也明显减小。为了解决安装空间问题，阻尼器结构采用管道式，如图 4.31 所示。

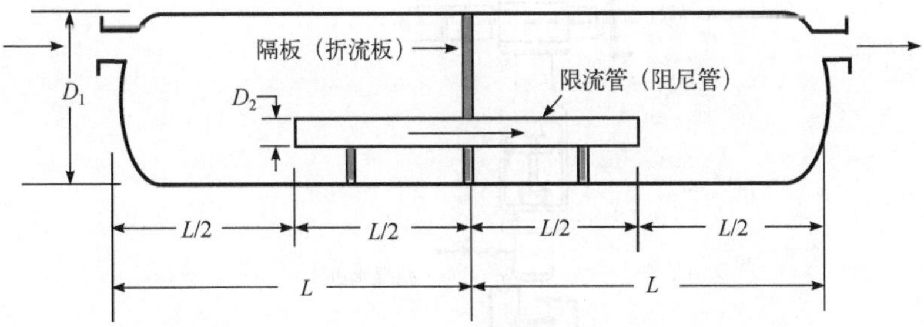

图 4.31　阻尼器结构

在设计蒸汽（气体）阻尼器时，两个气容容积大小和限流管内径的设计是关键，因为容积太小，阻尼效果不好，而容积太大，效果虽然好了，但体积和成本均增大。限流管的内径也如此，管径取得太大，阻尼效果不佳，而管径取得太小，阻力大，压损大。因此需合理计算。

文献［15］给出了在不同流量条件下阻尼器的尺寸，如表 4.3 所示。该文献中计量单位为英制，表 4.3 中已换算成公制。

表 4.3　阻尼器尺寸[14]

流量 q_s/×100m³/h	罐直径 D_1/mm	阻尼管直径 D_2/mm	长度 L/mm
35	400	38	950
35～127	600	50	850
127～200	750	80	1000

例 6：减温减压器引发流动脉动。

电厂外供蒸汽大多经减温减压的工序，以满足客户对蒸汽温度、压力的需求。减温减压后的蒸汽，一般流量较大，管径较粗，而且流量值均需精确计量，以作为财务结算的依据。此类流量测量对象的仪表选型，绝大多数为差压式流量计，但是偶尔也有设计人员选用涡街流量计，其后果大多是流量示值严重偏高，偏高幅值一般与蒸汽温度的高低、压差的大小、管径的粗细，以及涡街流量计与减温减压装置之间的距离有关。减温减压的工作原理并不复杂，就是将减温水喷入蒸汽中，将其汽化，吸收高温过热蒸汽的部分热量，达到减温目的。减温减压器的结构原理如图 4.32 所示[16]。

减温减压器有一体式和分体式之分，不管哪种型式，当减温水喷入减温器时，在减温器中，减温水与过热蒸汽接触的瞬间，总是伴随着气泡破裂和水滴汽化的过程，从而引发汽液相流体的剧烈振动，此振动以流体为介质传递到涡街流量传感器的探头上，使其输出脉冲数增加。

从引发流动脉动的类型分，此类脉动属多相流引起的流体动力学振荡所引发。与例 5 中陈述的蒸汽吹入水箱，引发的流动脉动有些相似但也有显著差别。

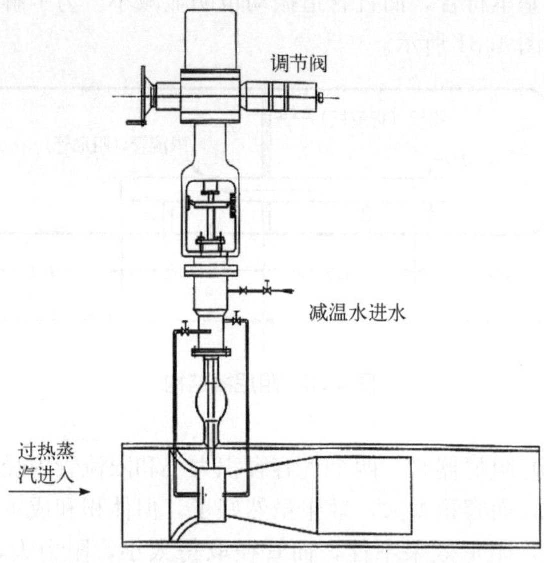

图 4.32　管道蒸汽减温减压器结构原理图

4.7.3 小结

流动脉动对流量测量仪表的影响是个十分复杂的问题，有时只感到流量示值误差大，并未察觉是流动脉动的影响，也未察觉脉动的存在。因此需要细心观察，分析研究。一旦证实是流动脉动影响之后，处理方法很简单，即消除脉动源。如脉动源无法消除，则可改变仪表的安装位置，使其远离脉动源，利用脉动源与仪表之间的气容和管阻将脉动予以衰减，如果效果不佳，则可增设阻尼器，效果会更好。

4.8 振动对涡街流量计的影响及处理方法

（1）存在问题

上海某微波炉厂，动力房内有两台螺杆式空气压缩机，生产 0.8MPa 压缩空气供全厂使用。空压站供出的压缩空气经一根 DN150 的钢管送出，钢管沿动力房外的墙壁铺设，墙壁上埋设了几根简易支架，钢管就搁在支架上。为了测量供出的压缩空气流量，在 DN150 钢管上安装了一台横河公司 YF115 型 DN150 涡街流量计，并进行温度压力补偿，得到标准状态体积流量。

该流量计投入运行后，所显示的流量值与工艺专业的数据相符，所以顺利地通过了验收。但是半年之后出现了异常情况，流量示值比正常值升高了 20%，仪表所显示的温度、压力值都没有变化，一时查不出原因。

（2）检查与诊断

作者受托到仪表使用现场进行检查诊断。首先测量了从涡街流量传感器送来的频率信号，并与温度压力值及流量系数一起计算空气流量，仪表显示的流量值与人工计算结果一致，从而判断此流量的偏高是源自流量传感器。于是到流量传感器安装现场检查。

作者首先注意到支承管道的支架上，除了一根原有的 DN150 管道外，还多了一根 DN50 钢管。作者询问动力房负责人，新增的一根管道从哪里来，到哪里去，以及管道内走的是什么介质，该负责人一概不知。于是就怀疑新增的管道可能有振动，耦合到了涡街流量传感器上。进一步的检查是用手感触 DN50 管道有无振动。检查结果是小管道有强烈振动。然后再检查支承小管道的支架的振动情况，发现支架也有明显的振动。最后检查 DN150 管道及涡街流量传感器的振动情况，发现大管道和涡街流量传感器都有明显振动，于是真相大白。

a. 流量示值偏高是由于涡街流量传感器受振引发的。

b. 振动源是新增的一根 DN50 小管道。

c. 小管道的强烈振动经公共支架耦合到大管道上，连同涡街流量传感器一起振动。

(3) 处理方法

电动仪表存在的问题大多是诊断困难处理容易，但在这个实例中，处理并不容易。

在得出小管道振动引起流量传感器一起振动的结论后，处理方法就变得简单了。其中一个方法是把小管道移走，另一个方法是切断小管道与流量传感器之间的耦合。

作者向负责人提出将小管道移走，清除祸根。但负责人表示为难。因为既成事实要扳回很困难，而且牵涉的工程量也较大，所以负责人希望靠仪表专业的力量解决问题。切断两个物体之间振动的耦合应当属于机械专业的工作，但是既然已经来了，把问题一起处理掉倒也省去很多麻烦。于是建议负责人去仓库领几块厚橡皮，在小管道与支架之间以及大管道与支架之间都垫上厚橡皮。再观察流量显示值，得到的结论是恢复正常的流量显示。

(4) 讨论

在本实例中，涡街流量传感器受到强烈振动的小管道的影响，导致流量示值偏高，这在众多环境振动的案例中还不算最严重的，而且移走振动源和切断振动耦合的方法，均可消除涡街流量计所受的振动。

但是，如果流量计安装现场整个环境都有强烈振动，消除振动不可能，避也避不开，让也无处让，在这种情况下，只能另想办法。

下面是一个关于在往复式压缩机空压站使用涡街流量计的故事。上海有一家柴油机制造厂，共有三个空压站，空压站里安装的都是 40～100m^3/min L 型往复式压缩机，共有 21 台。每台压缩机的缓冲罐出口都有一台 DN150 的空气流量计。这些标准孔板流量计都已使用二十多年，属 DDZ-Ⅱ系列仪表，而且都不带温度压力补偿，所以该厂立了一个项目，要改用当时最先进的涡街流量计，型号是 YF115，并配以智能压力变送器、温度传感器和智能流量演算器。对于这个方案是否可行，该厂设备部咨询了作者。在二十世纪九十年代末，因为涡街流量计的使用经验还不丰富，涡街流量计耐振性欠佳，而且流量计就安装在离振动源不远处，所以劝该厂谨慎些，并劝他们不要全面改装，而是先改装一台积累一些经验。该厂接受了这个建议。

待第一台涡街流量计投入运行后，发现流量可以显示，但显示值比压缩机的铭牌数据还高 30%。工艺专业人员认为，实际流量只会比压缩机的标称排气量小，不会比标称值大。因为这些压缩机已经使用了几十年，效率打些折扣是正常的，没有排气量增大的道理。

作者受托前往现场检查诊断流量示值偏高的原因。进入空压站厂房后发现振动非强烈：压缩厂房外面，道路在振动，空气在振动；厂房里面，地面在振动，压缩机在振动，管道在摇晃。作者测了一下附近几台压缩机气缸的往复次数，并计算所形成的脉冲所对应的流量值，与仪表偏高值相符。显然，流量示值偏高是由于涡街流量传感器中的检测件将气缸往复动作形成的振动当作旋涡信号来处理了。作者询问了项目负责人，空压站开机台数是不是天天如此。如果是固定不变的，则可通过仪表调试将干扰影响值扣除。但得到的答复是，需要根据用户对气量的需求决定开机台数，一天之内都会变几次，因此，扣除的方法不可行。至于将流量传感器安装到振动小的地方的设想，厂方也认为不可行。最后，换成涡街流量计的方案只能作罢，而是将孔板流量计中的老式仪表换成精确度等级最高的新式仪表，并完善了温度压力补偿功能。

参考文献

[1] 姜仲霞，姜川涛，刘桂芳. 涡街流量计. 北京：中国石化出版社，2006.

[2] 汪里迈，纪纲. 蒸汽流量测量中的温压补偿实施方案. 石油化工自动化，1998(3)：39-42.

[3] 纪纲，纪波峰. 流量测量系统诊断案例集锦. 北京：化学工业出版社，2024.

[4] 纪纲. 流量测量仪表应用技巧. 2 版. 北京：化学工业出版社，2009：55.

[5] 纪纲，纪波峰. 流量测量系统远程诊断集锦. 北京：化学工业出版社，2012.

[6] 国家能源基础与管理标准化技术委员会. 用能单位能源计量器具配备和管理通则：GB 17167—2006. 中国标准出版社，2006.

[7] 钱汉成，李强，纪纲，等. 蒸汽流量测量误差三例. 自动化仪表，2001，22(5)：51-52，54.

[8] 何志俊，殷胜军，纪波峰，等. 管损统计在供热网 SCADA 系统中的应用. 自动化仪表，2017，38(6)：93-95.

[9] 陶劲松，陈耀东. Wv 系列抗振型涡街流量计在贸易结算中的应用分析//中国电机工程学会. 中国电机工程学会，2010.

[10] 杜清府. 基于涡街压电信号的质量流量计. 化工自动化及仪表，2005，32(1)：3.

[11] COOK W E. Adaptive filter with sweep filter analyzer for a vortex flowmeter：US6212975. 2001.

[12] Measurement of fluid in closed conduits-Guidelines on the effect of flow pulsations on flowmeasurement instruments：ISO TR 3313：2018.

[13] 宋文伟，纪纲. 流动脉动对流量测量仪表影响的几个实例. 石油化工自动化，2003，38(6)：75-78，84.

[14] 谭增显，纪纲. 减压阀振荡对涡街流量计的影响. 自动化仪表，2009，30(9)：74～75.

[15] 米勒 R W. 流量测量工程手册. 北京：机械工业出版社，1990.

[16] 覃登位. 安装热网管道蒸汽减温器提高供热经济性//热电企业热网经营管理暨节能技术应用经验交流会. 中国电机工程学会，2009.

第5章 蒸汽密度的求取

从前几章的分析可知，工程上普遍使用的推导式蒸汽质量流量测量系统，关键是求取蒸汽密度。几十年以来，人们为此做了大量研究工作。归纳起来主要是采用数学模型法和计算机查表法两类方法。

5.1 用数学模型法求取蒸汽密度

在工程设计和计算中，工程师们经常需要求取蒸汽密度数据，采用的传统方法是由蒸汽的状态数据查蒸汽密度表。但在采用微处理器前，这种人工查表的方法还无法移植进仪表而仍采用数学模型的方法。人们建立了多种数学模型以满足不同的需要，下面列举使用最广泛的几种。

5.1.1 一次函数法

这种方法的显著特点是简单，适用于饱和蒸汽，其表达式为

$$\rho=Ap+B \tag{5.1}$$

式中 ρ——蒸汽密度，kg/m^3；

p——蒸汽绝对静压力，MPa；

A、B——系数和常数。

式（5.1）不足之处是仅在较小的压力范围内变化时适用，压力变化范围较大时，由于误差太大，就不适用了。因为对于饱和蒸汽来说，$\rho=f(p)$ 是一根曲线，用一根直线拟合它，范围越大，误差越大。

解决这个矛盾的方法是分段拟合，即在不同的压力段采用不同的系数和常数，不同压力段对应的密度计算式如表 5.1 所示。

表 5.1 不同压力段对应的密度计算式

压力范围/MPa	密度计算式 $\rho/(kg/m^3)$	压力范围/MPa	密度计算式 $\rho/(kg/m^3)$
0.10～0.32	$\rho_1=5.2353p+0.0816$	1.00～2.00	$\rho_4=4.9008p+0.2465$
0.32～0.70	$\rho_2=5.0221p+0.1517$	2.00～2.60	$\rho_5=4.9262p+0.1992$
0.70～1.00	$\rho_3=4.9283p+0.2173$		

5.1.2 指数函数法

用指数函数拟合密度曲线，使用较多的表达式是

$$\rho=Ap^{\frac{15}{16}} \tag{5.2}$$

式（5.2）描述的是一根曲线，用它来拟合饱和蒸汽的 $\rho=f(p)$ 曲线能得到更高的精确

度，但是在压力变化范围较大的情况下，仍有千分之几的误差。

5.1.3 IAPWS-IF97 公式法

1997 年，在德国埃朗根召开的水和水蒸气性质国际联合会年会上，采用了新公式作为水和水蒸气热力学性质的国际工业标准。该标准为水和蒸汽热力学性质的 IAPWS 1997 工业公式（简称 IAPWS-IF97）。新公式 IAPWS-IF97 取代了 IFC-67 工业标准公式[1]。

IAPWS-IF97 公式中，已知蒸汽温度 T 和压力 p 的条件下，用式（5.3）计算 $\upsilon''(T, p)$。

① 已知蒸汽温度 T 和压力 p，按式（5.3）计算蒸汽的比容 $\upsilon''(T, p)$：

$$\upsilon''(T, p)=\frac{\pi RT}{1000p}(\gamma_\pi^o+\gamma_\pi^r) \tag{5.3}$$

式中 R——气体常数，$R=0.461526\ \mathrm{kJ/(kg\cdot K)}$；

π——对比压力，无量纲，$\pi=p/p^*$，$p^*=1\mathrm{MPa}$；

γ_π^o——无量纲形式的吉布斯能理想气体部分对对比压力的偏导数，按式（5.4）计算；

γ_π^r——无量纲形式的吉布斯能过余部分对对比压力的偏导数，按式（5.5）计算。

$$\gamma_\pi^o=\left(\frac{\partial \gamma^o}{\partial \pi}\right)_\tau=\frac{1}{\pi} \tag{5.4}$$

式中 π——对比压力，无量纲，$\pi=p/p^*$，$p^*=1\mathrm{MPa}$。

$$\gamma_\pi^r=\left(\frac{\partial \gamma^r}{\partial \pi}\right)_\tau=\sum_{i=1}^{43} n_i I_i \pi^{I_i-1}(\tau-0.5)^{J_i} \tag{5.5}$$

式中 n_i——第 i 个 n 系数，见表 5.2；

I_i——第 i 个 I 系数与 I 指数，见表 5.2；

π——对比压力，无量纲，$\pi=p/p^*$，$p^*=1\mathrm{MPa}$；

J_i——第 i 个 J 系数与 J 指数，见表 5.2；

τ——反对比温度，无量纲，$\tau=T^*/T$，$T^*=540\mathrm{K}$。

表 5.2 无量纲吉布斯能过余部分 γ_π^r 方程（2 区）的系数与指数

i	I_i	J_i	n_i
1	1	0	$-1.773\,174\,247\,321\,3\times10^{-3}$
2	1	1	$-1.783\,486\,229\,235\,8\times10^{-2}$
3	1	2	$-4.599\,601\,369\,636\,5\times10^{-2}$
4	1	3	$-5.758\,125\,908\,343\,2\times10^{-2}$
5	1	6	$-5.032\,527\,872\,793\,0\times10^{-2}$
6	2	1	$-3.303\,264\,167\,020\,3\times10^{-5}$
7	2	2	$-1.894\,898\,751\,631\,5\times10^{-4}$
8	2	4	$-3.939\,277\,724\,335\,5\times10^{-3}$

续表

i	I_i	J_i	n_i
9	2	7	$-4.379\,729\,565\,057\,3\times10^{-2}$
10	2	36	$-2.667\,454\,791\,408\,7\times10^{-5}$
11	3	0	$2.048\,173\,769\,230\,9\times10^{-8}$
12	3	1	$4.387\,066\,728\,443\,5\times10^{-7}$
13	3	3	$-3.227\,767\,723\,857\,0\times10^{-5}$
14	3	6	$-1.503\,392\,454\,214\,8\times10^{-3}$
15	3	35	$-4.066\,825\,356\,264\,9\times10^{-2}$
16	4	1	$-7.884\,730\,955\,936\,7\times10^{-10}$
17	4	2	$1.279\,071\,785\,228\,5\times10^{-8}$
18	4	3	$4.822\,537\,271\,850\,7\times10^{-7}$
19	5	7	$2.292\,207\,633\,766\,1\times10^{-6}$
20	6	3	$-1.671\,476\,645\,106\,1\times10^{-11}$
21	6	16	$-2.117\,147\,232\,135\,5\times10^{-3}$
22	6	35	$-2.389\,574\,193\,410\,4\times10^{1}$
23	7	0	$-5.905\,956\,432\,427\,0\times10^{-18}$
24	7	11	$-1.262\,180\,889\,910\,1\times10^{-6}$
25	7	25	$-3.894\,684\,243\,573\,9\times10^{-2}$
26	8	8	$1.125\,621\,136\,045\,9\times10^{-11}$
27	8	36	$-8.231\,134\,089\,799\,8\times10^{0}$
28	9	13	$1.980\,971\,280\,208\,8\times10^{-8}$
29	10	4	$1.040\,696\,521\,017\,4\times10^{-19}$
30	10	10	$-1.023\,474\,709\,592\,9\times10^{-13}$
31	10	14	$-1.001\,817\,937\,951\,1\times10^{-9}$
32	16	29	$-8.088\,290\,864\,698\,5\times10^{-11}$
33	16	50	$1.069\,303\,187\,940\,9\times10^{-1}$
34	18	57	$-3.366\,225\,057\,417\,1\times10^{-1}$
35	20	20	$8.918\,584\,535\,542\,1\times10^{-25}$
36	20	35	$3.062\,931\,687\,623\,2\times10^{-13}$
37	20	48	$-4.200\,246\,769\,820\,8\times10^{-6}$
38	21	21	$-5.905\,602\,968\,563\,9\times10^{-26}$
39	22	53	$3.782\,694\,761\,345\,7\times10^{-6}$
40	23	39	$-1.276\,860\,893\,468\,1\times10^{-15}$
41	24	26	$7.308\,761\,059\,506\,1\times10^{-29}$
42	24	40	$5.541\,471\,535\,077\,8\times10^{-17}$
43	24	58	$-9.436\,970\,724\,121\,0\times10^{-7}$

用 IAPWS-IF97 公式还可以求取蒸汽比焓 $h''(T, p)$。

② 已知蒸汽温度 T 和压力 p，按式（5.6）计算蒸汽的比焓 $h''(T, p)$：

$$h''(T, p)=\tau(\gamma_{\tau}^{o}+\gamma_{\tau}^{r})RT \tag{5.6}$$

式中 τ——反对比温度，无量纲，$\tau=T^*/T$，$T^*=540\text{K}$；

γ_{τ}^{o}——无量纲形式的吉布斯能理想气体部分对对比温度的偏导数，按式（5.7）计算；

γ_{τ}^{r}——无量纲形式的吉布斯能过余部分对对比温度的偏导数，按式（5.8）计算；

R——气体常数，$R=0.461526\ \text{kJ/(kg·K)}$。

$$\gamma_{\tau}^{o}=\left(\frac{\partial \gamma^{o}}{\partial \tau}\right)_{\pi}=\sum_{i=1}^{9} n_{i}^{0} J_{i}^{0} \tau^{J_{i}^{0}-1} \tag{5.7}$$

式中 n_i^0——第 i 个 n^0 系数，见表 5.3；

J_i^0——第 i 个 J^0 系数与指数，见表 5.3。

表 5.3 无量纲吉布斯能理想气体部分 γ^0 方程（2 区）的系数与指数

i	J_i^0	n_i^0
1	0	$-9.692\,768\,650\,021\,7\times10^{0}$
2	1	$1.008\,665\,596\,801\,8\times10^{1}$
3	−5	$-5.608\,791\,128\,302\,0\times10^{-3}$
4	−4	$7.145\,273\,808\,145\,5\times10^{-2}$
5	−3	$-4.071\,049\,822\,392\,8\times10^{-1}$
6	−2	$1.424\,081\,917\,144\,4\times10^{0}$
7	−1	$-4.383\,951\,131\,945\,0\times10^{0}$
8	2	$-2.840\,863\,246\,077\,2\times10^{-1}$
9	3	$2.126\,846\,375\,330\,7\times10^{-2}$

$$\gamma_{\tau}^{r}=\left(\frac{\partial \gamma^{r}}{\partial \tau}\right)_{\pi}=\sum_{i=1}^{43} n_{i}\pi^{I_{i}} J_{i}(\tau-0.5)^{J_{i}-1} \tag{5.8}$$

式中 n_i——第 i 个 n 系数，见表 5.2；

π——对比压力，无量纲，$\pi=p/p^*$，$p^*=1\text{MPa}$；

I_i——第 i 个 I 系数与 I 指数，见表 5.2；

J_i——第 i 个 J 系数与 J 指数，见表 5.2；

τ——反对比温度，无量纲，$\tau=T^*/T$，$T^*=540\text{K}$。

5.2 计算机查表法

国际水和蒸汽性质表 IAPWS-IF97 公式精度非常高，但非常复杂，一般使用者很难直接使用它，工业仪表直接使用它不仅编程复杂，而且每一个计算周期内，计算一次密度也需占用机器很多时间。研究者根据这个公式编制了蒸汽性质表格，供人们查阅。本书附录 A 就是在参考文献［1］和［2］所列数据的基础上，适当加密数据点得到的[1,2]。

下面以典型智能流量演算器为例说明自动查表的实施方法。

在智能流量演算器的可擦编程只读存储器（erasable programmable read-only memory，EPROM）中写入 3 个蒸汽密度表（见附录 A），附录 A 中表 A.4 是过热蒸汽密度表，另外两个是饱和蒸汽密度表，采用的都是国际蒸汽密度表 IAPWS-IF97。其中，过热蒸汽密度表有蒸汽温度和蒸汽压力两个自变量，附录 A 中表 A.3 是以蒸汽压力为自变量的饱和蒸汽密度表，附录 A 中表 A.2 是以蒸汽温度为自变量的饱和蒸汽密度表。这样，测得蒸汽温度或测得蒸汽压力都能通过查表求得蒸汽密度。究竟是选查 $\rho=f(p)$ 表格还是 $\rho=f(t)$ 表格，则在填写组态菜单时由用户自己选定。

（1）查表的优先权问题

过热蒸汽的密度随蒸汽温度、压力变化的关系是三维空间中的一个曲面，有两个自变量，因此在查密度表时就存在一个优先权的问题。若先从压力查起，就称压力优先；若先从温度查起，就称温度优先。

而对于饱和蒸汽，若选压力补偿，则为压力优先；若选温度补偿，则为温度优先。

上述几种情况优先关系，由用户在填写菜单时指定，如表 5.4 所列。

表 5.4　优先权指定表

蒸汽温度	蒸汽压力	补偿运算优先	项目代码
测定值	测定值	压力	0
测定值	手动设定值	温度	1
手动设定值	测定值	压力	2
手动设定值	手动设定值	压力	3

（2）蒸汽状态判别问题

典型流量演算器具有蒸汽状态判别功能。根据判别结果，查不同的密度表。以过热蒸汽为例，在图 5.1 所示的查表示意图中，从压力测定值 p_0 出发去查温度，如果温度测定值大于饱和温度 t_1，则判别蒸汽为过热蒸汽，查附录 A 中表 A.4，例如，$t=t_2$ 则 $\rho=\rho_{f2}$。如果温度测定值小于 t_1，则判别蒸汽状态为过饱和蒸汽，查附录 A 中表 A.3，$\rho=\rho_{f1}$，此时，温度信号与压力信号不平衡，所以，仪表自诊断显示“000800”代码，表示蒸汽状态已进入饱和区。

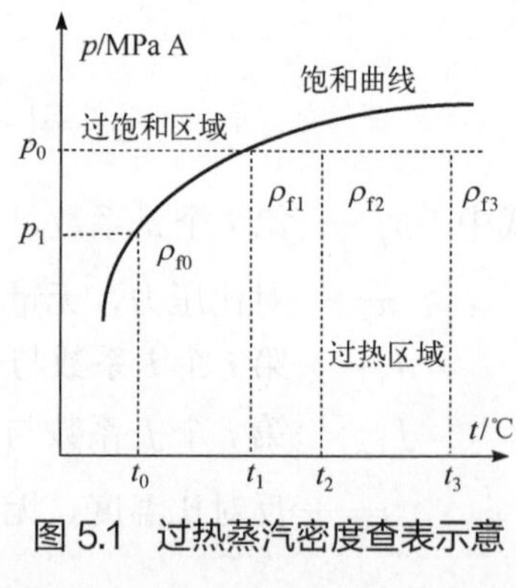

图 5.1　过热蒸汽密度查表示意

(3) **饱和蒸汽密度求取方法**

如果优先指定栏内填入 2（压力优先），则手动设定温度为 100℃，从压力测定值出发查出饱和温度。因为此时温度信号取手动设定值，所以判别蒸汽状态为过饱和蒸汽（如图 5.2 所示），查附录 A 中表 A.3。

如果优先指定栏内填入 1（温度优先），则手动设定压力一般为 22MPa（密度表中压力上限），从温度测定值出发查饱和压力。因为此时压力信号取手动设定值，所以判别蒸汽状态为过饱和蒸汽（如图 5.3 所示），查附录 A 中表 A.2。

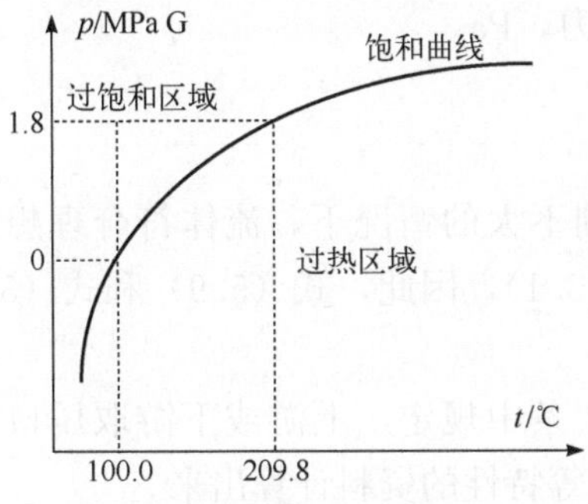

图 5.2 压力优先求取饱和蒸汽密度

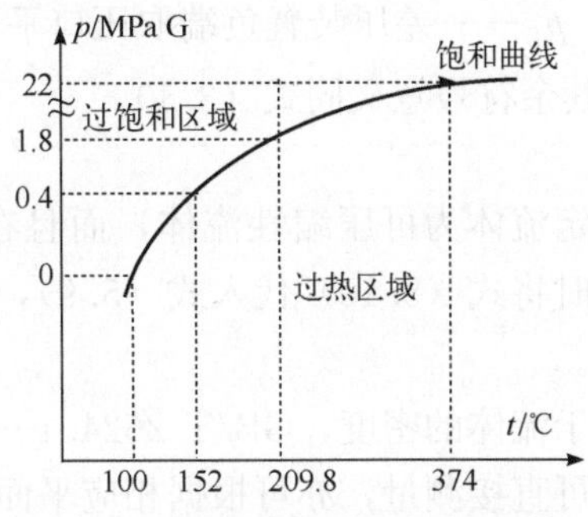

图 5.3 温度优先求取饱和蒸汽密度

5

上面所说的蒸汽密度求取方法，用户不一定都要搞清楚，用户只需根据自己所用的流体参数选择合适的补偿方法，并在菜单中填入有关数据即可。但是对于饱和蒸汽究竟是采用压力补偿还是温度补偿是很重要的。

(4) **直接查表法**

有的仪表制造商采用的是直接查表法，即仪表内存放的三张蒸汽密度表由编码开关指定选用：采用压力补偿的饱和蒸汽，经编码开关选择直接查以压力为自变量的饱和蒸汽密度表；采用温度补偿的饱和蒸汽，经编码开关选择直接查以温度为自变量的饱和蒸汽密度表；对于过热蒸汽，经编码开关选择直接查以温度和压力为自变量的过热蒸汽密度表。编码开关设置完毕，长期使用。

5.3 温度与压力测口位置的合理选择

实施流体温度、压力补偿时，应合理选择温度、压力测口的位置，因为蒸汽以一定流速流过流量测量仪表时，测压口选在不同的位置得到的测量值是不同的。测温口也有类似的情况。

(1) **孔板流量计的测温、测压口位置**

① 测压问题

质量流量与各自变量的关系，除了第 3 章所述的式（3.1）之外，也可用式（5.9）表达[3,4]：

$$q_m=\frac{C}{\sqrt{1-\beta^4}}\varepsilon_2\frac{\pi}{4}d^2\sqrt{2\Delta p\times\rho_2} \tag{5.9}$$

$$\varepsilon_2=\varepsilon_1\times\sqrt{1+\Delta p/p_2} \tag{5.10}$$

式中 ε_2——差压装置负端取压口平面上的流体可膨胀性系数；

ε_1——差压装置正端取压口平面上的流体可膨胀性系数；

ρ_2——差压装置负端取压口平面上的流体密度，kg/m^3；

p_2——差压装置负端取压口平面上的流体压力，Pa。

其余符号意义同式（3.1）。

假定流体为可压缩性流体，而且在 p_1、p_2 差别不大的情况下，流体符合理想气体定律，这时将式（5.10）代入式（5.9），就可得到式（3.1），因此，式（5.9）和式（3.1）是等价的。

关于流体的密度，GB/T 2624.1—2006 在 5.4.2 条中规定，上游或下游取压口平面处的密度可直接测量，亦可根据相应平面处静压、温度等特性的资料计算出来。

该标准中的关键数据如流出系数 C 和可膨胀性系数 ε，都是根据大量实验数据经处理得到的，因此采用这些实验结果进行差压装置的设计和由此设计的差压装置测量流量，实际上是实验方法的逆过程。

至于将取压口开在差压装置前一定距离的管段上测得的压力比标准规定的方法测得的压力差多少，照理可以按伯努利方程、连续性方程和热力学过程方程计算出来，但具体计算时还有一些困难，而如果在现场实测，却是不困难的。

② 测温问题

流体温度最好在一次装置下游测量。温度计套管所占空间应尽可能小。如果套管位于下游，其与一次装置之间的距离应至少为 $5D$。

一般可以假设差压装置上游和下游处的流体温度是相同的。然而，如果流体是非理想气体，而又需要最高的精确度，且上游取压口和一次装置下游测温处又存在较大压力损失，则假设两点之间是等焓膨胀，必须根据下游温度（距一次装置 $5D$～$15D$ 处测量）计算上游温度。计算时，应根据一次装置相应地按照 GB/T 2624 计算压力损失 $\Delta\omega$。然后采用焦耳-汤姆逊系数 μ_{JT} 计算上游取压口到下游测温处的相应的温度下降 ΔT：

$$\Delta T=\mu_{JT}\Delta\omega$$

焦耳-汤姆逊系数（Joule-Thomson coefficient）又称等焓温度-压力系数（isoenthalpic temperature-pressure coefficient），即等焓下相对于压力的温度变化速率[3,4]：

$$\mu_{JT}=\frac{\partial T}{\partial p}\Big|_H \tag{5.11}$$

或

$$\mu_{JT}=\frac{R_u T^2}{pC_{m\cdot p}}\times\frac{\partial Z}{\partial T}\Big|_p \tag{5.12}$$

式中 T——绝对（热力学）温度；

p——流经管线的流体静压；

H——焓；

R_u——通用气体常数；

$C_{m \cdot p}$——定压摩尔比热容；

Z——压缩系数。

（2）涡街流量计测温测压口位置

涡街流量计是通过测量流体流过旋涡发生体时产生稳定旋涡的频率得到体积流量。

实验指出，流过旋涡发生体的流体不论是液体、气体，只要雷诺数 Re_D 在 $2\times10^4\sim7\times10^6$ 范围内，就能得到稳定的流量系数[5]。

实验同时指出，旋涡产生的频率，可以反映旋涡发生体处的流体平均流速，此流速与流通截面积的乘积即为体积流量。要将蒸汽的这种体积流量换算成质量流量，必不可少的是测量出旋涡发生体处的流体静压力。此处静压力由于流体流速较高，比涡街流量计上游管道内的流体压力低一些。若在此处准确地测量静压力，由于多种原因有一定困难，但在流量计下游一定距离的管道上，测量到能与发生体后面传感器处的静压相等或接近的静压，则是一个可行的方法。横河公司要求，这个合适的距离为 3.5～7.5 倍管道内径[5]。E＋H 公司要求，这个合适的距离为从流量传感器下游法兰起算 3.5 倍管道内径。

若用上游压力代替下游压力会引入误差，其估算方法如下例所述。

例如有一台 DY080 型涡街流量计，用来测量过热蒸汽流量，从流量二次表可读出：

上游流体压力　　$p_1=0.9\text{MPa G}$

流体温度　　$t_f=250$ ℃

瞬时流量显示值　　$q_m=3.0\text{t/h}$

从温度、压力数据查附录 A 得到流体密度为 $\rho_1=4.3060\text{kg/m}^3$（当地大气压以 0.101325MPa 计），进一步计算得到此时体积流量为 $696.7\text{m}^3/\text{h}$，从横河公司说明书中数据可计算得到管道中流体流速约为 48.8m/s，按说明书中提供仪表的压力损失公式计算可得

$$\begin{aligned}\Delta p &=1.08\rho v^2\\ &=0.0111\text{MPa}\end{aligned}$$

流量计上游管道内的压力与仪表下游 $3.5D\sim7.5D$ 处的压力之差即为仪表的压力损失，则下游压力为 $p_1-\Delta p$，据此查得下游流体密度 $\rho_2=4.2554\text{kg/m}^3$，根据质量流量与流体密度的关系，可计算由于压力测点位置选择不当引入的误差为

$$\begin{aligned}\delta_{qm} &=\frac{\rho_1-\rho_2}{\rho_2}\\ &=1.19\%\end{aligned}$$

从上面的分析可清楚地看出，流速越高，由此引入的误差越大。

5

5.4
饱和蒸汽应采用何种补偿

(1) 查表法求取密度的一致性

饱和蒸汽采用温度补偿和压力补偿在本质上是一样的。其原因在于饱和状态的蒸汽，其压力和温度之间呈单值函数关系，从蒸汽温度查出的密度同与此温度对应的压力查出的密度是一致的。因此，采用温度补偿和压力补偿在原理上都是可行的。

(2) 投资的差异

从节约投资和减少安装工作量的角度考虑，因为一支铂热电阻的价格只及压力变送器的几十分之一到几分之一，所以采用温度补偿较经济。

(3) 补偿精确度的差异

采用温度补偿和压力补偿可以得到的补偿精度不仅同温度传感器和压力变送器的精确度有关，而且同流量计类型、具体测量对象的工况和压力变送器的量程选择有关。总体来说测温对补偿精确度影响较大，具体分析如下。

① 测温误差对流量测量结果的影响

温度测量误差同流量测量结果的关系对于过热蒸汽来说影响并不大，例如温度为 250℃ 的过热蒸汽，若测温误差为 1℃，在温度补偿时引起流量测量结果不确定度约为 0.096%R（差压式流量）到 0.19%R（涡街流量计）。影响较大的是温度信号用于饱和蒸汽流量测量中的补偿，例如压力为 0.7MPa 的饱和蒸汽，其平衡温度为 170.5℃，对应密度为 4.132kg/m^3，如果测温误差为－1℃，并据此查饱和蒸汽密度表，则查得密度为 4.038kg/m^3，引起流量测量误差约为－1.14%R（差压式流量计）到－2.27%R（涡街流量计）。

② 温度传感器精确度等级的考虑

测温误差同温度传感器的精确度等级和被测温度数值有关，例如压力为 0.7MPa 的饱和蒸汽，用 A 级铂热电阻测温，其误差限为±0.49℃[6]，如果用此测量结果查蒸汽密度表，以进行补偿，则流量补偿不确定度约为 0.56%R（差压式流量计）到 1.11%R（涡街流量计）。而若用 B 级铂热电阻测温，其误差限就增为±1.15℃，则流量补偿不确定度就增为 1.31%R（差压式流量计）到 2.61%R（涡街流量计）。显然，B 级铂热电阻用于此类用途可能引起的误差是可观的，所以一般不宜采用。这里仅就不同精确度等级的测温元件做相对比较。当然，这里所说的误差还仅为测温元件这一环节，至于流量测量系统的不确定度，还须计入流量二次表、流量传感器、流量变送器等的影响。

③ 压力变送器精确度等级、测压误差及其影响

压力测量误差同压力变送器的精确度等级和量程有关，例如选用 0.2 级精确度、0～1MPa 测量范围的压力变送器测量 0.7MPa 饱和蒸汽压力，其误差限为±2kPa。如果用此结果查蒸汽密度表以进行补偿，则此误差限引起的流量补偿不确定度约为 0.13%R（差压式流量计）到 0.25%R（涡街流量计）。显然，压力补偿能得到的补偿精确度比温度补偿高。

(4) 具体实施时的困难

上面所述的两种补偿方法都是可行的，这一观点仅仅是从原理上所做的讨论，在具体实施时还会出现其他问题。

① 安装困难

如前面第 5.3 节中所述，用来测量饱和蒸汽质量流量的差压式流量计，若选择温度补偿，常因测温套管距节流件太近而对流动状态造成干扰或根本就无法安装到理想部位而修改方案。

② 由于相变而进入过热状态

对于干饱和蒸汽，以较高的流速流过涡街流量计时，由于压损引起的绝热膨胀往往使蒸汽进入过热状态，这时仍旧将它看作饱和蒸汽，并根据蒸汽温度去查饱和蒸汽密度表，得到的数值明显偏高。

由于上述各种原因，在测量饱和蒸汽质量流量时，使用仅仅测量温度，并据此查饱和蒸汽密度表，进而计算质量流量的方法，在实践中应用的并不多。

5.5 液柱高度的影响及消除

在蒸汽计量系统中，由于流体容易被压缩，为了保证计量精确度，一般引入流体压力补偿（饱和蒸汽）或流体温度压力补偿（过热蒸汽）。那么，流体压力就成为蒸汽计量的重要变量。在蒸汽压力的测量中，导压管内凝结水的重力作用会使压力变送器测量到的压力同蒸汽压力之间出现一定的差值。

（1）导压管中液柱高度对压力测量的影响

在压力变送器安装现场，为了维修的方便，压力变送器安装地点与取压点往往不在同一高度，这样，导压管中的凝结水就会对压力测量带来影响。图 5.4 所示为 4 种常见的情况。其中，p_s 为蒸汽压力；p_0 为变送器压力输入口处实际压力；h 为高度差，m；g 为重力加速度，m/s^2；ρ_w 为凝结水密度，kg/m^3。

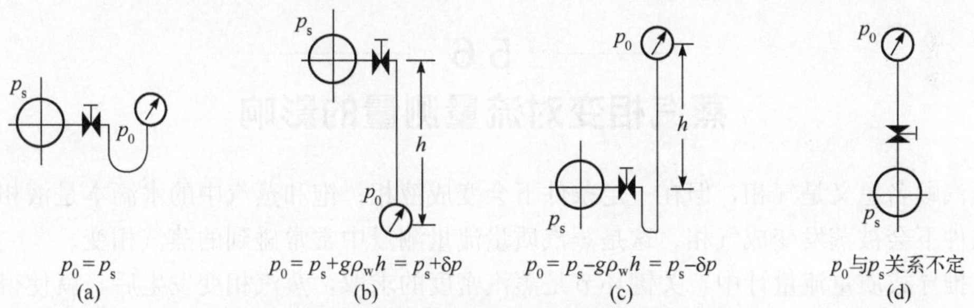

图 5.4　压力变送器和取压口的相互位置

在图 5.4(b) 中，因变送器在取压点下方，如果导压管中充满凝结水，则变送器示值偏高 $g\rho_w h$，在 $h=6m$，g 以 $9.80665m/s^2$ 计，ρ_w 以 $998.2kg/m^3$（假定液温为 20℃）计，对变送器的影响值为 58.7kPa。图 5.4(c) 因变送器在取压点上方，如果导压管充分排气，导压管中充满凝结水，则对变送器的影响值为 $-g\rho_w h$。而图 5.4(d) 因导压管中凝结水高度难以确定，所以变送器输出低多少也就难以确定，故不宜采用。

（2）测压误差对流量示值的影响

测压误差如果不予校正，对流量测量系统精确度一般都有影响，影响程度不仅同流体的常用工况有关，而且同流量计的类型有关。

以上面所举的例子为例，在流体常用压力为 0.7MPa（表面值），常用温度为 250℃的工况条件下（即为过热蒸汽），压力测量偏高 58.7kPa，对于差压式流量计将引入 3.69% R 的误差，对于涡街流量计将引入 7.52% R 的误差。

在流体的常用压力等于 0.7MPa 的饱和蒸汽条件下，压力测量偏高 58.7kPa，对于差压式流量计将引入 3.42% R 的误差，对于涡街流量计将引入 6.95% R 的误差。

因此，导压管中液柱高度对压力测量的影响必须予以校正。

（3）液柱高度影响的校正

压力变送器导压管中凝结水液柱高度对压力测量的影响通常可用两种方法校正，即在压力变送器中校正和在二次表中校正。

① 在压力变送器中校正

这种校正方法的实质是对变送器的零点做迁移。在上面的例子中，如果变送器的测量范围为 0～1.0MPa，零点做－58.7kPa 迁移后其测量范围就变为－58.7～941.3kPa。在现场操作中，就是用手持终端将测量范围设置为－58.7～941.3kPa。对于非智能型变送器，就是变送器压力输入口通大气的条件下，将输出迁移到 3.0608 mA。

这种方法仪表人员往往不喜欢使用，这是因为要对变送器零点做迁移，需要对设计文件和设备卡片做相应的修改，手续烦琐。而且，如果迁移量较大，则非智能型变送器无法实现，相比之下，在二次表中校正就成为了受欢迎的方法。

② 在二次表中校正

这里说的二次表是广义的，不仅包括普通的二次表也包括 DCS、智能调节器等。但校正方法是相同的。以 FC 6000 型智能流量演算器为例，对上面的情况校正就是在菜单的第 23 条（测量起始点）写入－58.7kPa（或－0.0587MPa），而在第 24 条（测量满量程）写入 941.3kPa（或 0.9413MPa），既省力、省时又准确。

5.6 蒸汽相变对流量测量的影响

蒸汽顾名思义是气相，但在一定条件下会变成液相；饱和蒸汽中的水滴本是液相，但在一定条件下会被蒸发变成气相。这是蒸汽质量流量测量中常常碰到的蒸汽相变。

在推导式质量流量计中，关键环节是蒸汽密度的求取，蒸汽相变发生后，就使得蒸汽温度压力与其密度的关系发生变化，因此必须认真对待。

（1）气相变液相

过热蒸汽在经过长距离输送后，往往会因为热量损失导致温度降低使其从过热状态进入饱和状态，甚至部分蒸汽冷凝出现相变而变成水滴。这些水滴对流量测量结果究竟有多大影响，下面举例说明。

有一常用压力为 1.0MPa 的过热蒸汽，其质量流量为 q_m，假设经长距离输送后有 10% q_m 冷凝成水滴，令其为 q_{mL}，而保持气态的部分为 q_{ms}，从定义知，此时蒸汽干度 x 为

$$x=\frac{q_{ms}}{q_m}=\frac{q_m-q_{mL}}{q_m}=90\% \tag{5.13}$$

由于采用温压补偿，所以按照临界饱和状态查附录 A，得到此时的蒸汽（干部分）密度为 $\rho_s=5.6808\text{kg/m}^3$，查水密度表知此时水滴的密度为 $\rho_L=882.47\text{kg/m}^3$，显然水滴与蒸汽干部分的体积流量为

$$q_{VL}=q_{mL}/\rho_L \tag{5.14}$$

$$q_{VS}=q_{ms}/\rho_s \tag{5.15}$$

式中 q_{VL}——水滴的体积流量，m^3/s；

q_{VS}——蒸汽干部分的体积流量，m^3/s。

由定义知，蒸汽干部分体积流量占湿蒸汽总体积流量 q_V 之比 R_V 为

$$R_V=\frac{q_{VS}}{q_V}=\frac{q_{VS}}{q_{VS}+q_{VL}}=\frac{1}{\dfrac{\rho_s}{\rho_L}\times\dfrac{q_{ml}}{q_{ms}}+1} \tag{5.16}$$

因为

$$\frac{q_{mL}}{q_{ms}}=\frac{q_m-q_{ms}}{q_{ms}}=\frac{1}{q_{ms}/q_m}-1=\frac{1}{x}-1 \tag{5.17}$$

所以

$$R_V=\frac{1}{\dfrac{\rho_s}{\rho_L}\left(\dfrac{1}{x}-1\right)+1} \tag{5.18}$$

在该例中，$R_V=99.93\%$，由此可见，在湿蒸汽中，水滴所占的体积比可忽略不计。

① 选用涡街流量计时湿度对测量结果的影响

涡街流量计的输出仅与流过测量管的流体流速成正比，在测量湿饱和蒸汽时，水滴对涡街流量计输出的影响可忽略，故可认为，涡街流量计的输出完全是由湿蒸汽的干部分所引起。而干部分的密度，无论是压力补偿还是温度补偿，都可较精确地查出。

蒸汽计量的结果往往作为供需双方财务结算的依据，如果双方约定按蒸汽干部分结算费用，凝结水不收费，则在本例中相变对测量的影响微不足道，可以忽略。如果凝结水也按照蒸汽一样收费，则涡街流量计的计量结果偏低值为 $(1-x)$。

② 选用孔板流量计时湿度对测量结果的影响

从 GB/T 2624 知[3]，孔板流量计测量蒸汽质量流量时有式（3.1）的关系。

当过热蒸汽热量损失而脱离过热状态后，只可能出现两种情况。一种是进入临界饱和状态，另一种是进入过饱和状态。如果进入临界饱和状态，从理论上讲，流量计不会因此而增大误差，因为在式（3.1）中，根据蒸汽压力查出的 ρ_1 与实际密度是相符的。如果进入过饱和状态，情况就复杂了。

一般认为，蒸汽干度较高（$x\geqslant95\%$）时流体表现为均相流动；温压补偿可按通常方法进行，但会出现一定误差。在式（3.1）中，ρ_1 是实际流体湿饱和蒸汽的密度，其值比临界饱和状态的大，而且干度越低密度越大。而人们根据压力查出的是临界饱和状态的密度，比实际密度小，所以质量流量计算结果出现负误差。在湿度不进行测量的情况下，x 是未知数，因此，测量结果偏低多少是个未知数。

在蒸汽干度较低（$x\leqslant95\%$）时，管道中的流体出现分层流动，产生误差更大。

(2) 湿饱和蒸汽变成过热蒸汽

湿饱和蒸汽变成过热蒸汽，一般发生在湿饱和蒸汽突然较大幅度减压，流体出现绝热膨胀时。

① 相变过程

湿饱和蒸汽中的蒸汽和水滴，处于汽液相平衡状态，在压力突然降低至低于平衡压力时，水滴部分蒸发，同时从液相和汽相中吸收汽化热，使汽液相温度降低。如果温度降低得不多或蒸发前湿度较高，会使温度迅速降低到与新的压力所对应的饱和温度，建立新的平衡。这时蒸汽仍为湿饱和蒸汽。如果压力降低得很多或蒸发前湿度较低，则因水滴蒸发而使温度降低后仍高于新的压力所对应的饱和温度，则蒸汽变为过热状态[7]。

② 蒸发对流量测量的影响

注意

a. 上述蒸发发生后得到的两种结果，前一种对补偿无影响，仅仅是蒸汽中的干部分增加，干度相应增大。

b. 如果蒸发发生后，蒸汽变为过热状态，而流量计又恰巧安装在减压之后的管道上，这时对流量计的影响分三种情况：

• 设计时已经考虑到蒸汽变为过热状态，或处于何种状态难以确定，或有时是过热状态有时是饱和状态，所以采用温压补偿，则上述相变对测量结果无影响。

• 设计时按饱和蒸汽考虑，而且采用压力补偿，则上述相变将带来较小的误差，即过热蒸汽温度同饱和蒸汽温度之差所对应的密度差造成的补偿误差。

• 设计时按饱和蒸汽考虑，但采用温度补偿，则将过热蒸汽温度当作饱和蒸汽温度去查密度表，一般会引起较大的误差。

③ 举例

有一化工厂[7]，锅炉房供饱和蒸汽，并根据各用户中蒸汽压力要求值最高的一个决定锅炉供汽压力为1.0MPa，多数用户在蒸汽总管进装置时先经减压阀减压。现从图5.5所示的一个实例着手进行分析。

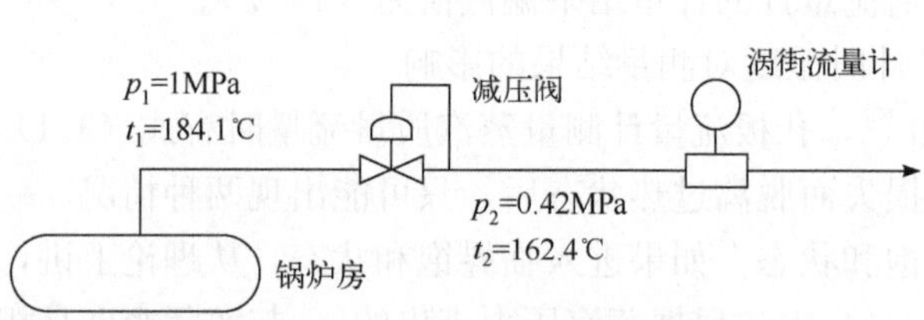

图 5.5 蒸汽减压和流量测量示意

用作进入装置蒸汽计量的涡街流量计安装在减压（稳压）阀之后。原设计按饱和蒸汽考虑，采用温度补偿。经减压，蒸汽总管带入的水滴蒸发完后汽温仍高于饱和温度，呈过热状态，现场采集到的数据如图5.5所示。这时流量二次表按照所测量到的温度 t_2＝162.4℃查饱和蒸汽密度表，得 ρ_2＝3.4528kg/m^3，而按照 t_2 和 p_2 两个测量值查过热蒸汽密度表，得密度 ρ'_2＝2.6897kg/m^3，所以质量流量计算结果出现28.37%的误差，即

$$\delta_{mt}=\frac{\rho_2-\rho'_2}{\rho'_2}=28.37\%$$

在本例中，如果采用压力补偿，则根据 $p_2=0.42\text{MPa}$ 的信号查饱和蒸汽密度表，应得到 $\rho''_2=2.7761\text{kg/m}^3$，则补偿误差为

$$\delta_{mp}=\frac{\rho''_2-\rho'_2}{\rho'_2}=3.2\%$$

④ 解决办法

a. 将总蒸汽流量计安装在减压阀之前。由于上述蒸汽未经减压时，确属饱和蒸汽，所以，将流量计安装在减压阀之前，按饱和蒸汽补偿方法处理，可保证测量精确度。

b. 如果流量计只能安装在减压阀后面，则可增装一台压力变送器，进行温压补偿。

5

参考文献

[1] 瓦格纳，克鲁泽. 水和蒸汽的性质. 项红卫，译. 北京：科学出版社，2001.

[2] 全国计量器具管理标准化技术委员会(SAC/TC 525). 蒸汽热量计算方法：GB/T 34060—2017. 中国标准出版社，2017.

[3] 全国工业过程测量和控制标准化技术委员会第一分技术委员会. 用安装在圆形截面管道中的差压装置测量满管流体流量：GB/T 2624. 1～2624. 4—2006. 中国标准出版社，2006.

[4] Measurement of fluid flow by means of pressure differential devices inserted in circular cross-section conduits running full: ISO 5167: 2022.

[5] 姜仲霞，姜川涛，刘桂芳. 涡街流量计. 北京：中国石化出版社，2006.

[6] 工业铂热电阻技术条件及分度表：JB/T 8623—1997，1997.

[7] 汪里迈，纪纲. 蒸汽流量测量中的温压补偿实施方案. 石油化工自动化，1998(03)：41-44.

第 6 章
蒸汽干度的测量

6.1 蒸汽干度的定义及测量的意义

湿蒸汽是干饱和蒸汽与饱和水的混合物。干饱和蒸汽质量与湿饱和蒸汽质量的比值定义为蒸汽干度，用符号 x 表示。而饱和水的质量与湿饱和蒸汽质量的比值定义为蒸汽湿度，用符号 y 表示。显然[1]：

$$x+y=1 \tag{6.1}$$

式中 x——蒸汽干度；

y——蒸汽湿度。

蒸汽干度是蒸汽的重要品质参数。在工业锅炉中，蒸汽在上汽包中脱离水面流向引出管时，总是要夹带一些小水滴，从而具有一定的湿度，即干度小于 1。即使是过热蒸汽，在管道内输送一段距离后，由于管道向周围散热，蒸汽温度会逐渐降低，当温度降低到操作压力相对应的饱和温度后，蒸汽中也会出现小水滴。输送的距离越远，形成的小水滴也就越多，即干度越低。由于饱和水的焓值比饱和蒸汽的焓值小得多，所以干度越低，湿蒸汽的焓值越低。这是人们关注蒸汽干度的原因之一。由于饱和水的比容非常小[2]，只有低压蒸汽的几百分之一，所以，湿蒸汽中含有过多的水，容易引发水锤现象，导致仪表和设备的损坏。

在蒸汽流量的测量中，蒸汽带水量的变化，通常会导致很大的测量误差。在采油行业的注汽锅炉中，蒸汽干度的测量和控制更是决定成败的关键，因此，开展对蒸汽干度测量的研究有极其重要的意义。

现在人们根据不同的情况，采用多种方法测量蒸汽干度，例如离线取样分析法测量工业锅炉蒸汽干度、盐量平衡法测量注汽锅炉蒸汽干度、双差压法测量注汽锅炉蒸汽干度、体积流量计法测量注汽锅炉蒸汽干度、节流膨胀法测量蒸汽干度等[3]。

6.2 用取样分析法测量工业锅炉蒸汽的湿度

在 GB/T 10180—2017 中，对工业锅炉出口蒸汽的干度测量做了具体规定[4]。其中蒸汽采用探针式取样器取样（如图 6.1 所示），经全凝后得到凝结水样备用。

在图 6.1 中，探针入口处于主蒸汽管中心与锅筒内壁平齐的位置。按标准规定的方法控制取样管内蒸汽流速与蒸汽引出管中蒸汽流速相等，从而使得到的试样具有充分的代表性。

在试验期间同时对锅水和蒸汽进行取样和测定。

取样冷却器结构如图 6.2 所示。

蒸汽湿度测定的方法有氯根法、钠度计法等。

(1) 氯根法

氯根法又称硝酸银容量法，是用化学滴定的方法分别测定凝结水和锅水氯根含量，氯根比的质量分数即为蒸汽湿度。

这一方法完全是化学分析法，故不赘述。

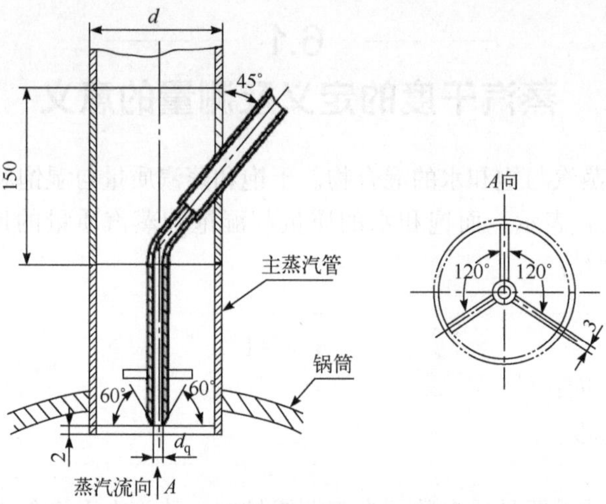

图 6.1 饱和蒸汽取样头

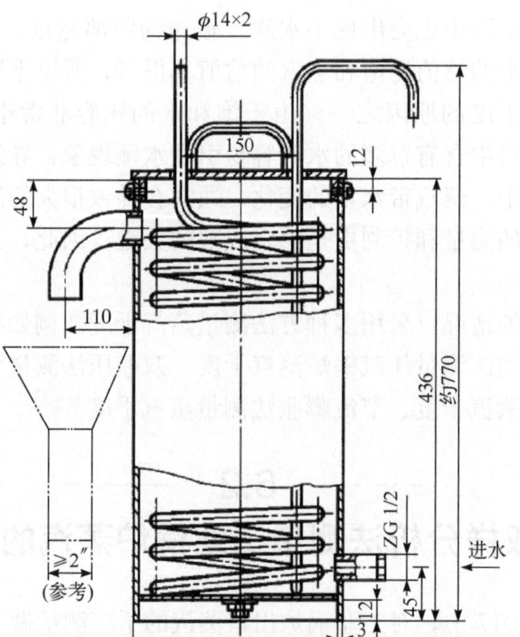

图 6.2 取样冷却器

2″—2 英寸，约 5.08cm

（2）钠度计法

用钠离子浓度计分别测定蒸汽凝结水钠离子含量和锅水钠离子含量，然后用式（6.2）计算蒸汽湿度[4]：

$$蒸汽湿度=\frac{蒸汽凝结水钠离子含量（mg/kg）}{锅水钠离子含量（mg/kg）}\times 100\% \tag{6.2}$$

(3) 电导率法

用电导率仪分别测定蒸汽凝结水电导率值和锅水电导率值，然后用式（6.3）计算蒸汽湿度[4]：

$$蒸汽湿度=\frac{蒸汽凝结水电导率值\ (\mu s/\Omega)}{锅水电导率值\ (\mu s/\Omega)}\times 100\% \tag{6.3}$$

6.3 注汽锅炉蒸汽干度测量的意义

在石油的开采中，因稠油黏度太高，增加了开采的难度。

稠油的黏度对温度敏感，随着温度的升高，黏度急剧降低。人们采用注入蒸汽降低黏度的方法开采稠油，得到很好的效果。

通过井筒向油层注入高压饱和蒸汽，提升稠油温度是注汽采油的核心。从注汽采油工艺的需要来说，希望直流锅炉产生的饱和蒸汽干度越高越好，但是过高的干度易使水中的钙镁化合物、钠化合物等盐类物质在炉管内沉积，严重影响锅炉效率甚至引发爆管事故。权衡两方面的需要，工艺专业人员认为将直流锅炉出口蒸汽干度控制在75%～80%是适宜的[5]。

欲对蒸汽干度进行控制，必先对蒸汽干度进行测量，常用的测量方法有两种，一个是人工取样分析法，另一个是仪表测量法。其中前一种方法是必要的，不仅是工艺控制结果的考核依据，也是检验仪表测量误差的手段。但因其滞后时间太长，不能用于过程控制。

6.4 双差压法测量蒸汽干度的原理

本小节介绍的测量方法是基于差压式流量计的测量原理和直流锅炉进水与产汽流量的质量平衡原理[5,6]。

在直流锅炉的进水管道上和蒸汽出口管道上各装一套标准孔板流量计，根据GB/T 2624有下面的关系式成立[7]：

$$q_{ma}=\frac{C_a}{\sqrt{1-\beta_a^4}}\times\frac{\pi}{4}d_a^2\sqrt{2\Delta p_a\rho_a} \tag{6.4}$$

$$q_{mb}=\frac{C_b}{\sqrt{1-\beta_b^4}}\varepsilon_b\frac{\pi}{4}d_b^2\sqrt{2\Delta p_b\rho_b} \tag{6.5}$$

式中 q_{ma}、q_{mb}——进水和蒸汽质量流量，kg/s；

C_a、C_b——进水流量计和蒸汽流量计流出系数；

ε_b——蒸汽可膨胀性系数；

β_a、β_b——进水流量计和蒸汽流量计节流件直径比，$\beta_a=d_a/D_a$，$\beta_b=d_b/D_b$，式中，D_a、D_b为进水流量计和蒸汽流量计管道内径，m；

d_a、d_b——进水流量计和蒸汽流量计节流件开孔直径，m；

Δp_a、Δp_b——进水流量计和蒸汽流量计差压，Pa；

ρ_a、ρ_b——进水流量计和蒸汽流量计差压装置正端取压口处流体密度，kg/m^3。

式（6.4）可简化为式（6.6），式（6.5）可简化为式（6.7）：

$$q_{ma}=k_a\sqrt{\Delta p_a}\sqrt{\rho_a} \tag{6.6}$$

$$q_{mb}=k_b\varepsilon_b\sqrt{\Delta p_b}\sqrt{\rho_b} \tag{6.7}$$

式中　k_a——进水流量计系数；

k_b——蒸汽流量计系数。

其余符号意义同式（6.4）和式（6.5）。

考虑到差压式流量计用来测量蒸汽流量时，可膨胀性系数的影响不可忽视，所以式（6.7）中，可膨胀性系数 ε_b 作变量处理，并依据 GB/T 2624 中的公式进行在线补偿。

根据质量平衡关系，在稳态情况下，式（6.7）与式（6.6）相等，即

$$k_b\varepsilon_b\sqrt{\Delta p_b}\sqrt{\rho_b}=k_a\sqrt{\Delta p_a}\sqrt{\rho_a}$$

所以

$$\rho_b=\frac{k_a^2}{k_b^2}\times\frac{\Delta p_a}{\Delta p_b}\times\frac{1}{\varepsilon_b^2}\rho_a \tag{6.8}$$

在蒸汽流量计的差压装置正端取压口，装有压力变送器，根据该点压力值可从水和蒸汽性质表（见本书附录 A）得到与该压力对应的饱和蒸汽密度 ρ_S 和饱和水密度 ρ_L，根据蒸汽干度的定义有式（6.9）的关系成立：

$$\rho_b=x\rho_S+(1-x)\rho_L \tag{6.9}$$

式中　ρ_b——湿饱和蒸汽密度，kg/m^3；

x——蒸汽干度；

ρ_S——饱和蒸汽密度，kg/m^3；

ρ_L——饱和水密度，kg/m^3。

将式（6.9）整理得[5]

$$x=\frac{\rho_L-\rho_b}{\rho_L-\rho_S} \tag{6.10}$$

式中符号意义同式（6.9）。

(1) 干度测量的实施

在直流锅炉的进水管上装有差压装置和温度传感器，在蒸汽出口管上装有差压装置和压

力变送器，四路信号一起送个人计算机或流量演算器计算饱和蒸汽干度，如图 6.3 所示。

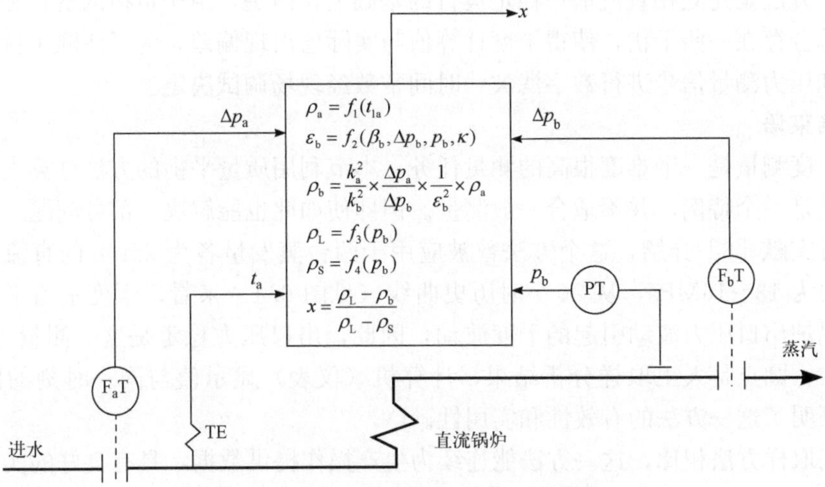

图 6.3　直流锅炉出口蒸汽干度测量系统

图 6.3 中 ρ_L 值和 ρ_S 值可根据 p_b 值查本书附录 A 得到。

图 6.3 中有如下表达式：

$$\rho_a = f_1(t_{1a}) \tag{6.11}$$

式中　ρ_a——进水流量计差压装置正端取压口处流体密度，kg/m^3；

t_{1a}——进水温度，℃。

式（6.11）是为了补偿进水温度对进水流量测量的影响，ρ_a 值可以查本书附录 A 得到。

$$\varepsilon_b = f_2(\beta_b, \Delta p_b, p_b, \kappa) \tag{6.12}$$

式中　ε_b——蒸汽可膨胀性系数；

β_b——蒸汽流量计节流件直径比；

p_b——蒸汽流量计差压装置正端取压口绝对静压，Pa；

Δp_b——蒸汽流量计差压，Pa；

κ——等熵指数。

式（6.12）是为了补偿蒸汽差压装置中可膨胀性系数对流量测量的影响，根据 GB/T 2624，完整的公式如式（6.13）所示：

$$\varepsilon_b = 1 - (0.351 + 0.256\beta_b^4 + 0.93\beta_b^8)\left[1 - \left(\frac{p_b - \Delta p_b}{p_b}\right)^{1/\kappa}\right] \tag{6.13}$$

（2）仪表的安装与数据的平滑处理

差压式流量计的测量原理要求流过差压装置的流体应是均匀的，但是，干度为 75%～80%的蒸汽在水平管道中流动时，无法避免分层现象出现，即有贴着水平管道底部分层流动的水。为了保证正常测量，强调将蒸汽差压装置安装在自上而下流动的垂直管道上。

本测量方法是建立在直流锅炉稳定运行的基础上，但是，由于负荷的变化和出口压力的变化等，总会存在一些干扰，使得干度计算值与实际值出现偏差，为了滤除干扰，需对差压测量信号和压力测量信号进行数字滤波，时间常数经现场调试决定。

(3) 结束语

蒸汽干度测量是一个难度很高的测量任务，本节利用质量平衡的方法计算直流锅炉出口蒸汽的干度是一个特例，并不适合一般测量。但即使如此也能解决一部分问题。

据参考文献［5］介绍，这个方法曾被应用于两台蒸发量各为 25t/h 的直流锅炉上。锅炉操作压力为 13～16MPa，从 24 小时历史曲线（见图 6.4）来看，干度示值平稳，图中的峰值是由锅炉出口压力波动引起的干度波动，因此，出口压力稳定是这一测量方法的基础。在图 6.4 中，圆点是人工取样分析结果，计算机（仪表）显示值与同一时刻的圆点距离很近，从而证明了这一方法的有效性和实用性。

与人工取样方法相比，这一方法能连续为生产操作提供数据，具有良好的实时性，可用于控制和管理。

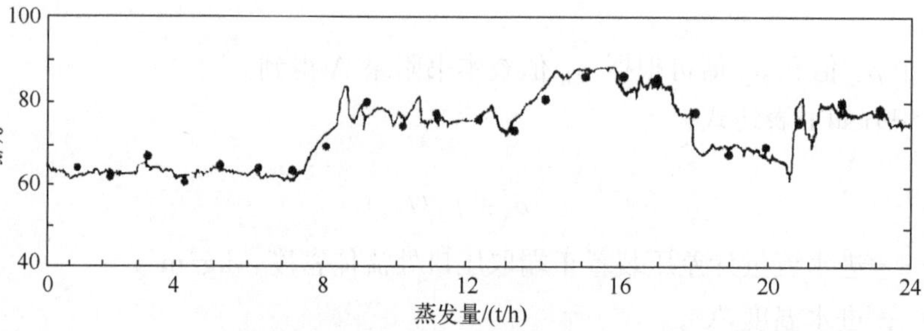

图 6.4　干度历史曲线和人工分析结果对照

6.5 体积流量计法测量蒸汽干度的原理

在图 6.3 的系统图中，如果将差压装置换成体积流量计，则能提高测量精确度。这也是基于质量平衡方法测量蒸汽干度。

在图 6.5 中，t_a 用于补偿温度对进水密度的影响。

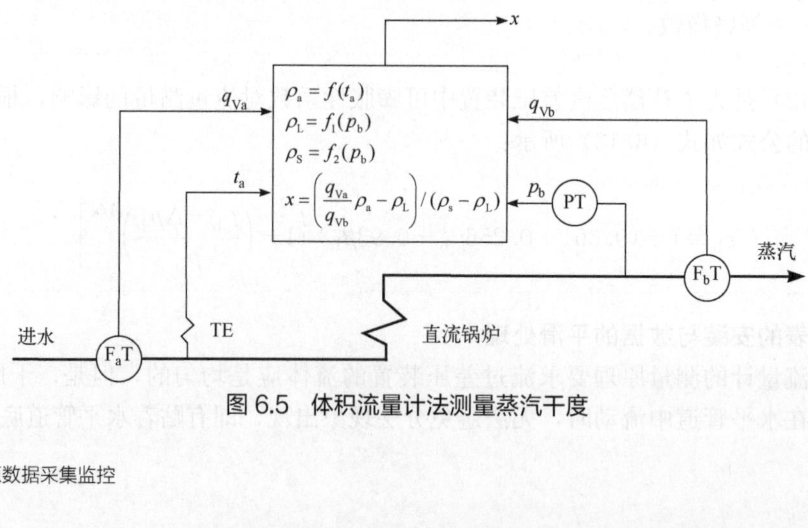

图 6.5　体积流量计法测量蒸汽干度

$$q_{ma}=q_{Va}\rho_a \tag{6.14}$$

式中　q_{ma}——进水质量流量，kg/h；

q_{Va}——进水体积流量，m^3/h；

ρ_a——进水密度，kg/m^3（由 t_a 查密度表得到）。

$$\rho_a=f(t_a) \tag{6.15}$$

式中　t_a——进水温度,℃。

$$q_{mb}=q_{Vb}\rho_b \tag{6.16}$$

式中　q_{mb}——饱和蒸汽质量流量，kg/h；

q_{Vb}——饱和蒸汽体积流量，m^3/h；

ρ_b——饱和蒸汽密度，kg/m^3。

根据质量平衡关系有式（6.17）成立：

$$q_{Vb}\rho_b=q_{Va}\rho_a \tag{6.17}$$

将式（6.9）代入式（6.17）得

$$q_{Vb}\left[x\rho_S+(1-x)\rho_L\right]=q_{Va}\rho_a \tag{6.18}$$

解之得

$$x=\left(\frac{q_{Va}}{q_{Vb}}\rho_a-\rho_L\right)/(\rho_S-\rho_L) \tag{6.19}$$

$$\rho_S=f_1(p_b) \tag{6.20}$$

式中　x——蒸汽干度；

q_{Va}——进水体积流量，m^3/h；

q_{Vb}——饱和蒸汽体积流量，m^3/h；

ρ_a——进水密度，kg/m^3（由 t_a 查密度表得到）；

ρ_L——饱和水密度，kg/m^3（由 t_b 查水和蒸汽性质表得到）；

ρ_S——饱和蒸汽密度，kg/m^3（由 t_b 查水和蒸汽性质表得到）。

从原理来说利用速度式流量计测量进水流量和蒸汽流量都是可行的，而且能得到比差压式流量计高得多的系统精确度，但是，涡轮流量计等旋转式流量计测量进水和蒸汽流量，故障率和使用寿命都不及差压流量计。

6.6 用盐量平衡法测量注汽锅炉蒸汽干度

注汽锅炉是直流锅炉，既无汽包也无任何排污，在忽略蒸汽中溶解盐分的情况下，若再假定炉管上未沉积任何盐分（或炉管上所沉积的盐分保持常数），按盐量平衡的关系则有[6]

$$A_1=(1-x)A_2 \tag{6.21}$$

式中 A_1——锅炉给水含盐量，mg/kg；

A_2——饱和水含盐量，mg/kg；

x——蒸汽出口干度。

从式（6.21）可得

$$x=\frac{A_2-A_1}{A_2} \tag{6.22}$$

给水和饱和水中的含盐量可采用钠离子仪或电导率仪测量[4]，但与工业锅炉中用盐量平衡法测量蒸汽干度相比，测量精度要低一些，因为给水中含盐量的波动等都会对精度造成干扰[8]。

参考文献［8］还介绍了以电导率仪为一次装置实现油田注汽锅炉蒸汽干度测量和自动调节的实例。

6.7 用节流膨胀法测量蒸汽干度

节流膨胀法测量蒸汽干度是基于热力学原理。湿饱和蒸汽经减压阀喷嘴节流压力降低后，减压后和减压前的蒸汽具有相同的焓值，即这个绝热膨胀过程是一个等焓过程。

用节流膨胀法测量蒸汽干度通常是让湿蒸汽膨胀到大气压力，如果湿蒸汽的干度已进入这一方法可测范围之内，则测量出节流前的湿蒸汽压力和节流后的蒸汽温度及压力，就可利用下面的公式计算湿蒸汽的干度：

$$h_1=(1-x)h_{fl}+xh_{fg} \tag{6.23}$$

式中 h_1——湿蒸汽的焓值，kJ/kg；

h_{fl}——工况条件下饱和水的焓值，kJ/kg，$h_{fl}=f_1(p_1)$，式中，p_1 为湿蒸汽绝对压力，MPa；

x——蒸汽干度；

h_{fg}——工况条件下干饱和蒸汽的焓值，kJ/kg，$h_{fg}=f_2(p_1)$。

$$h_2=f(t_2,\ p_2) \tag{6.24}$$

式中 h_2——减压后过热蒸汽焓值，kJ/kg；

t_2——减压后的过热蒸汽温度，℃；

p_2——减压后过热蒸汽绝对压力，MPa。

从等焓变化原理知式（6.24）与式（6.23）相等，即

$$h_2=(1-x)\ h_{fl}+xh_{fg} \tag{6.25}$$

解之得
$$x=\frac{h_2-h_{fl}}{h_{fg}-h_{fl}} \tag{6.26}$$

将 h_{fl}、h_{fg}、h_2 代入式（6.26）得

$$x=\frac{f(t_2,\ p_2)-f_1(p_1)}{f_2(p_1)-f_1(p_1)} \tag{6.27}$$

例如：减压前湿蒸汽的压力 p_1＝1.4MPa A，减压后的蒸汽压力 p_2＝0.101325MPa A，温度 t_2＝109.04℃。

则 p_1＝1.4MPa A

减压后蒸汽压力 p_2＝0.101325MPa A

减压后蒸汽温度 t_2＝109.04℃

查水蒸气性质表得

$$f(t_2,\ p_2)=2689.9\text{kJ/kg} \tag{6.28}$$

$$f_1(p_1)=830.07\text{kJ/kg} \tag{6.29}$$

$$f_2(p_1)=2787.8\text{kJ/kg} \tag{6.30}$$

将式（6.28）～式（6.30）的值代入式（6.27）得

$$x=0.95$$

其系统图如图 6.6 所示。

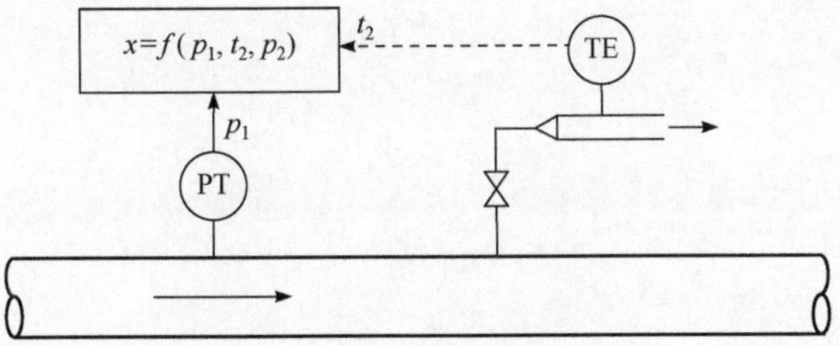

图 6.6　节流法蒸汽干度测量系统

这一方法的优点是简单可靠、投资低廉、理论精度高，而且测量灵敏度非常高。例如在上面的例子中，干度从 0.95 升高到 0.96，温度 t_2 就会在原来的基础上升高 1.1℃。而压力变送器的精确度等级现在已经普遍达到 0.055 级，因此在该系统中，传感器、变送器引入的干度测量不确定度极其微小。其局限性是如果蒸汽中带有很多水，则这一方法不能应用，但在中、低蒸汽输配系统，生产饱和蒸汽的锅炉以及蒸汽流量的测量中，这样的测量范围已足够应用。

在供热系统中，工艺规程规定在每一个重要节点都要设置疏水器，将沿着水平管道底部流动的饱和水疏掉，只剩下悬浮在气相中的小水滴，使干度进入可测范围。而生产饱和蒸汽的工业锅炉，由于上汽包的汽水分离作用，蒸汽的干度也已进入可测范围，因此这种方法的适用面很广。在多年以前已有商品化的仪表。

这种方法在不同的操作条件下，湿度可测范围如表 6.1 所示。

表 6.1　不同操作条件下的湿度可测范围

p_1/MPa A	y/%
0.8	0～4.4
1.4	0～5.7
2.6	0～6.8
4.1	0～9.2

参考文献

[1] 斯派莎克工程(中国)有限公司. 蒸汽和冷凝水系统手册. 上海：上海科学技术文献出版社，2007.

[2] 瓦格纳，克鲁泽. 水和蒸汽的性质. 项红卫，译. 北京：科学出版社，2001.

[3] 李世武，康芹. 凝结式蒸汽干度测量方法与应用. 化工学报，2007，58(10)：5.

[4] 全国锅炉压力容器标准化技术委员会(SAC/TC 262). 工业锅炉热工性能试验规程：GB/T 10180-20003. 中国标准出版社，2017.

[5] 周小林，曲良孟，董文葆. 湿蒸汽干度的软测量技术. 化工自动化及仪表，1994，21(4)：42-45.

[6] Li X J，Liang P，Qian L，et al. A new method for measuring the steam quality. Proceeding of Spie，2002，21(10)：492-495.

[7] 全国工业过程测量和控制标准化技术委员会第一分技术委员会. 用安装在圆形截面管道中的差压装置测量满管流体流量：GB/T 2624.1～2624.4—2006. 北京：中国标准出版社，2006.

[8] 赵建华. 油田注汽锅炉干度控制系统. 自动化仪表，2001，22(12)：2.

第7章 蒸汽流量计的安装

7.1 流量计正确安装的意义

流量测量是一门严重依赖流量测量仪表正确安装的测量技术，世界一流的制造厂生产出来的一流品质的流量计如果在使用现场安装不合理，也得不到应有的测量精确度。

流量测量仪表的安装看似简单，但这些简单的操作中蕴含着不简单的道理。有很多细微之处如果不加注意就有可能造成严重后果。

各种原理的流量计都有自己的安装要求，其中有一些是不同的，而另一些是相同的或相似的，例如直管段要求、同心度要求以及垫片不能突入管道内的要求等。本章就差压式流量计和涡街流量计的安装要求做一介绍。

在各种流量计中，差压式流量计是历史最悠久，研究最深入，获得研究成果最丰富，积累资料也最多的一种流量计，这种流量计的研究成果往往被其他新型流量计所借鉴。

本章将对这种流量计的安装进行讨论，同时也讨论涡街流量计的安装。

7.2 差压式流量计的安装

7.2.1 一般要求

注意

a. 差压装置必须在管道完成清扫后安装，以免焊渣擦伤节流件以及固态物质在节流件前堆积[1]。

b. 差压装置上所标示的流动方向，必须与管道内流体的流动方向一致。

c. 节流件与管道保持同心。

d. 密封垫片的种类必须满足流体最高温度和压力等级的需要。

e. 密封垫片不得突入管道内，尤其不允许挡住正、负压取压口。

7.2.2 差压式流量计的安装要求

(1) 有直管段长度要求的原因

在各种类型的流量计中只有容积式流量计、科里奥利质量流量计等个别类型的流量计没有直管段要求，除此之外，都有直管段要求，直管段长度不足，将会影响流量测量精确度。

差压式流量计同样如此，即使是带有均压环的差压式流量计，直管段长度不足时，有关标准中所承诺的测量精确度也保证不了。图 7.1 所示为无流动调整器情况下，单个 90°弯对 $\beta=0.5$ 带均压环的孔板流量计的影响。

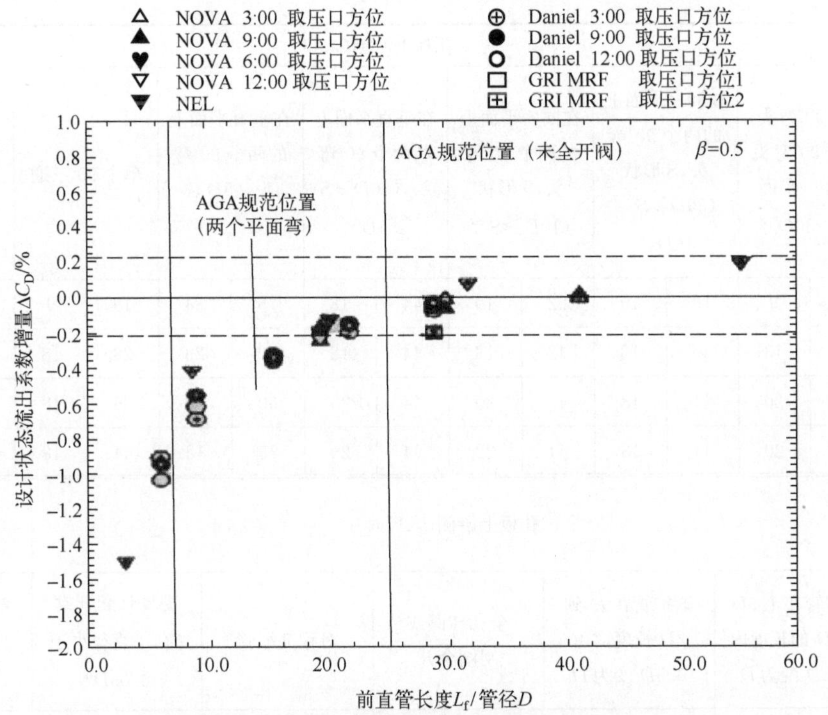

图 7.1 前直管段长度对孔板流出系数的影响

上游不同阻流件（无流动调整器）对 $\beta=0.5$ 的孔板流量计的影响

之所以会出现这种情况是因为这些类型的流量计都是在充分发展管流条件下标定得到其流量系数（或流出系数），而当直管段长度不够时，流场产生畸变，流动不再是充分发展的管流，因此不能复现标定得到的流量系数。

(2) 标准差压装置直管段长度要求

ISO 5167 和 GB/T 2624 对标准差压装置的直管段长度要求做了详细规定[2,3]，其中蒸汽流量测量中常用的孔板、喷嘴、文丘里管的直管段长度要求如下。

标准孔板直管段长度要求如表 7.1 所示，喷嘴和文丘里喷嘴的直管段长度要求如表 7.2 所示，经典文丘里管的直管段长度要求如表 7.3 所示。

表 7.1 标准孔板直管段长度要求（无流动调整器，数值以管径 D 倍数表示）[2,3]

直径比 β	孔板上游侧(入口)													
	单个 90°弯头，两个 90°弯头在任一平面 $(S>30D)^a$		在同一平面上的两个 90°弯头，S形状 $(30D\geqslant S>10D)^a$		在同一平面上的两个 90°弯头，S形状 $(10D\geqslant S)^a$		在垂直平面上的两个 90°弯头，$(30D\geqslant S\geqslant 5D)^a$		在垂直平面上的两个 90°弯头，$(5D>S)^{a,b}$		单个 90°三通		单个 45°弯头，在同一平面上两个 45°弯头，S 形状 $(S>2D)^a$	
	A[e]	B[f]	A[e]	B[f]	A[e]	B[f]	A[e]	B[f]	A[e]	B[f]	A[e]	B[f]	A[e]	B[f]
0.20	6	3	10	g	10	g	19	18	34	17	3	g	7	g
0.40	16	3	10	g	10	g	44	18	50	25	9	3	30	9

续表

直径比 β	孔板上游侧(入口)													
	单个90°弯头，两个90°弯头在任一平面($S>30D$)[a]		在同一平面上的两个90°弯头，S形状($30D\geqslant S>10D$)[a]		在同一平面上的两个90°弯头，S形状($10D\geqslant S$)[a]		在垂直平面上的两个90°弯头，($30D\geqslant S\geqslant 5D$)[a]		在垂直平面上的两个90°弯头，($5D>S$)[a,b]		单个90°三通		单个45°弯头，在同一平面上两个45°弯头，S形状($S>2D$)[a]	
0.50	22	9	18	10	22	10	44	18	75	34	19	9	30	18
0.60	42	13	30	18	42	18	44	18	65[h]	25	29	18	30	18
0.67	44	20	44	18	44	20	44	20	60	18	36	18	44	18
0.75	44	20	44	18	44	22	44	20	75	18	44	18	44	18

直径比 β	孔板上游侧(入口)										孔板下游侧(出口)	
	渐缩管在$1.5D$到$3D$的长度内由$2D$变为D		渐扩管在D到$2D$长度内由$0.5D$变为D		全孔球阀或闸阀全开		对称突缩管		温度计套管或插口[c]直径小于$0.03D$[d]		前面全部阻流件类型和密度计套管	
	A[e]	B[f]	A[e]	B[f]	A[e]	B[f]	A[e]	B[f]	A[e]	B[f]	A[e]	B[f]
0.20	5	g	6	g	12	6	30	15	5	3	4	2
0.40	5	g	12	8	12	6	30	15	5	3	6	3
0.50	8	5	20	9	12	6	30	15	5	3	6	3
0.60	9	5	26	11	14	7	30	15	5	3	7	3.5
0.67	12	6	28	14	18	9	30	15	5	3	7	3.5
0.75	13	8	36	18	24	12	30	15	5	3	8	4

注：1. 所需最短直管段是孔板上游或下游各种管件与孔板之间的直管段长度。直管段应从最近的（或唯一的）弯头或三通的弯曲部分的下游端测量起，或者从渐缩管或渐扩管的弯曲或圆锥部分的下游端测量起。

2. 本表中直管段所依据的大多数弯头的曲率半径等于$1.5D$。

a. S是测得的上游弯头弯曲部分的下游端到下游弯头弯曲部分的上游端的两个弯头之间的间隔。

b. 这不是一种好的上游安装，如有可能宜使用流动调整器。

c. 安装温度计插套或套管将不改变其他管件所需的最短上游直管段。

d. 只要A栏和B栏的值分别增大到20和10，就看安装直径$0.03D$～$0.13D$的温度计插套或套管，但不推荐这种安装方式。

e. 每种管件的A栏都给出了对应于“零附加不确定度”的直管段。

f. 每种管件的B栏都给出了对应于“0.5%附加不确定度”的直管段。

g. A栏中的直管段给出零附加不确定度，目前尚无较短直管段的数据可用于给出B栏的所需直管段。

h. 如果$S<2D$，$Re_{\mathrm{D}}>2\times10^{6}$需要$95D$。

表 7.2　喷嘴和文丘里喷嘴所要求的直管段长度（无流动调整器，数值以管径 *D* 倍数表示）[2,3]

直径比 β[a]	一次装置上游侧（入口）																				下游侧（出口）	
	单个 90°弯头或三通（流体仅从一个支管流出）		在同一平面上的两个或多个 90°弯头		在不同平面上的两个或多个 90°弯头		渐缩管在 1.5*D* 到 3*D* 长度由 2*D* 变为 *D*		渐扩管在 *D* 到 2*D* 长度内由 0.5*D* 变为 *D*		球阀全开		全孔球阀或闸阀全开		对称骤缩管		温度计套管或插套直径小于 0.03*D*[b]		温度计套管或插孔直径在 0.03*D* 和 0.13*D* 之间[b]		前面阻流件（后 3 个除外）	
	A[c]	B[d]	A[c]	B[d]	A[c]	B[d]	A[c]	B[d]	A[c]	B[d]	A[c]	B[d]	A[c]	B[d]	A[c]	B[d]	A[c]	B[d]	A[c]	B[d]	A[c]	B[d]
0.20	10	6	14	7	34	17	5	e	16	8	18	9	12	6	30	15	5	3	20	10	4	2
0.25	10	6	14	7	34	17	5	e	16	8	18	9	12	6	30	15	5	3	20	10	4	2
0.30	10	6	16	8	34	17	5	e	16	8	18	9	12	6	30	15	5	3	20	10	5	2.5
0.35	12	6	16	8	36	18	5	e	16	8	18	9	12	6	30	15	5	3	20	10	5	2.5
0.40	14	7	18	9	36	18	5	e	16	8	20	10	12	6	30	15	5	3	20	10	6	3
0.45	14	7	18	9	38	19	5	e	17	9	20	10	12	6	30	15	5	3	20	10	6	3
0.50	14	7	20	10	40	20	6	5	18	9	22	11	12	6	30	15	5	3	20	10	6	3
0.55	16	8	22	11	44	22	8	5	20	10	24	12	14	7	30	15	5	3	20	10	6	3
0.60	18	9	26	13	48	24	9	5	22	11	26	13	14	7	30	15	5	3	20	10	7	3.5
0.65	22	11	32	16	54	27	11	6	25	13	28	14	16	8	30	15	5	3	20	10	7	3.5
0.70	28	14	36	18	62	31	14	7	30	15	32	16	20	10	30	15	5	3	20	10	7	3.5
0.75	36	18	42	21	70	35	22	11	38	19	36	18	24	12	30	15	5	3	20	10	8	4
0.80	46	23	50	25	80	40	30	15	54	27	44	22	30	15	30	15	5	3	20	10	8	4

注：1. 所需最短直管段是位于一次装置上游或下游各种管件与一次装置之间的管段，所有直管段都应从一次装置的上游端面测量起。

2. 这些直管段长度并非建立在最新数据基础上。

a. 对于某些形式的一次装置，并非所有 β 值都是允许的。

b. 安装温度计套管或插孔不改变其他管件所需的最短上游直管段。

c. 各种管件的 A 栏给出相当于“零附加不确定度”的值。

d. 各种管件的 B 栏给出相当于“0.5%附加不确定度”的值。

e. A 栏中的直管段给出零附加不确定度，目前尚无可用于给出 B 栏所需直管段的较短直管段数据。

表 7.3　经典文丘里管所要求的直管段长度（无流动调整器，数值以管径 *D* 倍数表示）[2,3]

直径比 β	单个 90°弯头		在同一平面上或不同平面上的两个或多个 90°弯头[a]		渐缩管在 2.3*D* 长度内由 1.33*D* 变为 *D*		渐扩管在 2.5*D* 长度内由 0.67*D* 变为 *D*		全孔球阀或闸阀全开	
	A[b]	B[c]	A[b]	B[c]	A[b]	B[c]	A[b]	B[c]	A[b]	B[c]
0.30	8	3	8	3	4	d	4	d	2.5	d
0.40	8	3	8	3	4	d	4	d	2.5	d
0.50	9	3	10	3	4	d	5	4	3.5	2.5
0.60	10	3	10	3	4	d	6	4	4.5	2.5

续表

直径比 β	单个 90°弯头		在同一平面上或不同平面上的两个或多个 90°弯头[a]		渐缩管在 2.3D 长度内由 1.33D 变为 D		渐扩管在 2.5D 长度内由 0.67D 变为 D		全孔球阀或闸阀全开	
0.70	14	3	18	3	4	d	7	5	5.5	3.5
0.75	16	8	22	8	4	d	7	6	5.5	3.5

注：1. 所需最短直管段是经典文丘里管上游的各种管件与经典文丘里管之间的直管段，直管段应从最近（或仅有）的弯头弯曲部分的下游端，或是从渐缩管或渐扩管的弯曲或圆锥部分的下游端测量到经典文丘里管的上游取压口平面。

2. 如果经典文丘里管上游装有温度计插套或套管，其直径应不超过 0.13D，且应位于文丘里管上游取压口平面的上游至少 4D 处。

3. 对于下游直管段，位于喉部取压口平面下游至少 4 倍喉部直径处的管件或其他阻流件（如本表所示）或密度计插套不影响测量的精确度。

a. 弯头的曲率半径应大于或等于管道直径。

b. 各种管件的 A 栏给出对应于“零附加不确定度”的值。

c. 各种管件的 B 栏给出对应于“0.5%附加不确定度”的值。

d. A 栏中的直管段给出零附加不确定度，目前尚无可用于给出 B 栏所需直管段的较短直管段数据。

(3) 线性孔板差压流量计的直管段长度要求

线性孔板的结构与标准孔板有很大的差异，线性孔板中的柱塞与开孔之间的环形缝隙有良好的整流效果，所以直管段长度要求大大降低，制造厂认为上游 6D、下游 3D 已足够。

(4) 均速管差压流量计直管段长度要求

均速管直管段长度一般要求为上游 20D、下游 7D，但是如果上游 90°弯所在的平面与检测杆在同一个平面，流场的不对称基本不影响测量结果。这是因为均速管是径流速型流量计，上述的流场畸变使其中两个检测口测到的流速增大，而另两个检测口测到的流速减小，如图 7.2 所示，所以平均流速基本不变。

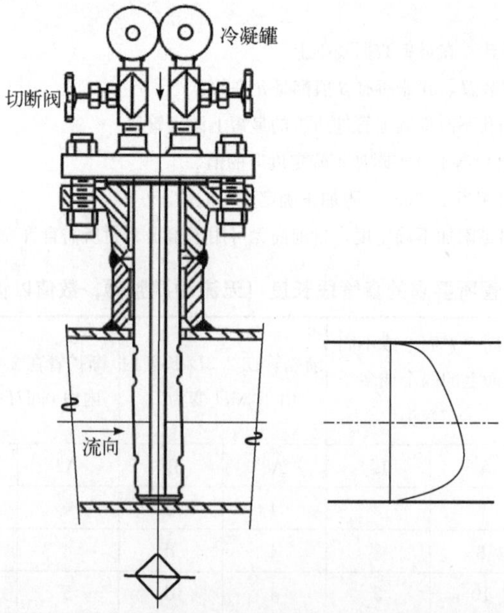

图 7.2 均速管流量传感器（俯视）

在图 7.2 中，如果将检测杆沿着母管的圆周旋转 90°，则测量结果将显著偏低。

7.2.3
直管段长度不够对流量测量的影响

图 7.1 描述了不同的直管段长度对环室取压标准孔板流出系数的影响。如果差压装置为 1in❶ 法兰取压或径距取压，引起误差的方向就与上游阻流件的弯曲方向有关[4]。

如果是径距取压，由于上游弯头与取压口之间相互位置的不同，会有三种不同的结果。

注意

a. 当取压口处于弯管的外圈时，流出系数趋小，引起正向附加误差，如图 7.3 所示。

b. 当取压口处于弯管的内圈时，流出系数趋大，引起负向附加误差，如图 7.4 所示。

c. 当取压口处于与弯管所在的平面垂直时，流出系数的偏移应比前两种情况小得多，如图 7.5 所示。

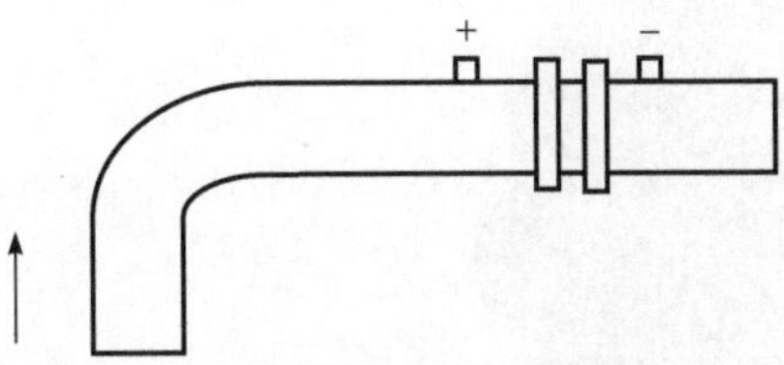

图 7.3　取压口处于外圈

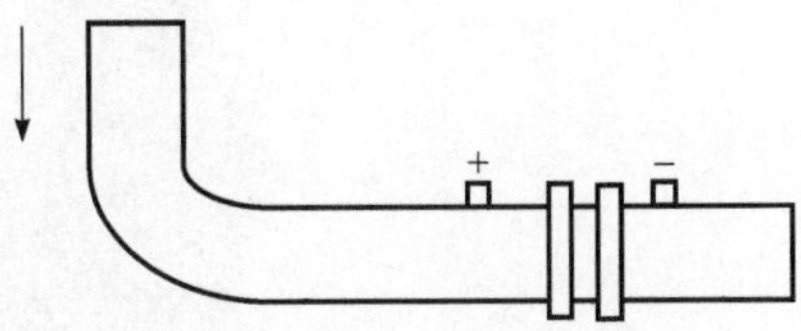

图 7.4　取压口处于内圈

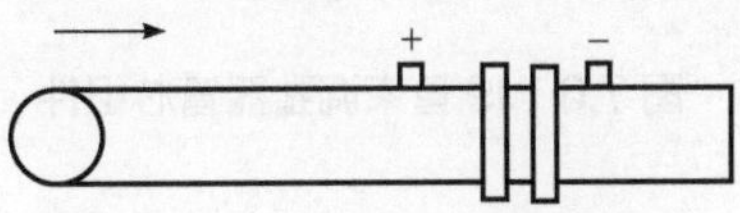

图 7.5　取压口与 90° 弯垂直

因此，在确定取压口方位时，应考虑最有利的方案。

在上面的分析中，直管段长度不够引起的附加误差幅值还与节流件的直径比 β 有关，其中，β 较小时，相同的直管段长度引起的附加误差要小一些。

7.2.4
直管段长度不够时的处理方法

直管段长度不够是经常遇到的情况，遇到此情况时的处理方法有多个，应根据实际情况灵活运用。

(1) 让步法

表 7.1 示出标准孔板各种不同的上游阻流件所要求的直管段长度，其中 A 栏所列的直管段长度能获得较小的不确定度，例如 0.5%，B 栏所列的直管段长度只能获得 1.0% 的不

❶ in 为英制长度单位英寸的缩写，通常 1in＝2.54cm。

确定度。如果现场的直管段长度达不到 A 栏的要求但能达到 B 栏的要求，而且测量不确定度要求又可以做出让步，就可以只满足 B 栏要求。

（2）管路改道法

管路布置图中，如果按原设计走向直管段长度不够，但若将管路走向略做改变就能达到标准所要求的长度，那就可避免采用成本更高的方法。在管径不是很大时，这个方法简单且有效。

（3）增设流动调整器

ISO 5167-1：2022 和 GB/T 2624.1 推荐的流动调整器，能很好地解决直管段长度不够引起的流场畸变。其中 19 管束流动调整器的结构和在差压装置前的布置，见本书附录 D。

（4）流动调整器的工程处理

附录 D 所示的 19 管束流动调整器，可以做成一台设备，但在高温高压的对象中，如果管径很大，也是一笔不小的开支，但若将管束预制成一个组件，在仪表安装时，将其推入差压装置前的管道内焊牢，能收到同样的效果，图 7.6 所示就是这样的一个管芯组件。

图 7.6　19 管束调整器管芯组件

（5）用两根交叉安装的均速管检测杆取代一根检测杆

均速管差压式流量计大多用于大管径测量对象，直管段的绝对长度都要求很长，这种情况下如果直管段长度无法满足要求，而若增设流动调整器又开支太大，可增设一根均速管检测杆，两根检测杆交叉 90°安装，两个传感器输出取平均值，保证测量精确度。

7.2.5
差压装置差压信号引出方位的确定

差压式流量计用来测量蒸汽流量时，差压信号的引出方位对保证流量测量精确度至关重要，因为不合理的引出方位容易引起差压信号传送失准，最终引起很大的示值误差[5]。

蒸汽管道有水平敷设和垂直敷设两种，当采用水平敷设时，差压信号管应从水平方向引出[6]。在使用现场有的从水平线向上 45°方向引出，出了不少问题[7]。图 7.7 所示英国国家标准 ISO 2186：2007 推荐的引出方位很有道理[7]，从图 7.7 可看出，两个根部阀的手柄均放置在水平方向，这样的设计对消除冷凝罐前导压管内由汽液交换引起的差压值脉动有重要作用。

关于根部阀的选型，ISO 5167-2：2022 和 GB/T 2624 都强调要用直通阀，而且其通径

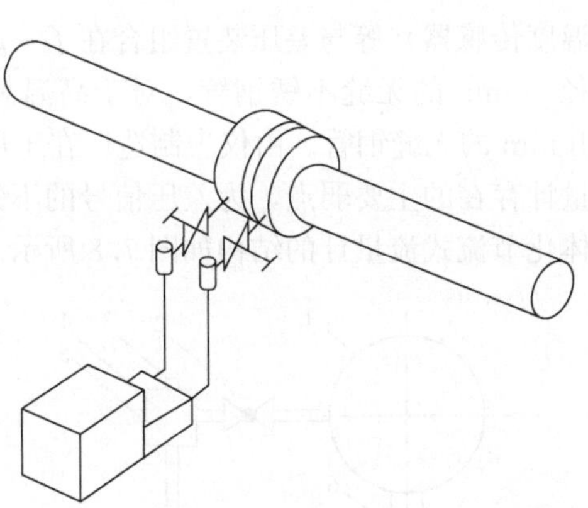

图 7.7　ISO 2186：2007 标准推荐的差压信号引出方位

应与导压管内径相同。

7.2.6 差压信号管的敷设

差压信号管的敷设是将差压装置输出的差压信号准确、可靠地传送到差压变送器的关键环节。有很多差压式流量计在工艺管总阀已关、管内流体停止流动的情况下，差压变送器接收到的差压信号不为零，这是因为差压信号管引起差压信号传送失准所致。

广义的差压信号管路包括从节流件到差压变送器之间的所有管件、管路及三阀组（或五阀组）。

（1）导压管的选择

导压管应按被测流体的性质和参数使用耐压、耐腐蚀的材质制造，在被测流体为干气体时，导压管内径不小于7mm，其余情况视被测流体的性质和管路长度，选定导压管的内径。推荐值如表 7.4 所示。

表 7.4　导压管的内径　　　　单位：mm

导压管长度	<16 000	16 000～45 000	45 000～90 000
水、水蒸气、干气体	7～9	10	13
湿气体	13	13	13
低、中黏度的油品	13	19	25
脏液体或气体	25	25	38

（2）导压管的敷设

导压管应垂直或倾斜敷设，其坡度应不小于 1∶12，黏度较高的流体，其坡度还应增大。当差压信号传送距离较大时，导压管应分段倾斜，并在最高点和最低点分别装设集气器（或排气阀）和沉降器（或排污阀）。

为了避免差压信号传送失准，正、负压导管应尽量靠近敷设。

导压管的长度能短则短，太长的导压管不仅增加泄漏、堵塞、冻结的可能性，而且容易引发差压信号的传送失准和传递滞后。

近些年市场上出现的一体化节流式流量计将截断阀、冷凝罐、导压管、三阀组和差压变送器（还有压力变送器和温度传感器）等与差压装置组合在了一起，对于中、低压蒸汽测量对象，导压管一般采用内径 10mm 的无缝不锈钢管，对于高温高压蒸汽测量对象，大多采用 15CrMoV 等材质内径 10mm 的无缝钢管。由仪表制造厂在工厂按有关标准完成组装，很好地解决了节流式差压流量计存在的主要弱点，为差压信号的不失准传送和提高系统可靠性提供了硬件保证。典型一体化节流式流量计的结构如图 7.8 所示。

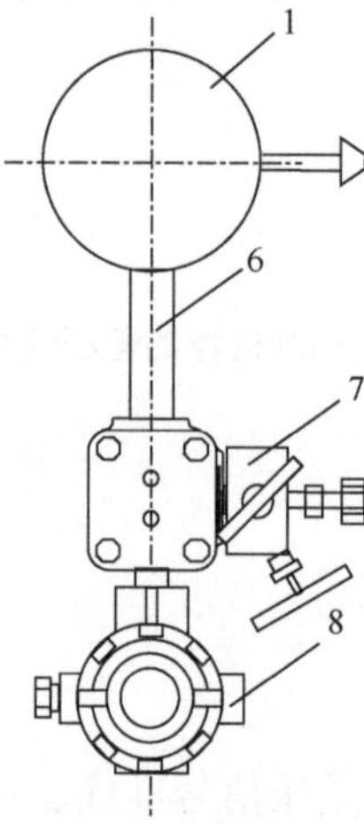

图 7.8 典型一体化节流式流量计的结构

1—节流件；2—切断阀；3—充灌口；4—冷凝罐；5—溢流口；6—支架；7—三阀组；8—差压变送器

大多数流量计都有一体式结构和分体式结构之分，它们各有各的特点，要根据现场实际情况予以选用。

(3) 蒸汽管道在地沟内的导压管敷设

蒸汽管道在地沟内以及其他蒸汽管道标高低而差压变送器标高高的流量测量系统，无法采用如图 7.8 所示的流量计结构，可以采用如图 7.9 所示的布置方法。开表调试时，导压管内引入系统压力，经差压变送器高、低压室排气口排尽气体后，仪表就可正常工作。

有的自控设计人员将冷凝罐设计在高处，如图 7.10 所示，则导压管的垂直部分管内很容易积水，引起差压信号传送失准，造成很大的流量示值误差。有的案例中，甚至会出现差压变送器测得的差压为负值[8]。

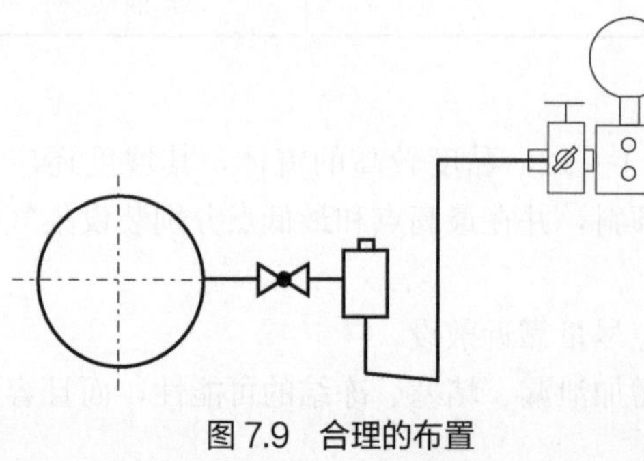
图 7.9 合理的布置

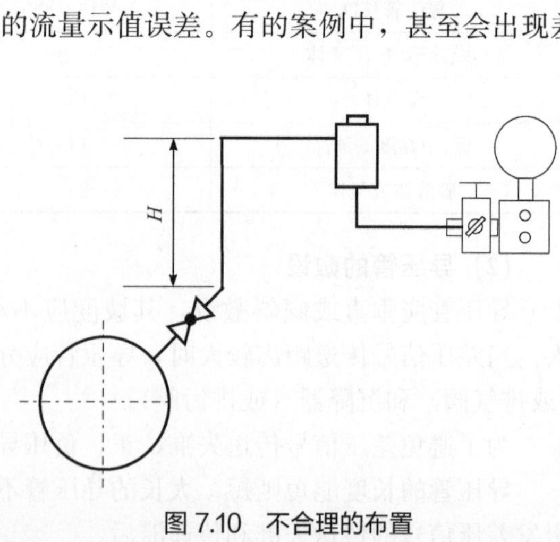

图 7.10 不合理的布置

7.2.7
差压信号的传送失准

差压装置产生的差压信号传送到差压变送器要经过四个环节，每一个环节都会引起差压信号传送失准。这四个环节分别为：

a. 冷凝罐前的差压信号传送失准；

b. 两个冷凝罐高度不一致引起差压信号传送失准；

c. 冷凝罐后导压管内积气引起差压信号传送失准；

d. 差压变送器高、低压室内排气不尽，引起差压信号传送失准。

(1) 一个实例引出的问题

江苏某石化公司利用企业的富余产能向某热力公司供汽，热力公司将蒸汽卖给最终用户。由于石化公司的汽机只开一台，以致形成如图 7.11 所示的四套流量计串联测量同一路蒸汽流量的流程，即汽机 B 出口流量计、石化厂关口表、热力公司关口表和最终用户流量计。

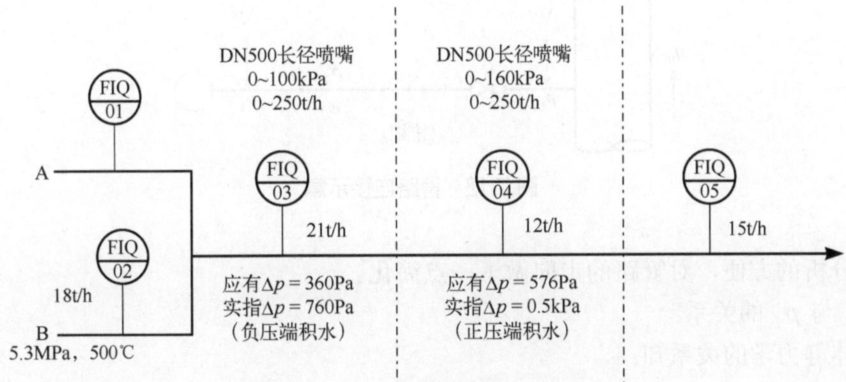

图 7.11 一根管道四套流量计的实例

除下游一套流量计之外均为 DN500 长径喷嘴流量计，工况条件相同，满量程流量均为 250t/h，导压管均从母管水平线上方的 45°方向引出，差压上限略有差异，差压变送器型号略有差异，但仪表投入运行后，四套流量计示值各不相同，而且相互之间差量达 25%之多，对差压变送器等仪表本体反复校验，发现均合格。这一现象令双方的仪表工程师百思不得其解。

这一奇怪现象看上去很离奇，但病因很简单。其一是倾斜导压管内积水，正压管或负压管内介质呈汽液混合物状态，导致差压信号存在传送失准现象。其二是投运初期实用流量太小，只有满量程流量的 6%左右，以致差压装置送出的差压信号太小。在这种使用条件下，尽管差压信号传送失准值只有几十毫米水柱❶，但其所引起的流量示值误差却大得惊人。

用差压式流量计测量水平管道内蒸汽流量的系统中，流量信号传递失准的诱因有多种，分别叙述如下。

❶ 毫米水柱：mmH_2O 为压力单位，1 毫米水柱表示水柱高度为 1 毫米时产生的压力，$1mmH_2O \approx 9.8Pa$。

(2) 冷凝罐前的差压信号传送失准

在用标准差压式流量计测量蒸汽流量时，差压装置送出的差压信号传送到冷凝罐时，往往会产生一定的失准，即冷凝罐接收到的差压信号 $\Delta p'$ 与差压装置送出的差压 Δp 不相等。下面对 $\Delta p'$ 与 Δp 及诸因素的关系做一分析，其中差压装置与冷凝罐之间的结构性连接如图 7.12 所示。

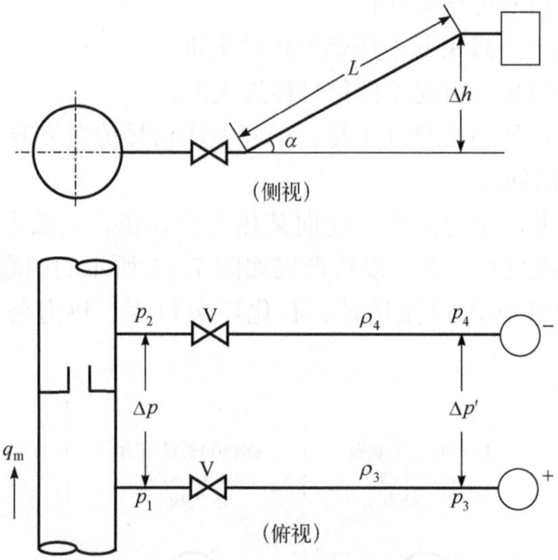

图 7.12 管路连接示意

为了分析的方便，对管路的走向做了一点简化。

① p_3 与 p_1 的关系

从流体静力学的关系知：

$$p_1 = p_3 + \rho_3 \Delta h g \tag{7.1}$$

式中 p_1——差压装置正端取压口绝对静压，Pa；

p_3——正端冷凝罐内汽相绝对静压，Pa；

ρ_3——阀—罐之间导压管内介质平均密度，kg/m^3；

Δh——垂直高度差，m；

g——当地重力加速度，取 $g = 9.81m/s^2$。

$$\Delta h = L\sin\alpha \tag{7.2}$$

式中 Δh——垂直高度差，m；

α——导压管倾斜部分与水平面的夹角；

L——导压管倾斜部分长度，m。

当 $\alpha = 30°$时，式 (7.2) 变为

$$\Delta h = 0.5L \tag{7.3}$$

② p_4 与 p_2 的关系

与式（7.1）相似可得式（7.4）如下：

$$p_2 = p_4 + \rho_4 \Delta h g \tag{7.4}$$

式中 p_2——差压装置负端取压口绝对静压，Pa；

p_4——负端冷凝罐内汽相绝对静压，Pa；

ρ_4——阀—负压罐之间导压管内介质平均密度，kg/m^3；

Δh——垂直高度差，m；

g——当地重力加速度，取 $g=9.81m/s^2$。

③ 倾斜导压管内充满蒸汽时 $\Delta p'$与 Δp 的关系

先计算 p_3 和 p_4，由式（7.1）可得式（7.5），由式（7.4）可得式（7.6）：

$$p_3 = p_1 - \rho_3 \Delta h g \tag{7.5}$$

$$p_4 = p_2 - \rho_4 \Delta h g \tag{7.6}$$

将式（7.5）与式（7.6）两边相减得

$$\begin{aligned}\Delta p' &= p_3 - p_4 = (p_1 - p_2) + (\rho_4 \Delta h g - \rho_3 \Delta h g) \\ &= \Delta p + \Delta h g(\rho_4 - \rho_3)\end{aligned} \tag{7.7}$$

式中 $\Delta p'$——两只冷凝罐间汽相实际差压，Pa；

Δp——两只冷凝罐间汽相应有差压，Pa。

其余符号意义同式（7.1）～式（7.6）。

式（7.7）中的 $\Delta hg(\rho_4 - \rho_3)$ 即为传送失准，其中（在介质为蒸汽时）ρ_4 和 ρ_3 为

$$\rho_4 = f(p_2) \tag{7.8}$$

$$\rho_3 = f(p_1) \tag{7.9}$$

这是因为倾斜导压管内蒸汽已进入饱和状态。

因为 p_2 与 p_1 很接近，所以 ρ_4 与 ρ_3 很接近，因此传送失准值 $\Delta hg(\rho_4 - \rho_3)$ 可忽略。

④ 当倾斜正压管内积液时引起的差压信号传送失准值的计算

正压管内积液按 $p_1 = 5.3MPa$

查饱和水密度表得 $\rho_3 = 769.4kg/m^3$ （7.10）

负压管内仍为蒸汽按 $p_1 = 5.3MPa$

查饱和蒸汽密度表得 $\rho_4 = 27.64kg/m^3$ （7.11）

式中符号意义同式（7.7）。

其实应按 p_2 查饱和蒸汽密度表，但因 p_2 是 Δp 的函数，其值在全量程范围内都是在变

的，所以近似值以 p_1 代之。

将式（7.10）和式（7.11）值代入式（7.7）得

$$\Delta p' = \Delta p + \Delta hg(27.64 - 769.4) = \Delta p + \Delta hg \times (-741.8) \tag{7.12}$$

式中符号意义同式（7.7）。

⑤ 当倾斜负压管内积液时引起差压信号传送失准值的计算

同理可计算得

$$\Delta p' = \Delta p + \Delta hg \times (741.8) \tag{7.13}$$

式中符号意义同式（7.7）。

⑥ 当倾斜导压管内充满汽液混合物时的差压信号传递失准值的计算

两根导压管如果其中一根是冷的，另一根是烫的，可认为一根内积满液体，另一根内为蒸汽，如果两根管都是温暖的，则可认为两根管内充满汽液混合物，传送失准在 $-741.8\Delta hg \sim +741.8\Delta hg$ 之间变化。

由于汽液比例可能是变化的，所以失准值也是在变化的。

⑦ 正负压管内全部充满液体时的传送失准值讨论

如果正负压管内全部充满液体，则表现为两根管道都是冷的，由于冷水可以认为是不可压缩流体，所以可以认为两根管内液体密度相等，即 $\rho_3 = \rho_4$，代入式（7.7），则 $\Delta p' = \Delta p$，即无传送失准。

⑧ 倾斜导压管内积液原因

在汽液平衡状态下，饱和水的密度要比饱和蒸汽的密度大几十倍甚至几百倍，冷凝罐中溢出的饱和水与来自蒸汽母管的蒸汽在倾斜导压管内相遇，由于两者存在很大的密度差，理应饱和水能顺畅地流向母管，蒸汽能顺畅地流到冷凝罐，但若根部阀通径太小或流路不满足直通要求，则饱和水很容易被吊在阀门上方而引起积液。

在用针形阀做根部阀时，经常发生积液事件，分析其原因为两点。一是通径太小。常用的 DN10（或 1″/2）针形阀，节流孔内径仅有 6.4mm；DN6（或 1″/4）针形阀节流孔径更小，仅有 4.4mm。二是针形阀低进高出的结构。当安装在水平管道上的针形阀手柄向上时，流路容易形成 U 形液封，从而使饱和水回流受阻。如果将手柄布置在水平方向，将 U 形流路改为在同一个水平面内的弯曲，流动受阻情况则可大为改善。

如果将针形阀改为直通阀，例如闸阀或球阀[2,3]，通径在 10mm 以上，则阀的上方完全不会积水。

(3) 防止冷凝罐前差压信号传送失准的另一个方法

式（7.7）所示的冷凝罐前差压信号传送失准值，与高度差 Δh 和密度差 $\Delta\rho(\rho_4 - \rho_3)$ 的乘积成正比，如果能使 Δh 和 $\Delta\rho$ 中的一个为 0，则 $\Delta hg\Delta\rho$ 也就为 0。其实，要做到 $\Delta h = 0$ 很简单，只要将冷凝罐布置在与差压装置相同的高度即可[7-9]。

(4) 两个冷凝罐高度不相等也会引起差压信号传送失准

冷凝罐前的导压管内，如果充满蒸汽，差压装置产生的差压信号可以不失准地传送到冷凝罐的上方，但若两个冷凝罐的高度不相等，也会因为液柱高度不相等、静压头不相等而引起差压信号的传送失准。

众所周知，在用标准差压式流量计测量蒸汽流量时，冷凝罐的作用是将蒸汽同差压变送器隔离开，以免后者被烫坏。具体原理是使蒸汽在冷凝罐中冷凝变成凝结水，从而将蒸汽的差压信号转换成水的差压信号，然后由差压变送器测量。

蒸汽在冷凝罐内放出热量变成凝结水后，罐内水位升高。当水位高于溢流口后，就会从导压管流回蒸汽母管。此溢流口就是导压管与冷凝罐的连接处，具体来说就是圆形流通截面的下口。因此正、负压溢流口的高度须相等，如果有 10mm 的高度差，就会引起 98Pa 的差压信号传送失准。如果正压罐高 10mm，则凝结水差压失准 98Pa；如果负压罐高 10mm，则失准－98Pa。而对于长径喷嘴差压装置，由于两个冷凝罐之间相距较远，往往高度相差 20mm，用肉眼难以分辨，因此须用水平仪精准测量并整改到位。

(5) 垂直管道上差压装置的差压信号传送失准的实例

在图 7.13 中，正压管的垂直部分管内应充满蒸汽，或蒸汽以缓慢的速度向冷凝罐补充，而冷凝罐内的凝结水经溢流口沿着垂直管的内壁流回母管。但若垂直段导压管的坡度不合理或选用针形阀作为取压阀，很容易导致凝结水在垂直管内憋住，引起较大的测量误差。

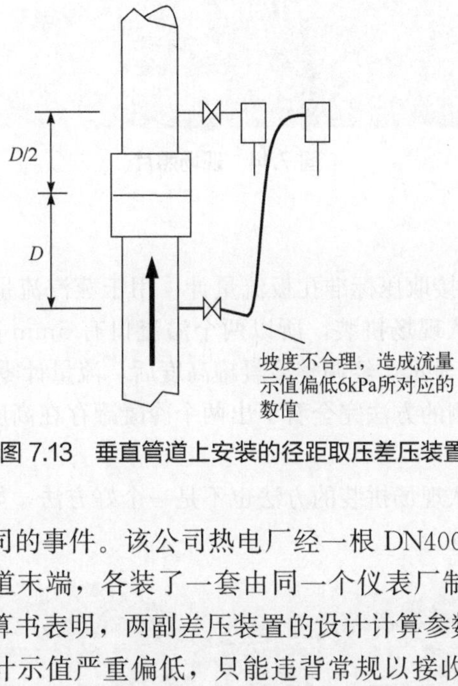

图 7.13　垂直管道上安装的径距取压差压装置

这是发生在某石化公司的事件。该公司热电厂经一根 DN400 的管道向化工厂供汽，供方在管道始端，需方在管道末端，各装了一套由同一个仪表厂制造的 DN400 蒸汽流量计，两套流量计的差压装置计算书表明，两副差压装置的设计计算参数完全相同，可是仪表投入运行后，供方的一套流量计示值严重偏低，只能违背常规以接收方流量计数据作为结算依据。有关人员对这套仪表的各个部分进行多次检查，均未查出原因所在，最后，仪表维修工只能将差压变送器的零点向负方向迁移来调整。巧合的是测量起点迁移到－6kPa 左右时，两套流量计示值就趋于一致，而且流量变化时，示值仍能基本保持一致。

因此有关人员怀疑应是充满蒸汽的正端导压管管内被凝结水占据，从而产生 6kPa 的偏移。于是建议拆开保温层检查导压管内究竟是蒸汽还是凝结水。待拆开保温层后，发现这段垂直导压管是冷冰冰的，只在排污扫线时导压管才是烫的，显然，这段管道内积满了凝结水。进一步分析垂直段积水的原因，发现所配用的根部阀是针形阀，而且安装根部阀的一段不仅没有合理的坡度，相反导压管的转弯处还略低一些（如图 7.13 所示），后来建议将垂直段导管截去数厘米，使根部阀处的水平段左低右高，满足坡度要求。

经改装后，仪表重新投运，示值显示正常。

(6) 两个冷凝罐高度不一致引起差压信号传送失准的案例

① 实例 1：径距取压

江苏江阴某热能公司一台用来测量蒸汽流量的客户端长径喷嘴流量计如图 7.14 所示，总阀关闭后，差压变送器输出 3.920mA，非常稳定，关闭三阀组的正压阀并打开平衡阀，变送器输出 4mA。经水平仪检查，正压冷凝罐高度比负压冷凝罐高度低 10mm，经现场校正后，仪表零点恢复正常。

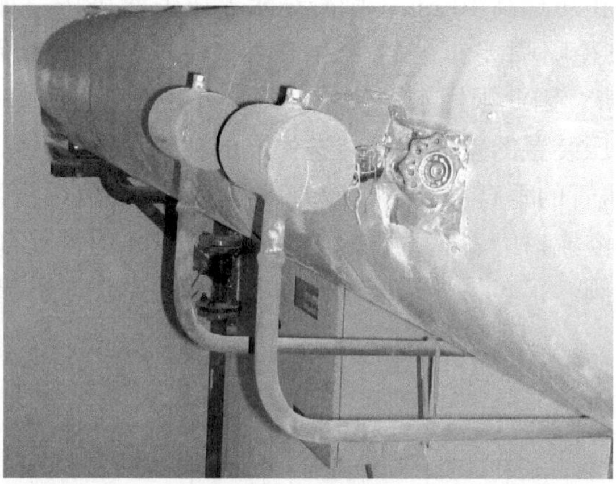

图 7.14 现场照片

② 实例 2：角接取压

图 7.15 所示为一台角接取压标准孔板流量计，用于蒸汽流量测量。取压口之间距离虽不大，但因冷凝罐由工程队现场拼装，所以两个溢流口有 5mm 高度差，蒸汽总阀关闭后，差压变送器仍有 50Pa 差压显示。经调整冷凝罐高度后，流量计零点正常。

在这个例子中，用目测的方法完全看不出两个冷凝罐存在高度差，因此，人们不能过分相信自己的眼睛。

另外，冷凝罐由工程队现场拼装的方法也不是一个好方法，如果在仪表制造厂按图纸组装，一般不会出现此类问题。

图 7.15 现场仪表的安装

③ 实例 3：线性孔板

用线性孔板差压流量计测量蒸汽流量时，差压变送器与线性孔板的配置如图 7.16 所示。由图可见，正、负压信号管分别从圆形管道的两个不同的方向引出，A 点和 B 点相距较远，安装时稍有不慎就会出现高度差，使两根冷凝管内的凝结水液位产生差异，导致流量计零点失准[5]。

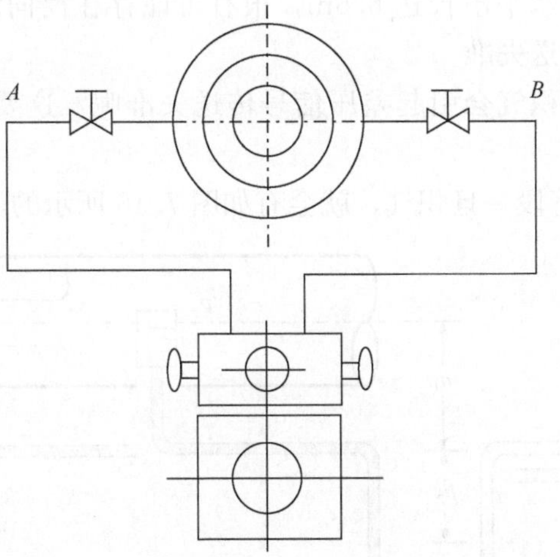

图 7.16　双向引出的线性孔板在管道上的安装

(7) 导压管坡度不符合要求引发的问题

从冷凝罐引向差压变送器的导压管内应充满凝结水，但若导压管坡度不符合要求，则在某些管段容易出现气体聚积，引起差压信号传送失准。

江苏常熟某电厂蒸汽总管用双量程喷嘴流量计测量中压蒸汽流量，测量范围为 0～52～300t/h。两只冷凝罐等高，差压变送器零点准确，但仪表投运后，低量程差压变送器输出 9mA，高量程差压变送器输出 4.9mA，但电厂说总阀已关闭，流量示值应为 0。

经查低量程差压变送器差压上限为 3kPa，开平方运算在差压变送器中完成，所以其输出 9mA 对应的差压约为 293Pa。由于总管上的阀门已关闭，因此总管内蒸汽已停止流动，流量传感器输出的差压已为 0，为什么差压变送器接收到的差压信号却有 293Pa。由于高量程差压变送器和低量程差压变送器的输出都表明所接收到的差压信号约为 293Pa，显然这 293Pa 的差压是由差压信号的传送失准所引起。差压信号导压管实际走向和差压变送器安装如图 7.17 所示[8]。

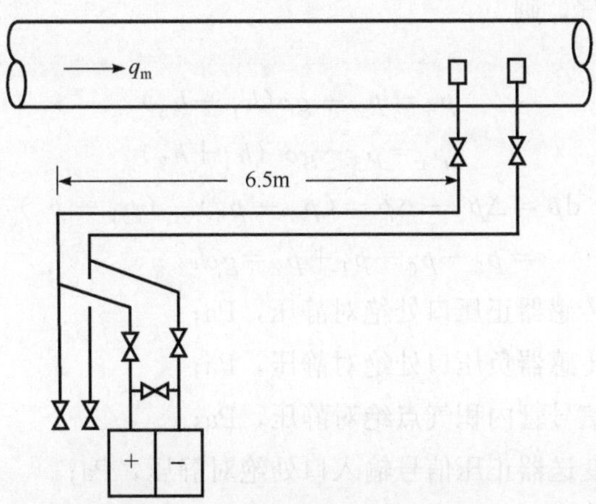

图 7.17　差压信号导压管走向

从来自现场的差压信号导压管和差压变送器安装照片可以看出，导压管从冷凝罐引出后，大多为垂直走向，只有一段长度约为 6.5m 的水平段搁在水平线槽的顶部敷设，坡度没有保证。不仅如此，由于水平段长达 6.5m，很有可能存在反向坡度，以致导压管内积气，引起 293Pa 的差压信号传送失准。

为什么水平导压管内积气会引起差压信号传送失准呢？这要从压力信号传递关系进行分析。

在图 7.17 中的水平管段一旦积气，就会有如图 7.18 所示的压力传递关系。

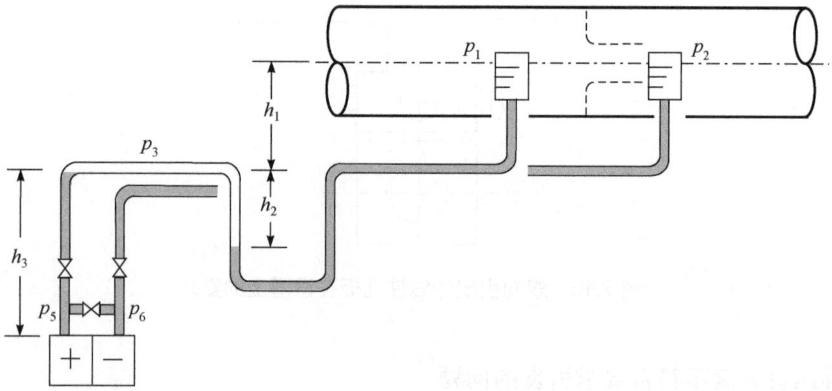

图 7.18　压力传递关系

按照流体静力学原理，流量传感器将所产生的绝对静压传送到冷凝罐，其中正压罐静压传送到 p_3，有式（7.14）成立[8]：

$$p_3 = p_1 + g\rho(h_1 + h_2) \tag{7.14}$$

绝对静压从 p_3 传到 p_5 有式（7.15）成立：

$$p_5 = p_3 + g\rho h_3 \tag{7.15}$$

如果负压管内不积气，则

$$p_6 = p_2 + g\rho(h_1 + h_3) \tag{7.16}$$

从式（7.14）得

$$p_1 = p_3 - g\rho\ (h_1 + h_2) \tag{7.17}$$

$$\mathrm{d}p = \Delta p' - \Delta p = (p_5 - p_6) - (p_1 - p_2)$$

$$= p_5 - p_6 - p_1 + p_2 = g\rho h_2 \tag{7.18}$$

式中　p_1——流量传感器正压口处绝对静压，Pa；

p_2——流量传感器负压口处绝对静压，Pa；

p_3——正压信号管内积气点绝对静压，Pa；

p_5——差压变送器正压信号输入口处绝对静压，Pa；

g——重力加速度，m/s^2，$g = 9.80665 m/s^2$；

h_1、h_2、h_3——位差，m；

dp——差压偏移值，Pa；

Δp——流量传感器送出的差压信号，Pa；

$\Delta p'$——差压变送器接收到的差压信号，Pa。

将式（7.15）、式（7.16）、式（7.17）代入式（7.18）得 dp=293Pa。

这是正压管内积气而负压管内未积气所引起的差压信号传送失准值。由于 dp 与积气高度（位差）成正比，按流体静力学关系计算，h_2 应为 0.0299m。如果负压管内也积气，则 dp 的值为正压管内积气所引起的失准值和负压管内积气所引起的失准值叠加。

整改方法是对导压管进行改装，将冷凝罐下方的切断阀拆除，使水平导压管具有一定的坡度，从而消除积气，使流量零点恢复正常。

(8) 差压变送器高、低压室排气不尽问题

用来测量蒸汽流量的差压式流量计，其配用的差压变送器高低压室内必须充满凝结水，仪表显示的差压值才会与送入的差压信号相等。

差压变送器高、低压室上的排放口设置，因仪表型号不同而异。图 7.19 所示仪表的高低压室上各有两个排放口，上部的一个为排气口，下部的一个为排液口，流量计开表调试时，高低压室内通入系统压力后，打开排气阀，待凝结水连续排出，就表明高低压室内已无气体存在，不仅如此，排出的凝结水也将三阀组流路内可能存在的气体一并排出，从而做到差压信号的准确传送。

图 7.20 所示的差压变送器只有一个排放口，显然打开仅有的一个排放阀是无法将高低压室内的气体排尽的，残存的气体使差压信号的传送多了一个不确定因素。

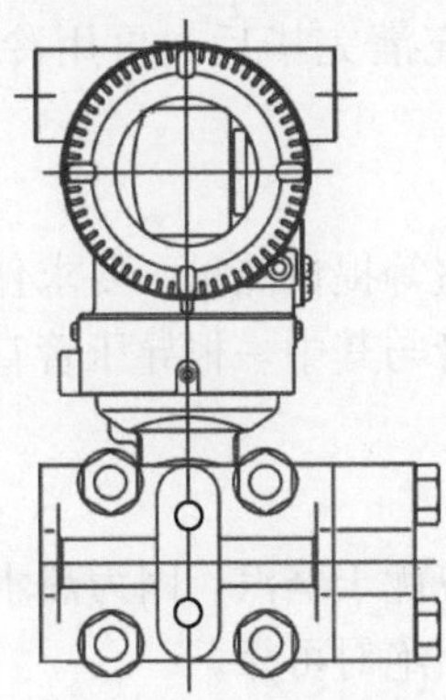

图 7.19　有两个排放口的差压变送器

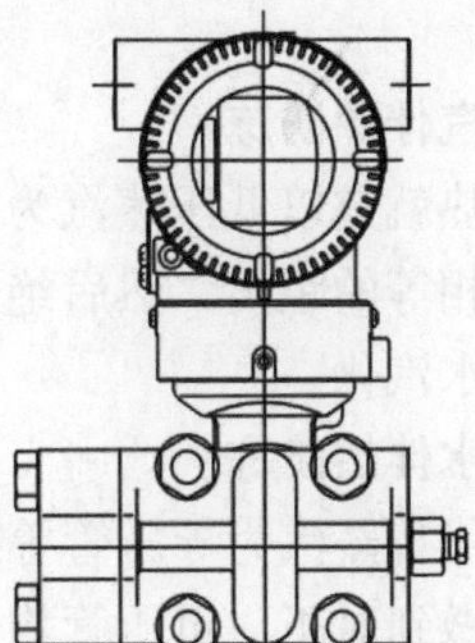

图 7.20　有一个排放口的差压变送器

目前现场还在使用的只有一个排放口的差压变送器，大多是因选型疏忽或已经使用多年的早期产品。

7.2.8 防冻问题

(1) 防冻的必要性

用差压式流量计测量蒸汽流量时，冷凝罐、导压管及差压变送器高低压室内均充满凝结水，如果没有防冻措施，冬季极易结冰，造成仪表不能正常工作，严重的情况还会将变送器膜盒上的波纹压平，导致仪表损坏。

常用的防冻方法有隔离液防冻和蒸汽伴热防冻及电伴热防冻等。

（2）隔离液防冻法

在防腐蚀技术中，人们常将隔离液充入导压管和变送器测量腔室，将腐蚀性介质与仪表隔离开。在用差压式流量计测量蒸汽流量的系统中，隔离液的作用不是防腐蚀而是防冻。

图 7.8 所示为用来测量蒸汽流量的差压式流量计的典型结构。冷凝罐上的溢流口一般开在罐的上中部，充灌时，将三阀组上的三个阀打开，充灌到两个冷凝罐的溢流口有防冻液流出为止。

① 对隔离液的要求

a. 良好的化学稳定性。

b. 对仪表、隔离罐和管道等与隔离液接触的部分不应有腐蚀作用。

c. 与被隔离的流体（液体或气体）之间不会互溶。

d. 在当地最低的环境温度条件下也不会凝固、结晶。

e. 黏度较低，便于充灌。

f. 与被隔离的流体（液体）之间有合适的密度差。

g. 安全无毒。

h. 合理的经济性。

② 对防冻液的要求

隔离液用于防冻时，除了要满足隔离液的各项要求之外，还要求有良好的高温适应性。例如作为蒸汽的防冻液，在与凝结水接触时，不能气化。一般来说，冷凝罐的上方是蒸汽，此处蒸汽的温度与压力有关，当压力为 10MPa 时，其饱和水温度高达 310℃，为了避开高温，可将溢流口开在冷凝罐的中部或下部，并在防冻液充灌完毕后，再用冷水将冷凝罐灌满。

（3）蒸汽伴热防冻

蒸汽伴热就是以低压蒸汽为热源，为导压管和高低压室等提供热量。要求伴热管保持与正、负压管相等的距离，然后绝热保温。尤其要避免伴热管与其中一根导压管直接接触，导致管内凝结水汽化。

（4）热水伴热防冻

用热水代替蒸汽为导压管等提供热量，就合理性来说应优于蒸汽，因为热水温度低于蒸汽，更容易做到对正、负压管均匀加热，但热水的来源必须绝对可靠。

（5）电伴热防冻

电伴热的方法越来越受人们欢迎，该方法既简便又清洁，更大的优势是电热带有自恒温功能，也容易对正、负压管实现等热量加热。

（6）伴热对称性的检验方法

上面谈到伴热保温中不管采用哪一种热源，对正、负压管的加热都必须对称。加热是否做到对称，可用现场操作的方法予以检验，即选择在气温合适的时间段关闭伴热热源检查差压变送器的输出。因为热量变化的过程要经历较长时间，为了排除实际流量变化干扰检验结果，可关闭差压装置的根部阀，待冷却后旋松冷凝罐顶部的排气螺钉（或排气阀），让差压变送器输出为 0kPa（4mA），如果开伴热后输出变化，就可认定此变化就是伴热引起的。

(7) 一体式差压流量计的伴热保温及温度监视

一体式差压流量计将差压变送器、压力变送器、导压管、冷凝罐、根部阀等组装为一体，为伴热工作带来很多方便。因为伴热之后还要做绝热保温，于是有人提出索性制作一个可以拆卸的保温箱，这个方法除了防雨保温之外还有两个意外的效果：

a. 因为保温箱可以上锁，将根部阀和三阀组置于箱内，可防止有人随意操作。将其用于贸易交接的流量计，这是供汽方梦寐以求的。

b. 箱内温度可通过智能差压变送器送出的自诊断结果得到，流量演算器将此信息读入并上传到上位机，从而可以实现对伴热保温效果的监视，确保不会结冰冻坏仪表。

图 7.21 所示为可卸保温（保护）箱。

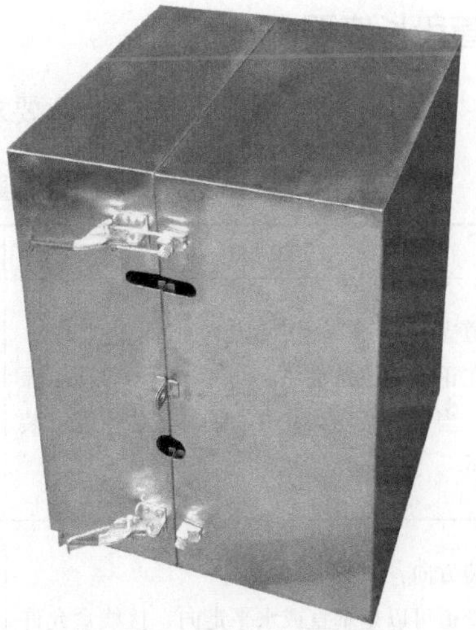

图 7.21 可卸保温（保护）箱

7

7.3 涡街流量计的安装

涡街流量计的安装要比差压式流量计的安装简单得多，因为它无须敷设导压管，也无须考虑截断阀、冷凝罐、三阀组和差压变送器的安装以及防冻问题，但需注意下列事项。

7.3.1 安装地点的选择

涡街流量计安装时，应选择在振动或撞击小的地点。应避免安装在温度变化大的场所，如果受到设备的热辐射，须采取隔离通风措施。

(1) 环境的振动

涡街流量计的安装地点应无明显的振动，这是因为其对振动非常敏感，有的品牌仪表耐振性较差，管道轻微的振动就会引起流量示值显著偏高。

(2) 环境温度

涡街流量传感器允许使用的最高流体温度与传感器环境温度密切相关，对于高温型仪表，如果环境温度高于 60℃，将使允许使用的最高流体温度大幅降低。详见第 4 章的图 4.3。这种情况常在锅炉顶上和通风不良的蒸汽分配器旁边发生。

(3) 远离脉动源

如果被测对象有可能存在流动脉动，传感器安装地点应尽量远离脉动源。

(4) 电磁干扰

涡街流量计不能安装在大功率电机、大功率变压器等附近，强大的电磁场有可能影响仪表的正常工作。

7.3.2
直管段长度要求

涡街流量传感器直管段长度要求如表 7.5 所列。

表 7.5　涡街流量传感器直管段长度要求（D 为管道内径）

说明	图示
管道支承： 在正常管道条件下，可承受 1g 的管道振动。当管道振动大于 1g 时，应对管道安装支承	
安装方向： 管道可以是垂直或水平走向，接线盒允许布置在任意方位，但当流体为饱和蒸汽时，流量传感器安装位置不应选在管道的低点	
邻接管道： 邻接管道的内径必须稍大于流量传感器的内径。 采用下列邻接管道： 对通径 15～80mm 的流量计应使用 Sch 40 以下的管道；对通径 80～400mm 的流量计应使用 Sch 80 以下的管道	
缩管： 对于缩管，要保证其上游侧的直管段长度应至少为 5D，其下游侧的直管段长度也应至少为 5D	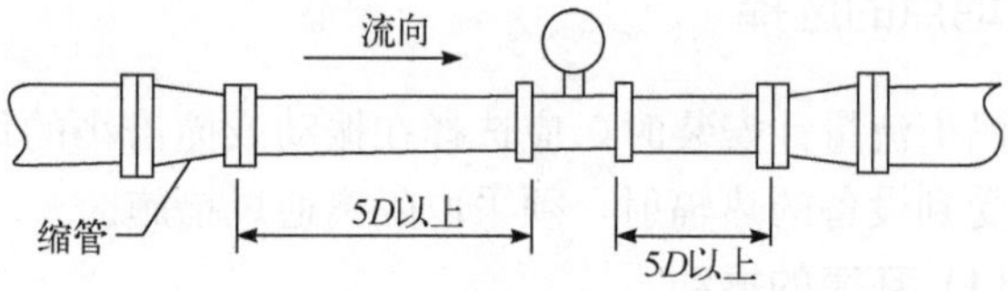
扩管： 对于扩管，其上游侧的直管段长度应至少为 10D，其下游侧的直管段长度至少为 5D	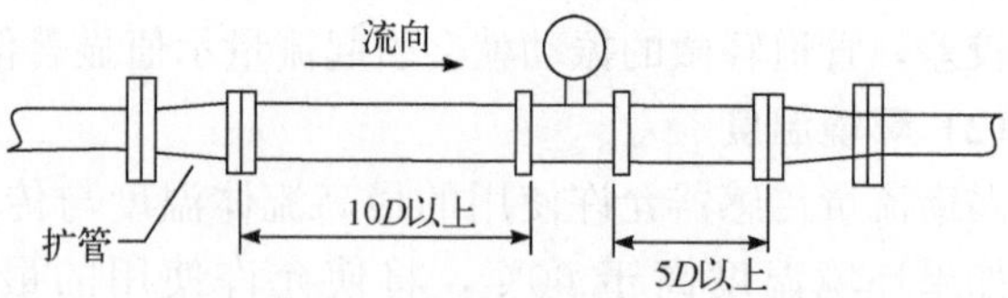
弯管： 对于每一段弯管，其上游侧的直管段长度应至少为 10D，其下游侧的直管段长度应至少为 5D	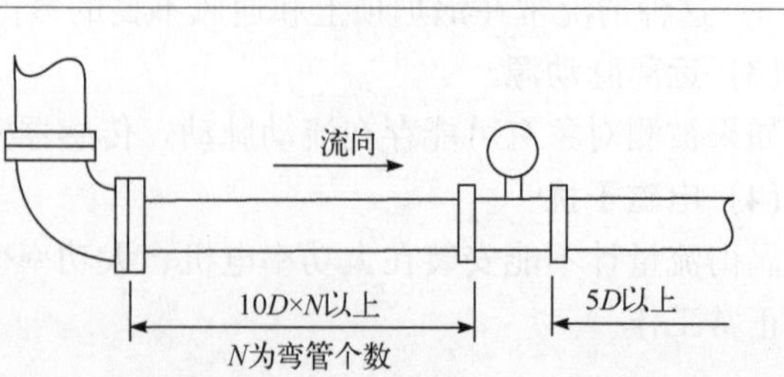

续表

<table>
<tr><th>说明</th><th>图示</th></tr>
<tr><td>阀门位置和直管段长度：
a. 阀门应该安装在流量计的下游。
上游直管段的长度取决于上游的管道状况（如扩管、缩管、弯管等，见上述说明），下游的直管段长度应保持至少为 5D。</td><td>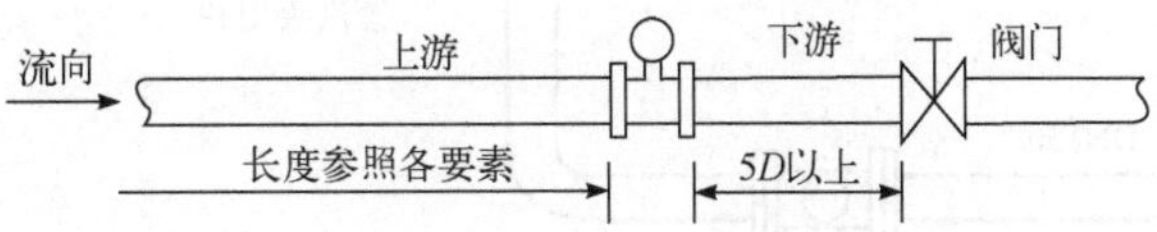
</td></tr>
<tr><td>b. 如果阀门一定要安装在流量计的上游，那么要保证上游的直管段长度在 20D 以上，下游的直管段长度应至少为 5D</td><td>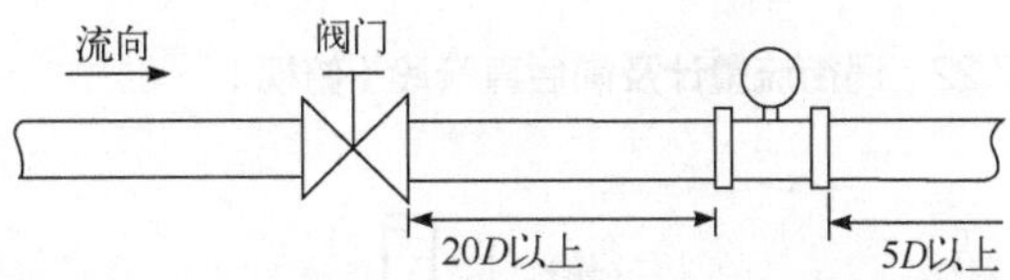
</td></tr>
<tr><td>脉动流影响：
在使用活塞式或罗茨式的鼓风机或空压机的气体管道上，或者使用活塞式或柱塞式泵的高压液体管道上，流体可能会发生脉动。通常应把阀门安装在流量计的下游，如果不得不将流量计安装在阀门的上游时，可在流量计的上游装上一个脉动流衰减器，如节流板或膨胀段</td><td>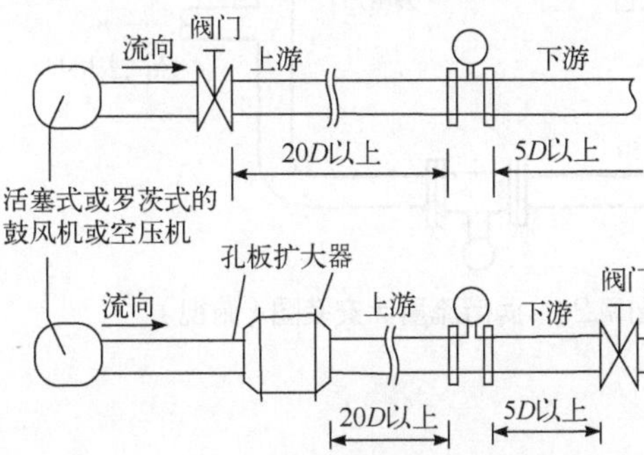
</td></tr>
<tr><td>活塞式或柱塞式泵：
在涡街流量传感器的上游安装一个储罐，以减少液体振动</td><td>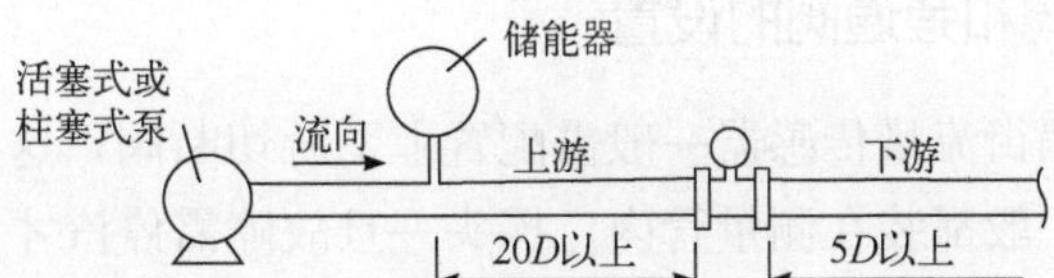
</td></tr>
</table>

7.3.3 直管段长度不够对流量测量的影响及处理方法

（1）直管段长度不够对涡街流量计的影响

直管段长度不够对流动状态产生的影响有两个方面，一方面是流场畸变，另一方面是流体旋转。其中流场畸变普遍会引起圆形流通截面中，最高流速点偏离管道圆心，导致涡街流量计示值偏低。至于流体旋转对涡街流量计的影响现在还没有具体的研究报告。

（2）处理方法

第 7.2.4 节（2）、（3）所述的处理方法，同样适用于涡街流量计。除此之外，还可利用涡街流量计的下述特点处理直管段长度不够的问题。这一特点就是涡街流量传感器在水平管道和垂直管道上安装，其接线盒允许布置在圆周 360°中任何一个位置。

例如图 7.22 所示的是一台安装在锅炉顶上的涡街流量传感器，由于空间狭小，若按照常规的方法将接线盒置于蒸汽管上方，直管段长度明显不够，由于最高流速点未对准旋涡发生体，所以示值偏低，如图 7.23 所示。

而当旋涡发生体的方向被旋转 90°后（如图 7.24 所示），情况发生了变化，流场的畸变情况虽然无变化，但最高流速点却对准了发生体的中心线。如图 7.25 所示。

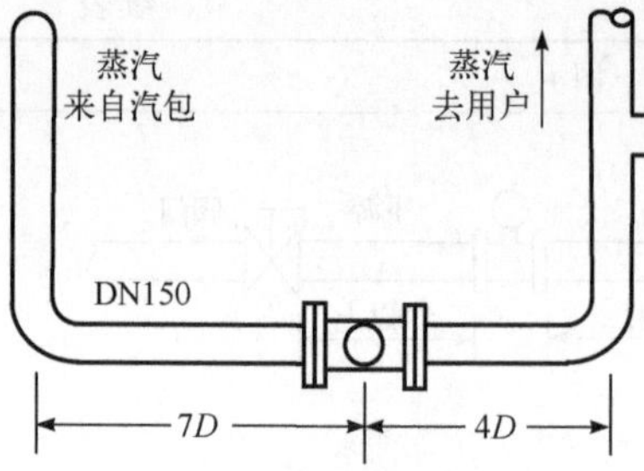

图 7.22　涡街流量计及前后直管段（俯视）

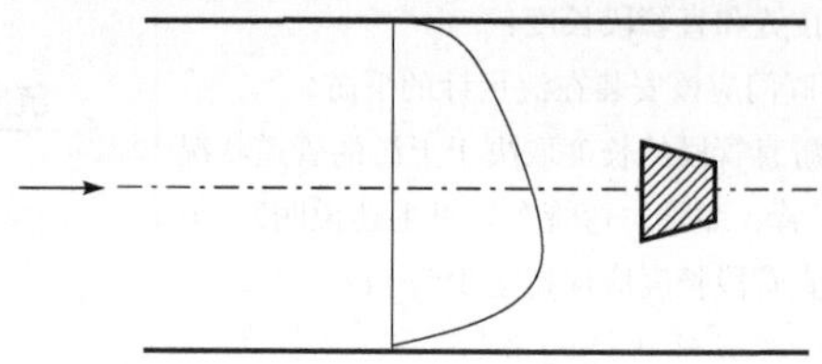

图 7.23　管道内的流场分布与发生体位置

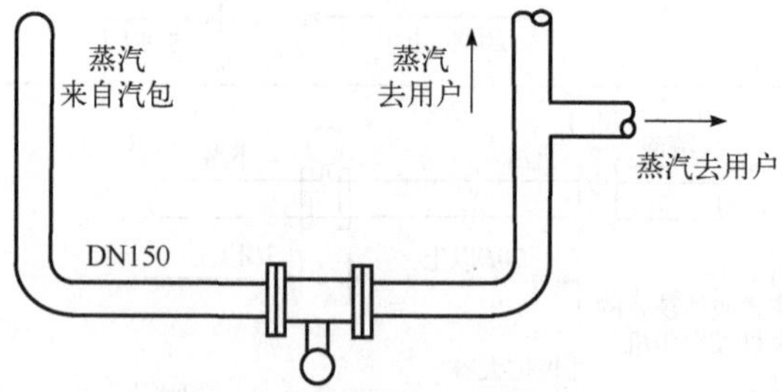

图 7.24　涡街流量计安装图（俯视）

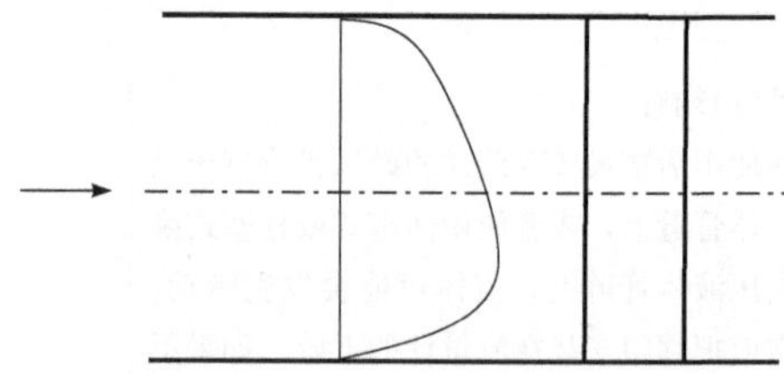

图 7.25　旋涡发生体处于水平位置

7.3.4
切断阀和旁通阀的设置

涡街流量传感器一般需配置上下游切断阀，这是因为探头是涡街流量计的薄弱环节，而探头一般都装在测量管内，探头一旦故障需停汽才能拆下检查，但是将涡街流量计用作总表时，极少有停汽机会，因此需设置切断阀和旁通阀。但若是用户端计量，则经常有停汽机会，不设置切断阀和旁通阀也不影响维修，可以另当别论。

7.3.5
注意使被测流体充满管道

涡街流量计是速度式流量计，只有被测流体充满流量计测量管，根据流速计算出来的体积流量才是正确的。

当被测流体为湿气体或饱和蒸汽时，应将流量计安装在流动方向为自下而上的垂直管道或水平管道的高处，如图 7.26 所示。

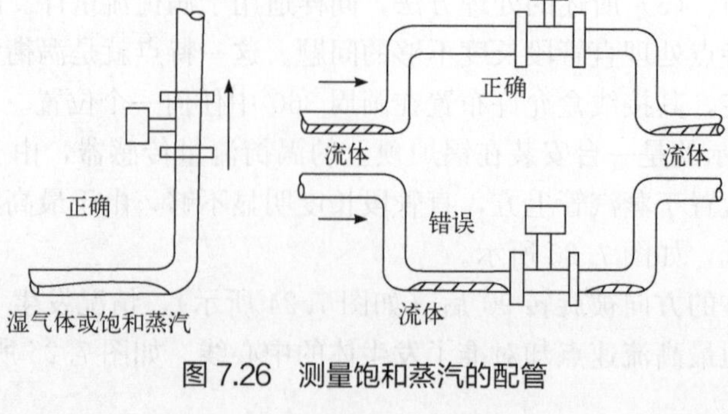

图 7.26　测量饱和蒸汽的配管

7.3.6 管道内径的确定

市场上销售的涡街流量计公称通径相同但制造厂不同，其测量管内径会有很大差异。另一方面，公称通径相同的无缝钢管，由于所采用的标准不同以及管壁厚度不同，其内径往往差异悬殊。例如 6in（1in＝25.4mm）美标钢管其外径为 168mm，而国标却为 159mm，即使壁厚相同，内径也有 9mm 之差。

在实流标定中发现管道内径等于或略大于涡街流量计测量管内径时，流量示值稳定，流量系数正常。由于管径的差异，流体流过台阶时会有二次流产生，但因二次流存在的部位在测量管之外，所以对仪表的影响不明显，如图 7.27 所示。

当管道内径比测量管内径小时，流量示值出现强烈的噪声，这是因为流体流过台阶时产生二次流，如图 7.28 所示。

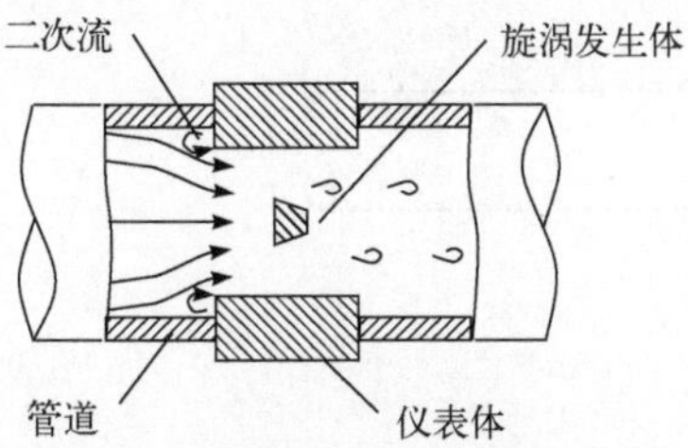

图 7.27 管道内径比测量管内径大

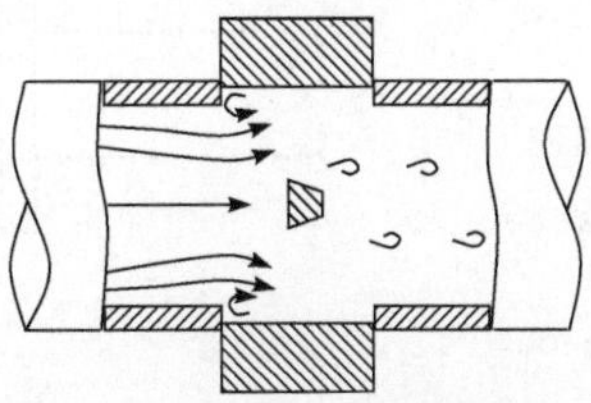
图 7.28 管道内径比测量管内径小

当管道内径小于测量管内径（3%以内）时，流体以很高的流速流经内径较大的测量管，由于流体的惯性作用，流束来不及膨胀，撞击在发生体上，这样就使流量示值偏高。此误差可通过修正流量系数 K_m 来补偿，其修正系数 F_D 的表达式为[10]

$$F_D=\left(\frac{D_1}{D_2}\right)^2 \tag{7.19}$$

式中 D_1——测量管实际内径；

D_2——管道实际内径。

经过修正的流量系数 K'_m 为

$$K'_m=F_DK_m=K_m\left(\frac{D_1}{D_2}\right)^2 \tag{7.20}$$

式中 K'_m——经过修正的流量系数，P/s；

K_m——未经修正的流量系数，P/s。

7.3.7 其他安装要求

a. 流量传感器表体上标示的流动方向必须与管道内流体流动方向一致。

b. 测量管与工艺管保持同心，偏心太多易使流量示值偏高。

c. 密封垫片的类型必须满足流体最高温度和压力等级的需要。

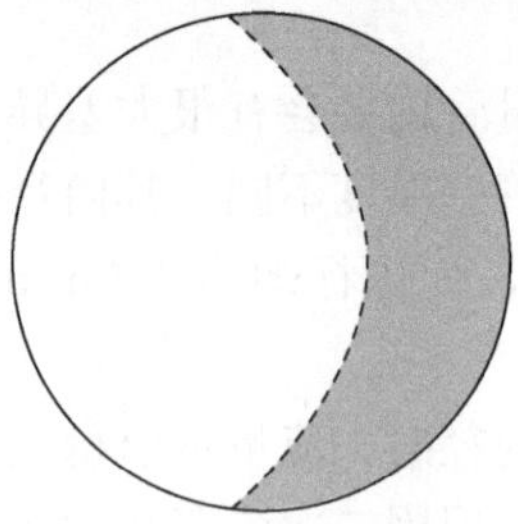

图 7.29 流通截面积变小

d. 密封垫片不得突入管道内。涡街流量计与管道法兰连接时，如果法兰为平法兰，垫片很容易放偏而突入管道内，垫片一旦突入管道内，高速流动的流体会被垫片阻挡，流通截面积相应变小（如图 7.29 所示），导致流量示值偏高。

e. 接线盒的方位确定。当涡街流量计安装在垂直管道上时，接线盒可以从管道圆周的任何一个方位引出。进线口旋转到接线盒的下方，以防雨水浸入。当涡街流量计安装在水平管道上时，接线盒的方位一般选在管道的上方，方便维修，但当被测流体为蒸汽等高温介质时，建议将接线盒布置在管道的下方，这样可显著降低接线盒的环境温度，如图 7.30 所示。

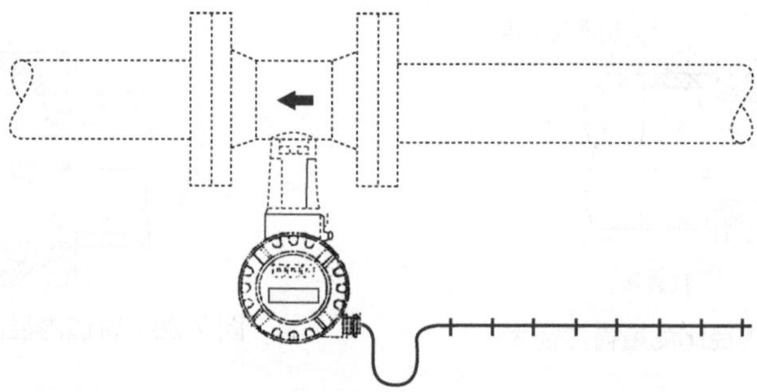

图 7.30 将接线盒放在蒸汽管道下方的涡街流量计

图 7.31 所示的方法也能有效地防止雨水浸入接线盒。

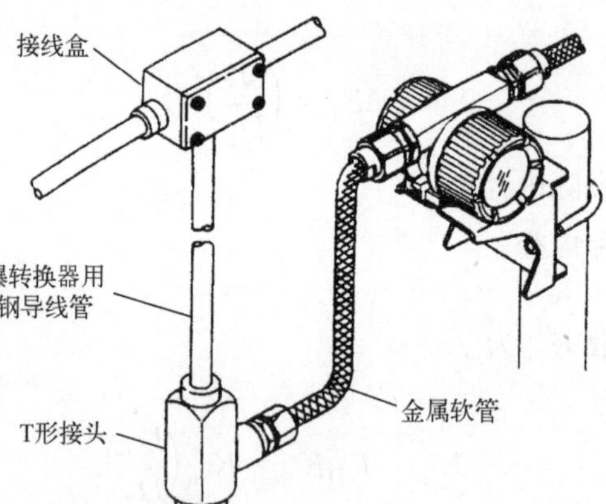

图 7.31 接线盒与保护管的关系

参考文献

[1] 中华人民共和国住房和城乡建设部. 自动化仪表工程施工及质量验收规范：GB 50093—2013. 中国计划出版社，2013.

[2] Measurement of fluid flow by means of pressure differential devices inserted in circular cross-section conduits running

full：ISO 5167：2022.
[3] 全国工业过程测量和控制标准化技术委员会第一分技术委员会. 用安装在圆形截面管道中的差压装置测量满管流体流量：GB/T 2624.1～2624.4－2006. 中国标准出版社，2006.
[4] 谢林，殷家云，纪波峰，等. 流量计直管段选用长度的探讨. 石油化工自动化，2014，50(5)：58-62.
[5] 纪纲，纪波峰. 流量测量系统远程诊断集锦. 北京：化学工业出版社，2012.
[6] 蔡武昌，孙淮清. 流量测量方法和仪表的选用. 北京：化学工业出版社，2001.
[7] Fluid flow in closed conduits-connections for pressure signal transmissions between primary and secondary elements：ISO 2186：2007.
[8] 纪纲，纪波峰. 流量测量系统诊断案例集锦. 北京：化学工业出版社，2024.
[9] 全国工业过程测量和控制标准化技术委员会(SAC/TC 124). 封闭管道中流体流量的测量一次装置和二次装置之间压力信号传送的连接法：GB/T 26801—2011. 中国标准出版社，2011.
[10] 池兆明. 流量仪表系数 K 及其影响因素. 自动化仪表，1998，19(3)：4.

第 8 章
典型流量显示仪表的功能与校验

流量测量（传感）部分所得到的流量信号及其积算总量需在显示机构上显示出来，这些显示机构可以与流量测量部分合为一体，也可以与流量测量部分（即流量传感器或变送器，亦称一次仪表）相分离，作为独立单元称为显示仪表（习惯上称之为二次表）。三十多年来流量显示仪表逐渐增加了各种计算功能，如开平方运算、积分运算、工程运算等。

自微处理器进入仪表后，流量信号处理技术发生了革命性变化。原来需要十几台单元组合仪表才能实现的计算功能，现在在一台可编程流量显示仪中就可以得到完成，显示部分也简化为几个数码管或液晶屏。人们称这类仪表为流量计算机（flow computer）或流量演算器（flow calculator），实际上它们是一种以完成流量信息处理为主要任务的专用计算机。本书所述流量显示仪表主要是指有这种带有微处理器或单片机的流量信号处理和显示装置。流量显示仪表所具有的功能也不同，在流量测量中所起的作用也不同，按照用途的差异，被赋予了不同的名称，如智能流量积算仪、流量演算器、智能热量表等。

本章仅以上海同欣自动化仪表有限公司的几个典型产品为例，对其硬件和软件结构、功能和校验做较详细的介绍。

8

8.1 流量演算器

8.1.1 用途和特点

FC 6000 型流量演算器是一种通用性较强、功能较丰富的多用途流量演算器，除了常规的流体温度补偿、压力补偿、密度补偿、温度压力补偿之外，该仪表还可对以下几方面进行补偿：

a. 对流量系数非线性进行补偿；

b. 对差压式流量计的可膨胀性系数进行补偿；

c. 对蒸汽密度进行查表并进行相应的补偿等。

仪表中的海量存储器能依次存储 65536 组最新历史数据，有利于计量管理中查阅和数据导出。

8.1.2 硬件结构

图 8.1 所示的 FC 6000 型流量演算器硬件结构，其过程通道除了流量信号输入通道外，还有流体温度和压力或密度输入通道。

8.1.3 信息流程图

图 8.2 所示的信息流程图，显示出了实现 FC 6000 型流量演算器主要功能的信息传送关系和信号处理顺序。

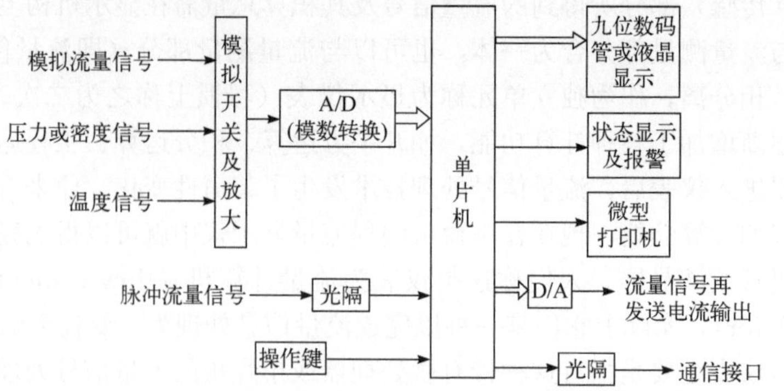

图 8.1　FC 6000 型流量演算器硬件结构框图

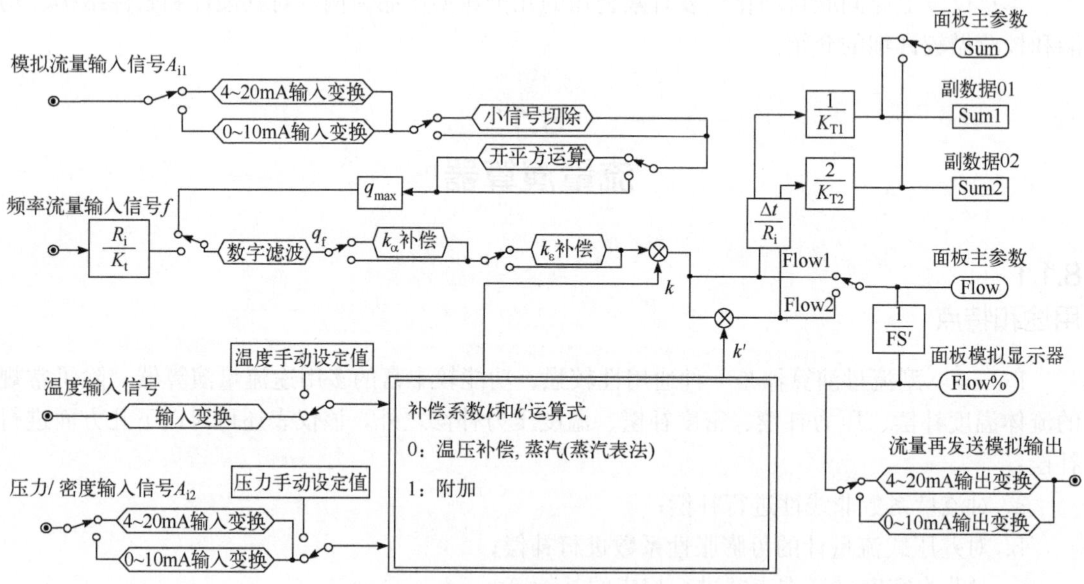

图 8.2　FC 6000 型流量演算器信息流程图

Sum—累积流量；Flow—瞬时流量

8.1.4
主要功能

(1) 瞬时流量和累积流量计算与显示功能

① 输入为差压信号时[1,2] 有

$$q = q_{max}\sqrt{A_i} \tag{8.1}$$

式中　q——瞬时流量；

q_{max}——满量程流量；

A_i——经无量纲处理后的差压信号，0～1。

② 流量与输入信号呈线性关系时有

$$q=q_{\max}A_{\mathrm{i}} \tag{8.2}$$

③ 输入为脉冲信号时有

$$q=fR_{\mathrm{i}}/K_{\mathrm{t}} \tag{8.3}$$

式中 f——脉冲输入信号频率，Hz；

R_{i}——瞬时流量单位时间换算系数；

K_{t}——脉冲输出流量计流量系数（当 q 为体积流量时，K_{t} 为单位体积对应的脉冲数，当 q 为质量流量时，K_{t} 为单位质量对应的脉冲数）。

④ 累积流量与瞬时流量之间的关系为

$$Q=\frac{1}{K_{\mathrm{T}}}\int_0^t q\,\frac{\Delta t}{R_{\mathrm{i}}} \tag{8.4}$$

式中 Q——累积流量值；

Δt——采样周期；

K_{T}——积算倍率。

其余符号意义同式（8.1）和式（8.3）。

(2) 开平方运算功能

流量演算器能对流量输入信号进行开平方运算。开平方是数字量运算，采用多倍字长的浮点运算，可以认为是无误差运算。

(3) 小信号切除功能

模拟信号在转换和处理过程中，难免存在零点漂移，虽然流体已无流动但流量计仍有读数，导致缓慢地积算。为杜绝这一现象，流量显示仪表中一般均有小信号切除功能。

从图 8.2 可看出，该仪表的小信号切除可在菜单中选择：a. 不切除；b. 使用仪表制造厂规定的切除值；c. 用户选定的切除值。其中该仪表制造厂规定的切除值为输入信号的 0.75%，如图 8.3 所示。

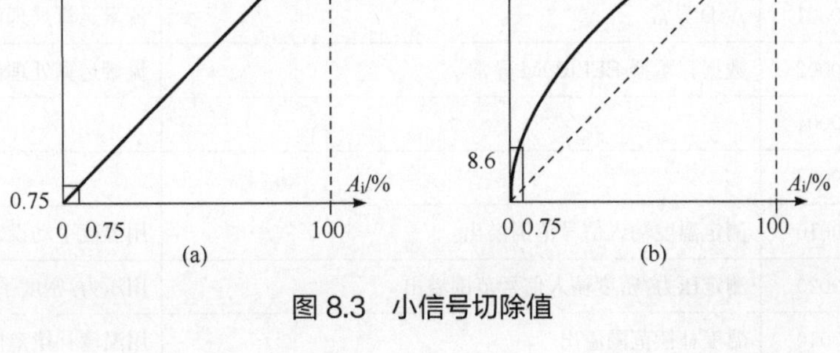

图 8.3 小信号切除值

由于小信号切除是在模拟流量输入信号经无量纲处理和 A/D 后进行的，因此该项操作也属数字量运算，可做到准确无误。

(4) 断电保护功能

断电保护功能是可编程流量显示仪表的一项必不可少的功能，是在主电源中断时，保护仪表的设定数据和累积值，使之不丢失和不被修改的功能。

断电保护时间是这种功能的主要指标。传统方法是用电池实现断电保护，保护时间一般只能达到几天至几个月。利用电擦除可编程只读存储器（EEPROM）技术实现断电保护，保护时间可达 10 年以上，FC 6000 型采用后一种方法。

(5) 定时抄表功能

定时抄表功能是按操作员预先设定的抄表时刻自动读取流量累积值，并将其存放在仪表内的一个单元中。当抄表人员按下抄表键后，仪表即显示抄表符号和该单元中的数据。该单元中的累积值会一直保持到次日“抄表时间”才被刷新。如果整个网络所有流量显示仪表设置同一抄表时间，那么，抄表人员巡回路线和时间的差异就不影响抄录结果，因此有利于分表和总表的平衡计算。

(6) 实时时钟

老式可编程仪表的时钟是以表内的晶振为基础的，不仅误差较大，而且依赖外部电源，当主电源中断时，时钟停走，所以需经常核对并调整时钟。新型的时钟是以自带锂电池的专用芯片为核心的实时时钟（realtime clock），走时误差很小，仪表的主电源中断后，依靠其自带锂电池可继续走 10 年，减少了很多麻烦。

(7) 自诊断功能

可编程流量显示仪表的一个重要优越性是其自诊断功能，仪表按照预先设计的程序定时对有关硬件和有关数据进行检查和诊断，发现异常情况后，面板上的报警灯点亮，并在一定的条目中用代码或助记符或短语显示故障类型或故障发生地点。

流量演算器中的故障诊断内容更丰富，除了 CPU 故障之外，还有如表 8.1 所示的 13 种故障。如此多种类的故障有可能在同一时刻只发生一种，也有可能同时发生几种。要在 00 条副数据（故障诊断结果显示条目）中将可能同时发生的各种故障都显示出来，这就产生了一个代码合成与分解的问题。

表 8.1　故障代码、故障内容和仪表相应动作对照

ALM灯（报警灯）	显示代码	诊断内容	异常时动作
灭	000000	正常	—
亮	000001	A/D 异常	流量运算处理停止
	000002	数据存贮器 EEPROM 异常	流量运算处理停止
	000004		
	000008		
	000010	测定温度输入信号范围溢出	用温度手动设定值运算
	000020	测定压力/密度输入信号范围溢出	用压力/密度手动设定值运算
	000040	温度补偿范围溢出	用温度补偿范围极限值运算

续表

ALM 灯（报警灯）	显示代码	诊断内容	异常时动作
亮	000080	压力补偿范围溢出	用压力补偿范围极限值运算
	000100	测定流量输入信号范围溢出	用极限值运算
	000200	流量模拟显示/再发送范围溢出	用极限值运算
	000400		
	000800	过热蒸汽成为饱和蒸汽	作为饱和蒸汽运算
	001000	数据设定范围溢出	流量运算处理停止
	002000	标定点流量-补偿系数设定不合理	用 $k_\alpha=1$ 进行运算
	004000	k_ε 补偿计算用副数据设定不合理	用 $k_\varepsilon=1$ 进行运算
	008000	压缩系数 Z 计算用副数据设定不合理	用 $Z=1$ 进行运算

举例：诊断代码显示值为 000B30 。

由于代码显示为十六进制，上面的显示值可作如下分解[2]：

$$000B30=000010+000020+000100+000200+000800$$

表示的故障（或异常）有 5 个，分别是测定温度输入信号范围溢出、测定压力/密度输入信号范围溢出、测定流量输入信号范围溢出、流量模拟显示/再发送范围溢出、过热蒸汽成为饱和蒸汽。

(8) 密码设置功能

密码设置功能是可编程仪表防止未被授权的人员修改关键数据的重要手段。

本章所介绍的几种流量显示仪表的初始密码均为“000000”，如果想对仪表中先前设置的关键数据修改，须将规定的条目调出来，然后键入密码“000000”并得到 CPU 认可，才能修改数据。

如果想换上自己的密码，可按下面的步骤操作：

a. 先用初始密码将锁打开；

b. 将密码输入条目调出来，输入自己新的密码；

c. 按回车键后并按规定操作退出数据修改状态，密码即更换成功。

密码更换后，操作者应牢记自己设定的密码，如果忘记密码，可以同供应商联系，由他们提供的万能密码将锁打开，但是锁打开之后还需设定一个自己的密码，否则经常使用万能密码会导致数据泄露。

(9) 面板清零有效性选择功能

早年模拟式流量积算仪面板上都设置有累积值清零功能，操作很方便，但同时也给数据安全带来问题。所以仪表设计者在清零的按键上开了一个小孔，操作者可以通过该孔对清零按键上锁，以保证数据安全。

在可编程流量显示仪表中，为了确保累积流量数据安全，设计有“面板清零有效性”选择功能。在仪表组态时如果选择“面板清零有效”，则按下复位按键，累积值即被清除。如果选择“面板清零无效”，则需键入密码并被确认后，累积值才会被清除并复零。

这一功能在仪表校验时也能给仪表人员带来方便。因为在对流量累积值进行校验时，人们习惯累积值从零开始，这样，就需要频繁进行清零操作。于是校验时选择“面板清零有效”选项，仪表校验完毕交付使用前，回到“面板清零无效”选项，以确保投入使用后的数据安全。

(10) 积算速率设置功能

流量显示仪表中的积算速率设置功能是为了获得合适的积算速率。如果速率太高，则累积流量显示器很快被积满复零，而若速率太低，读得的累积值分辨率太低会影响数据的应用，所以积算速率过高或过低都会给使用带来不便。

在可编程流量显示仪表中，通过面板按键配合窗口显示进行操作，能够便捷而准确地设置满量程积算速率。

积算速率一般引入 10 的 n 次幂的倍率概念，在同一个区域内测量同一种流体的各台流量表往往取相同的倍率。例如，全厂蒸汽流量计取 $n=-1$，则倍率为“×0.1t”，抄表员在抄得累积流量的读数后，乘以 0.1t，即为累积流量。这样，就不会因各台仪表倍率各异而带来麻烦和差错。

(11) 仿真功能

流量显示仪表中的仿真功能是在仪表的单片机中按菜单中设定的流量仿真值生成一个代表流量的频率值或经无量纲化的模拟信号（0～100%），然后使其取代流量输入信号，对流量显示仪表进行校验，其方框图如图 8.4 所示。

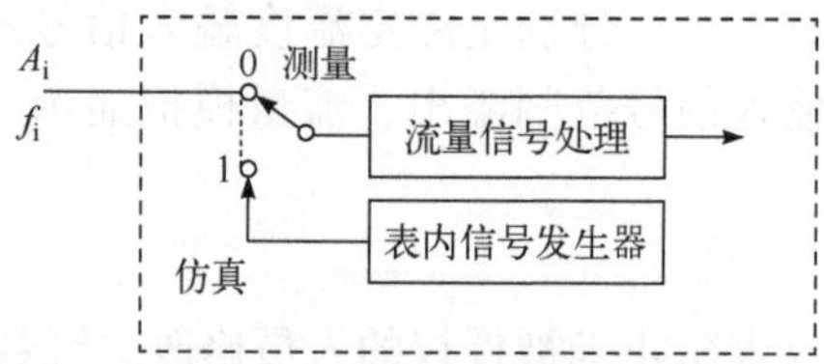

图 8.4 流量信号仿真方框图

仿真功能的用途是故障查找。当仪表流量示值异常时，若想判断异常原因存在于二次表还是流量输入信号，可将软开关从“0”位置切换到“1”位置，使“流量信号处理”部分与外部输入的流量信号断开，仪表接收“表内信号发生器”送出的信号。这时如果显示准确无误，则表明二次表数字运算部分正常，如果显示不正常，则表明二次表有问题。

仿真检查结束后，还需将软开关切回到“测量”位置。

(12) 远程通信功能

可编程流量显示仪表的远程通信功能可用于同上位机通信，也可用于两台可编程仪表之间的通信。通信标准常用 RS232C 或 RS485，RS232C 的通信距离只能达到几十米，但可与计算机直接连接，适用于通信距离较短的场合；而 RS485 的通信距离可达 2km，通信速率有 1200、2400、4800 和 9600 波特率等几挡可选。较低的波特率适用于通信速率要求不高的系统中，这时可以在不增装中继器的情况下，将通信距离延长到数千米。

(13) 流体工况补偿功能

绝大多数流量计只有在流体工况与设计条件一致的情况下，才能保证测量精确度。有些流体，如气体、蒸汽，流体工况变化对测量精确度的影响特别大，必须进行补偿。

按流量计类型和流体种类，可选用不同工况参数和不同补偿公式。下面为目前常用的补偿公式和实现方法。

a. 差压式流量计按式（8.5）补偿[2]：

$$k=\sqrt{\frac{\rho_f}{\rho_d}} \tag{8.5}$$

式中　k——工况补偿系数；

ρ_f——使用状态流体密度，kg/m^3；

ρ_d——设计状态流体密度，kg/m^3。

b. 模拟输出涡街流量计按式（8.6）补偿：

$$k=\rho_f/\rho_d \tag{8.6}$$

c. 脉冲输出涡街流量计按式（8.7）补偿：

$$k=\rho_f \tag{8.7}$$

式（8.7）与式（8.5）、式（8.6）有很大差别的原因是：根据涡街流量传感器送出的脉冲频率及其流量系数所计算出来的是体积流量，同一个体积流量如果流体密度不同，所代表的蒸汽质量流量也不同[3]。

从蒸汽的压力和温度求取蒸汽密度，在可编程流量演算器中，一般采用查表法。即

$$\rho_f=f(p_f,\ t_f) \tag{8.8}$$

$$\rho_d=f(p_d,\ t_d) \tag{8.9}$$

式中　p_f、p_d——使用状态和设计状态蒸汽绝对静压，MPa；

t_f、t_d——使用状态和设计状态蒸汽温度，℃。

其余符号意义同式（8.5）。

国际蒸汽密度表共有三张，即过热蒸汽密度表、以压力为自变量的饱和蒸汽密度表和以温度为自变量的饱和蒸汽密度表。

因为饱和蒸汽的压力和温度是一一对应的，所以只需知道两个参数中的一个，就可查蒸汽密度表得到其密度。

（14）流量系数修正功能

差压式流量计的流量系数与雷诺数呈一定的函数关系，当雷诺数小到一定的数值时，流量系数就会有较大变化，不宜使用。为了提高系统精确度和扩大可调比，流量演算器中常带有流量系数修正功能，修正雷诺数变化引入的测量误差。

孔板等节流件（以角接取压为例）有下面的关系式[1,3]：

$$C=0.5961+0.0261\beta^2-0.2161\beta^8+0.000521\left(\frac{10^6\beta}{Re_D}\right)^{0.7}+(0.0188+0.0063A)\beta^{3.5}\left(\frac{10^6}{Re_D}\right)^{0.3} \tag{8.10}$$

式中　C——流出系数；

β——差压装置直径比，$\beta=d/D$（d 为节流件孔径，D 为管道内径）；

Re_D——雷诺数；

A——$\left(\dfrac{19000\beta}{Re_D}\right)^{0.8}$。

先由满量程流量 q_{max} 计量雷诺数 $(Re_D)_m$，代入式（8.10）计算满量程时的流出系数 C_m。再由测量点（根据差压信号计算得到的）流量 q_i 计算雷诺数 $(Re_D)_i$，并代入式（8.10）计算该点流出系数 C_i。则

$$k_\alpha=\frac{C_i}{C_m} \tag{8.11}$$

$$q_i'=k_\alpha q_i \tag{8.12}$$

式中 k_α——流量系数修正系数；

q_i、q_i'——修正前、修正后的流量值。

按照原理，应以 q_i' 为起点进行迭代，求得更精确的修正系数。

采用这种方法也可用若干段折线完成修正。即 $0\sim q_{max}$ 分成若干段（常为 9～15 段）作为横坐标，再由 q_i 计算相应的修正系数 $k_{\alpha i}$，作为纵坐标组成折线，对瞬时流量进行修正时，只需根据未经修正的流量值，进行查表和线性内插就可获得[4,5]。

多段折线的修正方法不仅适用于差压式流量计，也适用于涡街流量计等通过实标法获得流量系数的仪表[5]。该方法以实标数据为基础计算各标定点的修正系数，并制成折线表输入仪表中。

（15）可膨胀性系数修正功能

这一功能专门用于节流差压式流量仪表。

差压式流量计测量可压缩流体时，流体流过节流件后压力降低，并出现流束膨胀。这一现象使得 q 正比于 $\sqrt{\Delta p}$ 的关系产生偏差。可膨胀性系数 ε 就是补偿这一偏差。一副差压装置的 ε 并非常数，它取决于差压、静压和等熵指数的大小。

在流量演算器中，常用式（8.13）[3] 计算标准孔板不同相对流量时的 ε，再计算 ε 的修正系数 k_ε。

$$\varepsilon_1=1-(0.351+0.256\beta^4+0.93\beta^8)\left[1-\left(\frac{p_2}{p_1}\right)^{1/\kappa}\right] \tag{8.13}$$

式中 ε_1——可膨胀性系数；

β——直径比；

p_2——差压装置负端取压口流体绝对静压，Pa，$p_2=p_1-\Delta p$；Δp 为差压，Pa；

p_1——差压装置正端取压口流体绝对静压，Pa；

κ——等熵指数。

$$\Delta p=\left(\frac{q_i}{q_{max}}\right)^2\Delta p_{max} \tag{8.14}$$

式中 q_i——修正前的流量值；

q_{max}——满量程流量；

Δp_{max}——差压上限，Pa。

$$k_\varepsilon=\varepsilon_f/\varepsilon_d \tag{8.15}$$

式中 k_ε——修正系数；

ε_f——使用状态可膨胀性系数；

ε_d——设计状态可膨胀性系数。

这样，流量演算器利用两个输入变量 q_i、p_f，五个置入数据 q_{max}、Δp_{max}、β、κ 和 ε_d 就可以方便地计算 k_ε，其中 p_f 为 p_1 的实测值。

(16) 蒸汽热量计算功能

流量演算器与蒸汽流量计配用时，仪表可按使用者指定显示热流量。热流量计算是以蒸汽质量流量 q_m、蒸汽压力 p_f、蒸汽温度 t_f 为自变量的，即

$$\Phi=q_m h_f \tag{8.16}$$

$$h_f=f(p_f,\ t_f) \tag{8.17}$$

式中 Φ——热流量，kJ/h；

q_m——质量流量，kg/h；

h_f——使用状态下蒸汽比焓（由仪表根据 p_f、t_f 查国际蒸汽热焓表得到），kJ/kg。

(17) 双密码设置功能

双密码技术是在单密码技术的基础上发展起来的。它体现了供需双方的公平公正。完整的密码通常有 6 位数，其中高 3 位由供方掌控，低 3 位由需方掌控。操作时，先进入副数据画面，供方在指定的窗口输入高 3 位密码（在此窗口，低 3 位为无效数字），确认后需方在指定的另一窗口，输入低 3 位密码（在此窗口，高 3 位为无效数字），待 6 位密码验证符合后，才可对菜单的内容进行修改。修改完毕即可退出副数据画面，回到主数据画面。

(18) 双口通信功能

双口通信功能是为了满足一台流量演算器为两个 SCADA 系统提供计量数据而设计的。一台仪表在供需双方的 SCADA 系统中的通信站号可以不同。仪表独立响应两台上位机的请求，为上位机提供数据。如果其中一个 SCADA 系统未开通或故障，不影响另一个 SCADA 系统与仪表的交互。

(19) 数据保存功能

流量演算器的海量存储器中可保存 65536 组最新数据，每组数据包括第一累积流量、第二累积流量、第一瞬时流量、第二瞬时流量、流体温度、流体压力。保存间隔时间有多种，可通过面板操作选定。如果选定保存间隔时间为 10min，则该存储器可储存 455 天最新数据。这些数据可供 SCADA 系统读取，也可导出至移动硬盘，还可在本机屏幕上显示或用于绘制趋势图。

(20) 数据导出功能

所谓数据导出就是将保存在流量演算器 EEPROM 中的数据导出。通常在仪表上提供一个 USB 插口，插入 USB 移动硬盘后，屏幕上会显示对话框，通过面板上的操作键输入起讫时间，并按一下确认键，数据就开始导出。数据导出结束后，仪表会回到主数据显示画面。将移动硬盘中的数据传入电脑，就可编制统计报表，制作历史曲线等。

此项功能大多在仪表不与 SCADA 系统连接，而又需要读取大量历史数据时应用。

(21) 经补偿后的流量信号再发送功能

这一功能的用途是将经补偿后的瞬时流量信号以模拟信号的方式送到调节器、记录仪或 DCS 等后续仪表或装置中。因此，再发送信号的更新周期就成为关键参数。一般说来，更新周期为 0.5s 时，对流量调节系统的调节品质和记录品质均无严重影响。

经补偿后的流量满量程值（4～20mA 信号制为 20mA 所对应的流量值）有时要求与流量测量上限值不相同，因此在菜单中可以根据需要填入合适的再发送流量满量程值。

(22) 贸易结算专用功能

① 小流量计费功能

按照供需双方的约定，当实际流量小于“下限流量约定值”时，按照“下限收费流量”收费。所以在该流量演算器的菜单中，有写入“下限流量约定值”和写入“下限收费流量”选项，仪表运行后，如果实际流量小于“下限流量约定值”，即以“下限收费流量”取代实际流量进行积算。

如果流量演算器虽用于贸易结算流量计量，但供需双方并无此约定，或虽有此约定但暂不执行，则在“下限流量约定值”和“下限收费流量”输入框中输入 0 即可。

② 停汽判断功能

停汽判断功能是专为蒸汽贸易结算设计的。当蒸汽总阀关闭后，阀后蒸汽管内流体温度迅速下降，流体压力也下降（以过热蒸汽为例），仪表就是以这两个参数作为依据判断是否停汽的。

在仪表中有一个窗口可输入“停汽温度门限值”，另一个窗口可输入“停汽压力门限值”，这两个门限值由供需双方协商决定。当关闭总汽阀后，测量到的蒸汽温度和压力只要有一个低于其门限值，仪表即做出“已停汽”的判断，这时不管实测流量为多少，一律停止积算，也不按“下限收费流量”进行积算。

如果双方约定不使用这一功能，则可将相应窗口中的“温度门限值”和“压力门限值”设置得足够低，低到一般情况下不可能到达的数值。

用管道内的蒸汽温度和蒸汽压力来对停汽作出判断，必然存在一定的滞后，因为管道有一定的容积，温度和压力下降需要有一个过程，如果想加速这一过程，可在总汽阀关闭后，打开阀后的放净阀。

在有的使用现场，蒸汽总阀并不设置在蒸汽流量计的上游，而是在下游，这时，总阀关闭后压力变送器测得的压力信号并不下降，温度传感器测得的温度也不下降。对于这种情况，可在总阀下游另外安装一个温度传感器（变送器）并接入流量演算器，专门监测停汽信号。如图 8.5 所示。

③ 超计划耗用收费功能

流量演算器实现这一功能需占用两条菜单，其中一条写入“最大耗用流量”，另一条写入“超用费率”。仪表运行后，按下式计算收费流量：

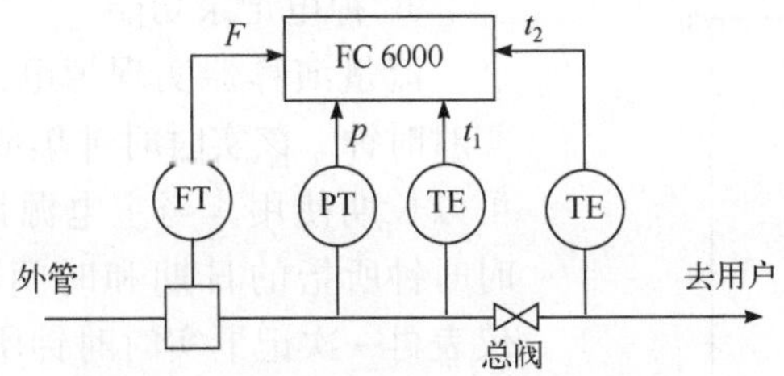

图 8.5　带停汽监测温度传感器的系统

F—流量输入信号；p—压力信号；t_1、t_2—温度信号

$$q_{mm}=q_m \quad (q_m \leqslant q_{mp})$$

$$q_{mm}=b(q_m-q_{mp})+q_{mp} \quad (q_m > q_{mp}) \tag{8.18}$$

式中　q_{mm}——收费流量，kg/h 或 t/h；

q_m——实际质量流量，kg/h 或 t/h；

q_{mp}——计划最大耗用流量，kg/h 或 t/h；

b——超用费率。如果仪表中已经有此功能，但暂时不用，则可将“最大耗用流量”设置得非常大，而将“超用费率”设置为 1。

④ 分时段计费功能

对于分两个时段收费的对象，实现这一功能需要占用 4 条菜单，即“日间起始时间”“日间结束时间”“日间收费费率”和“夜间收费费率”。仪表运行后，单片机读取实时时钟所提供的当前时间，并对落在哪一个时段作出判断，如果落在“日间”时段，则按“日间收费费率”计算累积流量，否则按“夜间收费费率”计算累积流量。

FC 6000 型流量演算器最多可提供 4 个时段的计费功能，有 4 条菜单供分别写入 4 个时段起始时间，另有 4 条菜单，供分别写入“第一时段费率”“第二时段费率”“第三时段费率”和“第四时段费率”。仪表运行后，有一个窗口显示当前所处的时段号。另外定义一个按键，用以调阅各个时段的累积流量（未经时段费率计算的累积流量），按一下该键，显示第一时段累积流量 0 1 ××××××，再按一下该键，显示第二时段累积流量 0 2 ××××××，然后依次是 0 3 ×××××× 和 0 4 ××××××。而这 4 个时段未经费率处理的流量，分别乘上各自的费率，然后计算它们的代数和，即应同窗口显示的总计费流量相等。

在有分时段计费功能的仪表中，如果不使用这一功能，最简单的方法是将各时段的费率设置为 1。

⑤ 打印曲线功能

流量演算器所具有的普通打印功能可用于贸易结算，但往往不能令用户满意，因为它只能将打印时刻的数据记录下来，不能将历史情况记录下来，而 FC 6000 PLUS 仪表中的打印曲线功能，就是为了满足这一要求。这一功能一般是 24h 定时打印一段瞬时流量曲线和一组当前仪表示值。而召唤打印和越限加速打印只打印数字不打印曲线。图 8.6 所示为一幅典型的打印结果。

⑥ 掉电记录功能

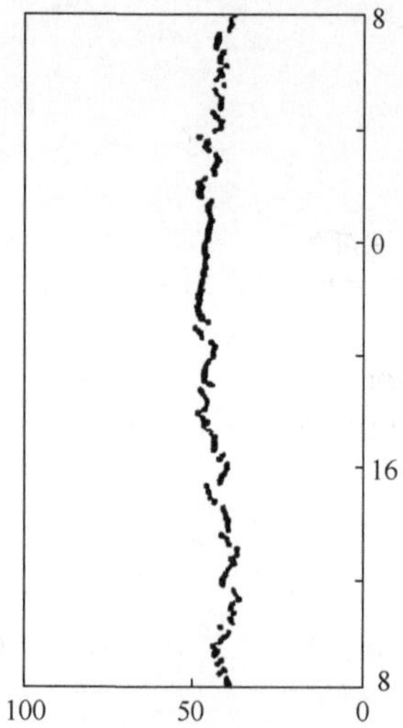

图 8.6　24 小时瞬时流量曲线的打印结果

流量演算器实现掉电记录的基础是仪表内装有实时时钟。该实时时钟集成电路自带长寿命蓄电池，可以长期使用。当主电源掉电时，仪表自动记下实时时钟所指的日期和时间，当主电源恢复供电时，仪表再一次记下实时时钟所指的日期和时间。因此，每次掉电事件，仪表的 EEPROM 中都自动记下 5 条数据，即掉电事件序号、掉电起始日期、掉电起始时间、恢复供电日期、恢复供电时间。一台仪表最多可记录 60 次掉电事件，而且记满之后如果再有掉电事件发生，则自动覆盖最陈旧的一次记录。

掉电记录数据可通过仪表面板上的操作键调阅，但无法擦掉，使用者可按供需双方的约定，依一定的计算方法对掉电期间少计的累积值进行处理。

8.2 双量程流量演算器

8.2.1 用途和特点

FC 6000D 型双量程流量演算器是一种特殊用途的流量演算器，它与不同量程的两台差压变送器等配合，实现整个流量测量范围内量程高段的流量演算和量程低段的流量演算，从而提高量程低段的系统精确度，扩大流量测量可调比。

FC 6000D 型双量程流量演算器具有普通 FC 6000 型通用流量演算器的功能，也具有 FC 6000 PLUS 型流量演算器的功能。

8.2.2 硬件结构

图 8. 7 所示的硬件结构，除了普通 FC 6000 型流量演算器所具有的压力或密度信号输入通道和温度信号输入通道之外，还有两个模拟流量信号输入通道，其中一个输入低量程流量信号，另一个输入高量程流量信号。

8.2.3 信息流程图

图 8. 8 所示的信息流程中，低量程流量输入信号、高量程流量输入信号以及它们所对应的满量程数值 FS_L、FS_H 由软开关自动切换，其余部分同普通的 FC 6000 相同。

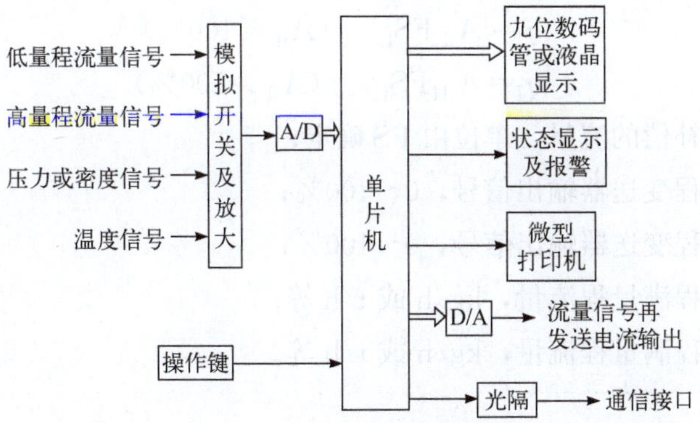

图 8.7 FC 6000D 型双量程流量演算器硬件结构框图

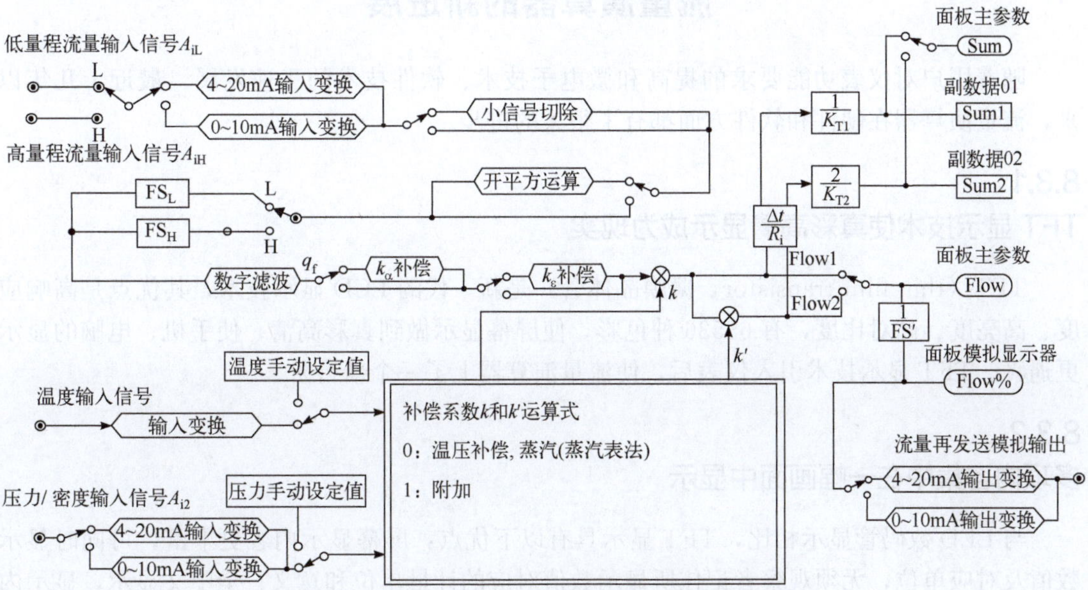

图 8.8 FC 6000D 型双量程流量演算器信息流程

8.2.4
高、低量程的切换

高、低量程的切换满足以下表达式[6]：

当开平方运算在流量二次表内完成时有

$$\begin{cases} q_f = \sqrt{A_{iL}}\,FS_L & (A_{iL} \leqslant 100\%) \\ q_f = \sqrt{A_{iH}}\,FS_H & (A_{iL} > 100\%) \end{cases} \tag{8.19}$$

当开平方运算在差压变送器内完成时有

$$\begin{cases} q_f = A_{iL} FS_L & (A_{iL} \leqslant 100\%) \\ q_f = A_{iH} FS_H & (A_{iL} > 100\%) \end{cases} \tag{8.20}$$

式中 q_f——未经补偿的流量，单位由 FS 确定；

A_{iL}——低量程变送器输出信号，0～100%；

A_{iH}——高量程变送器输出信号，0～100%；

FS_L——低量程满量程流量，kg/h 或 t/h 等；

FS_H——高量程满量程流量，kg/h 或 t/h 等。

8.3 流量演算器的新进展

随着用户对仪表功能要求的提高和微电子技术、软件技术的飞速发展，最近十几年以来，流量演算器在硬件和软件方面都有了很大的进步。

8.3.1 TFT 显示技术使真彩高清显示成为现实

TFT（thin film transistor，薄膜晶体管）是新一代的 LCD 显示技术，其优点是高响应度、高亮度、高对比度，有 65536 种色彩，使屏幕显示做到真彩高清，使手机、电脑的显示更逼真。TFT 显示技术引入仪表后，使流量演算器上了一个新台阶。

8.3.2 多项内容集中在一幅画面中显示

与 LED 数码管显示相比，TFT 显示具有以下优点：屏幕显示内容更丰富，可同时显示数值及对应单位，无须观察者记住所显示数值对应的计量单位和意义；全中文显示，显示内容直观明了；一幅画面可同时显示多项内容，省去翻页切换的麻烦。如图 8.9 所示典型的流量演算器主数据画面，除了显示累积流量、瞬时流量、流体温度、流体压力的完整数据之外，还显示故障诊断代码和日历时钟，如有需要还可设计更丰富的内容。

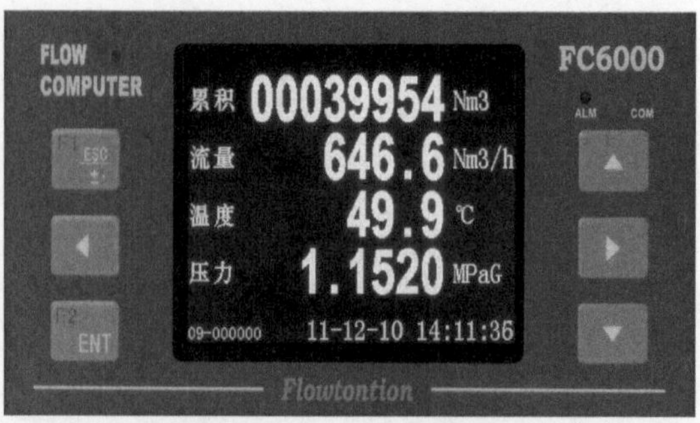

图 8.9 主数据显示画面

8.3.3
原始输入信号和中间计算数据集中显示

将原始输入信号和关键的中间计算数据集中在一幅画面中显示。这样可使维修调试人员在调试过程中对信号处理过程了如指掌。如图 8.10 所示的画面中，同时显示了 10 条相关数据，在维修时有利于故障查找。

8.3.4
用中文显示当前的自诊断结果

图 8.11 所示为流量演算器显示的当前自诊断结果列表，一幅画面最多可显示 10 条信息。流量演算器还可用 HART 通信的方法，读入所连接智能变送器的自诊断信息和其他相关数据，如智能差压变送器测得的介质静压值、膜盒温度等，使维修人员可快速找到故障发生点。

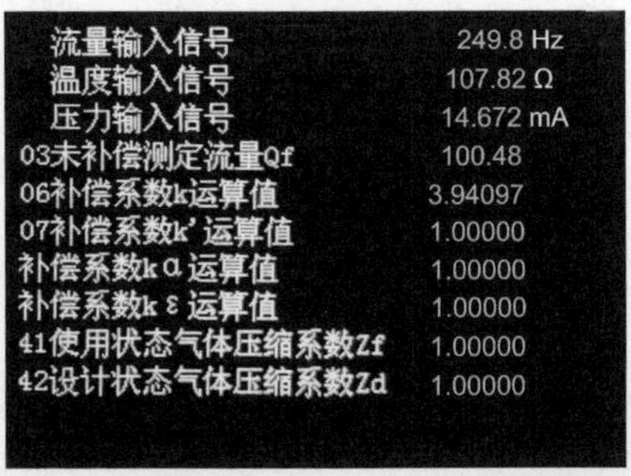

图 8.10　原始输入信号和中间计算数据画面

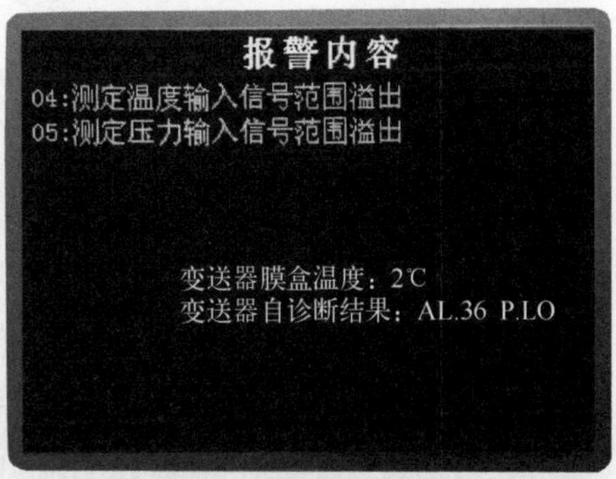

图 8.11　故障诊断画面

8.3.5
趋势图和历史数据显示画面

在图 8.12 所显示的趋势图和历史数据画面中，红绿黄三种色彩的曲线分别显示瞬时流量、流体温度和流体压力随时间变化的趋势。纵坐标 0%和 100%对应的变量数值可根据需要设定。

趋势图的下方，为一组保存在 EEPROM 中的数据，分别为第一累积流量、第二累积流量（白色）；第一瞬时流量、第二瞬时流量（红色）；流体温度（绿色）和流体压力（黄色）。计量单位与主画面中显示的单位相同。该组数据是读数线所针对的时刻保存在 EEPROM 中的数据，读数线所针对的时刻在趋势图的上方显示。操作面板上的“左移”“右移”键可移动白色读数线的位置，移动读数线的同时，时钟内容同步变化。

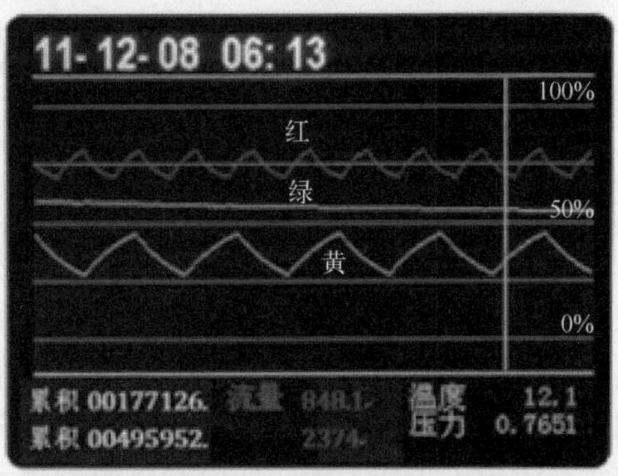

图 8.12　趋势图和历史数据显示画面

历史数据的查询还可通过日期快速搜索，以节约查询时间。

EEPROM 中共可自动保存 65536 组数据，保存间隔时间可设置。

8.3.6 设置数据修改追忆功能

在用于贸易交接的计量系统中，经流量演算器提供的数据结算的费用有大有小，对于大宗原料、成品及能源等，一台流量演算器可能决定一年几百万、几千万甚至上亿元的收费，因此，流量演算器应力求公正、公平、准确。这就要求交接双方对流量演算器的相关设置数据进行确认，并将数据清单制成文件，双方备案。如果要对设置数据进行修改，需将修改的数据制成档案，双方签字和保存。除此之外，还要将修改前后的数据记录在流量演算器的相应单元，而且使其永远保存不被擦除。

注意

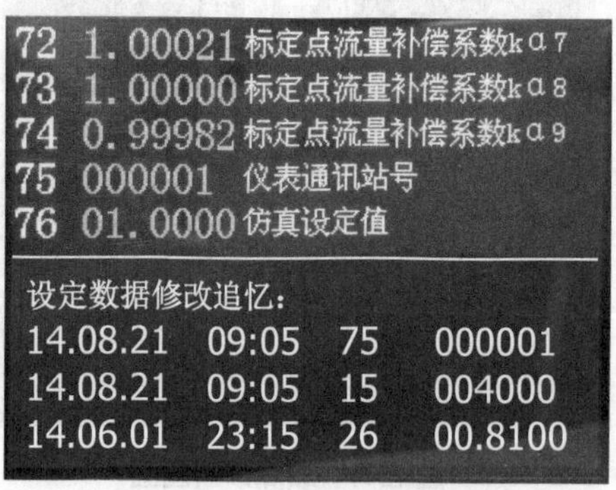

图 8.13 设置数据追忆画面

GB/T 21446 也要求“流量计算系统应具有计量参数和历史事件的记录功能”[7]。

在流量演算器中实现这一功能，就是要在仪表出厂后，将设置数据的每一次修改记录在案，而且无法将此记录擦除。图 8.13 所示为典型流量演算器设置数据修改记录画面的实例。其中，分隔线以上各行显示的数据为当前使用的最新设置数据，分隔线以下各行显示的是每次修改的数据。每条记录包含日期、时间、数据项目编号及数值。不同品牌的产品，记录形式会有差别，但基本要素一致。

8.3.7 一键恢复功能

一键恢复功能在计算机中也有，为使用者带来很多方便。在可编程仪表中，一键恢复功能的作用更重要。

各种品牌的流量演算器，在制造厂出厂时均设置有一套数据，这套数据通常称为工厂设置数据，以这套数据为基础，对这台仪表进行校验，校验的结果一般都合格，因为出厂检验时，各项指标合格才能出厂。但是一台仪表在使用地点确定后，由于测量任务的特殊性，往往需要对某一个数据或某一些数据进行重新设置，设置完毕一般还要对整机进行校验，检查其输出值或显示值是否与应有值一致，或误差是否在允许范围之内。这项工作如果进行顺利，就不存在恢复出厂设置的问题。但是有时候对某一些设置做了修改之后，发现仪表工作不正常或根本无法工作，这时就希望恢复工厂设置参数。

由于用户可能会有这样的要求，制造厂就设计了“一键恢复”功能，即只要按照说明书所述的操作方法按下一个或一组特殊定义的键，所有的设置就恢复为工厂设置。

8.3.8 下位机关键数据监视功能

（1）什么是下位机关键数据

在智能化流量测量仪表中，保存有许多描述输入、输出关系的数据，这些数据往往对仪表的正常工作有重要作用，其中有一部分数据对仪表的测量结果（示值或输出）有关键作用，例如流量测量仪表中的满量程流量值、流量系数、设计状态流体压力、设计状态流体温度等，都是下位机的关键数据。

（2）为什么要对下位机关键数据进行监视

用于贸易交接计量的智能化流量计，其内部设置的关键数据是保证仪表正常工作、实现准确测量的基础，仪表有了这些基础数据之后，还要经政府授权的计量机构按计量检定规程检定合格后才能投入使用。有些仪表在检定合格之后还要由检定机构加封印，并规定在使用期间不允许封印被破坏。

但是智能化仪表会因外界强力电磁场干扰而受影响，仪表自身故障也会使设置数据发生变化，更令人担心的是关键数据被人为修改。一旦发生此类事件，测量误差将会大幅增大，导致严重后果。在一个能源（或原料、成品）数据采集监控系统中，流量计量点多达几十、数百甚至上千，这也导致关键数据很多，用人工监视非常困难，所以改由计算机自动监视。

（3）如何监视

实现对下位机关键数据的监视，需要做下面几件事：

注意

a. 制作下位机关键数据清单，这是监视使用的参比数据。

b. 按程序指定的周期去下位机读取约定的关键数据，读取数据的频率不必太高，数小时或一天读一遍即可，因为完成这项工作要消耗很多的时间，上位机的程序应做好协调，兼顾读取关键数据和正常的数据采集。

上位机去下位机读取关键数据，需要上、下位机按照约定的通信协议进行，国内广泛采用 Modbus 协议，该协议不对常规的数据采集产生影响。

c. 将读取的关键数据与参比数据进行比较，如果一致则报“true”，如果不一致则报“false”。

d. 编制监视报表，给出关键数据不一致的计量点编号及数据项目号。

8.3.9 屏幕保护功能

手机、计算机、仪表显示器等都要用到屏幕，不管是哪一种显示屏都是有寿命的。使用一天，寿命就少一天，因此需要设法保护屏幕，尽量延长屏幕寿命。

显示屏幕的预期寿命是根据设备、材料特性和使用条件等作出的预估，预期寿命到了之后，仪表设备并不一定会彻底瘫痪，而极大可能只是显示部分的亮度、对比度等性能比规定的指标要差一些。

仪表的屏幕保护是跟计算机学来的，但仪表的屏幕保护方式与计算机略有差异。根据仪表的特殊情况，屏幕保护的方式有夜间保护和无操作命令时保护两种，因为用于计量的仪表，只在规定的抄表时间或巡查时间才需要显示，所以不抄表时应让其显示部分进入休眠状态。

图 8.14　休眠时间选择

仪表显示部分也可像计算机一样，在一段时间不进行操作后进入休眠状态，这样，只要在抄表时或需要观察时按一下操作键中的任何一个，屏幕就可以被唤醒。而定时休眠的设计则是在预定的休眠时间结束后，自动唤醒屏幕。

图 8.14 所示为典型通用流量演算器可选的几种屏幕保护方式。

其实屏幕的寿命除了与屏幕的点亮时间有关之外，还与屏幕的亮度有关，所以在仪表和计算机中都有亮度设置的菜单，按照固定的操作方法将屏幕的亮度设置为合适的等级，也能显著延长屏幕的使用寿命。

8.3.10
触摸屏显示应用前景广阔

近十几年来投入实际应用的触控显示器通过触摸屏表面的操作实现了人机交互，节省了原先用于布置按键的空间。在显示仪表中引入该项技术，可在仪表面板尺寸不变的情况下，使屏幕面积增大 1 倍，从而使显示内容更加丰富，显示品质进一步提高，而且使人机交互更加便捷和人性化。

8.4
流量演算器的检查与校验

8.4.1
概述

计算机等新技术进入流量演算器后，使仪表的精确度大幅度提高，功能大大增强，同时仪表的内部也变得更加复杂。其实仪表的硬件和软件趋于复杂，同仪表使用者的关系并不密切，仪表工程师和仪表维修人员不一定要搞清楚仪表硬件的来龙去脉和控制仪表运行的固化在 EPROM 内的具体程序，但是需要熟悉仪表外部特性，掌握其输出与各输入变量之间的关系，了解仪表各项功能。

本章所讨论的检查与校验就是对仪表的功能进行检查，对仪表的输出同各变量之间的数量关系及逻辑关系进行校验。

对于通用性很强的流量演算器，熟练地掌握其外部特性需要有很好的耐心。因为其型号众多，又可以同多种流量传感器、变送器配合完成多种流体的流量测量。但是对于仪表使用者来说并不一定需要用到各种型号流量演算器、各种流体。

本节仅以流量演算器为例，又由于流体的种类众多，也仅以蒸汽为例进行讨论。目的是介绍一种分析与研究的方法，更多尚未讨论到的内容，请读者自己分析。

8.4.2
流量演算器面板显示数据之间的关系

流量测量方法的多样性和影响流量测量精确度的因素之多，使得流量演算器较复杂，因为流量演算器能对影响测量精确度的多种因素进行补偿，如对流体的温度、压力补偿，对流量传感器流量系数的非线性进行补偿，对差压式流量计中的可膨胀性系数进行补偿，等等。流量测量方法不同或流量传感器、变送器类型不同，其输入、输出表达式也不相同。流量演算器面板能够显示的主数据和副数据，不仅包括几个输入的自变量和最终运算结果，而且包括主要的中间运算数据，在调试和维修时，如果怀疑最终运算结果不正常，则可逐一检查各有关中间数据和自变量。然后结合自己的经验对照相应的关系式进行分析和判断，查找问题所在。

下面所列举的关系式中，流量测量方法以差压式流量计和涡街流量计（模拟输出和脉冲输出）为例，而流体则以过热蒸汽为例。方框中数字为副数据窗口编号，符号意义见本节（7）。

（1）差压式流量计总关系式

$$q=\underset{\boxed{03}}{q_{\mathrm{f}}}\;\underset{\boxed{06}}{k}\;\underset{\boxed{09}}{k_{\varepsilon}}\;\underset{\boxed{08}}{k_{\alpha}}=\underset{\boxed{15}}{q_{\max}}\sqrt{\underset{\text{第一通道输入信号}}{A_{\mathrm{i}}}}\;k\;k_{\varepsilon}\;k_{\alpha} \tag{8.21}$$

（2）模拟输出的涡街流量计总关系式

$$q=\underset{\boxed{03}}{q_{\mathrm{f}}}\;\underset{\boxed{06}}{k}\;\underset{\boxed{08}}{k_{\alpha}}=\underset{\boxed{15}}{q_{\max}}\;\underset{\text{第一通道输入信号}}{A_{\mathrm{i}}}\;k\;k_{\alpha} \tag{8.22}$$

（3）脉冲输出的涡街流量计总关系式

$$q=\frac{1}{\underset{\boxed{08}}{k_{\alpha}}}\;\underset{\boxed{06}}{k}\;\underset{\boxed{03}}{q_{\mathrm{f}}}=\frac{1}{k_{\alpha}}\;k\;R_{\mathrm{i}}\;\underset{\text{输入频率}}{f}/\underset{\boxed{16}}{K_{\mathrm{t}}} \tag{8.23}$$

（4）流体密度修正系数关系式

a. 差压式流量计。

$$\underset{\boxed{06}}{k}=\sqrt{\frac{\underset{\boxed{37}}{\rho_{\mathrm{f}}}}{\underset{\boxed{38}}{\rho_{\mathrm{d}}}}} \tag{8.24}$$

b. 涡街流量计（模拟输入）。

$$\underset{\boxed{06}}{k}=\underset{\boxed{37}}{\rho_{\mathrm{f}}}/\underset{\boxed{38}}{\rho_{\mathrm{d}}} \tag{8.25}$$

c. 涡街流量计（频率输入）。

$$\underset{\boxed{06}}{k}=\underset{\boxed{37}}{\rho_f} \tag{8.26}$$

（5）$k_α$ 是如何求得的

流量演算器菜单中的第 55 条至第 74 条存放着一幅 $k_α=f(q_i)$ 的折线表，流量演算器每次计算流量值时用查表和线性内插相结合的方法根据 q_i 求取 $k_α$，并用迭代方法保证精确度，计算得到当前 $k_α$ 值，存放在 $\boxed{08}$ 中。

（6）$k_ε$ 是如何求得的

根据 ISO 5167 规定，对于标准孔板差压式流量计，三种取压方式的可膨胀性系数均可采用下式计算：

$$\varepsilon_1=1-(0.351+0.256\underset{\boxed{35}}{\beta}^4+0.93\beta^8)\left[1-\left(\frac{p_2}{\underset{\boxed{05}}{p_1}}\right)^{1/\underset{\boxed{36}}{\kappa}}\right] \tag{8.27}$$

其中

$$p_2=p_1-\Delta p \tag{8.28}$$

则

$$\Delta p=\left(\frac{\overset{\boxed{03}}{q_f}}{\underset{\boxed{15}}{q_{max}}}\right)^2\underset{\boxed{22}}{\Delta p_{max}} \tag{8.29}$$

$$\underset{\boxed{09}}{k_\varepsilon}=\frac{\varepsilon_f}{\underset{\boxed{34}}{\varepsilon_d}} \tag{8.30}$$

式（8.27）～式（8.28）中 p_1 均应换算成绝对压力再进行计算。

如果差压装置为喷嘴或文丘里管，则用 GB/T 2624.3—2006 中的式（4）取代式（8.27）。

（7）符号意义

式（8.21）～式（8.30）中所用符号意义如下：

q——瞬时流量（面板主数据），单位由设计决定；

q_f——未经补偿的流量，单位由 FS 决定；

k——补偿系数；

$k_ε$——可膨胀性系数修正系数；

$k_α$——流量系数修正系数；

q_{max}——满量程流量，单位由设计决定；

A_i——测定流量模拟输入信号，0～100%；

f——测定流量频率输入信号，P/s；

K_t——频率式流量计流量系数，P/L 或 P/m^3；

R_i——瞬时流量单位时间换算系数；

ρ_f——使用状态流体密度，kg/m^3；

ρ_d——设计状态流体密度，kg/m^3；

p_1——差压装置正端取压口平面流体绝对静压力，MPa（绝对压力）；

p_2——差压装置负端取压口平面流体绝对静压力，MPa（绝对压力）；

p_f——使用状态流体压力，MPa（绝对压力）；

p_d——设计状态流体压力，MPa（绝对压力）；

t_f——使用状态流体温度，℃；

t_d——设计状态流体温度，℃；

ε_f——使用状态气体可膨胀性系数；

ε_d——设计状态气体可膨胀性系数；

β——节流件孔径与管径之比；

Δp_{max}——差压上限（q_{max} 对应的差压）；

κ——使用状态气体等熵指数。

为了清楚了解公式中有关变量在副数据菜单中的位置，表 8.2 列出了 FC 6000 型流量演算器副数据的完整菜单。

表 8.2　FC 6000 型流量演算器副数据菜单

C&W　FC 6000 型	流量演算器数据记录单	数据记录单号		
		仪表编号		
用户姓名		工位号		
装置名称		填写日期	设计人	

00	报警（ALM）内容						
01	第 1 积算流量（Sum1）			06	补偿系数 k 运算值		
02	第 2 积算流量（Sum2）			07	补偿系数 k' 运算值		
03	未补偿测定流量（q_f）			08	补偿系数 k_α 运算值		
04	测定温度（t_f）			09	补偿系数 k_ε 运算值		
05	测定压力/密度			10	数据设定密码（密码设定）		
11	积算值复位命令（复位时，设定 0）			45	临界压力		
12	功能指定（1）A B C D E F			46	仪表出厂编号		
13	功能指定（2）G H I J K L			47	功能制定 STUVWX		
14	功能指定（3）M N O P Q R			48	1 次补偿系数 μ_1		
15	流量测量上限（q_{max}）			49	2 次补偿系数 μ_2		
16	频率式流量计流量系数（K_t）			50	天然气真实相对密度 Gr		
17	测定流量输入滤波时间		s	51	下限流量		
18	流量模拟显示/再发送流量量程 FS′			52	下限收费流量		
19	小信号切除值			53	最大耗用流量		
20	第 1 积算流量倍率 KT_1			54	超用费率		
21	第 2 积算流量倍率 KT_2			55	Flow1 标定点流量 q_0		

续表

22	测定差压最大值Δp_{max}			56	Flow1 标定点流量 q_1		
23	测定压力/密度最小值			57	Flow1 标定点流量 q_2		
24	测定压力/密度最大值			58	Flow1 标定点流量 q_3		
25	手动设定压力/密度			59	Flow1 标定点流量 q_4		
26	设计状态压力/密度			60	Flow1 标定点流量 q_5		
27	标准状态压力			61	Flow1 标定点流量 q_6		
28	大气压			62	Flow1 标定点流量 q_7		
29	手动设定温度（t_f）		℃	63	Flow1 标定点流量 q_8		
30	设计状态温度（t_d）		℃	64	Flow1 标定点流量 q_9		
31	标准状态温度（t_n）		℃	65	Flow1 标定点流量补偿系数 $k_{\alpha0}$		
32	标准状态密度（ρ_n）			66	Flow1 标定点流量补偿系数 $k_{\alpha1}$		
33	设计状态气体相对湿度（φ_d）			67	Flow1 标定点流量补偿系数 $k_{\alpha2}$		
34	设计状态气体膨胀系数（ε_d）			68	Flow1 标定点流量补偿系数 $k_{\alpha3}$		
35	孔板开孔直径与管径之比（β）			69	Flow1 标定点流量补偿系数 $k_{\alpha4}$		
36	使用状态气体等熵指数常用值（κ）			70	Flow1 标定点流量补偿系数 $k_{\alpha5}$		
37	使用状态蒸汽密度（ρ_f）		kg/m^3	71	Flow1 标定点流量补偿系数 $k_{\alpha6}$		
38	设计状态蒸汽密度（ρ_d）		kg/m^3	72	Flow1 标定点流量补偿系数 $k_{\alpha7}$		
39	使用状态蒸汽比焓（h_f）		MJ/kg	73	Flow1 标定点流量补偿系数 $k_{\alpha8}$		
40	设计状态蒸汽比焓（h_d）		MJ/kg	74	Flow1 标定点流量补偿系数 $k_{\alpha9}$		
41	使用状态气体压缩系数（Z_f）			75	仪表通信站号（No.）		
42	设计状态气体压缩系数（Z_d）			76	仿真设定值		
43	标准状态气体压缩系数（Z_n）			77	仪表时钟（年、月、日）		
44	临界温度		℃	78	仪表时钟（时、分、秒）		

8.4.3 现场检查与校验

在使用现场对流量测量系统进行维修检查，一般可用仪器测量流量传感器、变送器送入流量二次表的流量信号，然后根据满量程流量 q_{max}（对于模拟流量信号）或流量系数 K_t（对于频率流量信号）计算未经补偿流量 q_f，即

$$q_f=q_{max}\sqrt{A_i} \quad \text{（差压式流量计，开平方运算在二次表中完成）}$$

$$q_f=q_{max}A_i \quad \text{（模拟输出涡街流量计）}$$

$$q_f=f/K_t \quad \text{（频率输出涡街流量计）}$$

然后再按公式计算二次表应有示值 q。

$$q=kq_f$$

下面举例说明。

为了使误差计算简单些，在现场检查时，一般先暂不使用α修正和ε修正功能，使$k_\alpha=1$，$k_\varepsilon=1$。检查校对完毕，再恢复该功能。

例 1：有一台差压式流量计，$q_{max}=10000$kg/h，差压变送器送入二次表的信号为 12mA（4～20mA 信号制），试计算未经补偿流量q_f。

解：$I_i=12$mA 时：

$$A_i=\frac{12-4}{20-4}=0.5$$

$$q_f=q_{max}\sqrt{A_i}=10000\times\sqrt{0.5}=7071\text{kg/h}$$

若从二次表的[06]窗口查得

$$k=1.05625$$

则

$$q=kq_f=7469\text{kg/h}$$

例 2：有一台涡街流量计用来测量蒸汽流量，其$K_t=1.3938$P/L，从二次表[37]窗口查得蒸汽密度$\rho_f=3.624\text{kg/m}^3$，现场测得变送器送入二次表的频率信号$f=543.34$Hz，计算未经补偿流量$q_f$及质量流量$q$。

$$q_f=\frac{f\times 3600}{K_t\times 1000}=\frac{543.34\times 3600}{1.3938\times 1000}=1403.37\quad \text{m}^3/\text{h}$$

$$q=q_f\rho_f=1403.37\times 3.624=5085.8\quad \text{kg/h}$$

8.4.4 用仿真功能进行校验

在使用现场，如果对 FC 6000 型流量演算器运算结果的精确度有怀疑，也可用仪表的仿真功能对仪表的数字运算处理部分进行检查。即用仪表自己产生的一个标准流量信号，代替外部输入的测定流量信号，然后观察运算处理结果与输入的信号是否相符，操作方法如下。

① 仿真功能的指定

将副数据第 14 项功能指定的“M”字位——运转/仿真选择，指定为仿真，然后在副数据的第 76 项，用设定数据代替测定流量信号。对于组态为模拟流量信号A_i输入的情况下，设定 0.000～1.000 数据，就相当于送入了 0～100% 的流量信号。对于组态为频率流量信号f输入的情况下，第 76 项设定的数据即为频率信号，单位为 Hz。

② 温度、压力仿真信号的输入

当在表 8.2 中，第 13 项数据（功能指定）的第“I”字位指定温度、压力为手动设定时，仪表取副数据第 29 项（手动设定温度）和第 25 项（手动设定压力）设定数据代替外部输入的温度、压力信号参与运算，因此，这两个信号就相当于温度、压力仿真信号。

送入适当的温度、压力仿真信号，可以检验补偿系数k运算结果的精确度。

8.4.5
实验室校验

(1) 实验室校验的特点

① 实验校验与现场校验的差异

在实验室对流量显示仪表进行校验同在现场对同类型仪表进行检查校验有很大差别。这是由于目的性与现场检查校验不同。现场校验多数以查找故障和核对主要测量结果的精确度为目的，所以使用的仪器较简单，校验项目往往不够齐全，而工作环境也往往与参比条件相差甚远。

实验室校验强调按规程进行，所用的标准设备强调精确度足够，校验环境强调满足规程要求。校验的目的是检验即将出厂的产品是否符合出厂标准，对于使用者来说是检定即将入库或投入现场使用的计量器具是否合格。

② 用户的校验与制造厂的校验的差异

由于可编程流量二次表的通用性极强，仪表在出厂校验时，被检验的仪表同何种流量传感器、变送器配用合同上一般均未作说明，用来测量何种流体也不清楚，流体工况更是不了解，因此检验只能按企业制定的《检验方法》或《校验方法》进行。而用户对被检定的仪表进行检定时，一般都已确定使用对象，即配用的流量传感器、变送器已确定，所测量的流体类型已明确，传感器、变送器测量范围和流体工况也已清楚，所以被检仪表在校验前就可按具体的使用条件进行组态，进行有的放矢的校验。

(2) 仪表校验前的组态

可编程仪表校验前先对其进行组态是仪表投运前必不可少的工作环节，而校验则是检查组态是否正确合理，仪表是否合格的重要工序。

制造厂在仪表出厂前对被检仪表进行组态的过程一般无须担心。但是用户在仪表校验前对被校仪表所做的组态情况多种多样。下面对可编程流量显示仪表组态中需注意的几个方面作简要说明。

① 首先要合理设计分辨率

例如：有一台流量演算器，其测量范围为 0～1000kg/h，在其满量程窗口可以设置 001000kg/h、01000.0kg/h，以设置 01000.0kg/h 为宜，因为前者的分辨率太低，为 1kg/h。对于 0.2 级流量演算器，如果流量输入信号为脉冲信号，其流量输入通道允许误差 0.1%R，如果分辨率值定为 1kg/h，则精确度就难以通过指标。

流量显示仪表的国家计量检定规程 JJG 1003—2016《流量积算仪检定规程》规定瞬时流量分辨率值应不大于允许误差绝对值的 1/5。这是完全必要的，但是分辨率取得太高也没有好处，在上面的例子中，如果满量程值取 1000.00kg/h，则会出现末位数字不停翻动的现象，致使无法读数。

压力测量满量程值的设置也有类似情况，例如压力变送器测量范围为 0～4MPa，压力满量程 p_{max} 设定值取 4.000MPa 是适宜的，如果取 0004.00MPa，则分辨率太低。而如果取 04.0000MPa 或 4.00000MPa 则分辨率太高。

累积值误差校验也有分辨率问题，JJG 1003—2016 规定“总量显示不少于 4 位数”[8]，其实，累积时间长短也有要求，因为可编程流量显示仪表的积算速率（或倍率）可以设置，当速率取得较高时，累积流量值数秒钟就可达到 4 位数。在人工读取累积时间的操作中，建议累积时间取 6min，这样，即使计时误差有 0.05s，由此引入的标准器误差也不大于 0.02%。

② 其次是要按数字修约的规定处理数据

不能随意忽略一些重要的小数。如不能将大气压力 101.325kPa 简化为 100kPa，将 0.5MPa 表压力简单折算到 0.6MPa 绝对压力。曾经有某仪表厂将客户提出的表压 1MPa 简化成绝对压力 11kg/cm^2 并因此产生责任事故。在实际校验中常常有因不适当的简化和折算，使合格的仪表被判为不合格的例子。尤其是在低压气体和低压蒸汽测量中。

(3) 标准设备的选取

可以用来检验、检定的标准设备型号多种多样，规程中所作的规定也是原则性的。对于电流、电压、电阻信号标准器，使用点绝对误差应不大于被检表基本误差限的 1/3。频率信号发生器在使用频率范围内，误差应不超过±0.001%[8]。

(4) 校验单的制作与仪表校验

① 选择检定点

被检表的温度和压力输入通道分别按温度显示仪表和一般数字显示仪表规程选 5 个点检定，单独填写检定记录。

流量检定点应选择包括上限、10%上限在内不少于 5 个点（流量与输入信号的平方根成线性关系的仪表，检定点应包括上限、25%上限在内不少于 5 个点）。

② 设计工况条件下的校验单制作

设计工况即 $t_f=t_d$，$p_f=p_d$，此时可按流量信号的类型分别选择式（8.1）～式（8.12）计算各检定点的应有示值。同脉冲输出的流量传感器、变送器配用的二次表，还应计算各检定点的理论频率。

③ 偏离设计工况条件下的校验单制作

当被测介质为蒸汽时，在设计工况蒸汽密度上下选择两个工况密度，一个为接近饱和蒸汽的高压、低温工况，另一个为低压、高温的低密度工况。然后代入式（8.21）～式（8.26）（设置 $k_\varepsilon=1$、$k_\alpha=1$）计算流量理论值及对应的频率（同脉冲输出的流量传感器配用的二次表），校验时分别按这两种工况的压力和温度值以及流量信号值向被检表传送信号，读取流量示值。

本章的第 8.5 节给出了过热蒸汽表校验单示例供参考。读者可应用这一方法结合自己的实际情况编写制作实用的校验单。

(5) 校验接线

流量显示仪表在实验室校验时，输入的信号规格不同，接线方法也不同。如果被校表输入模拟信号为电流，则此电流信号可以由电流源提供，也可由流量显示仪表自带的稳压源串入可变电阻来提供（如果流量显示仪表带外供直流电源）。

如图 8.15 所示的校验接线中，被校表模拟流量输入信号和压力输入信号为电流，而且此电流由被校表自己提供，而电流的测量，由标准电阻（0.01 级精确度）配数字电压表方法完成。这样，可得到较高的精确度。

在用频率仪或频率信号发生器向被校表传送频率信号时，信号幅值应与流量显示仪表相匹配，如果幅值不够，流量显示仪表将不会作出响应。

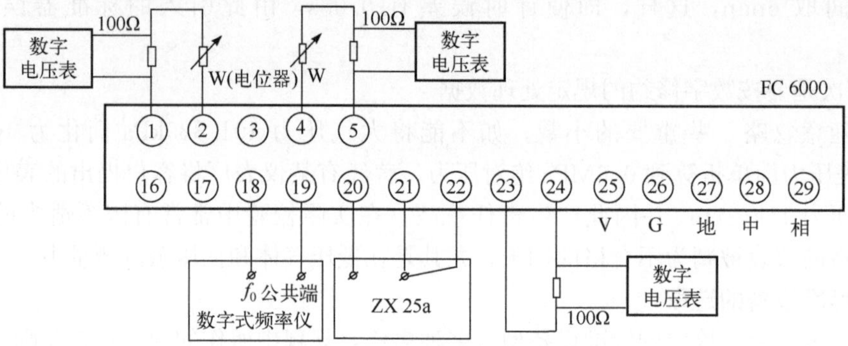

图 8.15 FC 6000 型流量演算器校验接线

8.5 流量显示仪表校验记录示例

(1) 流量积算仪校验记录 1

① 已知条件

流体名称：过热蒸汽；

流量计类型：差压式流量计（开平方运算在变送器中完成）；

设计最大流量：q_{max} =10000kg/h；

设计最小流量：q_{min} =1000kg/h；

设计工况：p_d =1.0MPa G，t_d =250℃，ρ_d =4.7509kg/m^3；

最高压力：1.3MPa G；

最低压力：0.7MPa G；

最高温度：260℃；

最低温度：200℃。

② 瞬时流量（表 8.3）

表 8.3 瞬时流量校验记录 1

流量信号		补偿信号 1 /MPa	补偿信号 2 /℃	密度 /(kg/m^3)	标准值 /(kg/h)	仪表显示值 (kg/h)	误差 %
%	mA						
10	5.60	1.0	250.0	4.7509	1000		
25	8.00				2500		
50	12.00				5000		
75	16.00				7500		
100	20.00				10000		
100	20.00	1.3	250.0	6.1203	11350		
		0.7		3.4160	8480		
100	20.00	1.0	260.0	4.6466	9890		
			200.0	5.3853	10647		

③ 累积流量（表 8.4）

表 8.4　累积流量校验记录 1

输入信号		积算时间	积算标准值	仪表显示值/kg			误差
%	mA	/s	/kg	初始值	终止值	差值	/%
100	20.00	720	2000.0				

（2）流量积算仪校验记录 2

① 已知条件

流体名称：过热蒸汽；

流量计类型：涡街流量计（4～20mA 输出）；

设计最大流量：q_{max}＝10000kg/h；

设计最小流量：q_{min}＝1000kg/h；

设计工况：p_d＝1.0MPa G，t_d＝250℃，ρ_d＝4.7509kg/m^3；

最高压力：1.3MPa G；

最低压力：0.7MPa G；

最高温度：260℃；

最低温度：200℃。

② 瞬时流量（表 8.5）

表 8.5　瞬时流量校验记录 2

流量信号		补偿信号 1	补偿信号 2	密度	标准值	仪表显示值	误差
%	mA	/MPa	/℃	/(kg/m^3)	/(kg/h)	/(kg/h)	%
10	5.60	1.0	250.0	4.7509	1000		
25	8.00				2500		
50	12.00				5000		
75	16.00				7500		
100	20.00				10000		
100	20.00	1.3	250.0	6.1203	12882		
		0.7		3.4160	7190		
100	20.00	1.0	260.0	4.6466	9780		
			200.0	5.3853	11335		

③ 累积流量（表 8.6）

表 8.6　累积流量校验记录 2

输入信号		积算时间	积算标准值	仪表显示值/kg			误差
%	mA	/s	/kg	初始值	终止值	差值	/%
100	20.00	720	2000.0				

（3）流量积算仪校验记录 3

① 已知条件

流体名称：过热蒸汽；
流量计类型：涡街流量计（脉冲输出）；
设计最大流量：$q_{max}=10000$kg/h；
设计最小流量：$q_{min}=1000$kg/h；
设计工况：$p_d=1.0$MPa G，$t_d=250$℃，$\rho_d=4.7509$kg/m^3；
最高压力：1.3MPa G；
最低压力：0.7MPa G；
最高温度：260℃；
最低温度：200℃；
传感器流量系数：$K_t=0.441$P/L。

② 瞬时流量（表 8.7）

表 8.7 瞬时流量校验记录 3

流量信号		补偿信号 1 /MPa	补偿信号 2 /℃	密度 /(kg/m^3)	标准值 /(kg/h)	仪表显示值 /(kg/h)	误差 /%
%	Hz						
10	25.79				1000		
25	64.46				2500		
50	128.92	1.0	250.0	4.7509	5000		
75	193.39				7500		
100	257.85				10000		
100	257.85	1.3	250.0	6.1203	12882		
		0.7		3.4160	7190		
100	257.85	1.0	260.0	4.6466	9780		
			200.0	5.3853	11335		

③ 累积流量（表 8.8）

表 8.8 累积流量校验记录 3

输入信号		积算时间 /s	积算标准值 /kg	仪表显示值/kg			误差 /%
%	Hz			初始值	终止值	差值	
100	257.85	720	2000.0				

符号意义如下：

ρ_d——设计状态流体密度，kg/m^3；
p_d——设计状态流体压力，MPa G；
t_d——设计状态流体温度，℃；
ρ_f——工作状态流体密度，kg/m^3；
K_t——涡街流量计工作状态下的流量系数，P/L；
q_{max}——最大流量，kg/h；
q_{min}——最小流量，kg/h。

（4）关于流量试验点的选取和误差表示方法问题

上面所列举的 3 类校验记录示例中，都存在瞬时流量试验点选取问题。在 JJG 1003—

2003 中，5 个试验点分别取最大流量对应的输入信号的 20%、40%、60%、80%和 100%。而对误差限的要求则分两种情况：模拟信号输入按引用误差计算，脉冲信号输入按示值误差计算。而 JJG 1003—2016[8] 中，除了将试验点修改为最大流量对应的输入信号的 25%、50%、75%、100%之外，还增加了最小流量对应的输入信号。而对误差限的要求，全部按示值误差计算。这两项变化对流量显示仪表最小流量试验点影响很大。首先是最小流量的选取，以整套流量计的流量可调比为 10 举例，最小流量则为最大流量的 10%。对于差压式流量计来说，该试验点差压只有最大差压的 1%，因为信号幅值太小，要通过流量显示允许差压指标有时会有困难。解决的办法是将开平方运算前移到差压变送器内完成，这样输入信号幅值就增大了 9 倍。

开平方运算交由差压变送器完成，并不会使变送器的误差增大，因为在智能差压变送器中，开平方运算是数字量运算。所以这样的安排是合理的。

8.6 同步显示器

8.6.1 用途与特点

一套流量计测量得到的瞬时流量、累积流量示值在另一个地方同步显示出来，是人们很多年以前就有的主观愿望，也是计量管理、经营管理等活动中的一项客观需要。以前有人将这种二次仪表的示值作异地显示的仪表称作“三次仪表”，曾有不少使用模拟式仪表完成此项任务的例子，但是均不够理想，其原因一是误差大，二是传送的数据容量小。一直到计算机技术和通信技术进入仪表后，这一任务才得到圆满解决。

要求将流量数据作异地同步显示的例子很多。例如贸易结算使用的流量数据，不仅供方需要掌握而且需方也需要知道。增设一台同步显示器，将流量演算器中一切必要的数据，如瞬时流量、累积流量、流体温度、流体压力，甚至一些中间计算结果用通信的方法传送给同步显示器，就能满足这一要求。同步显示器具有与流量演算器相同的面板，既可通过面板按键选择显示内容，又可自动循环显示。所显示的数据与流量演算器所显示的同名数据一字不差。

同步显示器与流量演算器之间的连接如图 8.16 所示。

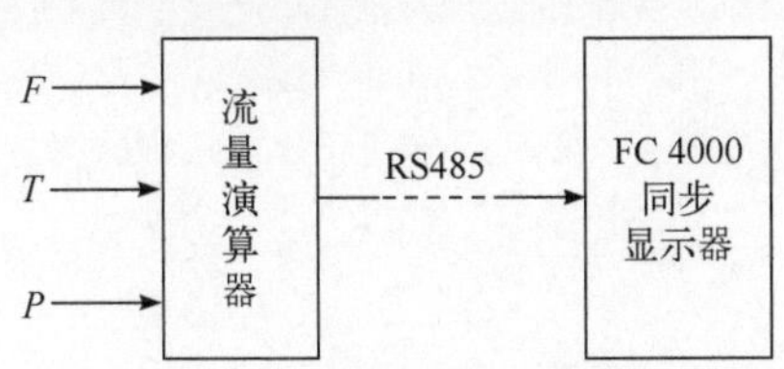

图 8.16　流量数据同步显示系统

8.6.2 硬件结构

FC 4000 型同步显示器是一台典型的单片机，其硬件结构比流量演算器简单，它无须过程通道，因为它的数据完全是由流量演算器经通信口传来的。其面板上的按键也不用作菜单设置，而仅用于显示内容切换。其硬件结构方框图如图 8.17 所示。

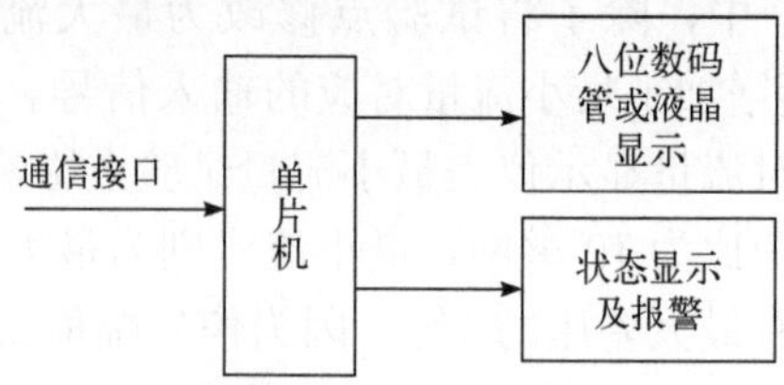

图 8.17　FC 4000 型同步显示器硬件结构框图

参考文献

[1] 全国工业过程测量和控制标准化技术委员会第一分技术委员会. 用安装在圆形截面管道中的差压装置测量满管流体流量：GB/T 2624. 1～2624. 4—2006. 中国标准出版社，2006.

[2] 纪纲，蔡武昌. 流量演算器. 自动化仪表，2000(9)：20-25.

[3] 蔡武昌，孙淮清. 流量测量方法和仪表的选用. 北京：化学工业出版社，2001.

[4] 骆美珍，龚毅，陈少华. 提高差压法流量测量精度点滴. 石油化工自动化，1998(5)：43-45.

[5] 纪纲，章小风，郝建庆. 孔板流量计扩大范围度的一种方法. 自动化仪表，1998(6)：10-13.

[6] 国家质检总局计量司，中国计量协会组. 2008 全国能源计量优秀论文集. 北京：中国计量出版社，2008.

[7] 石油工业油气计量及分析方法专业标准化技术委员会. 用标准孔板流量计测量天然气流量：GB/T 21446—2008. 中国标准出版社，2008.

[8] 全国流量容量计量技术委员会. 流量积算仪检定规程：JJG 1003—2016. 中国标准出版社，2016.

第 9 章
提高流量测量精确度的实用方法

各种流量计由于工作原理的原因、加工制造精密度的原因、被测介质物性的原因、流体流动状态的原因等，在现场使用时都会产生不同程度的误差。人们很早以前就开始寻找消除或减小这些误差的方法，计算机技术进入流量仪表后，为实现这一愿望增添了灵活而方便的手段。其中有些误差已在流量变送器或转换器中得到校正，因而流量测量精确度得到了明显提高，例如在科里奥利质量流量计中，由于流体温度和压力对流量测量的影响得到补偿，从而使其流量测量精确度有了显著提高。但是在有些流量计中，流量传感器或变送器自身不具备这种功能，因而流量测量精确度受到制约或因工况等条件变化，测量精确度难以保证。对于后一种情况，有时候可在流量二次表中进行补救，从而使流量测量系统的精确度得到提高。

本章各节所介绍的方法，仅仅是将流量二次表与特定的流量传感器、变送器配合然后设法提高测量精确度的应用举例。由于流量计的种类多，影响流量测量精确度的因素更多，这里不可能一一列举，但所介绍的方法具有普遍意义，只要搞清楚具体的影响因素同流量示值之间的确切关系，并将这些因素用传感器测量出来引入流量二次表，就可得到合适的校正，提高流量测量精确度。

9.1 雷诺数与测量误差的关系及补偿方法

流体在封闭管道中流动时，其速度分布会明显影响差压式流量计、涡街流量计等仪表的测量精确度。这种速度分布同雷诺数 Re_D 之间有对应的关系，因此研究者将这种影响转化成同雷诺数之间的关系，并用函数式或图、表予以描述。例如涡街流量计自带微处理器，能对雷诺数的影响作自动校正，以提高低流速时的测量精确度。本节主要对使用广泛的孔板流量计和涡街流量计做较深入的讨论。

9.1.1 孔板式差压流量计流出系数同雷诺数的关系

在本书的第 3.2.1 节中，式（3.1）给出孔板式差压流量计（后简称孔板流量计）流量值同各个自变量的关系，其中流出系数 C 就同管道雷诺数有关。其实 C 并不是一个常数，而是随雷诺数 Re_D 变化的一个变量。一副孔板制作完成并经检验合格后，其直径比 β 即为常数，其流出系数同雷诺数的关系可用一条 $C=f(Re_D)$ 关系曲线来表示，如图 9.1 所示。

在传统的孔板流量计中，由于数据处理功能不强，要将 C 当作变量来处理是极其困难的，为了使实际使用流量范围内的流出系数变化尽可能小，在规定的范围内，常常采用下面的措施：

a. 将差压上限 Δp_{max} 尽可能取大一些，从而使 β 小一些。

b. 缩小管径，提高流速，从而使差压装置在较高雷诺数条件下使用。

c. 限制流量计的使用下限（结合差压计精确度的约束条件，传统的共识是测量下限不低于 30%FS），因为流量越小，C 与常用流出系数 C_{com} 的差异越大。在文献［1］中，由于 C 的在线计算或自动修正难以实施，所以在设计差压装置时设法将流量测量下限对应的 C 和 C_{com} 之间的偏差规定为小于等于 0.5%[1]，这样就产生了老版本差压装置设计手册中的 $m=f(Re_D)$ 界限雷诺数图[1]。

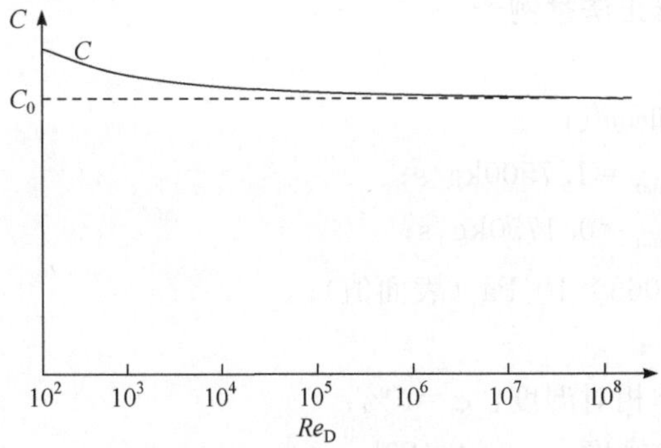

图 9.1 C-Re_D 关系曲线

随着微电子技术和传感器技术的发展以及计算机技术对仪表的渗透，差压式流量测量技术获得了一次飞跃，其显著的标志是差压变送器精确度大大提高，从以前的 1.5 级提高到现在的 0.055 级甚至 0.04 级，其次是流量二次表实现智能化，数据处理能力和精确度获得了极大的提高，这些都为提高孔板流量计测量低端的精确度创造了充分的条件，GB/T 2624 中给出了孔板流出系数随雷诺数变化的关系式（以角接取压为例）[2]。应用这一公式实现雷诺数变化对流量测量影响的修正常用两种方法，一种是 C 的在线计算修正法，另一种是 C 的离线计算修正法。

(1) *C* 的在线计算修正法

这一方法是利用流量二次表内单片机的高速计算能力，用迭代法精确计算当前的流出系数并进一步计算流量值。采用迭代法是因为 C 是 Re_D 的函数，而 Re_D 是质量流量 q_m 的函数，而 q_m 又是 C 的函数。其计算程序框图如图 9.2 所示。其中 C_d 为孔板计算书中的 C 值。

图 9.2 中突出了计算 C 的部分，其实，ε_1、ρ_1 甚至 d 都是变量，都由相应的计算子程序计算得到。

(2) *C* 的离线计算修正法[3]

C 的离线计算通常是在整个流量测量范围内选 10 个或 16 个（由流量二次表中折线校正坐标系取的点数定）典型测量点 q_i，并计算出各点的雷诺数，然后计算各点的流出系数，最后按下式计算出各点的 C 修正系数 k_α：

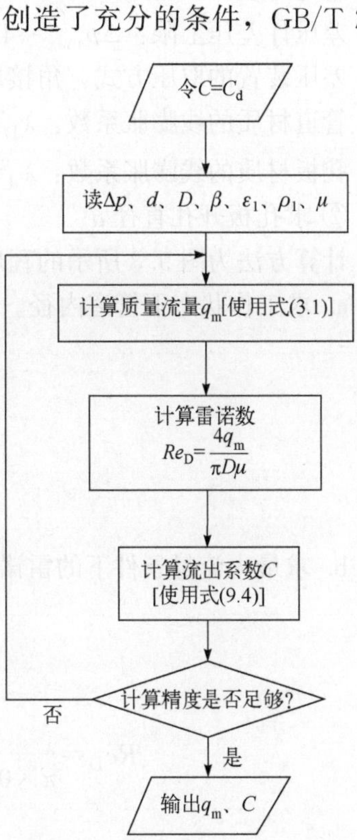

图 9.2 在线计算 C 的程序框图

$$k_\alpha = C_i / C_d \tag{9.1}$$

式中 C_i——各典型测量点流出系数；

C_d——孔板计算书中的流出系数。

(3) C 的离线计算修正法举例[3]

① 已知条件

被测流体名称：饱和蒸汽；

最大质量流量：$q_{m\,max}=1.7500\mathrm{kg/s}$；

最小质量流量：$q_{m\,min}=0.1750\mathrm{kg/s}$；

工作压力：$p_1=6.9066\times10^5\mathrm{Pa}$（表面值）；

工作温度：$t=170℃$；

工作状态下被测流体相对湿度：$\varphi=0\%$；

工作状态下被测流体密度：$\rho_1=4.123\mathrm{kg/m^3}$；

工作状态下被测流体黏度：$\mu=14.97\times10^{-6}\mathrm{Pa\cdot s}$；

工作状态下被测流体等熵指数：$\kappa=1.30$；

当地全年平均大气压：$p_a=101.33\mathrm{kPa}$；

20℃情况下管道内径：$D_{20}=150\mathrm{mm}$；

管道材质：20 钢；

差压计差压上限：$\Delta p_{max}=40\mathrm{kPa}$；

差压装置的取压方式：角接取压；

管道材质的线膨胀系数：$\lambda_D=12.3\times10^{-6}℃^{-1}$；

孔板材质的线膨胀系数：$\lambda_d=16\times10^{-6}℃^{-1}$。

② 求孔板开孔直径 d

计算方法为图 9.3 所示的程序框图。

a. 求工作状态下管道内径。

$$\begin{aligned}D&=D_{20}[1+\lambda_D(t-20)]\\&=150\times[1+12.3\times10^{-6}\times(170-20)]\\&=150.28\mathrm{mm}=0.15028\mathrm{m}\end{aligned}$$

b. 求最大流量条件下的雷诺数。

$$Re_D=\frac{4q_{m\,max}}{\pi D\mu} \tag{9.2}$$

$$Re_D=\frac{4\times1.7500}{\pi\times0.15028\times14.97\times10^{-6}}=990433.1791$$

c. 求 A_2 值。

$$A_2=\frac{\mu Re_D}{D\sqrt{2\Delta p_{max}\rho_1}}=\frac{14.97\times10^{-6}\times990433.1791}{0.15028\times\sqrt{2\times40000\times4.123}}=0.17178852$$

d. 设：$C_\infty=0.6060$，$\varepsilon=1$。

e. 求 β、ε、c。

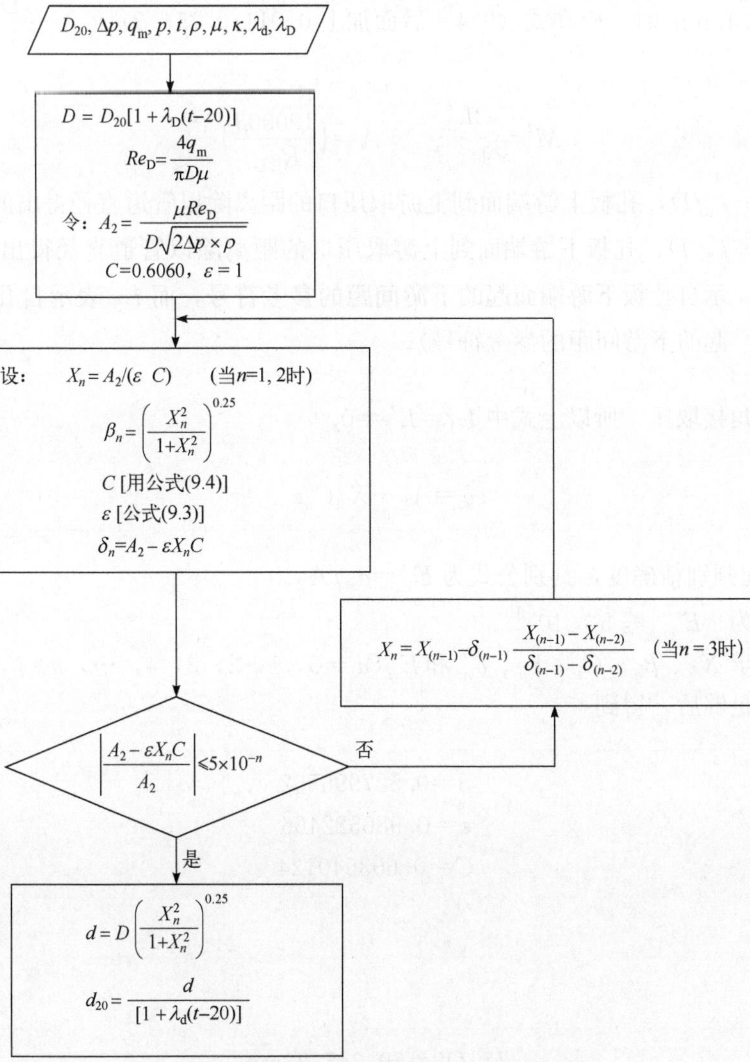

图 9.3 计算孔板开孔直径 d 的程序框图

$$X_n = \frac{A_2}{C_{n-1}\varepsilon_{n-1}}$$

$$\beta_n = [X_n^2/(1+X_n^2)]^{0.25}$$

$$\varepsilon = 1-(0.351+0.256\beta^4+0.93\beta^8)\left[1-\left(\frac{p_2}{p_1}\right)^{1/\kappa}\right] \tag{9.3}$$

$$C = 0.5961+0.0261\beta^2-0.216\beta^8+0.000521\left(\frac{10^6\beta}{Re_D}\right)^{0.7}+(0.0188+0.0063A)\beta^{3.5}\left(\frac{10^6}{Re_D}\right)^{0.3}$$
$$+(0.043+0.080e^{-10L_1}-0.123e^{-7L_1})(1-0.11A)\frac{\beta^4}{1-\beta^4}-0.031(M_2'-0.8M_2'^{1.1})\beta^{1.3} \tag{9.4}$$

当 $D \leqslant 71.12\text{mm}$ 时，应在式（9.4）后面加上 $0.011(0.75-\beta)\left(2.8-\dfrac{D}{25.4}\right)$。

$$M'_2=\frac{2L'_2}{1-\beta} \qquad A=\left(\frac{19000\beta}{Re_{\mathrm{D}}}\right)^{0.8}$$

式中 L_1——l_1/D，孔板上游端面到上游取压口的距离除以管道直径得出的商；

L'_2——l'_2/D，孔板下游端面到上游取压口的距离除以管道直径得出的商（L'_2表示自孔板下游端面起的下游间距的参考符号，而 L_2 表示自孔板上游端面起的下游间距的参考符号）。

因为采用角接取压，所以上式中 $L_1=L'_2=0$。

$$\delta=A_2-X_nC_n\varepsilon_n$$

从 $n=3$ 起判别精确度，判别公式为 $E_n=\delta_n/A_2$。

判别条件为 $|E_n| \leqslant 5\times10^{-10}$。

用迭代法求 X_n、β_n、C_n、ε_n、δ_n 和 E_n（$n=0$，1，2，3，4，…，n）。

在精确度足够后，得到

$$\beta=0.527996562$$
$$\varepsilon=0.980522466$$
$$C=0.603540124$$

f. 求 d。

$$d=D\beta=79.347323\text{mm}$$

g. 求 d_{20}。

$$d_{20}=\frac{d}{1+\lambda_{\mathrm{d}}(t-20)}=\frac{79.347323}{1+0.000016\times(170-20)}=79.15734537\text{mm}$$

③ 求各典型测量点流出系数的修正系数 k_α

a. 按式（9.2）计算各典型测量点雷诺数；

b. 将前面计算得到的 β 值和各典型测量点雷诺数，分别代入式（9.4），得到各点 C，并按式（9.1）计算 k_α。

以上计算结果列于表 9.1。

对于一副已有有效计算书的差压装置，其计算书中已列出计算 k_α 的必要数据，则可省去上述第②步，直接从第③步计算 k_α。

表 9.1 C 及 k_α 数据表

$\%q_{m\max}$	Re_D	C	k_α
10	99 043	0.606 290 000	1.004 52
20	198 087	0.604 938 330	1.002 30
30	297 130	0.604 418 288	1.001 44
40	396 173	0.604 134 393	1.000 97
50	495 217	0.603 952 714	1.000 67
60	594 260	0.603 825 261	1.000 46
70	693 303	0.603 730 296	1.000 30
80	792 347	0.603 656 455	1.000 18
90	891 390	0.603 597 187	1.000 08
100	990 433	0.603 548 430	1.000 00

9.1.2 雷诺数对涡街流量计的影响

(1) 雷诺数对涡街流量计的影响概述

在一定的雷诺数范围之内，涡街流量计输出频率信号同流过测量管的体积流量之间的关系不受流体物性（密度、黏度）和组分的影响，即流量系数只与旋涡发生体及管道的形状尺寸有关，因此只需在一种典型介质中标定涡街流量计的流量系数其就可适用于各种介质，这是涡街流量计的一大优点。但若雷诺数超过这一范围，就要产生影响了。

第 4 章图 4.1 展示了涡街流量计工作原理。在流体流动的管道中设置一个旋涡发生体（阻流体），在发生体下游的两侧就会交替地产生有规则的旋涡，这种旋涡称为卡曼涡街。此旋涡的频率同诸因素的关系可用式（9.5）表述：

$$f=SrV/d \tag{9.5}$$

式中 f——发生体一侧产生的卡曼涡街频率；

Sr——斯特罗哈尔数（无量纲数）；

V——流体的流速；

d——旋涡发生体的宽度。

第 4 章图 4.2 所示为圆柱状旋涡发生体的斯特罗哈尔数同雷诺数的关系。由图可见，在 $Re_D=2\times10^4\sim7\times10^6$ 范围内，是曲线的平坦部分（$Sr=1.7$），卡曼涡街频率与流速成正比，这是仪表正常工作范围。在 $Re_D=5\times10^3\sim2\times10^4$ 范围内，旋涡能稳定发生，但因斯特罗哈尔数增大，所以流量系数需经校正后才能保证流量测量精确度。当 $Re_D<5\times10^3$ 后旋涡不发生或不能稳定地发生。

本节讨论的是 $Re_D=5\times10^3\sim2\times10^4$ 的区间如何提高流量测量精确度的问题。如能获得可靠的校正系数并用适当的方式实现在线校正就能将测量精确度提高，将可调比显著扩大。

（2）雷诺数影响的校正

表 9.2 给出了 DY 系列涡街流量计低雷诺数测量段的校正系数表。使用这一表格的方式也有在线计算和离线计算之分。其中在线计算多在带 CPU 的涡街流量变送器（传感器）中使用，离线计算多在流量显示仪表中用折线法实现校正时使用。

表 9.2　雷诺数校正系数[4]

雷诺数 Re_{Di}	校正系数 A
5.5×10^{3}	0.886
8.0×10^{3}	0.935
1.2×10^{4}	0.964
2.0×10^{4}	0.990
4.0×10^{4}	1.000

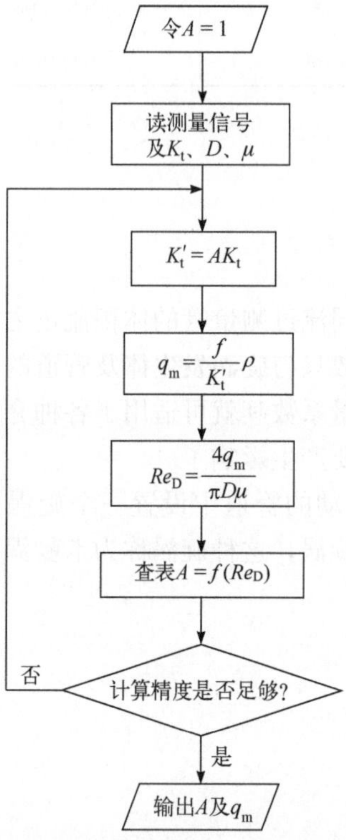

图 9.4　在线计算校正系数的程序框图

图 9.4 所示为在线计算校正系数的程序框图。图中的 K_t 为流量系数，D 为测量管内径，μ 为流体黏度，q_m 为质量流量，A 为校正系数。

离线计算就是计算满量程的雷诺数和各典型流量点的流量值，然后制作折线，填入仪表的程序菜单，仪表运行后，实现自动校正。

（3）举例

① 已知条件

a. 流体名称：柴油；

b. 流体温度：30℃；

c. 流体密度：$\rho=810\text{kg/m}^3$；

d. 流体黏度：$\mu=0.0031\ \text{Pa}\cdot\text{s}$；

e. 管道内径：$D=0.05\ \text{m}$；

f. 最大体积流量：$q_{v\max}=50\text{m}^3/\text{h}$。

② 计算

a. 最大质量流量 $q_{m\max}$ 的计算：

$$q_{m\max}=\rho q_{v\max}=11.25\text{kg/s}$$

b. 最大流量时的雷诺数 $Re_{D\max}$ 的计算［使用式（9.2）］：

$$Re_{D\max}=\frac{4q_{m\max}}{\pi D\mu}=\frac{4\times11.25}{\pi\times0.05\times0.0031}=9.24\times10^{4}$$

c. 各典型流量点的体积流量 q_{vi} 的计算：

$$q_{vi}=\frac{q_{v\max}}{Re_{D\max}}Re_{Di} \tag{9.6}$$

将表 9.2 中各典型流量点雷诺数代入式（9.6）得各点流量 q_{vi}，列于表 9.3 中。

表 9.3　各特征点校正系数

流量值 q_{vi}/（m^3/h）	雷诺数 Re_{Di}	校正系数 A
2.976	5.5×10^3	0.886
4.329	8.0×10^3	0.935
6.494	1.2×10^4	0.964
10.823	2.0×10^4	0.990
21.645	4.0×10^4	1.000
50.000	9.24×10^3	1.000

这一方法可用来对黏度比水高一些的液体的低流速段进行误差校正。

(4) 雷诺数影响的校正在流量传感器（变送器）中的实现

上面所述的雷诺数影响的校正是在流量二次表中完成的，适用于涡街流量计本身无校正能力的测量系统。随着计算机技术渗透到流量一次表，有些涡街流量计本身也具备了这种校正功能。例如横河公司的 DY 型涡街流量计，是用 4 段折线实现此项校正。折线的横坐标为旋涡频率 f，其纵坐标为校正系数 A，如图 9.5 所示。

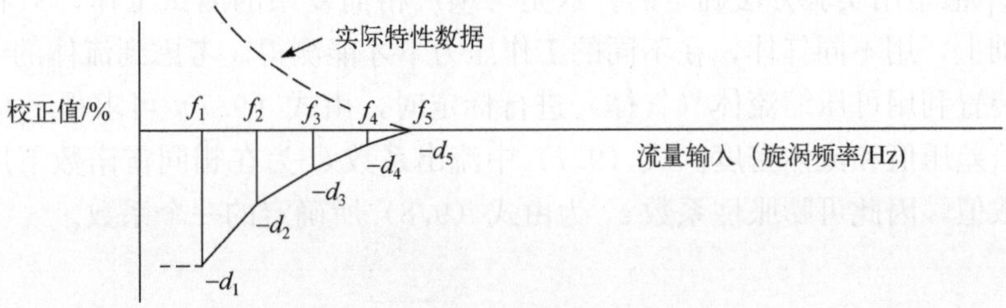

图 9.5　校正值与旋涡频率的关系

在表 9.3 所示的例子中，可根据表 9.3 中的流量值 q_{vi} 按下式求取各特征点频率 f_i：

$$f_i = q_{vi} K_t$$

式中　q_{vi}——体积流量，L/h 或 m^3/h；

K_t——流量系数，P/L 或 P/m^3。

然后将各点频率和所对应的校正值填入涡街流量计（变送器）菜单（第 D21～D30 条），并在“REYNOLDS ADJ”（雷诺数校正）项指定“1”（执行），仪表运行后，就能将雷诺数对流量系数 K_t 的影响自动进行校正，校正公式如下：

$$K'_t = A K_t$$

式中　K'_t——校正后的流量系数，P/L 或 P/m^3；

A——校正系数；

K_t——未经校正的流量系数，P/L 或 P/m^3。

9.2 可膨胀性系数的自动校正

差压式流量计（孔板、喷嘴、文丘里管等）在用来测气体和蒸汽流量时，流体流过差压装置，在节流件两边产生一定的压差，节流件的下游静压降低，因而出现流束膨胀，流束的这种膨胀使得差压装置的输出（差压）-输入（流量）关系同不可压缩流体之间存在一定的偏差，如果不对这种偏差进行校正将会导致流量示值偏高千分之几到百分之几，在 β 和 $\Delta p/p_1$ 均较大的情况下甚至可高达 10%。可膨胀性系数（expansibility factor）ε 就是为修正此偏差而引入的变量。

此变量有节流件上游可膨胀性系数 ε_1 和节流件下游可膨胀性系数 ε_2 之分，在流量表达式中若用 ε_1，则流体密度必须采用上游流体密度 ρ_1；若用 ε_2，则必须采用下游流体密度 ρ_2。节流件上游的可膨胀性系数和节流件下游的可膨胀性系数之间的关系如式（5.10）所示。

式（5.9）和式（3.1）是等价的，这在第 5.3 节中已经做了分析。在实际应用中较多地使用 ε_1，因为相关的压力测量也较多地使用节流件上游取压口平面上的参数。

孔板的 ε_1 值是用实验方法确定的。这是一项严格而复杂的测试工作，只有在测得流量系数 α 的基础上，用不同气体，在不同的工作压力下才能测得。考虑到流体的可压缩性，对给定的差压装置利用可压缩流体（气体）进行标定时，由式（9.7）可求得 $\varepsilon_1 C$ 值，该值取决于直径比、差压值和流体密度。式（9.7）中流出系数 C 为在相同雷诺数下用液体直接标定而确定的数值，因此可膨胀性系数 ε_1 为由式（9.8）所确定的一个系数。

$$\varepsilon_1 C=\frac{4q_{\mathrm{m}}\sqrt{1-\beta^4}}{\pi d^2\sqrt{2\Delta p\rho_1}} \tag{9.7}$$

$$\varepsilon_1=\frac{4q_{\mathrm{m}}\sqrt{1-\beta^4}}{C\pi d^2\sqrt{2\Delta p\rho_1}} \tag{9.8}$$

式中 C——流出系数；

q_{m}——质量流量；

β——直径比，$\beta=d/D$；

d——节流件开孔直径；

Δp——差压；

ρ_1——节流件正端取压口平面上的密度。

当流体是不可压缩流体时，ε_1 等于 1；当流体是可压缩流体时，ε_1 小于 1。

式（9.8）使用起来还不够方便，研究者提出了不少经验公式，ISO 5167 和 GB/T 2624 中给出的孔板的 ε_1 值对于角接取压法、法兰取压法和 D-$D/2$ 取压法使用同一个经验公式计算，即

$$\varepsilon=1-(0.351+0.256\beta^4+0.93\beta^8)\left[1-\left(\frac{p_2}{p_1}\right)^{1/\kappa}\right] \tag{9.9}$$

式中　κ——等熵指数；

p_1——节流件正端取压口平面上的绝对静压；

p_2——节流件负端取压口平面上的绝对静压，$p_2=p_1-\Delta p$。

其余符号的意义同式（9.8）。

此公式仅在 $p_2/p_1\geqslant 0.75$ 时才适用。

该公式是根据空气、水蒸气和天然气的实验结果得出的，已知等熵指数的其他气体和蒸气可参照使用。

流量在一定的范围内变化时，差压 Δp 相应变化，而设计计算时只是假定 ε 是个常数 ε_d，为了对这个假定可能引入的误差进行校正，引入了一个可膨胀性系数校正系数 k_ε：

$$k_\varepsilon=\varepsilon_1/\varepsilon_d \tag{9.10}$$

式中　k_ε——可膨胀性系数校正系数；

ε_1——实际可膨胀性系数；

ε_d——设计计算时的可膨胀性系数。

使用式（9.9）计算当前可膨胀性系数一般在流量二次表内进行。将孔板计算书中的 β 和 κ 写入菜单中的指定窗口，p_1 则由流量二次表的压力输入信号计算得到。而 Δp 由流量二次表的差压输入信号按下式计算得到：

$$\Delta p=A_i\Delta p_{max} \tag{9.11}$$

式中　A_i——差压输入信号，0～1；

Δp_{max}——差压上限值。

Δp_{max} 以及 ε_d 值也可由孔板计算书得到，将它们写入流量二次表菜单的指定窗口，仪表运行后，按式（9.9）计算得到当前的 ε_1 值，然后代入式（9.10）计算 k_ε。

表 9.4 所列为第 9.1 节中的一台蒸汽流量计各流量点的 ε_1 值和相应的 k_ε 值，主要是说明流量在较大范围内变化时，ε_1 变化显著，进行 ε_1 的在线计算和自动校正很有必要。

表 9.4　各点 ε_1 及 k_ε 值

$\% q_{m\,max}$	ε_1	k_ε
10	0.999 805 183	1.019 67
20	0.999 220 732	1.019 07
30	0.998 246 648	1.018 08
40	0.996 882 930	1.016 69
50	0.995 129 578	1.014 90
60	0.992 986 592	1.012 72

续表

$\%q_{m\,max}$	ε_1	k_ε
70	0.990 453 973	1.010 13
80	0.987 531 720	1.007 15
90	0.984 219 833	1.003 78
100	0.980 518 313	1.000 00

喷嘴和文丘里管的 ε_1 与孔板的 ε_1 值不同，它们是用热力学通用能量方程计算出来的，详细情况请参阅参考文献 [2]。

9.3 孔板流量计变更量程与不确定度的变化

9.3.1 概述

涡街流量计、电磁流量计实现智能化以后，变更量程就变得非常简单，只需通过转换器上的操作键或手持终端对表内有关数据进行修改即可。但是节流式差压流量计要变更量程就不那么简单了，以孔板流量计为例。尽管差压变送器也实现了智能化，改变其差压范围也是非常简单的事，但是不能只对差压变送器的差压范围作调整就万事大吉，这是因为其会改变孔板流量计量程，孔板流量计量程变更后，管道中的常用流速等参数发生变化，流出系数等也会相应有所变化。因此必须综合考虑。

9.3.2 变更量程举例

下面是上海某石化厂的一个实例。该厂有一台蒸汽流量计，原测量范围为 0～70t/h，后因工艺调整，实际使用流量值大大减小，从该台仪表读得的流量值最大未超过 25t/h，常用流量值仅为 7t/h，显然实际使用的流量太小，精确度难以保证，厂方提出将测量范围改为 0～35t/h。

(1) 已知条件

从差压装置计算书知：

a. 管道内径：$D_{20}=201$mm；

b. 管道的材料膨胀系数：$\lambda_D=0.000011$mm/mm℃；

c. 节流件材料膨胀系数：$\lambda_d=0.000016$mm/mm℃；

d. 流量测量上限：$q_{m\,max}=70$t/h；

e. 常用流量：$q_{m\,com}=14$t/h；

f. 流体常用压力：$p_1=3.58$MPa（表面值）；

当地全年平均大气压：$p_a=101.325$kPa；

g. 流体常用温度：$t=380$℃；

h. 流体常用密度：$\rho=12.9530$kg/m^3；

i. 流体黏度：μ＝0.000024Pa·s；

j. 等熵指数：κ＝1.286；

k. 差压上限：Δp_{max}－100kPa（由智能差压变送器测量）；

l. 可膨胀性系数：ε_1＝0.9996；

m. 直径比：β＝0.730712984；

n. 孔板开孔直径：d_{20}＝146.6104810mm；

o. 流出系数：C＝0.598391066；

p. 取压方式：角接取压。

(2) 其他已知条件

a. 量程变更后流量测量上限：$q'_{m\,max}$＝35t/h；

b. 量程变更后常用流量：$q'_{m\,com}$＝7t/h。

(3) 利用迭代法计算差压上限 Δp_{max}

测量范围变更后，从差压装置数据和其他有关流量数据计算新的差压上限 $\Delta p'_{max}$是典型的差压式流量计计算命题，如果计算机内已经装有计算程序，则填入已知数据后就能很快得到结果，如果没有现成程序也可利用图 9.6 所示的程序框图手算。

9

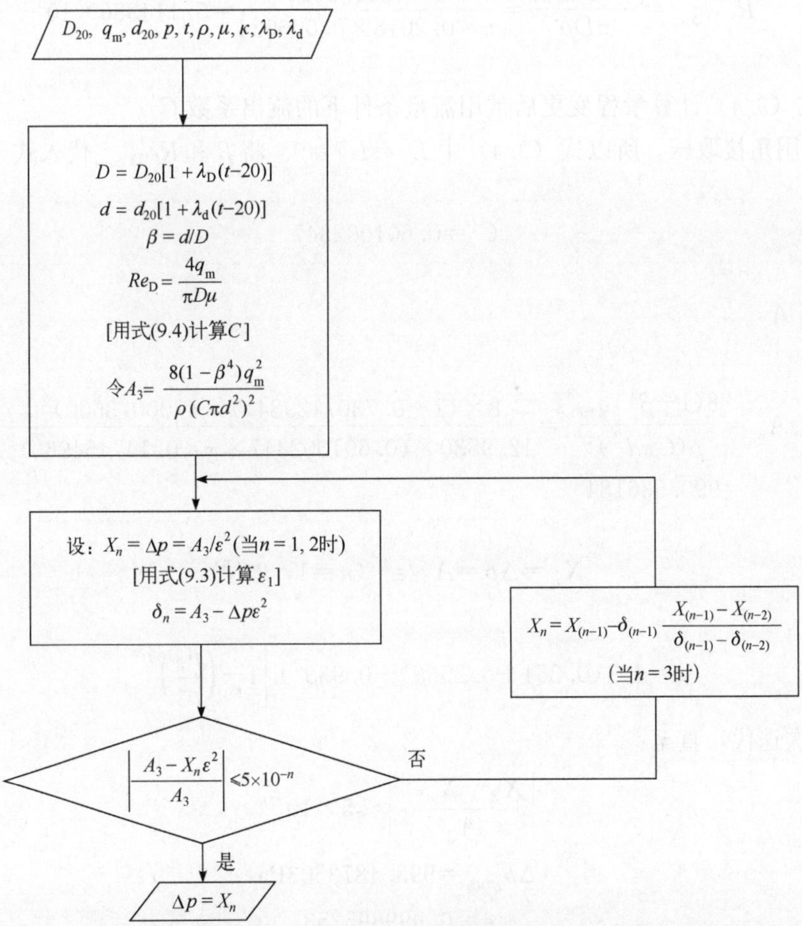

图 9.6 计算差压 Δp 的程序框图

a. 计算工作状态下管道内径 D。

$$D=D_{20}[1+\lambda_D(t-20)]=201\times[1+0.000011\times(380-20)]=201.7960\text{mm}$$

b. 计算工作状态下节流件开孔直径 d。

$$d=d_{20}[1+\lambda_d(t-20)]=146.610481\times[1+0.000016\times(380-20)]$$
$$=147.4549573\text{mm}$$

c. 计算流体常用绝对压力 p。

$$P=p_1+P_a=3.58+0.101325=3.681325\text{MPa}$$

d. 计算量程变更后常用流量条件下雷诺数 $Re'_{D\,com}$。

$$Re'_{D\,com}=\frac{4\times q'_{m\,com}}{\pi D\mu}=\frac{4\times 7000/3600}{\pi\times 0.2018\times 0.000024}=5.114386\times 10^5$$

e. 按式（9.4）计算量程变更后常用流量条件下的流出系数 C'。

因为采用角接取压，所以式（9.4）中 $L_1=L'_2=0$。将 β 和 $Re'_{D\,com}$ 代入式（9.4）得

$$C'=0.601002347$$

f. 计算 A_3。

令 $$A_3=\frac{8(1-\beta^4)q_m{}^2}{\rho(C\pi d^2)^2}=\frac{8\times(1-0.730712984^4)\times(7000/3600)^2}{12.9530\times(0.601002347\times\pi\times 0.14745496^2)^2}$$
$$=990.536184$$

g. 据 $$X_n=\Delta p=A_3/\varepsilon^2\ (n=1,\ 2\ 时)$$

$$\varepsilon=1-(0.351+0.256\beta^4+0.93\beta^8)\left[1-\left(\frac{p_2}{p_1}\right)^{1/\kappa}\right]$$

经多次迭代，直至：

$$\left|\frac{X_3-X_n\varepsilon^2}{A_3}\right|\leqslant 5\times 10^{-n}$$

得 $$\Delta p'_{com}=993.4873503\text{Pa}$$
$$\varepsilon=0.999895253$$

h. 计算差压上限。

$$\Delta p'_{max}=\Delta p'_{com}/(q'_{m\,com}/q'_{m\,max})^2=993.4873503/(7000/35000)^2$$
$$=24837.18376\text{Pa}$$

9.3.3 量程变更后的不确定度

量程变更后的不确定度变化计算是变更量程操作可行性研究的基础，如果不确定度增大太多，就不宜用重新计算差压上限的方法改变量程，这时就得重新设计孔板。

（1）流出系数不确定度的变化

从式（9.4）可知，流出系数 C 仅与 β 和 Re_D 有关，这是在假定前后直管段经过精密加工的基础上得出的，如果前后直管内壁较粗糙，则应引入管壁相对粗糙度 Ra/D 的修正。

用重新计算 Δp_{max} 的方法实现量程变更，由于孔板的 d、D、β 未作变更，常用流量重新确定后，Re_D 变化，相应地需要重新计算流出系数 C，所以量程变更后，$\delta C/C$ 保持变更前的数据，按 GB/T 2624 的规定，流出系数 C 值的百分率不确定度[2]为：

对于 $0.1\leqslant\beta<0.2$，为 $(0.7-\beta)\%$；

对于 $0.2\leqslant\beta<0.6$，为 0.5%；

对于 $0.6\leqslant\beta<0.75$，为 $(1.667\beta-0.5)\%$。

若 $D<71.12$mm（2.8in），上述值应算术相加下列相对不确定度：

$$0.9(0.75-\beta)\left(2.8-\frac{D}{25.4}\right)\%$$

若 $\beta>0.5$ 和 $Re_D<10000$，上述值应算术相加 0.5%相对不确定度。

（2）可膨胀性系数的不确定度

如果不考虑 β、$\Delta p/p_1$ 和 κ 的不确定度，可膨胀性系数 ε_1 值的百分率不确定度 $\delta\varepsilon_1/\varepsilon_1$ 等于 $3.5\times\dfrac{\Delta p}{\kappa p_1}\%$。

在上面的例子中，Δp 缩小到量程变更前的 1/4，$\Delta p/p_1$ 成比例缩小，所以 $\delta\varepsilon_1/\varepsilon_1$ 相应减小。如果量程扩大，$\Delta p/p_1$ 相应增大，$\delta\varepsilon_1/\varepsilon_1$ 也增大。

（3）差压测量误差引入的不确定度

从 GB/T 2624 知，差压测量误差引入的不确定度为 $0.5\delta\Delta p/\Delta p$，在上面的例子中，由于差压上限 Δp_{max} 缩小的同时，常用流量所对应的差压值相应缩小，而所使用的智能差压变送器相对误差 $\delta\Delta p/\Delta p$ 未变，所以从关系式来看，不确定度也未变。

其实不然，现场的情况十分复杂，表达式中的差压测量误差 $\delta\Delta p$ 不仅仅是差压变送器准确度等级引入的误差，还应包括其他因素引入的测量误差。尤其是用来测量蒸汽流量时，两个冷凝罐高度的不一致、导压管线中介质温度的差异等，引起的差压信号传送失准，都会导致 $\delta\Delta p$ 增大，所以用缩小差压上限 Δp_{max} 的方法变更量程是有限度的，对于蒸汽流量计来讲，差压上限一般应不低于 20kPa。对于干燥气体来讲，由于不存在严重的信号传送失准，差压上限可以小得多。

（4）关于扩大量程问题

用扩大差压上限的方法变更量程在多数情况下不确定度不会成为问题，限制的因素是压损。

当常用流量扩大时，Re_D 相应增大，C 在平坦的线段延伸，有利于不确定度的减小。

当常用流量扩大时，常用差压 Δp_{com} 相应增大，ε_1 的不确定度有一定程度的增加，同时有利于减小差压测量的百分率误差。

流量上限扩大后节流件处流速成正比增大，流动噪声会有显著增大，但最大的不良后果是压损增大，从两者的关系可知，流量扩大到原来的 2 倍，压损约增加到原来的 4 倍。这一问题应同工艺专业人员沟通好。

用改变差压上限的方法变更流量计量程，是差压式流量计应用中经常碰到的方法，如果量程变更倍数不大，一般可按标准重新计算差压上限 $\Delta p'_{max}$，但若简单地按式（9.12）计算差压上限，一般都要引入一定的误差。

$$\Delta p'_{max}=\left(\frac{q'_{m\,max}}{q_{m\,max}}\right)^2\Delta p_{max} \tag{9.12}$$

量程变更后，$\delta C/C$、$\delta\varepsilon_1/\varepsilon_1$ 和 $\delta\Delta P/\Delta P$ 均会有一定变化，采用重新确定 Δp_{max} 的方法，能使这些变化对系统不确定度影响得到补偿。

用改变差压上限的方法将量程扩大或缩小都有一定的制约因素。量程扩大时，压损相应增大，量程缩小时，Re_D 减小，两者对流出系数和差压测量误差都可能会有影响，所以，最好还是重新设计差压装置。

本节所举例子为角接取压孔板，由于式（9.4）中的 L_1 和 L_2 是变量：当采用 1in（1in＝0.0254m）法兰取压时，$L_1=25.4\text{mm}/D$，$L_2=25.4\text{mm}/D$；当采用 D-$D/2$ 取压时，$L_1=1$，$L_2=1/2$。因此，此方法适用于三种取压方式。如果将式（9.4）换成喷嘴或文丘里管流出系数表达式，此方法也适用于喷嘴和文丘里管。

9.4 节流件开孔直径和管径的误差校正

差压装置在加工制造过程中总是存在一些偏差，其中与流量测量精确度密切相关的有节流件开孔直径 d 和靠近差压装置的直管段内径 D。

当 d 和 D 实际尺寸偏离设计尺寸后，传统的做法是将此误差代入不确定度计算公式，然后对由此引起的不确定度增大的数值进行估算。这是一种被动的和无可奈何的方法。

在计算机技术进入流量仪表之后，这一沿用几十年的传统做法可采用更加积极的措施，不是承认这一误差并估算对测量不确定度的影响，而是将其对测量产生影响的最终结果在流量显示仪表中予以校正。

实际上 d 和 D 偏离设计值造成的后果就是流量测量系统的满量程值产生了变化。如果将 d 和 D 的实际值测量出来，然后代入相关公式计算出与此实际值相对应的流量满量程值，然后用新的满量程值代替原设计值，置入流量显示仪表或 DCS 等，则系统运行后尺寸误差对测量系统的影响就得到了完全的校正。下面介绍具体计算方法[5]。

从 20℃时，根据开孔直径设计值 d_{20} 和管道内径设计值 D_{20} 可计算工作状态下的开孔直径 d 和管道内径 D 以及直径比 β，相关公式如下：

$$d=d_{20}\left[1+\lambda_{\mathrm{d}}(t-20)\right] \tag{9.13}$$

$$D=D_{20}\left[1+\lambda_{\mathrm{D}}(t-20)\right] \tag{9.14}$$

$$\beta=d/D \tag{9.15}$$

式中 λ_{d}——节流件材料膨胀系数；

t——流体温度；

λ_{D}——管道的材料膨胀系数；

β——工作状态下的直径比。

用同样的方法从 20℃时的开孔直径实测值 d'_{20} 和管道内径实测值 D'_{20} 分别计算工作状态下的实际开孔直径 d' 和实际管道内径 D'，并进而计算工作状态下的实际直径比 β'：

$$\beta'=d'/D' \tag{9.16}$$

在 β 误差修正时，忽略雷诺数的影响，于是本章中的式（9.4）的流出系数表达式可简化为

$$C=0.5961+0.0261\beta^{2.1}-0.216\beta^{8} \tag{9.17}$$

同样，用式（9.17）由 β' 计算实际流出系数 C'。

为了计算方便将本书第 3 章中的式（3.1）改写为

$$q_{\mathrm{m}}=\frac{C}{\sqrt{1-\beta^{4}}}\varepsilon_{1}\frac{\pi}{4}d^{2}\sqrt{2\Delta p\rho_{1}}=\frac{C}{\sqrt{1-\beta^{4}}}d^{2}u \tag{9.18}$$

即

$$u=\varepsilon_{1}\frac{\pi}{4}\sqrt{2\Delta p\rho_{1}}=q_{\mathrm{m}}\left(\frac{C}{\sqrt{1-\beta^{4}}}d^{2}\right)^{-1} \tag{9.19}$$

当流量为满量程值时，$q_{\mathrm{m}}=q_{\mathrm{m\,max}}$，将此值和计算得到的 C、β、d 代入式（9.19）得到 u，然后将计算得到的 C'、β'、d' 和 u 代入式（9.20），即

$$q'_{\mathrm{m\,max}}=\frac{C'}{\sqrt{1-(\beta')^{4}}}(d')^{2}u \tag{9.20}$$

式中 $q'_{\mathrm{m\,max}}$——与 d' 和 D' 对应的流量上限值。

在对流量二次表组态时，只需将 $q'_{\mathrm{m\,max}}$ 值填入满量程菜单，仪表运行后，就自动完成了开孔直径和管道内径加工误差的自动校正。

例如：有一差压装置，孔板开孔直径和管道内径的设计值和实际值分别为：$d=30.00\mathrm{mm}$，$d'=29.99\mathrm{mm}$，$D=50.00\mathrm{mm}$，$D'=50.02\mathrm{mm}$，$q_{\mathrm{m\,max}}=1000\mathrm{kg/h}$。则 β 设计值为 0.6，而 $\beta'=d'/D'=0.59956$，将上述数据代入式（9.16）、式（9.17）、式（9.19）、

式（9.20）中得 $q'_{m\max}=999.12\text{kg/h}$。

显然，d 和 D 的加工误差还是引入了 0.088%R 的流量测量误差。

本节中关于流出系数的公式都是以标准孔板为例，如果差压装置是喷嘴或文丘里管，流出系数公式请参阅参考文献［2］。

9.5 配套仪表的配校及误差校正

（1）配套仪表的配校及误差校正应用

一个测量系统往往由相互独立的几台仪表组成，各台仪表有各自的技术指标和精确度等级，而系统精确度则由各台相关联的仪表的精确度按一定的规律合成。各台仪表一般具有互换性，目前大多数仪表测量系统都是这样组成和运作的。

人们为了提高系统精确度，采用了另一种系统合成的方法，即配套校验后配套使用。所谓配套校验就是将配套使用的若干台相互独立的合格仪表组合起来，将各台仪表看作是一台仪表中的一个部分，配校中出现的误差可通过在其中个别仪表的可调部分做微小调整，以提高系统精确度。

配校的方法很早就已经在测量技术中应用，只是在计算机技术进入仪表后，出现了更先进的校正误差的手段。利用这个手段可以使各校验点的误差得到全面校正，从而使系统精确度大大提高。

配校所包含的仪表台数依据具体使用条件可多可少，能包含得多一些当然更好。但标准器应有足够的精确度。下面举两个实例。

例 1：差压变送器与流量显示仪表配校。

差压式流量计由差压装置、差压变送器和流量显示仪表等组成。由于绝大多数单位都无流量标准装置，因此不具备将三台表配套校验的条件，但是将差压变送器与流量显示仪表配套校验的条件一般是具备的。图 9.7 所示的是利用 0.02 级气动浮球式标准压力计做标准实现配校的系统图，使用两台标准器是因为相对流量较小时，压力信号值较小，一台高量程标准压力计输出小信号时精确度不够，所以另配一台低量程标准器。将各个规定校验点的误差测出后，计算各校验点的校正值，然后以校验点流量值为横坐标，以校验点对应的校正值为纵坐标，将数据填入智能流量显示仪表的误差校正菜单，仪表运行后，用 9 段（或 15 段）

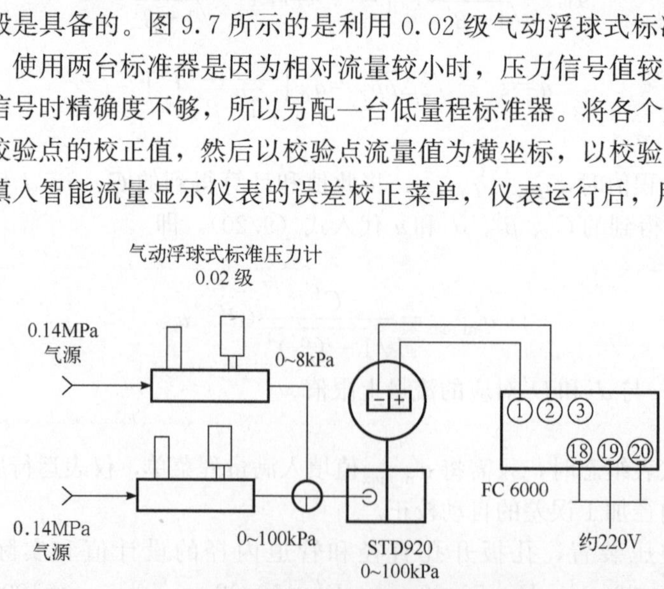

图 9.7　流量显示表与差压变送器配校连接

折线实现误差自动校正。表 9.5 所示即为某一实例中的各校验点差压值 Δp、应有流量示值 q，被校表示值、显示表校正系数 k_α 和校正后示值等。从校正后数据可以看出，经过校正，最大误差小于 0.01%。但是在仪表系统实际使用时仍需注意下面几点才能获得较高精确度。

a. 配校的各台仪表应具有较高的重复性，较小的时漂和环境温度影响。

b. 使用条件尽可能与配校时一致。

火电行业习惯将变送器集中安装在装有空调的变送器室，这是个好办法，至少可以消除由于环境温度偏离校验（参比）条件引入的误差。

c. 经配校的仪表配套使用，如有更换，需重新配校。

表 9.5　校验记录（开平方运算由变送器完成）

标准表示值			被校表示值 /(t/h)	显示表校正系数 /k_α	校正后示值 /(t/h)	校正后误差 /% FS
Δp/kPa	q/%q_{max}	q/(t/h)				
0	0	0.000	0.000	0.99681	0.000	±0.00
1	10	12.50	12.54	0.99681	12.51	0.01
4	20	25.00	25.02	0.99920	25.01	0.01
9	30	37.50	37.53	0.99920	37.50	0.00
16	40	50.00	50.00	1.00000	50.00	0.00
25	50	62.50	62.52	0.99968	62.50	0.00
36	60	75.00	74.99	1.00013	75.00	0.00
49	70	87.50	87.48	1.00023	87.50	0.00
64	80	100.00	99.97	1.00030	100.00	0.00
100	100	125.00	124.97	1.00024	125.01	−0.01

例 2：将涡街流量计实流标定误差在流量显示表中予以校正。

对校验点足够多的涡街流量计实流标定数据处理，计算出各点校正值，然后在流量显示仪表中用 9 段折线实现误差自动校正，其实质也是配校，因为涡街流量计送出的频率信号送入流量显示仪表后，计算流量值的过程属数字量运算，如果表内晶体振荡器品质较好，一般可获得优于 0.01%的精确度，所以经此校正后，系统误差主要取决于流量传感器的重复性。

除上面两个例子，实际上可以应用配校的方法提高系统精确度的流量计种类还有很多。这个方法的应用，对流量量程低段意义特别重大。

(2) 折线校正的综合应用

前面第 9.1 节讨论了利用流量显示仪表中的 9 段折线实现雷诺数变化对流出系数影响的自动校正，本节又讨论了利用这 9 段折线实现配套仪表校验误差的自动校正，如果这两个校正方法在同一套仪表上都要实施是否可以实现？

首先，答案是肯定的，不仅两个校正方法可同时实施，甚至三个、四个校正方法用同一组折线实现校正都是可行的，重要的是这几个校正所用的横坐标取的点数需相同，数值也相同，然后将对应点的若干个校正系数相乘，即得总校正系数。表 9.6 所列即为既使用雷诺数校正又使用配校校正的例子。

表 9.6 孔板流量计综合校正例（雷诺数校正和配校校正）

标准表示值			雷诺数校正系数 $/k_\alpha$	配校校正系数 $/k'_\alpha$	综合校正系数 $/k''_\alpha$
Δp/kPa	$q/\%q_{max}$	q/(t/h)			
0	0	0.000	1.00452	0.99681	1.00132
1	10	12.50	1.00452	0.99681	1.00132
4	20	25.00	1.00230	0.99920	1.00150
9	30	37.50	1.00144	0.99920	1.00064
16	40	50.00	1.00097	1.00000	1.00097
25	50	62.50	1.00067	0.99968	1.00035
36	60	75.00	1.00046	1.00013	1.00059
49	70	87.50	1.00030	1.00023	1.00053
64	80	100.00	1.00018	1.00030	1.00048
100	100	125.00	1.00000	1.00024	1.00024

9.6 成套流量计的校准与误差校正

第 9.6 节中的例 1 讨论了差压变送器与流量显示仪表配校并进行误差校正的实例。例 2 讨论的是除了差压变送器与流量显示仪表配校之外，还对标准孔板因雷诺数变化而引起的非线性误差进行校正。

其实在成套流量测量系统中，引起流量测量误差的因素远不止这些。所以，利用折线法实现误差校正最理想的做法是，对整套流量计进行实流校准，然后进行误差校正。

在实施实流校准项目时，所用介质、实流校验点及流体工况条件，均是相关人员必须考虑的问题。其中校验介质应与设计介质相同或相近，流量校验点应覆盖设计最大流量和最小流量，校验点以多于 5 点为佳，流体温度压力条件与设计工况条件相同或相近。由于测量任务复杂多样，这几项要求完全得到满足往往有困难，需要买卖双方协商解决。但总的来说，这项技术的应用能显著提高流量测量精确度。

对于蒸汽流量计来说，不管采用何种测量方法，最好是放在蒸汽流量标准装置上校准。这样，温度压力补偿的效果、雷诺数补偿的效果、可膨胀性补偿的效果以及流量测量各个环节可能存在的缺陷，都能在流量示值中得到体现，从而方便对其进行综合的全面的检验。如果放在水流量标准装置上校准，也符合检定规程，只是如果温度、压力补偿和可膨胀性补偿存在问题，则得不到考查，雷诺数补偿也与蒸汽有较大差异，因此不是最理想的校准方法。

参考文献

[1] 上海工业自动化仪表研究所. 流量测量节流装置设计手册. 北京：机械工业出版社. 1973

[2] 全国工业过程测量和控制标准化技术委员会第一分技术委员会. 用安装在圆形截面管道中的差压装置测量满管流体流量：GB/T 2624.1～2624.4—2006. 中国标准出版社，2006.

[3] 纪纲. 流量测量仪表应用技巧. 2 版. 北京：化学工业出版社，2009.

[4] 纪纲，纪波峰. 流量测量系统诊断案例集锦. 北京：化学工业出版社，2014.

[5] 骆美珍，龚毅，陈少华. 提高差压法流量测量精度点滴. 石油化工自动化，1998(5)：3.

第 10 章
蒸汽流量计的校准

10.1 差压式流量计的检定与校准

按照 JJG 640—2016 的规定，差压式流量计可以采用几何检定法、系数检定法和示值误差检定法[1]。

10.1.1 几何检定法

几何检定法仅适用于标准孔板、ISA 1932 喷嘴、长径喷嘴、文丘里喷嘴和经典文丘里管。

（1）标准孔板

主要检定项目有：

a. 平面度；

b. A 面及开孔圆筒形 e 面的表面粗糙度（符号意义见第 3 章图 3.2，下同）；

c. 边缘 G、H、I；

d. 孔板厚度 E 及长度 e；

e. 节流孔直径 d；

f. 斜角 α。

（2）ISA 1932 喷嘴

a. ISA 1932 喷嘴 A 及 E 的表面粗糙度（符号意义见第 3 章图 3.4，下同）；

b. ISA 1932 喷嘴的入口收缩部分的廓形；

c. ISA 1932 喷嘴的喉部直径 d；

d. ISA 1932 喷嘴的出口边缘 F；

e. ISA 1932 喷嘴的出口总长。

（3）长径喷嘴

a. A、B 面表面粗糙度（符号意义见第 3 章图 3.5，下同）；

b. 收缩段 A 的 1/4 椭圆曲面；

c. 喉部 B 的直径 d。

（4）文丘里喷嘴

a. 收缩段和喉部（收缩段和喉部要求与 ISA 1932 喷嘴相同）；

b. 扩散段。

（5）经典文丘里管

a. 入口圆筒段 A 的直径 D（符号意义见第 3 章图 3.7，下同）；

b. 收缩段 B（含收缩角 ψ 的测量）；

c. 喉部直径 d；

d. A、B、C 表面粗糙度；

e. 扩散段（测量扩散段上、下端面直径，算出扩散段夹角）；

f. 半径 R_1、R_2；

g. 管道（含管道相对粗糙度及管道内径）。

10.1.2
系数检定法

（1）主要技术要求

检定用的流体应是单相、清洁的，无可见颗粒、纤维等杂质。流体应充满管道及流量计，优先采用水为检定介质，可排除可膨胀性系数的影响。系数检定法仅测量差压装置流出系数。为了确保差压装置输出差压的测量精确度，应配置至少二台不同量程的差压变送器。

（2）标准装置

图 10.1 所示为静态容积法液体流量标准装置。

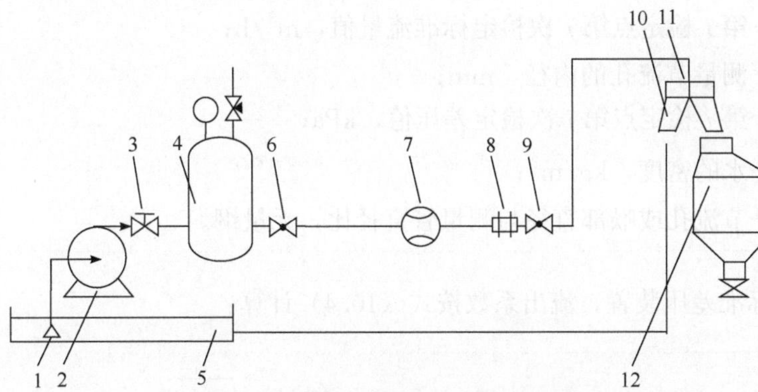

图 10.1　静态容积法液体流量标准装置

1—底阀；2—液泵；3，6—开关阀；4—稳压容器；5—水池；7—被检流量计；8—伸缩器；9—调节阀；10—换向器；11—喷嘴；12—工作量器

图 10.2 所示为静态质量法液体流量标准装置。

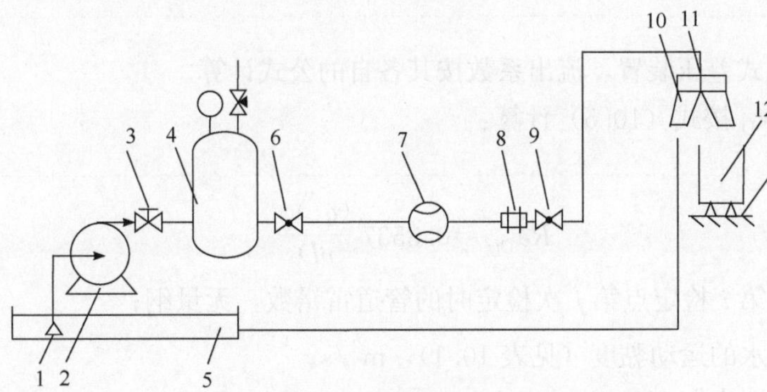

图 10.2　静态质量法液体流量标准装置

1—底阀；2—液泵；3，6—开关阀；4—稳压容器；5—水池；7—被检流量计；8—伸缩器；9—调节阀；10—换向器；11—喷嘴；12—称量容器；13—电子秤

（3）检定方法

a. 对于以标准孔板、ISA 1932 喷嘴、长径喷嘴、文丘里喷嘴、经典文丘里管为节流件的标准差压装置，流出系数按式（10.1）计算，流量系数按式（10.2）计算：

$$C_{ij}=7.90847\sqrt{1-\beta^4}\frac{(q_s)_{ij}}{d^2}\sqrt{\frac{\rho_1}{\Delta p_{ij}}} \tag{10.1}$$

$$\alpha_{ij}=7.90847\frac{(q_s)_{ij}}{d^2}\sqrt{\frac{\rho_1}{\Delta p_{ij}}} \tag{10.2}$$

$$\alpha_{ij}=\frac{C_{ij}}{\sqrt{1-\beta^4}} \tag{10.3}$$

式中 C_{ij}——第 i 检定点第 j 次检定的流出系数值，无量纲；

α_{ij}——第 i 检定点第 j 次检定的流量系数值，无量纲；

$(q_s)_{ij}$——第 i 检定点第 j 次检定标准流量值，m^3/h；

d——测量节流孔的内径，mm；

Δp_{ij}——第 i 检定点第 j 次检定差压值，kPa；

ρ_1——水的密度，kg/m^3；

β——节流孔或喉部直径与测量管直径比，无量纲。

b. 对于非标准差压装置，流出系数按式（10.4）计算：

$$C_{ij}=7.90847\sqrt{1-m^2}\frac{(q_s)_{ij}}{mD^2}\sqrt{\frac{\rho_1}{\Delta p_{ij}}} \tag{10.4}$$

式中 m——节流面积比，无量纲，$m=\left(\frac{d}{D}\right)^2$；

D——管道内径，mm。

其余符号意义同式（10.1）、式（10.2）。

c. 对于非节流式差压装置，流出系数按其各自的公式计算。

管道雷诺数 Re_D 按式（10.5）计算：

$$Re_{Dij}=0.3537\frac{(q_s)_{ij}}{\upsilon D} \tag{10.5}$$

式中 Re_{Dij}——第 i 检定点第 j 次检定时的管道雷诺数，无量纲；

υ——水的运动黏度（见表 10.1），m^2/s。

其余符号意义同式（10.4）。

表 10.1 水的运动黏度

温度/℃	运动黏度/(m^2/s)	温度/℃	运动黏度/(m^2/s)	温度/℃	运动黏度/(m^2/s)
10	1.370×10^{-6}	15	1.139×10^{-6}	20	1.004×10^{-6}
25	0.893×10^{-6}	30	0.801×10^{-6}	35	0.724×10^{-6}

差压装置各检定流量点的流出系数按式（10.6）计算：

$$C_i = \frac{1}{n}\sum_{j=1}^{n} C_{ij} \tag{10.6}$$

式中　C_i——第 i 检定点的流出系数平均值；

C_{ij}——第 i 检定点第 j 次检定的流出系数值；

n——检定次数。

差压装置的流出系数 C 按式（10.7）计算：

$$C = \frac{(C_i)_{\max} + (C_i)_{\min}}{2} \tag{10.7}$$

式中　$(C_i)_{\max}$——流量计各检定点流出系数中最大值；

$(C_i)_{\min}$——流量计各检定点流出系数中最小值。

差压装置的最大示值误差按式（10.8）计算：

$$E = \frac{(C_i)_{\max} - (C_i)_{\min}}{(C_i)_{\max} + (C_i)_{\min}} \times 100\% \tag{10.8}$$

式中　E——差压装置的最大示值误差。

其余符号意义同式（10.7）。

差压装置各检定流量点的重复性按式（10.9）计算：

$$(E_r)_i = \frac{1}{C_i}\left[\frac{1}{(n-1)}\sum_{j=1}^{n}(C_{ij} - C_i)^2\right]^{\frac{1}{2}} \times 100\% \tag{10.9}$$

式中　$(E_r)_i$——第 i 检定流量点的重复性。

其余符号意义同式（10.6）。

差压装置的重复性按式（10.10）计算：

$$E_r = [(E_r)_i]_{\max} \tag{10.10}$$

式中　E_r——差压装置的重复性。

其余符号意义同式（10.9）。

（4）检定点及检定次数

① 检定点

检定点一般不少于 5 个，分别为 $Q_{\max}$、$0.75Q_{\max}$、$0.5Q_{\max}$、$0.25Q_{\max}$、$Q_{\min}$。

② 检定次数

每个流量点至少检定 3 次。

10.1.3
示值误差检定法

(1) 流体的要求

检定用的流体应是单相、清洁的，无可见颗粒、纤维等杂质。流体应充满管道及流量计。检定用介质及其状态应尽量与使用介质及其状态接近。

(2) 流量标准装置

按照要求，对蒸汽流量计进行检定，最理想的装置是蒸汽流量标准装置。

图 10.3 所示为一种蒸汽流量标准装置。稳压阀的作用一是稳定压力，二是将饱和蒸汽变为过热蒸汽。

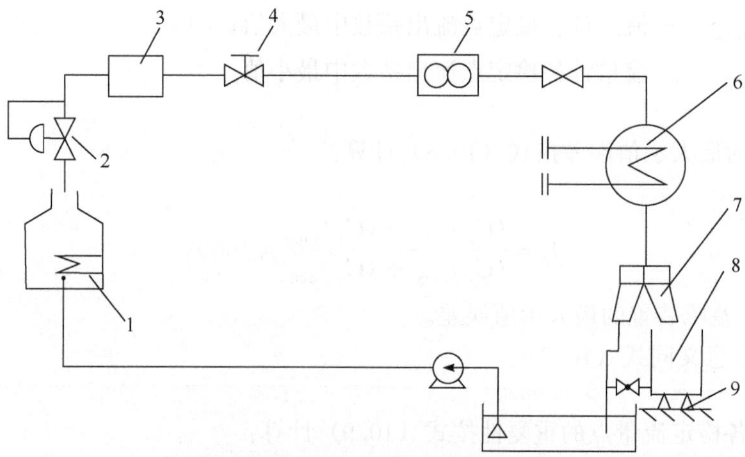

图 10.3　称量法蒸汽装置的结构示意图

1—蒸汽发生器；2—稳压阀；3—气、水分离器；4—流量调节阀；5—被检流量计；6—冷却系统；7—换向器；8—称重容器；9—电子秤

(3) 检定方法

需记录流量计和标准装置的累积流量或瞬时流量值。

在每次检定中，应读取并记录流量计显示的示值、标准装置的示值和检定时间，还应根据需要记录标准装置和流量计处流体的温度和压力等。

流量计各流量点单次检定的相对示值误差按式（10.11）或式（10.12）计算：

$$E_{ij}=\frac{Q_{ij}-(Q_s)_{ij}}{(Q_s)_{ij}}\times 100\% \tag{10.11}$$

$$E_{ij}=\frac{q_{ij}-(q_s)_{ij}}{(q_s)_{ij}}\times 100\% \tag{10.12}$$

式中　E_{ij}——第 i 检定点第 j 次检定被检定流量计的相对示值误差，%；

Q_{ij}——第 i 检定点第 j 次检定时被检定流量计显示的累积流量值，kg；

$(Q_s)_{ij}$——第 i 检定点第 j 次检定标准装置换算到被检定流量计处状态的累积流量值，kg；

q_{ij}——第 i 检定点第 j 次检定时被检定流量计显示的瞬时流量值（或模拟输出对应的瞬时流量值，可为一次实验过程中多次读取的瞬时流量值的平均值），kg/h；

$(q_s)_{ij}$——第 i 检定点第 j 次检定标准装置换算到被检定流量计处状态的瞬时流量值，kg/h。

流量计各流量点的相对示值误差按式（10.13）计算：

$$E_i=\frac{1}{n}\sum_{j=1}^{n}E_{ij} \tag{10.13}$$

式中 E_i——第 i 检定点流量计相对示值误差，%；

n——第 i 检定点检定次数；

E_{ij}——第 i 检定点第 j 次检定流量计的相对示值误差，%。

流量计的相对示值误差按式（10.14）计算：

$$E=\pm|E_i|_{max} \tag{10.14}$$

式中 E——流量计的相对示值误差，%。

其余符号意义同式（10.13）。

示值误差检定法的重复性计算如下。

流量计各流量点的重复性按式（10.15）计算：

$$(E_r)_i=\left[\frac{1}{(n-1)}\sum_{j=1}^{n}(E_{ij}-E_i)^2\right]^{\frac{1}{2}}\times 100\% \tag{10.15}$$

式中 $(E_r)_i$——第 i 检定流量点的重复性。

其余符号意义同式（10.11）～式（10.13）。

流量计的重复性按式（10.16）计算：

$$E_r=[(E_r)_i]_{max} \tag{10.16}$$

式中 E_r——流量计的重复性。

其余符号意义同式（10.15）。

（4）检定点及检定次数

① 检定点

检定点一般不少于 5 个，分别为 Q_{max}、$0.75Q_{max}$、$0.5Q_{max}$、$0.25Q_{max}$、Q_{min}。

② 检定次数

每个流量点至少检定 3 次。

10.2 涡街流量计的检定与校准

10.2.1 检定所用的标准装置

涡街流量计进行示值误差检定，须符合 JJG 1029 检定规程。

分别计算标准装置和流量计测量的累积流量值或累积脉冲数值或瞬时流量值。然后计算示值误差。

10.2.2 示值误差计算

(1) 显示累积流量值或瞬时流量值的流量计单次检定的相对示值误差计算

$$E_{ij}=\frac{Q_{ij}-(Q_s)_{ij}}{(Q_s)_{ij}}\times 100\% \quad \text{或} \quad E_{ij}=\frac{q_{ij}-(q_s)_{ij}}{(q_s)_{ij}}\times 100\% \tag{10.17}$$

式中 E_{ij}——第 i 检定点第 j 次检定时被检定流量计的相对示值误差,%；

Q_{ij}——第 i 检定点第 j 次检定时被检定流量计显示的累积流量值，m^3；

$(Q_s)_{ij}$——第 i 检定点第 j 次检定时标准装置的累积流量值，m^3；

q_{ij}——第 i 检定点第 j 次检定时被检定流量计显示的瞬时流量值（或模拟输出对应的瞬时流量值，可为一次实验过程中多次读取的瞬时流量值的平均），m^3/h；

$(q_s)_{ij}$——第 i 检定点第 j 次检定时标准装置的瞬时流量值，m^3/h。

当装置显示为累积流量时，$(q_s)_{ij}$ 按式（10.18）计算：

$$(q_s)_{ij}=\frac{(Q_s)_{ij}}{t}\times 3600 \tag{10.18}$$

式中 t——检定时间，s；

其余符号意义同式（10.17）。

在水流量标准装置上检定时，$(Q_s)_{ij}$ 按式（10.19）计算：

$$(Q_s)_{ij}=(V_s)_{ij}\left[1-\mu(\theta_s-\theta_m)\right]\left[1+\eta(p_s-p_m)\right] \tag{10.19}$$

式中 $(V_s)_{ij}$——第 i 检定点第 j 次检定时装置测得的实际液体体积，m^3；

μ——液体在检定状态下的体膨胀系数,$℃^{-1}$；

θ_s，θ_m——分别为第 i 检定点第 j 次检定时标准装置处和被检流量计处的流体温度,℃；

η——液体在检定状态下的压缩系数，Pa^{-1}；

p_s，p_m——分别为第 i 检定点第 j 次检定时标准装置处和流量计处的流体压力，Pa。

其余符号意义同式（10.17）。

当 θ_s 与 θ_m 之差小于 5℃，且 p_s 与 p_m 之差小于 0.1MPa 时，式（10.19）可简化为

$$(Q_s)_{ij} = (V_s)_{ij}$$

式中符号意义同式（10.19）。

使用质量法装置检定时，需测出液体的密度，同时考虑到空气浮力影响，按式（10.20）、式（10.21）或式（10.22）将实际质量 M_{ij} 换算为实际流体体积 $(V_s)_{ij}$：

$$(V_s)_{ij} = \frac{M_{ij} C_f}{\rho_1} \tag{10.20}$$

$$C_f = \frac{\rho_1 (\rho_b - \rho_a)}{\rho_b (\rho_1 - \rho_a)} \text{（适用于台秤）} \tag{10.21}$$

$$C_f = \frac{\rho_1}{\rho_1 - \rho_a} \text{（适用于电子秤）} \tag{10.22}$$

式中 $(V_s)_{ij}$——第 i 检定点第 j 次检定时装置测得的实际流体体积，m^3；

M_{ij}——第 i 检定点第 j 次检定时装置测得的实际质量，kg；

C_f——空气浮力修正系数，无量纲；

ρ_1——液体密度，kg/m^3；

ρ_a——空气密度，kg/m^3；

ρ_b——标准砝码密度，kg/m^3。

装置使用砝码检定时，按式（10.21）进行浮力修正；装置不使用砝码检定时，按式（10.22）进行浮力修正。

在空气流量标准装置上检定时，$(Q_s)_{ij}$ 按式（10.23）计算：

$$(Q_s)_{ij} = (V_s)_{ij} \frac{T_m}{T_s} \times \frac{p_s}{p_m} \times \frac{z_m}{z_s} \tag{10.23}$$

式中 T_s、T_m——分别为第 i 检定点第 j 次检定时标准装置处和被检定流量计处的气体热力学温度，K；

z_s、z_m——分别为第 i 检定点第 j 次检定时标准装置处和被检定流量计处的气体压缩因子。

其余符号意义同式（10.19）。

(2) 显示累积流量值或瞬时流量值的流量计各检定流量点的相对示值误差计算

$$E_i=\frac{1}{n}\sum_{j=1}^{n}E_{ij} \tag{10.24}$$

式中 E_i——第 i 检定点流量计的示值相对误差，%；

n——第 i 检定点检定次数；

E_{ij}——第 i 检定点第 j 次检定流量计的示值相对误差，%。

(3) 显示累积流量值或瞬时流量值的流量计的示值相对误差计算

$$E=\pm|E_i|_{max} \tag{10.25}$$

式中 E——流量计的示值相对误差，%；

$|E_i|_{max}$——流量计在 $q_t \leqslant q \leqslant q_{max}$ 范围内各检定点相对示值误差最大值，%，其中 q_t 为分界流量。

(4) 脉冲输出的流量计单次检定的 K 系数

对于液体流量计，每个检定点每次检定的 K 系数按式（10.26）计算：

$$K_{ij}=\frac{N_{ij}}{Q_{ij}}\{1+\mu[(\theta_s)_{ij}-(\theta_m)_{ij}]\}\{1-\eta[(p_s)_{ij}-(p_m)_{ij}]\} \tag{10.26}$$

式中 K_{ij}——第 i 检定点第 j 次检定的系数，m^{-3} 或 L^{-1}；

N_{ij}——第 i 检定点第 j 次检定时被检定流量计测得的脉冲数；

Q_{ij}——第 i 检定点第 j 次检定时装置测得的实际液体体积，m^3 或 L；

μ——液体在检定状态下的体膨胀系数，$℃^{-1}$；

$(\theta_s)_{ij}$、$(\theta_m)_{ij}$——第 i 检定点第 j 次检定时标准装置处和被检定流量计处的流体温度，℃；

η——液体在检定状态下的压缩系数，Pa^{-1}；

$(p_s)_{ij}$、$(p_m)_{ij}$——第 i 检定点第 j 次检定时标准装置处和被检定流量计处的流体表压力，Pa。

对于气体流量计，每个检定点每次检定的 K 系数按式（10.27）计算：

$$K_{ij}=\frac{N_{ij}}{Q_{ij}}\times\frac{p_m}{p_s}\times\frac{T_s}{T_m}\times\frac{Z_s}{Z_m} \tag{10.27}$$

式中 T_s、T_m——标准装置处和被检定流量计处的流体温度，K；

Z_s、Z_m——标准装置处和被检定流量计处的流体压缩系数，无量纲。

(5) 脉冲输出的流量计各检定流量点的 K_i 系数

按式（10.28）计算：

$$K_i=\frac{1}{n}\sum_{j=1}^{n}K_{ij} \tag{10.28}$$

式中　n——第 i 检定点检定次数；

K_{ij}——第 i 检定点第 j 次检定的 K 系数。

(6) 脉冲输出的流量计的 K 系数

按式（10.29）计算：

$$K=\frac{(K_i)_{max}+(K_i)_{min}}{2} \tag{10.29}$$

式中　$(K_i)_{max}$、$(K_i)_{min}$——分别是在 $q_t \leqslant q \leqslant q_{max}$ 范围内各检定流量点 K 系数的最大值和最小值，%，其中 q_t 为分界流量。

(7) 脉冲输出的流量计的相对示值误差 E

$$E=\frac{(K_i)_{max}-(K_i)_{min}}{(K_i)_{max}+(K_i)_{min}}\times 100\% \quad (q_t \leqslant q \leqslant q_{max}) \tag{10.30}$$

$$E=\frac{(K_i)_{max}-K}{K}\times 100\% \quad (q_{min} \leqslant q \leqslant q_t) \tag{10.31}$$

10.2.3
流量计的重复性

当每个流量点重复检定 n 次时，该流量点的重复性 $(E_r)_i$ 按式（10.32）评定：

$$(E_r)_i=\left[\frac{1}{(n-1)}\sum_{j=1}^{n}(E_{ij}-E_i)^2\right]^{\frac{1}{2}} \tag{10.32}$$

或

$$(E_r)_i=\frac{1}{K_i}\left[\frac{1}{(n-1)}\sum_{j=1}^{n}(K_{ij}-K_i)^2\right]^{\frac{1}{2}}\times 100\% \tag{10.33}$$

式中符号意义同式（10.24）和式（10.28）。

流量计的重复性 E_r：

$$E_r=[(E_r)_i]_{max} \tag{10.34}$$

式中　$[(E_r)_i]_{max}$——流量计分别在 $q_t \leqslant q \leqslant q_{max}$、$q_{min} \leqslant q < q_t$ 中各检定点重复性的最大值。

10.3 蒸汽流量计系统不确定度的估算

前面所述的差压式流量计和涡街流量计的校准有多种不同的方法，其中差压式流量计的示值误差检定法是对整机的流量示值误差和重复性进行检定，而几何检定法仅仅是对配套标准节流件差压装置进行检定，系数检定法仅仅是对差压装置的流出系数进行校准。而涡街流量计的实流校准也仅仅是对流量传感器的流量系数 K 进行校准。因此，除了差压式流量计示值误差检定之外，其余几种方法只是对流量传感器进行检定（校准）。而完整的一套蒸汽流量计除了流量传感器之外，通常还应包括压力变送器、温度传感器（或变送器）以及流量显示仪表（有时是用 DCS 代替），对于差压式流量计，还配有差压变送器，所以在校准时需要对配套仪表也进行校准，并使其达到规定的技术指标。其中差压变送器、压力变送器按 JJG 882 压力变送器检定规程校准，流量显示仪表按 JJG 1003 流量积算仪检定规程校准。校准合格的各个单台仪表配套组成一套蒸汽流量计后，能达到的系统不确定度，可按有关标准进行估算。本书附录 E 就是一套典型的标准差压式流量计流量不确定度的估算示例。整套涡街流量计的不确定度由流量传感器不确定度、蒸汽密度测量不确定度和流量显示仪表不确定度三部分组成。对于过热蒸汽，因其密度与其绝对压力和热力学温度成比例关系，可参考 GB/T 21446 的公式计算其影响。

10.4 检定合格的流量计在蒸汽流量标准装置上复校不合格

差压式流量计检定规程 JJG 640—2016 规定，差压流量计可以采用几何检测法、系数检测法和流量示值误差检测法。其中几何检测法适用于配套标准节流件的差压装置的检测，系数检测法适用于差压装置的检测，流量示值误差法适用于差压流量计的整机检测[1]。对于标准差压式流量计来说，三种检定方法都是有效的，但是在实践中人们常常发现，经检定合格的流量计放在蒸汽流量标准装置上复验时有时却不合格，令人费解。

对于这个问题，究其原因主要有三个，一是由流体密度补偿不完善引起，二是由雷诺数差异引起，三是由可膨胀性校正不完善引起。

10.4.1 流体密度补偿不完善引起流量示值超差

第 3 章中的式（3.1）给出了流量示值 q_{m} 与流体密度 ρ_1 及可膨胀性系数 ε_1 的关系，如果 ρ_1 测定不准确，q_{m} 当然不会准确。而 ρ_1 的测定一般是根据流体的温度 t_1 和压力 p_1 通过查蒸汽密度表的方法间接得到，所以温度、压力测量误差大，温度传感器、压力变送器测压口设计不合理，密度求取方法误差大，流量计算机运算误差大等原因，都会引起流量示值误差大。

JJG 640—2016 规定，系数检定法测试中所用的流体“优先采用水为检测介质”，这样可排除可膨胀性系数的影响。但是由于水的黏度与实际使用流体蒸汽的黏度相差较多，各检定点的雷诺数也相差较多，因此这个因素也会引起示值误差。

10.4.2
气体可膨胀性校正不完善引起流量示值超差

测量气体质量流量过程中，总是伴随着气体可膨胀性问题。对于差压式流量计的检定来说，几何检定法只对节流件的几何参数进行检定，要解决气体可膨胀性校正问题只能依赖流量计算机，但是这个问题太复杂，所以在相应的计量检定规程 JJG 1003—2016 中没有提及[2]。

在系数检定法中，由于优先采用水作为检测介质，所以也避开了气体可膨胀性校正问题。

在流量示值误差检定法中，规程要求"检测介质及其状态尽量与使用介质及其状态接近"[3]，这个要求是合理的，但在蒸汽流量计的实际检定中很难做到，这是因为全国的计量检定机构中，备有蒸汽流量标准装置的机构极少，因此最后多用代用检定介质进行检定，于是流量计的气体可膨胀性校正部分即使存在缺陷，在这样的检定中也难以被发现。而在蒸汽流量测量中，气体可膨胀性影响又是客观存在的，在一定的条件下，影响的幅值还相当可观[4]，所以在蒸汽流量标准装置上复验时示值超差也就不足为奇。

10

10.4.3
问题的普遍性

上面讨论的用于蒸汽质量流量测量的标准差压式流量计的检定问题，对于用于蒸汽质量流量测量的涡街流量计来说，存在同样的气体可膨胀性校正问题。涡街流量计检定规程规定，这种流量计应在水流量标准装置上测定其流量系数[3]，对于这样检定合格的仪表，如果没有考虑气体可膨胀性校正，则在蒸汽流量标准装置上复验时，在蒸汽压力不是很高，而上限流速又较高的条件下，流量示值常会偏高（2～3）%[5]，以致被判为不合格。解决这一问题的方法是在涡街流量计中引入气体可膨胀性校正，例如 DY 型涡街流量传感器中，设计有"可膨胀性补偿"选项，若选择"要"，则进行此项补偿[7]。

其实在实流检定中，气体可膨胀性校正处理得不完善甚至完全没有考虑，导致流量示值误差超差的情况不仅仅存在于蒸汽流量计，同样存在于空气等气体流量的测量，参考文献［6］所述就是一个典型的实例。

参考文献

［1］差压式流量计检定规程：JJG 640—2016.

［2］全国流量容量计量技术委员会. 流量积算仪检定规程：JJG 1003—2016. 中国标准出版社，2016.

［3］涡街流量计检定规程：JJG 1029—2007，2007.

［4］纪纲，纪波峰. 流量测量系统诊断案例集锦. 北京：化学工业出版社，2024.

［5］许文达，张涛，毕英，等. 气体可压缩性对涡街流量计计量性能影响分析. 电子测量与仪器学报，2013，27(9)：797-802.

［6］孙江平，戴铮，蔡方明，等. 气体的膨胀性对流量测量的影响及对策研究. 石油化工自动化，2018，54(5)：58-61.

第 11 章
蒸汽流量测量系统的调试及测量精确度的验证

11.1 概述

蒸汽流量计在安装工作结束投入正式使用之前，总是要有一个开表调试过程。此项工作是对系统设计是否合理，仪表品质是否优良，安装质量是否合格等各个方面的综合检验。

调试工作包括冷调试和实流调试。所谓冷调试就是在工艺管道内通入被测流体之前，对流量测量系统所做的各项调试。而实流调试则是在工艺管道内通入接近实际工况的流体，对流量测量系统所做的各项调试。

在仪表有了蒸汽流量的稳定显示值之后，通常还有一个流量测量精确度的验证工作。在验证结果表明流量示值无大的误差，并得到业主单位或委托单位的认可之后，调试才算完成。

11.2 差压式流量计的冷调试

11.2.1 冷调试的任务与目的

a. 检查冷凝罐、导压管、三阀组、差压变送器、压力变送器的安装以及排污阀、排气阀等的设置是否符合规范。检查连接是否牢固，支架设置是否合理，等等。

b. 检查根部阀、排污阀、三阀组等手柄的可操作性，排气阀（或盲塞）的有效性。

c. 检查核对仪表的接线是否正确，接线是否符合规范。

d. 检查核对仪表内部数据设定是否正确。

e. 检查核对仪表与上位机之间信号传输的精确度和实时性。

11.2.2 冷调试步骤

① 冷调试的准备工作

将根部阀、排污阀（如果有）关闭，将冷凝罐上的排气阀和溢流口盲塞关闭，将三阀组的高低压阀关闭，将平衡阀打开[1]。

② 通电调试

为流量二次表通电，随即屏幕上会有差压值、压力值和温度值显示[2]，其中温度示值应为大气温度或传感器安装地点介质温度。差压及压力示值应为0，如果不为0则可经外部调零螺钉或手持终端予以调整。

③ 表内设定参数检查

检查差压变送器、压力变送器和二次表的内部参数设置，其应与设计规格书和差压装置设计计算书中所列的相应数据一致，如有差异，应与相关人员取得联系，通报并商讨纠正事宜，做好记录。

④ 仿真调试

利用差压变送器、压力变送器的仿真功能，对二次表送仿真信号[2]，二次表的相应窗口应有差压和压力的显示值（也可由二次表设定差压、压力仿真值）。差压仿真值与满量程流量相对应，压力仿真值与设计压力相对应，压力类型与规格书相符，温度可由二次表设定仿真值，其值与设计温度相对应。这时二次表应显示瞬时质量流量满量程值，否则应查找原因。

⑤ 累积流量调试

将二次表中的“积算速率”调到合适的数值，累积流量值应以相应的速率累加。否则应查找原因。

⑥ 再发送功能的调试

DCS 系统显示的相应流量示值应与二次表一致，否则应重点检查二次表中的“流量再发送量程”以及 DCS 中的“流量量程”和各个节点的信号[2]。

⑦ 数字信号的调试

数据采集系统显示的该计量点各项数据，应与二次表中相应的数据一致。否则应检查二次表数字通信口工作状况及数据传送环节工作状况和数据采集系统软硬件工作状况。

二次表数字通信口工作状况常用 Mod Scan 工具检查，详见相应二次表的使用说明书。

二次表与数据采集系统通信成功后，有时双方显示的 10 进制数不一致，此时可与计算机配合检查二次表中的“数据上传格式”和“数据上传交换方式”等，看是否与上位机软件相匹配。

⑧ 退出仿真状态

冷调试结束后，应将表内设定的工作状态从“仿真”切换到“测量”。

11.2.3 隔离液（防冻液）充灌步骤

对差压式流量计的冷凝罐、导压管等充灌隔离液应按下面的步骤，否则易夹带气体，引起流量测量误差。

① 充灌前的检查

隔离液充灌前，须将根部阀全关，排污阀全关，三阀组上的三只阀全开，冷凝罐顶上的排气阀或排气盲塞全开，溢流口盲塞全开，然后记录差压变送器的零位输出值。

② 充灌隔离液

经漏斗从排气口缓慢灌入隔离液，直到两个溢流口有微量隔离液溢出。

③ 差压变送器排气

缓慢旋松差压变送器高低压室排气螺钉，排出腔室内的气体，直至有微量隔离液连续排出。排气完毕，一般应补充少量隔离液。

④ 零点检查

关闭平衡阀，观察变送器输出：如果零位输出值与充灌前完全相同，则表明正、负压流路中的隔离液内已经全无气泡；若不相同，可轻击导压管，促使液体中的气泡加速向冷凝罐升腾。

轻击一段时间后应重新开启平衡阀平衡液位，然后再次关闭平衡阀检查零位输出值。如此循环多次，直至零位与充灌前完全相同。

⑤ 关闭各个阀门

隔离液充灌完毕，应将三阀组上的三只阀和冷凝罐上的排气阀以及溢流口盲塞全部关紧，为实流调试做好准备。

11.3 差压式流量计的实流调试

充隔离液的差压式流量计与不充隔离液的差压式流量计调试步骤不同。

11.3.1 不充隔离液的差压式流量计实流调试

在第 11.2.2 节的冷调试完成之后，按下面的步骤进行实流调试。

① 通汽扫线

微开根部阀，应能听见蒸汽向冷凝罐充汽的声音，注意观察仪表及管路、管件有无汽、水外泄。然后开启排污阀吹扫管线，直至从排污阀排出蒸汽并且蒸汽清洁为止，然后关闭排污阀。

② 高低压室排气

开启高压阀和平衡阀，凝结水充满高低压室，适当开大高低压室上的排气阀，排除高低压室内的积气，直至有凝结水连续流出。

关闭高压阀，开启低压阀，再一次从高低压室排气口排气，这样，三阀组的高、低压阀流路中可能存在的气体会一起被冲走并排除。

③ 复查变送器零位

待流路中的凝结水温度降低后，检查差压变送器的零位输出，应与冷调试时相同。若不相同应查找原因。

④ 开表调试

将平衡阀关闭，开启高压阀，则二次表上显示的差压值、压力值、温度值均应在正常范围内，瞬时流量值应与理论计算值相符。

⑤ 零流量的示值验证

在使用现场对流量测量系统的零位进行验证同在实验室中进行校验没有什么不同，都是使流过流量计的流量为零，然后读取流量计的示值。

经验丰富的工程监理人员或验收人员在流量计正式投入使用前对其检查验收时都要检查一下流量计的零点示值，因为此项校验最简单可靠，最容易实施，也最重要。

在校验时流量计既不能无中生有，也不能指向负值。校零时需注意如下各点[3,4]：

a. 保证流过流量计的流体流量确实为零。

这是流量计校零的基础。现场多为使用一段时间的工艺切断阀，关闭后能做到无内泄的不是很多。所以校对零点时，这一点需得到确认，避免弄巧成拙。

b. 在流量测量管中充满被测介质。

c. 须从差压变送器的输出读取差压值，不能靠小信号切除解决问题。

d. 零位输出不正常的原因查找。

首先检查两只冷凝罐是否存在高度差。有的测量系统冷凝罐前的导压管不是水平敷设，一旦导压管内积水，将会产生明显的差压信号传送失准，其机理详见本书第 7.2.7 节的分析。

11.3.2 充隔离液的差压式流量计的实流调试

这种流量计在按第 11.2.3 节的步骤完成隔离液充灌之后，按下面的步骤进行实流调试。

① 开表调试

将两只根部阀同步微开，观察仪表及管路有无漏汽漏液，如果有应立即关闭根部阀，及时处理。

根部阀开启后，缓慢开启三阀组上的高、低压阀，二次表上显示的差压值、压力值、温度值均应在正常范围内，瞬时流量值应与理论值相符。此后不得随意开启三阀组上的平衡阀，以防隔离液被冲走。

② 零流量的示值验证

方法与不充隔离液的流量计的验证方法相同。

11.4 涡街流量计的冷调试和实流调试

11.4.1 冷调试步骤

① 通电调试

为流量二次表通电，随即屏幕上会有涡街流量传感器送入的频率值（或电流值）、压力值和温度值显示，频率值、压力值应为 0，温度值应为大气温度或传感器安装地点介质温度。

② 表内设定参数检查

检查涡街流量传感器、压力变送器和二次表的内部参数设置，应与设计规格书中所列的相应数据一致。

二次表中设定的流量系数应与涡街流量传感器铭牌上标示的流量系数一致。

仿真调试、累积流量调试、流量再发送调试以及数字信号的调试与差压式流量计相同。

③ 表体振动法调试

用金属块对着涡街流量传感器的颈部横向连续轻击，如果二次表瞬时流量值有响应，则表明涡街流量传感器工作正常[5,6]，信号传输通道畅通。

11.4.2 涡街流量计的实流调试

① 开表调试

将蒸汽管道内通入蒸汽，涡街流量传感器、压力变送器、温度传感器和各泄漏点均应无泄漏，如有泄漏应及时处理。

管道通入蒸汽后，二次表瞬时流量应有大于零的流量显示。如果流量值总是为零，可在流量计下游的蒸汽管道上找一个排放口，例如疏水器的旁通阀排放口，短时排放一些蒸汽，操作后仪表应有每小时几十公斤至几百公斤的流量显示。

② 零流量的示值验证

验证方法与差压式流量计相同。

11.5 流量测量精确度的现场验证

流量测量系统示值精确度的现场验证经常采用物料平衡法、热量平衡法、设备能力法等，其中物料平衡法用得最多，其理论基础是质量守恒定律。

流体从封闭管道的一端连续地流到另一端，在管道内充满被测流体而且工况稳定的条件下，可忽略管道中物料滞留量的变化，因而在管道的始端和末端所测量到的流体总量应是相等的。物料平衡的验证方法就是利用这一原理进行的。

① 一根管道两套表

在生产和经营活动中，一根管道上串联装有两套流量计的情况并不少见。例如：

a. 用于物料交接的一根管道上，交接双方各装一套流量计。

b. 在火力发电厂，汽轮机背压引出的蒸汽一般都装有流量计，低压蒸汽总管上也装有流量计，在汽轮机只有一台运行时，总管上的蒸汽流量应与汽轮机出口流量相等（假定减温、减压系统停用）。

一根管道上的两套流量计，一段时间内所计的总量应相等，这是常识。在利用这一关系验证两套仪表的测量结果时，应注意两套仪表之间的管路上不应有泄漏，也不应有引入物料或引出物料的支管存在。如果两套流量计相距较远，应注意物料在管道中输送时工况是否已发生了变化，例如饱和蒸汽在管道中经长距离输送后，其中一部分蒸汽因损失了热量而变成水，如果下游的一台流量计是涡街流量计，它对蒸汽中的水不响应，因而会导致下游的一套流量计示值明显低于上游的一套流量计。

② 各分表示值之和同总表示值相等

在流体计量方面，普遍存在着分表与总表的关系。要做到各分表示值（总量）之和同总表示值（总量）基本相符，在许多情况下难度较高，这不仅同仪表本身的品质有关，还同设计条件的精确度、仪表选型、测量范围选定、仪表安装质量、环境条件、实际流量变化范围等密切相关，任何一个环节存在问题都会使平衡数据大相径庭。

平衡差允许值同流体类型和仪表精确度等级有关，对于蒸汽来说，如果使用的都是涡街流量计（1.5 级），验收方完全有理由提出平衡差绝对值≤3%的要求。各台流量计示值与各自的满量程流量之比较高时，达到这一要求并不困难，但在流量相对较低时，达到这一要求很不容易。

例 1：上、下游的 DN500 喷嘴流量计示值差异微小。

江苏某市的新港热电公司为附近的富德能源化工公司（后简称富德化工）供汽，热电公司在上游装了一套 DN500 双量程喷嘴流量计，富德化工在下游也装了一套 DN500 双量程喷嘴流量计。蒸汽常用压力为 4.5MPa，常用温度为 450℃，流量测量范围均为 0～260t/h，系统图如图 11.1 所示。

该系统于 2015 年 10 月份投入使用，富德化工是一家新厂，投产初期蒸汽用量小，波动大，2016 年 1 月，蒸汽平均流量升高到 40t/h，约占满量程的 15%，三个星期的累积流量差值为 0.98%，详见图 11.2 所示的 SCADA 系统自动生成的报告[7]。于是供需双方对两套流量计的精确度表示满意。

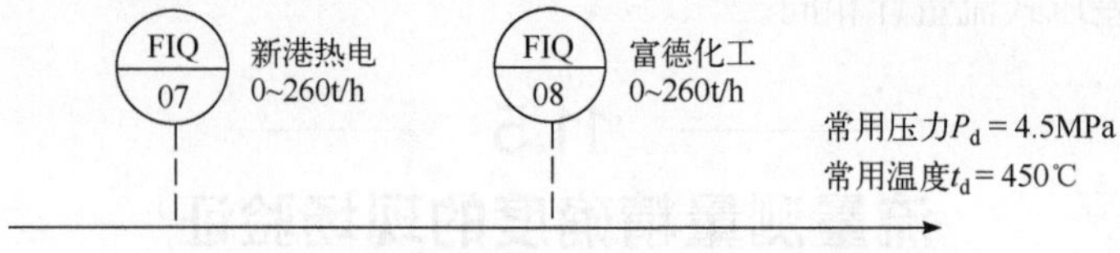

图 11.1　新港热电去富德化工蒸汽管网

	供汽总量	20840		用汽总量	20635	管损量	205	管损率	0.98%
序号	检测点名称	站号	瞬时流量	测量温度	测量压力	累积流量	昨日累计	今日累计	日消耗量
1	厂内富德中压	9	40.97	415.34	3.54	63981.0	44011.0	63949.0	19938.0
2	富德中压	64	40.92	390.70	3.53	63255.0	43490.0	63223.0	19733.0
3	常茂中压	71	0.00	113.82	0.10	68823.0	67921.0	68823.0	902.0
4	备用	62	0.00	0.00	0.00	4691.0	4691.0	4691.0	0.0
5	备用	63	0.00	0.00	0.00	1861.0	1861.0	1861.0	0.0

图 11.2　富德线报表截图

例 2：总表为喷嘴流量计，分表为涡街流量计的例子。

总表为喷嘴流量计，分表为涡街流量计，计量结果吻合得很好，一个月的总量差为 0.85%。

沙洲电厂在 2014 年铺设了一根 DN350 的低压蒸汽管为 4 个用户供汽，关口表 FIQ13 为 FDId 型双量程喷嘴流量计，各分表均为横河涡街流量计，如图 11.3 所示。

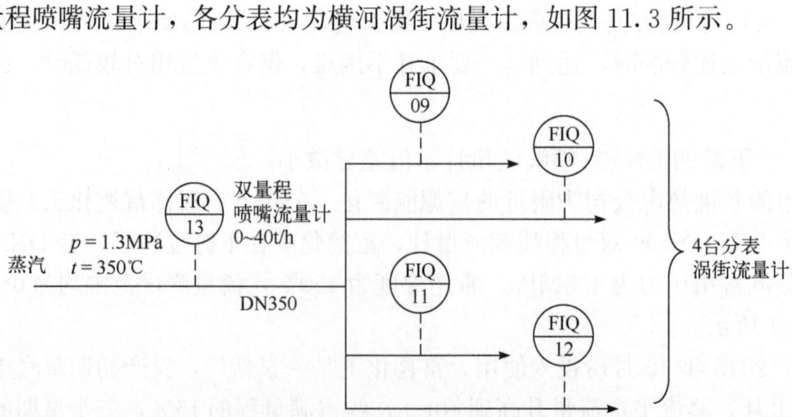

图 11.3　沙洲电厂外供汽总管网络图

总表与分表为不同类型的流量计，而且由不同的供应商供应。分表之和与总表示值一个月的总量差为0.85%，表明总表和各分表都是准确的。详见SCADA系统自动生成的统计报表（图11.4）。

图11.4　沙洲电厂蒸汽总管计量报表

其他方法请参阅参考文献［2］、［3］和［4］。

参考文献

［1］纪纲，朱炳兴，王森. 仪表工试题集：现场仪表分册. 北京：化学工业出版社，2014.

［2］纪纲. 流量测量仪表应用技巧. 2版. 北京：化学工业出版社，2009.

［3］王建忠，纪纲. 流量测量准确度的现场验证及解决方案. 石油化工自动化，2003(6)：5.

［4］刘政利，纪波峰，纪纲. 基于质量守恒定律的流量测量准确度的现场验证案例分析. 化工与医药工程，2019，40(4)：7.

［5］姜仲霞，姜川涛，刘桂芳. 涡街流量计. 北京：中国石化出版社，2006.

［6］纪纲，纪波峰. 流量测量系统远程诊断集锦. 北京：化学工业出版社，2012.

［7］纪纲，纪波峰. 流量测量系统诊断案例集锦. 北京：化学工业出版社，2024.

第 12 章
能源供应网数据采集与监控系统

数据采集与监控系统（supervisory control and data acquisition system）简称 SCADA 系统。SCADA 系统是利用计算机技术、现代通信技术、自动控制技术、仪表及传感器和执行机构，对分布广泛的各个设备进行远程数据采集和监控的自动化系统，可以达到对生产过程的全程掌握，及时处理故障，优化生产过程，提高生产效率。其广泛应用于电力、供热网、水处理、输气管网、轨道交通等行业，整个系统可分布在数十公里或更大的范围内。采集的数据包含各个过程变量、设备信息、故障报警信息等。管理人员可发出控制命令，控制阀门开度、泵的启停及其他装置的动作。

12.1 能源供应网 SCADA 系统的意义

国内能源供应网采用数据采集和监控系统已有近 30 年历史。供应网计量仪表数据在采用计算机进行数据采集之前普遍用人工抄表方式进行采集，作为贸易结算用。传统人工抄表由专人每天进行，效率低下，抄录的数据量较少，处理数据周期较长。例如一般每月对热网产汽量和用汽量进行统计，并计算管损。当发现管损异常时，需要管理和维护人员对每台仪表进行检查，以确定仪表工作是否正常，并分析管损产生的原因。因为检查和分析的持续时间较长，异常管损持续发生，影响能源供应网的经济效益。

在 SCADA 系统中，上位机用通信的方式采集下位机（包括智能仪表或 PLC 等）的数据，并将控制信号传送至下位机，以实现控制。与传统的传输模拟信号的系统相比，可节省大量线缆和工程费用，提供更多的数据量，提高数据的精确度、可靠性和及时性，以实现管控一体化[1]。

SCADA 系统的广泛应用得益于两个方面。一是计算机系统的广泛使用，不管是硬件还是软件均迅速更新迭代，通信技术和互联网技术也升级换代，使得 SCADA 系统应用的成本大幅下降。二是用热企业增长迅速，使供热公司、能源公司等在全国各地纷纷诞生，亟须用先进、科学的管理手段代替传统的落后手段。

在采用数据采集和监控系统后，对计量仪表进行实时自动采集，大大提高了数据采集的数量、效率和可靠性。并且根据采集得到的大量数据，进行各类数据分析和统计，对保证系统安全、及时发现故障和隐患，进行优化操作和管理，争取更大的经济效益有非常好的效果[2]。

综上所述，SCADA 系统的配置有以下意义。

① 提高效率

SCADA 系统通过自动采集数据和实时监控，减少人工和物料消耗，提高整体效率。

② 数据管理

SCADA 系统能够收集和处理大量的过程数据，为计量管理、经营管理、设备管理提供依据，帮助管理层做出更加科学的决策。

③ 远程监控

SCADA 系统允许操作人员在控制中心对现场设备进行监控和操作，提高了操作的灵活性和安全性。

④ 故障诊断

SCADA 系统能够对异常情况快速识别并作出响应，及时进行故障诊断和处理，保证系统安全运行，减少停机时间。

⑤ 数据挖掘

SCADA 系统为生产管理的大模型建立和大数据分析积累了海量数据[3]。

SCADA 系统具有以下几个特点。

① 实时性

SCADA 系统能够实时采集和处理数据，确保操作人员能够及时了解现场情况。

② 分布式架构

SCADA 系统通常采用分布式架构，便于扩展和维护，同时提高系统的可靠性和稳定性。

③ 用户友好

现代 SCADA 系统具有直观的用户界面，使得操作人员能够轻松地进行监视和控制。

④ 可编程性

SCADA 系统通常具备一定的编程能力，可以根据不同的需求进行定制化配置。

⑤ 集成能力

SCADA 系统能够与其他信息系统［如 ERP（企业资源计划）、MES（制造执行系统）等］集成，实现数据共享和业务协同。

12.2 能源供应网对 SCADA 系统的要求

能源供应网是国民经济的重要组成部分，其运行效率和安全性直接关系到企、事业单位可靠地获得所需的能源，居民的生活质量和城市的稳定运行。在确保其高效、稳定和安全运行的过程中，SCADA 系统扮演着至关重要的角色。下面以城市供热网为例讨论 SCADA 系统的一些基本要求。

（1）高可靠性

SCADA 系统必须具备高可靠性，以确保在任何情况下都能稳定运行。上位机是采集和存储下位机数据的主体，其硬件可以是个人计算机或 PLC，目前越来越多采用的是云服务器。上位机系统需要具备冗余设计，包括硬件冗余和网络冗余，以防止单点故障导致整个系统瘫痪。

（2）实时监控

建立 SCADA 系统之前，供热网管理人员往往是检查前一天的热网数据报表，发现数据异常后组织工作人员采用巡回检查的方式对仪表进行故障排查。这样，故障的发现至少需要 1 天时间，对供热网造成的损失是显而易见的。对不易发现的故障，甚至可能需要几天时间来解决。

对供热网的运行状态进行实时监控后，SCADA 系统就能够实时收集和处理来自各个供热节点的数据。供热网比较注重贸易结算功能，对实时性的要求不需要连续而精确地控制，采样周期可以控制在 5 秒甚至更长。

供热网数据采集一般需采集的蒸汽流量参数有：蒸汽温度、蒸汽压力、瞬时质量流量、累积质量流量、瞬时热量流量、累积热量流量、蒸汽密度、流量输入信号、下位机自诊断结果，以及进入下位机的其他信号等。

以水为热媒的供热网，仪表一般需采集的热水热量参数有：供水温度、回水温度、供水压力、回水压力、瞬时水流量、累积水流量、瞬时供热量、累积供热量、流量输入信号、下位机自诊断结果等。其中供水压力、回水压力主要用于系统运行过程的监视。

有些能源服务公司还承担为区域内用户供冷的任务，冷媒有淡水、盐水等多种，采集的参数与热水供热系统相似。

此外，还有用户需要上传断电时间、上电时间、运行总时间、组态参数等信息。

(3) 数据分析与处理

SCADA 系统需要具备强大的数据分析能力，能够对采集到的数据进行深入分析，以便于预测和诊断供热网可能出现的问题，从而提前采取措施。

系统软件具有采集、存储来自下位机的数据，对数据进行统计和分析，越限报警，编制报表，图形化显示各类数据，对下位机仪表的故障进行报警，对报警进行记录等功能，具体如下：

a. 以实时曲线显示当前数据；

b. 对历史数据进行各类比较；

c. 供热管网热损耗统计分析；

d. 计量点在地理信息系统中显示；

e. 对下位机上传的自诊断信息进行记录、统计，编制事件报表；

f. 对重要参数进行越限报警；

g. 编制各类统计报表和收费报表；

h. 可对下位机数据进行断点续传，将通信中断时保留在下位机的数据上传到上位机，保证数据的完整性；

i. 网上发布功能，使用户随时随地查看用热情况；

j. 可提供丰富的数据接口，将数据与上一层平台共享或与第三方平台融合。

(4) 用户友好的人机界面

操作人员需要通过 SCADA 系统进行日常监控和管理，因此系统应提供直观、易用的用户界面，确保操作人员能够快速、准确地进行操作，并用多种方式通知用户。

人机界面可以对采集的数据用图形化的方式进行集中显示和调用，可以按用户要求把不同时间、不同用户的参数合并显示，以便于比较，还可以对重要报警信息进行声光警示。遇到超限、欠费等紧急情况，还可以用短信、微信等多种方式通知用户。

(5) 系统集成能力

SCADA 系统需要提供多种通用数据接口，使之能够与供热网中的其他系统（如 ERP、MES 等）进行有效集成，实现数据共享和协同工作，提高整个能源供应网的管理效率。

(6) 安全性

SCADA 系统必须具备强大的安全机制，包括数据加密、访问控制、网络安全等，以防止数据泄露和非法入侵，确保系统的安全运行。

(7) 可扩展性

随着能源供应网规模的扩大和技术的更新，SCADA 系统应具备良好的可扩展性，能够方便地进行升级和扩展，以适应未来的发展需求。

(8) 预付费及金融功能

随着节能减排要求和“双碳”目标的提出，集中供热越来越普遍，随之而来的是预付费应用的推广。先付费后使用，欠费后停汽，这种方式促进了用汽单位的节能意识，减少了供需双方的经济纠纷。同时，采用网上缴费等新的金融服务形式，减少了人为失误造成的损失，缩短了响应时间，提高了服务效率。

综上所述，能源供应网对SCADA系统的要求是多方面的，包括可靠性、实时性、数据分析能力、用户友好性、系统集成能力、安全性、可扩展性以及金融功能。只有满足这些要求的SCADA系统，才能确保能源供应网的高效、稳定和安全运行，为各行各业提供可靠的供能服务。

12.3 能源供应网SCADA系统的组成

SCADA系统的组成按组网方式可以分为有线组网和无线组网两种。在这两种方式的基础上，还有带预付费功能的方式。

12.3.1 有线组网的SCADA系统

有线组网方式的传输介质一般有屏蔽双绞线（电缆）和光纤。对RS485串口通信而言双绞线的传输距离一般不超过2km，超过2km后需要每隔2km增设中继器；单模光纤的传输距离一般可以达到40km。两者的线缆和布设成本不相上下。

有线传输具有可靠性高，工作稳定的特点，但线缆的布设工程量较大，成本较高。

(1) 系统组成

电缆组网的SCADA系统的网络拓扑图如图12.1所示。

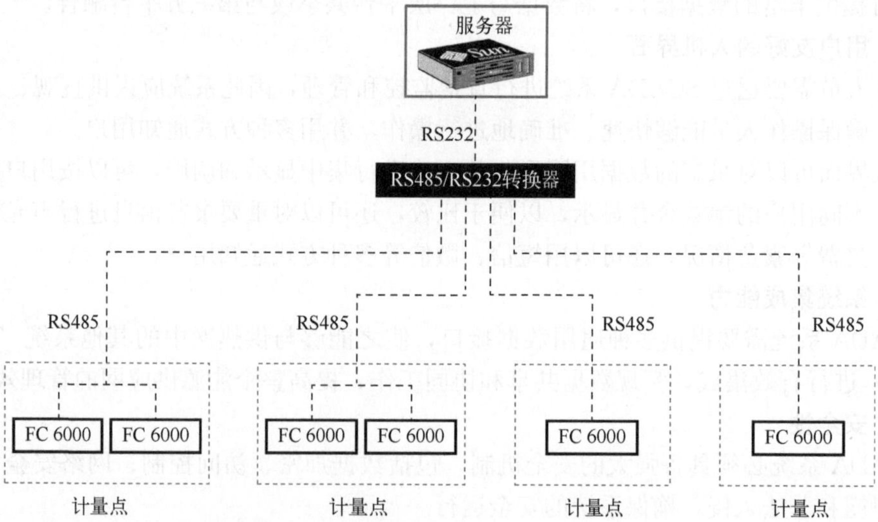

图12.1 RS485电缆组网的SCADA系统

光纤组网的SCADA系统的网络拓扑图如图12.2所示。

实际组网时，因计量点分布较广，外场计量点采用光纤传输，楼内机房的计量点仍用电缆传输。该组网方式因外场计量点多为露天安装，要考虑防雷措施，避免因雷击造成损失。防雷措施主要有屏蔽、良好接地和电涌保护器等，详见参考文献［4］。如图12.3所示。

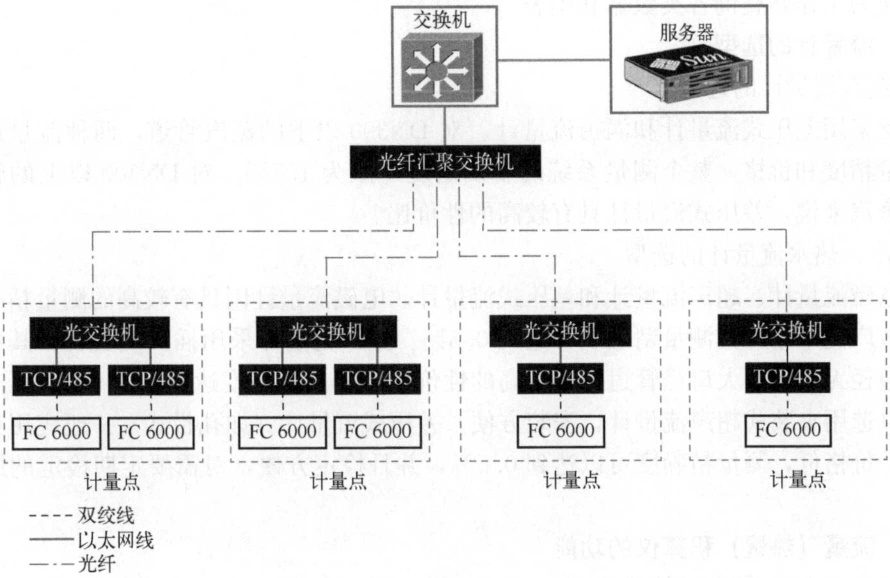

图 12.2　光纤组网 SCADA 系统

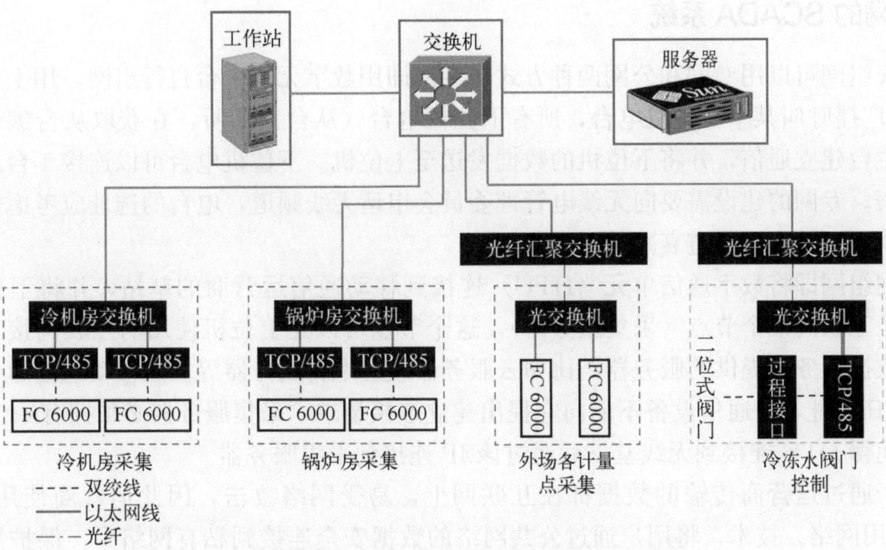

图 12.3　光纤和双绞线混合组网 SCADA 系统

上位机的配置可考虑热备份冗余，提高系统可靠性。上位机的操作系统应适应采集软件的需要，可采用 windows 或 linux 操作系统。上位机中安装有数据采集和数据处理的软件，可将数据对外发布，供具有访问权限的设备查看。

计量子站（下位机）是实现计量的主体，由流量变送器、压力变送器、温度传感器、流量积算仪等组成。其作用是对蒸汽流量或冷、热水的热量进行精准计量，并向上位机提供各类计量数据、管理参数和报警信息。

工作站提供了访问采集服务器的软件，可以按权限调用各自的数据，并制作统计报表。因采集服务器具有网络发布功能，如果将数据发布到互联网上，具备上网功能的电脑和手机都可以作为工作站查询各类数据和图表。

(2) 流量计的选型

① 蒸汽流量计的选型

广泛采用差压式流量计和涡街流量计。对 DN300 以下的蒸汽管道，两种流量计具有相近的测量精度和价格，整个测量系统的不确定度一般为 1.5%。对 DN300 以上的管道和高温高压蒸汽来说，差压式流量计具有较高的性价比。

② 冷、热水流量计的选型

有电磁流量计、超声流量计和差压式流量计。电磁流量计因具有较高的测量精确度和无压损而被广泛采用，其测量精确度可达到 0.3%。超声流量计采用插入式安装，其价格与管道公称通径无关，对大口径管道具有较高的性价比，测量精确度达到 1.5%；对无法断流的场合可以选用夹装式超声流量计，安装方便。差压式流量计（如孔板式）一般应用在大口径管道上，价格低，测量精确度可以达到 0.5%，并且检定方便，对需要定期检定的用户有吸引力。

(3) 流量（热量）积算仪的功能

详见参考文献［2］的第 8 章。

12.3.2 无线组网的 SCADA 系统

无线组网可以用专网和公网两种方式。专网即用数字无线电台自行组网，用上位机电台（主台）广播呼叫某个下位机电台，所有下位机电台（从台）侦听，在获取从台编号后，该从台与主台建立通信，并将下位机的数据发送至上位机。下位机电台可以连接 1 台或多台下位机仪表。专网的建设需要向无线电管理委员会申请无线频道，电台的选址应考虑周围地形和建筑物的阻挡以及信道衰减等因素。

公网组网即将数字通信单元（DTU）连接到移动通信运营商的基站，并将下位机的数据传输至互联网某个节点（采集服务器），这个节点可以是上位机使用的互联网接入点，也可以是数据服务商提供的服务器，比如云服务器或者中转服务器等。因移动通信运营商网络无静态 IP 地址，故通信设备不能向它提出建立连接请求，采集服务器必须拥有一个固定 IP 地址，使得 DTU 连接到无线基站后通过该 IP 连接到采集服务器。

由于通过运营商传输的数据都在互联网上，易受网络攻击，因此运营商使用了 VPN（虚拟专用网络）技术，将用户通过公共网络的数据安全连接到私有网络中，保护用户数据的安全性。VPN 允许用户远程连接到单位内部网络，如同在办公室接入公司网络一样，可以将数据加密并隐匿用户 IP 地址，为用户提供了一种安全的通信方式，确保数据传输的安全性。

无线组网具有方便灵活的优势，而且因国内移动通信运营商无线网络覆盖比较好，公网组网应用极为广泛。

无线组网的 SCADA 系统的网络拓扑图如图 12.4 所示。

12.3.3 带预付费功能 SCADA 系统

带预付费功能的 SCADA 系统是在原有系统基础上增加了预付费充值、IC 卡制卡、开

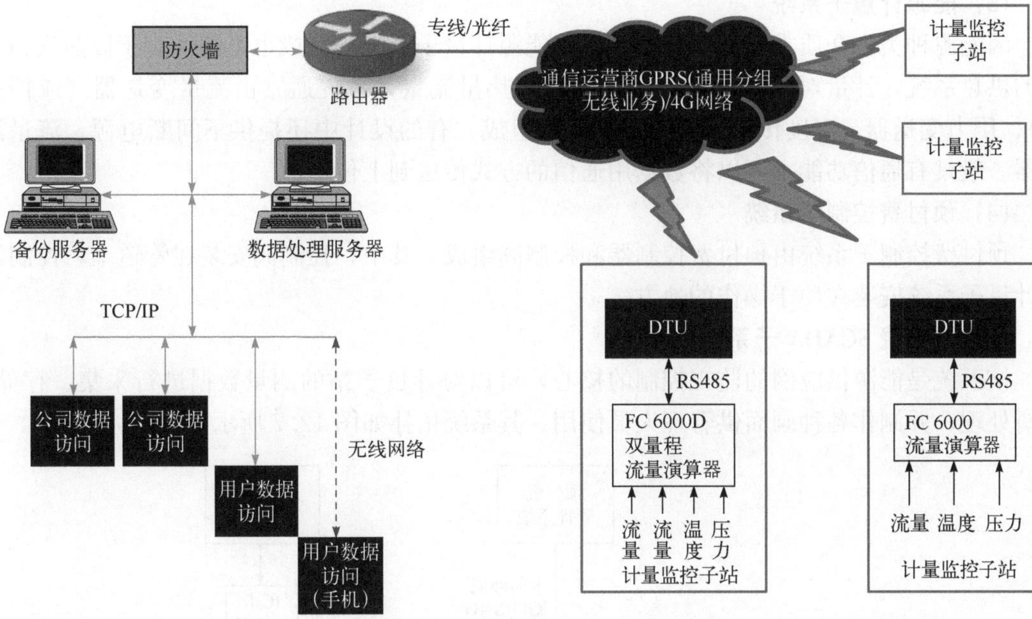

图 12.4　无线组网 SCADA 系统

关阀等功能。各计量子站（下位机）相应增加了预付费控制器的单元，可进行计算余额、开关阀控制等工作。

（1）系统组成

预付费 SCADA 系统的逻辑关系如图 12.5 所示。

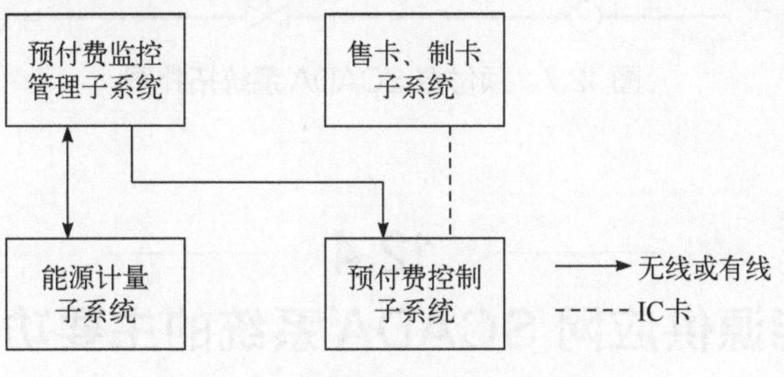

图 12.5　预付费 SCADA 系统组成

预付费 SCADA 系统由安装在财务部门的售卡、制卡子系统，安装在用户能源计量子站的计量子系统、预付费控制子系统，安装在中控室的预付费 SCADA 子系统组成。

（2）售卡、制卡子系统

售卡、制卡子系统安装在财务部门，其硬件包括 IC 卡读写器和计算机，如图 12.6 所示。软件包括操作员登录、权限管理、单位档案管理、IC 卡初始化、IC 卡充值、操作痕迹查询等单元。

充值金额可由 IC 卡传递，也可以由预付费监控管理子系统通过网络发送到计量子站的预付费控制器。

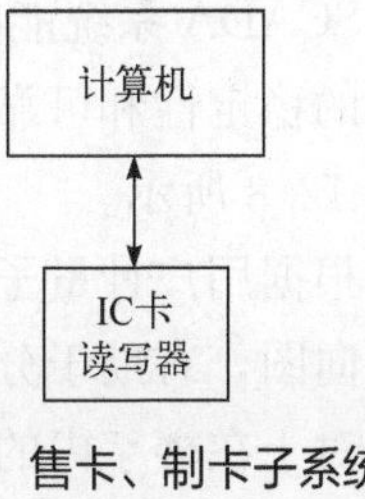

图 12.6　售卡、制卡子系统图

(3) 能源计量子系统

因能源种类、介质类型和设计的差异，能源计量子系统的组成也不同。对于以蒸汽为介质的供热系统，计量对象为蒸汽的质量流量或热量流量，系统通常由流量变送器（或传感器）、压力变送器、温度传感器、流量演算器组成，有的设计中还提供不间断电源。流量演算器一般具有通信功能，可以将数据用通信的方式传送到上位机。

(4) 预付费控制子系统

预付费控制子系统由预付费控制器和控制阀组成。其中，控制阀安装在管道上，控制器与计量子系统安装在便于操作的地方。

(5) 预付费 SCADA 子系统

该系统是能源供应网的监视控制的核心，可以对计量子站的测量数据进行采集、存储、分析处理，并制作各种画面供管理人员使用。其系统拓扑如图 12.7 所示。

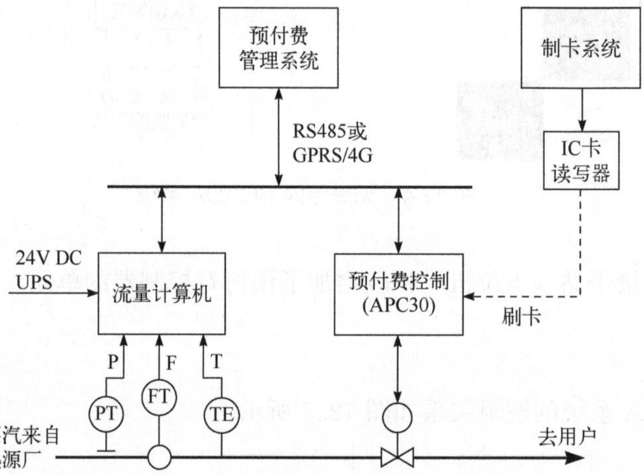

图 12.7 预付费 SCADA 系统拓扑图

12.4 能源供应网 SCADA 系统的主要功能

以供热网为例进行介绍。

12.4.1 实时数据显示与监控

SCADA 系统能够实时监控供热网中各子站的温度、压力、流量等关键参数，确保供热过程的稳定性和可靠性。通过计量子站可以实时采集数据，并通过网络传输到采集服务器。如图 12.8 所示。

根据用户计量子站的 GIS（地理信息系统）SCADA 系统可以显示地理位置，并制作管道走向图，有助于分析和判读数据的精确度。如图 12.9 所示。

对于在楼宇内的用户，GIS 并不适用，但可以绘制动态流程图以显示各计量点的关系以及实时动态数据，如图 12.10 所示。

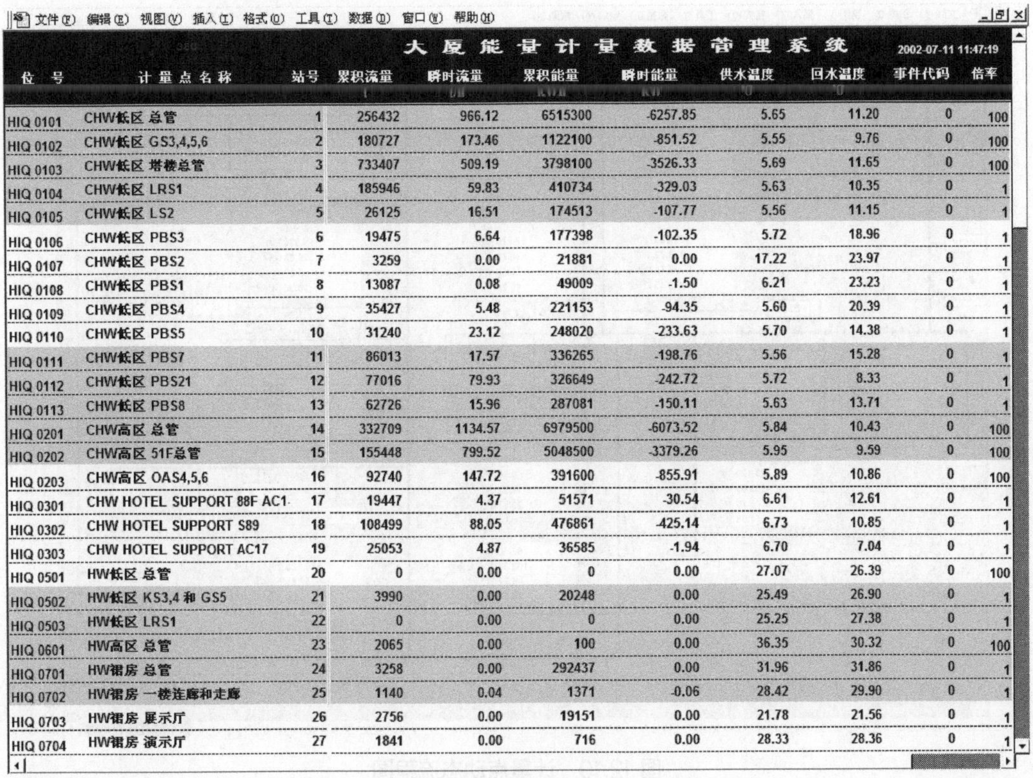

位号	计量点名称	站号	累积流量	瞬时流量	累积能量	瞬时能量	供水温度	回水温度	事件代码	倍率
HIQ 0101	CHW低区 总管	1	256432	966.12	6515300	-6257.85	5.65	11.20	0	100
HIQ 0102	CHW低区 GS3,4,5,6	2	180727	173.46	1122100	-851.52	5.55	9.76	0	100
HIQ 0103	CHW低区 塔楼总管	3	733407	509.19	3798100	-3526.33	5.69	11.65	0	100
HIQ 0104	CHW低区 LRS1	4	185946	59.83	410734	-329.03	5.63	10.35	0	1
HIQ 0105	CHW低区 LS2	5	26125	16.51	174513	-107.77	5.56	11.15	0	1
HIQ 0106	CHW低区 PBS3	6	19475	6.64	177398	-102.35	5.72	18.96	0	1
HIQ 0107	CHW低区 PBS2	7	3259	0.00	21881	0.00	17.22	23.97	0	1
HIQ 0108	CHW低区 PBS1	8	13087	0.08	49009	-1.50	6.21	23.23	0	1
HIQ 0109	CHW低区 PBS4	9	35427	5.48	221153	-94.35	5.60	20.39	0	1
HIQ 0110	CHW低区 PBS5	10	31240	23.12	248020	-233.63	5.70	14.38	0	1
HIQ 0111	CHW低区 PBS7	11	86013	17.57	336265	-198.76	5.56	15.28	0	1
HIQ 0112	CHW低区 PBS21	12	77016	79.93	326649	-242.72	5.72	8.33	0	1
HIQ 0113	CHW低区 PBS8	13	62726	15.96	287081	-150.11	5.63	13.71	0	1
HIQ 0201	CHW高区 总管	14	332709	1134.57	6979500	-6073.52	5.84	10.43	0	100
HIQ 0202	CHW高区 51F总管	15	155448	799.52	5048500	-3379.26	5.95	9.59	0	100
HIQ 0203	CHW高区 OAS4,5,6	16	92740	147.72	391600	-855.91	5.89	10.86	0	100
HIQ 0301	CHW HOTEL SUPPORT 88F AC1	17	19447	4.37	51571	-30.54	6.61	12.61	0	1
HIQ 0302	CHW HOTEL SUPPORT S89	18	108499	88.05	476861	-425.14	6.73	10.85	0	1
HIQ 0303	CHW HOTEL SUPPORT AC17	19	25053	4.87	36585	-1.94	6.70	7.04	0	1
HIQ 0501	HW低区 总管	20	0	0.00	0	0.00	27.07	26.39	0	100
HIQ 0502	HW低区 KS3,4 和 GS5	21	3990	0.00	20248	0.00	25.49	26.90	0	1
HIQ 0503	HW低区 LRS1	22	0	0.00	0	0.00	25.25	27.38	0	1
HIQ 0601	HW高区 总管	23	2065	0.00	100	0.00	36.35	30.32	0	100
HIQ 0701	HW裙房 总管	24	3258	0.00	292437	0.00	31.96	31.86	0	1
HIQ 0702	HW裙房 一楼连廊和走廊	25	1140	0.04	1371	-0.06	28.42	29.90	0	1
HIQ 0703	HW裙房 展示厅	26	2756	0.00	19151	0.00	21.78	21.56	0	1
HIQ 0704	HW裙房 演示厅	27	1841	0.00	716	0.00	28.33	28.36	0	1

图 12.8 实时数据显示画面

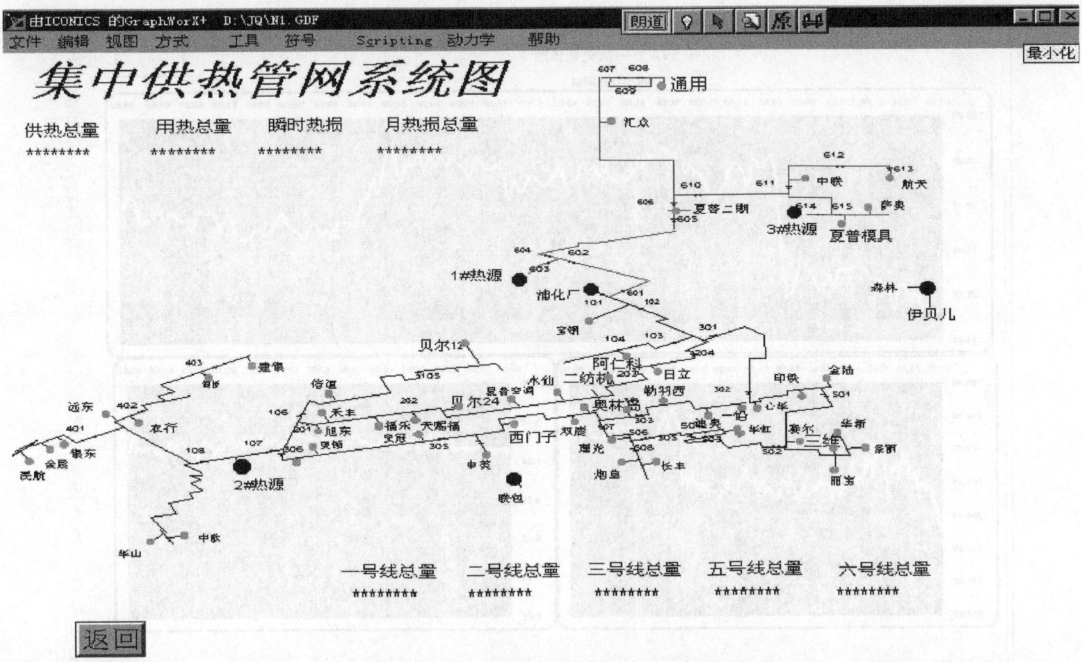

图 12.9 供热管网计量点地理信息图

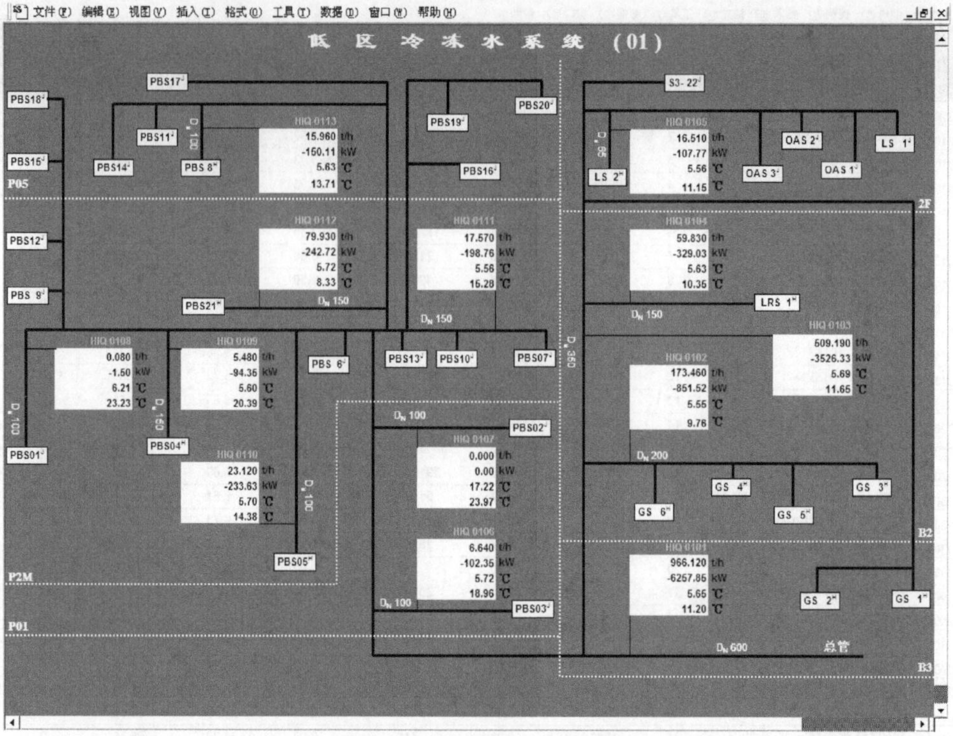

图 12.10　计量点动态流程图

图 12.11 为一个计量点的三个主要变量趋势图，从图中可看出变量之间的相互关系和各变量随时间变化的关系。

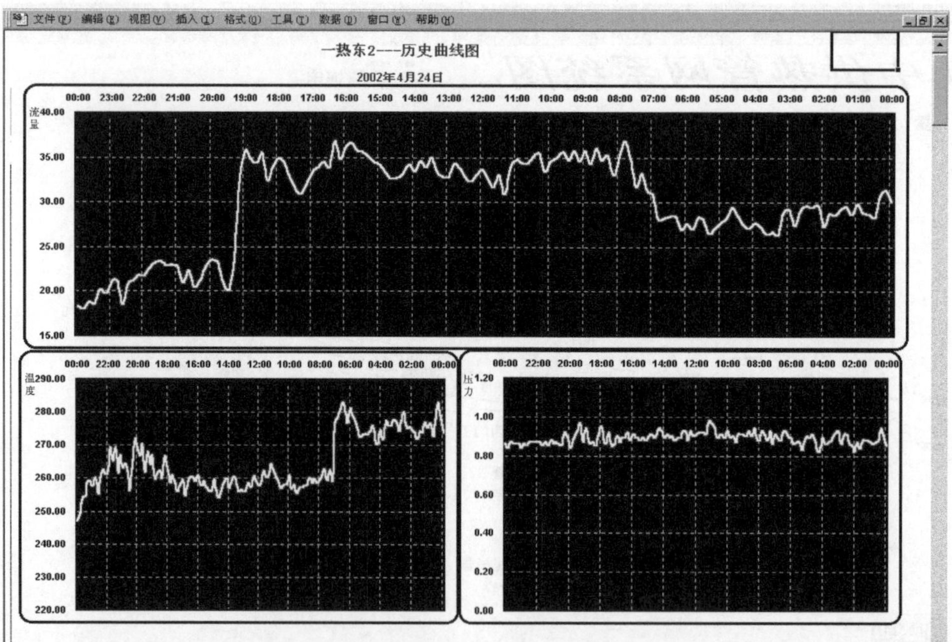

图 12.11　历史曲线画面

12.4.2
数据记录与分析

SCADA 系统不仅收集实时数据，还能够存储历史数据。逐点趋势图可用于一个计量点中诸参数的关联分析，为供热网的运行分析和故障诊断提供依据。通过对历史数据的分析，可以优化供热策略，提高能源利用效率，为企业获得更好的经济效益。

（1）管损分析

在供热网 SCADA 系统中，管网损耗（或其他损耗）指标往往是最关键、最重要的指标，是与企业经济效益密切相关的，因此其得到了操作管理人员的重视，也吸引了很多软件工程师和系统工程师研究开发。

管损的计算公式很简单，如式（12.1）所示：

$$R_s=(S_{umi}-S_{umo})/S_{umi} \tag{12.1}$$

式中 R_s——管损率，0～100%；

S_{umi}——进入管网的总量，t 或 kg；

S_{umo}——用户耗用总量，t 或 kg。

参与计算管损的量一般取一段时间间隔内总量的增量，这样能避免统计结果出现大幅度跳动。

根据管损统计结果还可以计算一小时的管损平均值，一天的管损平均值等。

管损统计结果的显示可用数字显示，也可用趋势图曲线显示。前者用数字显示某一时刻的计算结果，后者用曲线显示管损随时间变化的趋势，如图 12.12 所示。在图 12.12 中，可通过可移动读数线读取指定时刻的管损值，数据量大而且直观。

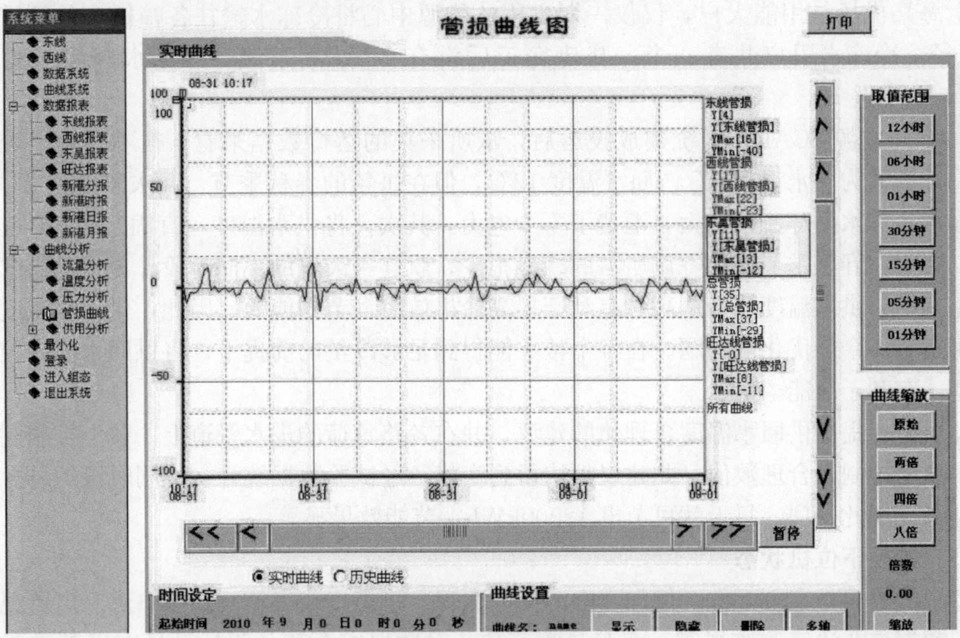

图 12.12 管损曲线

在图 12.12 中，通过切换可分别显示各路总管的管损和全网总管损的历史曲线。

(2) 锅炉燃料单耗统计分析

热源厂锅炉的燃料现在已大多改为燃气或燃料油，其流量经流量计测量后送计算机。锅炉产出的蒸汽经流量计测量的数据也传输至计算机。通过 SCADA 系统可以按公式计算燃料单耗，并实时显示趋势图和数值。如果在某一段时间内的平均单耗升高且高于预定值，则 SCADA 系统发出提示信号，可及时查找原因，避免经济损失进一步扩大。有时除氧器回收水系统出问题，或者锅炉负荷太低，都会引起燃料单耗升高。

(3) 将供热品质控制在最佳状态以实现效益最大化

SCADA 系统中具有丰富的显示画面，如数据集中显示画面、越限报警画面、事件记录画面、趋势图画面，这些画面都对确保供热品质起到重要作用。

上海浦东某高科技园区热力公司的值班人员，在一个冬季的清晨发现供热网中的一家制药厂蒸汽消耗量停止累积，使得全网管损显示值显著升高。因为制药厂是连续生产，不可能突然停止用汽，于是怀疑是流量计故障，经现场对仪表进行检查校验，发现流量计没有损坏，只是蒸汽的温度参数低于同用户所签协议的数值。因为供汽方为了提高服务质量，在供用汽协议中承诺供汽温度低于 180℃不收费。而恰巧在冬季爆冷的清晨，气温低、用汽量大，导致供汽温度不达标，从而造成短时的损失。后来将减温减压系统的温度设定值做了调整，解决了问题。

这个事例给人们的启示是 SCADA 系统再加上值班人员及时的调控，能将供热品质保持在最佳值。因为供汽压力和温度参数设置过多的富余量，将会提高供方的成本。而参数不达标，又会因违约而蒙受经济损失。所以在两者之间存在一个最佳数值。

在这个实例中，管理人员如果能正确运用重要参数越限报警功能，就能避免因温度进入“不收费”区间而蒙受损失。

(4) 计量与远程控制相结合实现节能增效

上海某机场是用能大户，仅仅一期工程从能源中心将冷冻水输往各幢楼宇的管道就达 1m 直径。冷冻水用户共有 9 个。基建完工后没有 SCADA 系统，冷冻水阀门只能现场操作。

2006 年能源 SCADA 系统建成投运后，从所采集的运行数据来看，很不合理。暖通专业的设计参数为供水温度 6℃，回水温度 12℃，但在每年的春秋季节，回水温度连 8℃都不到，显然冷冻水循环流量太大，浪费了不少电力。其次，将供水温度一直固定在 6℃也并非必须，因为在春秋季节楼宇空调所需的冷量很少，就连一天里的不同时段，冷量的需求也有很大差别，将供水温度适当调高，有利于提高冷机效率，节约能源。因此，供回水温度控制点的确定有一个最优化的问题。在各个楼宇能得到足够冷量的前提下，将供回水温度控制得高一些，有利于节能[5,6]。

此后有人提出供回水温度合理化的建议，并在各路负荷的进水管道上，装上控制阀，以将回水温度控制在合理数值。此建议很快得到实施。经试验数据统计，不同时段约可少开一台循环泵，仅此一项，每天就可节电 12000kWh，节能效果显著。

(5) 监视下位机状态

监视的内容是多方面的，例如主电源掉电监视、机柜（或表箱）门被非法开启监视、关键设定数据被非法修改监视等。尤其是第三项，对数据安全和公正计量具有极其重要的意义。为此，上位机会定时读取下位机预先设计的清单中的关键设定数据，并将该数据与上位机中的原始数据进行比较，若不相符，则向管理员发出调查建议。

(6) 及时发现系统内工艺设备故障

SCADA 系统的任务并不含对工艺设备的故障或状况进行诊断，但工艺设备与计量设备是相互关联的，有时工艺设备故障会影响计量数据，或通过仪表的示值反映出来。所以对计量数据分析能间接地发现工艺设备的故障所在，从而收到意想不到的效果。参考文献［7，8］可以证明这一观点。

第 4.7.2 节中的例子就很有说服力。对此案例作进一步分析，流量示值偏高十几倍的起因是减压阀膜片损坏，使其在小开度工作时产生流动脉动，从而对涡街流量计产生严重干扰[7]。

12.4.3 越限报警与事件管理

当供热网中的某个参数超越预设的门限值时，SCADA 系统会自动触发报警，并记录越限起始时间，待参数恢复正常时记录终止时间。这有助于及时发现和处理潜在的故障或异常情况。

12

(1) 报警信息分类

报警信息是供热网管理人员掌握系统当前状况的有效手段，报警信息通常来自以下几方面：

a. 下位机故障诊断信息；

b. 上位机采集的数据与工艺或管理专业提供的限定值进行比较得到的报警信号；

c. 其他来源的报警信号。

上位机将不同来源的报警信息整合以后在该计量点显示画面中显示出来，或在系统报警画面中显示。某些重要报警信息还可按管理员设置，通过短信或微信通知相关人员。通常设置的门限值报警类型有：

a. 蒸汽温度上限报警；

b. 蒸汽温度下限报警；

c. 蒸汽压力上限报警；

d. 蒸汽压力下限报警；

e. 蒸汽流量上限报警；

f. 蒸汽流速上限报警；

g. 预付费系统中的欠费报警；

h. 其他参数越限报警。

例如：某供热网供汽温度通常为 280℃，设置温度报警门限为 300℃。某晚供热网入口蒸汽温度突然升高到 340℃，触发了报警并发送短信通知管理员。管理员及时赶到现场检查，防止管道从管托上滑落。

其他来源的报警有以下几类。

① 计量子站开门报警

一般贸易结算的计量子站仪表箱配有 2 把锁，供需双方到场后一同开锁才能对计量仪表进行检查，如有异常开门可触发开门报警。

② 计量子站市电断电报警

计量子站如配备不间断电源，市电断电后会自动启用后备电源，此时计量子站正常工作并产生一个报警上传到 SCADA 系统，由 SCADA 系统保存记录。有些计量子站没有配备不间断电源，市电断电后计量子站停止工作，但内部时钟仍有电池供电，计量子站会记录一条断电时间，在市电恢复后再记录一条上电时间，供管理员统计断电持续时间，作为结算的依据。如图 12.13 所示。

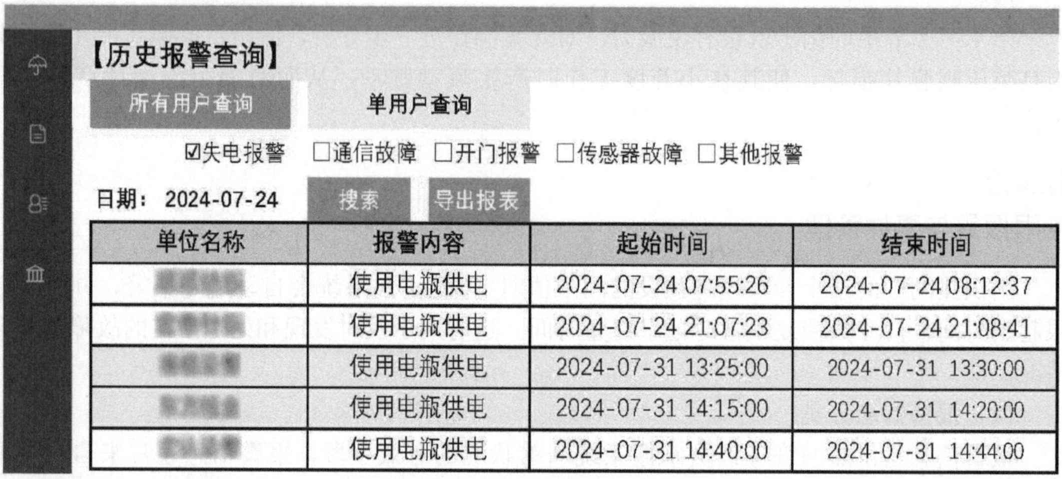

图 12.13　计量子站市电断电报警

③ 计量子站通信失败报警

SCADA 系统定时采集计量子站的数据，当计量子站无响应时，记录一条通信失败事件，通信恢复后再记录一条。

（2）上限流速的计算

本书第 4.6 节中分析讨论了流量计超上限流速运行的问题。有多种流量计如果超上限流速运行都会引起流量示值偏低，误差增大。第 4 章以涡街流量计为例进行了讨论。所以，有必要对一台流量计是否超上限流速做出判断。

① 4～20mA 输出流量计超上限流速的判断

a. 对于 4～20mA 输出的流量计，如果输出电流≥20mA，肯定已超上限流速运行。

b. 有些流量计输出电流并未大于 20mA，但已大于供需双方协议中约定的最大耗用流量值，也应予以报警。

c. 在差压式流量计中，有时其质量流量并未超上限流速，但差压变送器输出电流已大大超过 20mA，这是因为操作压力比设计压力低得多引起的，所以有必要在差压变送器输出电流超 20mA 时予以报警。

流量计输出电流值或差压变送器输出电流值来自下位机，如流量演算器等，如果下位机用通信方式与上位机连接，则下位机向上位机传送的数据中应包括这些电流信号值。

② 频率或脉冲输出的流量计的判断

以脉冲输出的涡街流量计为例，已知其输出频率可以用下式计算测量管的流速：

$$V=q_v/S=(q_m/\rho)/S$$
$$=f/(K_tS)$$
$$=f/[K_t(\pi/4)D^2] \tag{12.2}$$

式中 V——流速，m/s；

q_v——体积流量，m^3/s；

S——测量管流通截面积，m^2；

q_m——质量流量，kg/s；

ρ——流体密度，kg/m^3；

f——流量计输出频率，Hz；

K_t——工作状态下流量系数，p/m^3；

D——测量管内径，m。

其中，K_t 可以从具体的一台涡街流量计的铭牌上找到，D 可以从各仪表公司提供的技术文件中得到。

计算得到流速后，下一步即判断其是否超过该流量计的上限流速。有些公司的产品资料中已有承诺的上限流速，例如横河公司在测量小于等于 3.0MPa 压力的蒸汽时，承诺上限流速为 80m/s。而另一些公司却没有提供这方面的数据，只好根据技术文件中所提供的其他数据自行推算。例如某公司的技术文件中列出的 DN100 涡街流量计，测量压力为 1MPa 饱和蒸汽流量的保证精度的上限流量为 11232kg/h，则可用下式估算其上限流速：

$$V_{max}=\frac{q_{m\,max}}{\rho_f}\times\frac{1}{S}$$
$$=\frac{q_{m\,max}}{\rho_f}\times\frac{1}{\pi/4D^2} \tag{12.3}$$

式中 V_{max}——上限流速，m/s；

$q_{m\,max}$——上限流量，kg/h；

ρ_f——工作状态流体密度，kg/m^3；

S——流通截面积，m^2；

D——管道内径，m。

将 $q_{m\,max}$、ρ_f、D 代入式（12.3）得到 V_{max}。

有些品牌的涡街流量计既未承诺保证精确度的最高流速，也未提供保证精确度的最大流量，这种情况一般是因为保证精确度的上限流速较低，才将其隐去。遇到这种情况，一般只能按上限流速为 40m/s 处理。

（3）报警通知

SCADA 系统因参数越限、设备故障、停电、欠费、充值等各种原因可产生报警，即时在系统画面显示、发出声响等，同时可通过短信、微信等手段将报警内容发送给相关管理人员。

在 SCADA 系统中可以设置管理人员的手机号以及相应的报警内容。欠费信息可设置提前量，包括提前通知时间或者提前通知金额。如图 12.14 所示。

热网联系人

	联系人1	手机号1	启用1	联系人2	手机号2	启用2	联系人3	手机号3	启用3	联系人4	手机号4	启用4
	张经理	189****6609	是	徐先生	199****9859	是						

用户联系人

单位名称	联系人1	手机号1	启用1	联系人2	手机号2	启用2	热网联系人1	手机号1	启用1	热网联系人2	手机号2	启用2
[illegible]	宗先生	137****6489	是				张经理	189****6609	是			
[illegible]	刘先生	158****2108	是				张经理	189****6609	是			
[illegible]	傅先生	133****1717	是				张经理	189****6609	是			
[illegible]	苏先生	180****5055	是				张经理	189****6609	是	徐先生	199****9859	是
[illegible]	刘先生	158****2108	是				张经理	189****6609	是			
[illegible]	谢先生	137****8879	是				张经理	189****6609	是			
[illegible]	王先生	139****3175	是				张经理	189****6609	是	徐先生	199****9859	是
[illegible]	胡女士	136****9969	是				张经理	189****6609	是			
[illegible]	叶先生	139****6286	是				张经理	189****6609	是			
[illegible]	兰先生	186****8095	是				张经理	189****6609	是			
[illegible]	张先生	138****5749	是				张经理	189****6609	是			
[illegible]	余先生	151****8877	是				张经理	189****6609	是	徐先生	199****9859	是
[illegible]	舒先生	135****6988	是				张经理	189****6609	是			
[illegible]	胡先生	150****7577	是				张经理	189****6609	是			
[illegible]	季先生	138****3978	是				张经理	189****6609	是			
[illegible]	宗先生	135****8066	是				张经理	189****6609	是			
[illegible]	吴先生	139****2938	是				张经理	189****6609	是			

图 12.14　SCADA 系统信息通知设置

12.4.4 预付费功能

预付费 SCADA 系统将人工上门抄表、人工统计和先用后付的管理模式改变为自动抄表、自动统计、先付费后用汽的模式，帮助供热企业解决了费用拖欠的问题[9,10]。为实现预付费，系统需具备以下几个功能。

(1) 按计量数扣费

在预付费控制器中设置有蒸汽单价，该单价从上位机发在预付费控制器，用户无权修改。按实际用汽量实时扣费。

为了保证计量的公正性，上位机在任何时候都不允许向流量积算仪输入任何数据。

(2) 充值

充值系统安装在财务部门，用户付费后供方制作 IC 卡作为充值媒介。用户将充值后的 IC 卡上的金额读入与卡号一致的预付费控制器内，控制器在显示屏上显示充值记录，然后余额相应增减。充值金额可以是负值，一来可作为调试手段进行测试，二来可以作为供需双方的临时调整手段。

充值金额可由 IC 卡传递，供方也可以通过网络直接下发到预付费控制器。控制器收到充值记录后在显示屏上显示充值记录，然后余额相应增加。

(3) 控制阀门

① 自动开关阀

当剩余金额降到 0 时，控制器自动关阀，该功能可在菜单中由用户选择。关阀后如充值成功则自动开阀。预付费系统阀门控制操作界面如图 12.15 所示。

图 12.15 预付费系统阀门控制操作

②远程控制开关阀

SCADA 系统可由上位机控制阀门的开闭，该方式既可作为调试使用，也可作为自动控制的后备方式，当自动控制失效时使用。

③ 控制阀门的安全性和可靠性

电动阀门在电源掉电和控制线路断线时不会自行关闭，在电源上电和掉电时保持原有阀位。

④ 防止阀门卡死

预付费控制系统中的大多数阀门极少发生动作，阀芯长期停留在一个位置上，容易因流体中的水垢等物质而卡死。解决这个问题的方法是让阀芯定期动作，可以从上位机发出指令，让阀门关小然后再复位，关小的程度不应影响用户的使用。上位机发出关小阀门信号后，执行是否正确响应，可根据画面中显示的比例式控制阀的阀位信号核查。

⑤ 防止冷管开阀引起水击的问题

冷管通汽应遵循一定的程序，操作太急容易引起水击而损坏设备。在预付费控制系统中，用户可在控制阀旁增设一台通径足够小的旁通阀，冷管启动时，先开旁通阀暖管，暖管结束再开控制阀[9]。

(4) 预付费控制器的功能

① 读卡功能

预付费控制器配有 IC 卡读卡器，将用户充值后的 IC 卡上的金额读入与卡号一致的控制器内，并在显示屏上显示充值记录，然后余额相应增减（可为负值）。

② 充值记录查询

每次充值成功便会形成一条充值记录，内容包括：充值日期、时间、充值金额，可以在菜单中查询所有充值记录。充值方式可以是 IC 卡充值，也可以是网络自动下发。如图 12.16 所示。

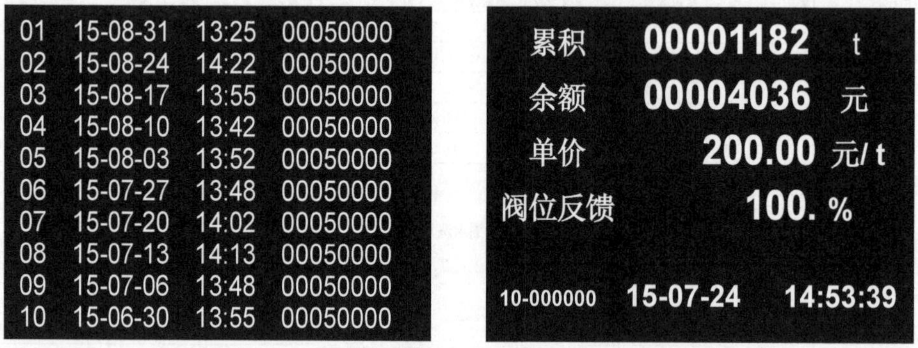

图 12.16 充值记录查询及预付费控制器显示画面

③ 信息显示

预付费控制器显示内容包括累积流量、余额、单价、阀门开度，如图 12.16 所示。

12.4.5 特殊计费功能

供热网用户逐渐增多，并且每个热网用户的用热负荷特性不同，供方为使热网负荷平稳制定了几个用汽政策。

（1）分时段计费

按不同时段、不同单价进行计费，一般有峰、谷时段或峰、平、谷时段，鼓励用户在用汽量低的时段多用汽。一来可以使热网蒸汽压力波动小，二来可以减小管损。

分时段计费的功能是在积算仪中进行分段计量，在预付费控制器或 SCADA 系统中进行计费。

（2）阶梯计费

按每个时间段内的用汽总量进行阶梯计费，每个台阶的计费单价不同，时间段可以是周、月、年。阶梯计费可以鼓励用户用汽，也可以限制用户用汽。阶梯数由供方按需制定，阶梯计费功能在 SCADA 系统中进行计费。

12.4.6 统计报表制作

SCADA 系统应具备基本的报表制作功能，包括用户报表（日报、月报、年报）、最值报表、任意报表，以及各类数据比较报表等。

（1）用户报表

用户报表可以显示单个用户的日报、月报、年报数据，显示累积用汽量、余额等信息。典型用户日报如图 12.17 所示。

【用户报表】

序号：恒叶化纤　日期：2024-07-05　检索　导出报表　日报　月报　年报

恒叶化纤 2024年07月05日 日查询报表 管道尺寸：DN65

时间	总质量流量(t)	瞬时流量(kg/h)	温度(℃)	压力(MPa)	当前余额(元)
06:00	20728.3	827.6	163.3	0.571	13382.00
07:00	20729.1	819.9	163.4	0.573	13122.00
08:00	20730.0	827.2	163.4	0.573	12862.00
09:00	20730.9	827.8	163.3	0.571	12862.00
10:00	20731.7	827.4	163.2	0.569	12602.00
11:00	20732.5	826.6	163.1	0.568	12342.00
12:00	20733.3	834.1	162.7	0.561	12082.00
13:00	20734.2	852.9	162.1	0.551	11822.00
14:00	20735.0	870.8	161.7	0.545	11562.00
15:00	20735.9	870.3	161.6	0.543	11562.00
16:00	20736.8	867.7	161.5	0.542	11302.00
17:00	20737.6	872.6	161.4	0.540	11042.00
18:00	20738.5	875	161.4	0.540	10782.00
19:00	20739.3	844.5	161.5	0.542	10522.00
20:00	20740.2	853.9	161.2	0.536	10262.00
21:00	20741.0	836.6	161.2	0.536	10002.00
22:00	20741.8	866.5	161.2	0.536	10002.00
23:00	20742.7	852.8	161.2	0.536	9742.00
00:00	20743.6	875.8	161.3	0.538	9482.00
本日耗量	20.4				

图 12.17　用户日报

（2）最值报表

系统可以统计单个用户的月最值报告以及所有用户的最值日报和月报，分别显示流量、温度、压力等参数的最大值或最小值，作为统计分析的判断依据。

（3）任意报表

任意报表可选择任意时间段某管线上的总供汽量、总用汽量和总计费金额，并计算该时间段的管损。

（4）累积值报表

累积值报表可查看某用户按日、月、年统计的累积用汽量。为供需双方提供一个直观的统计量。

（5）比较曲线

比较曲线提供了不同用户的参数比较，可以分别按温度、压力、流量、热量进行比较。该比较曲线可以根据用户在管线的上下游关系对数据异常做出初步判断。

（6）环比曲线

环比曲线是单个用户不同时间点的比较，可选择多个时间点。根据不同时间点的数据环比，可以发现用户用汽规律，为制定供汽策略和故障评估提供依据。

12.4.7 网上发布功能

SCADA 系统使用微软公司开发的基于 windows 操作系统的 IIS（internet information services，互联网信息服务），让 SCADA 系统服务器成为一个 web 服务器，可以托管和发布网站、web 应用程序和 web 服务。IIS 支持多种协议，包括 HTTP（超文本传输协议）、HTTPS（超文本传输安全协议）、SMTP（简单邮件传递协议）等。

成为 web 服务器后，客户端（包括计算机、手机等）可以用浏览器访问服务器中的数据、网页，还可以运行脚本和程序。计算机或手机通过浏览器可以查看 SCADA 系统中的实时采集数据、告警信息，进行各类比较、制作报表等工作。实现了随时随地监视计量子站的功能，提高了管理效率。

12.4.8 安全性与可靠性

SCADA 系统采用多层次的安全措施，包括访问控制等，确保系统的安全性。同时，系统设计考虑了冗余和故障转移机制，以提高系统的可靠性。

（1）各用户的访问权限

SCADA 系统具备了网上发布功能后，所有用户均可通过网页或 APP 访问，查询相关数据和获得报表。为保证用户数据信息的保密性，SCADA 系统管理员为每个用户开设账号，设置了访问权限，用户只能查询自己权限内的数据内容。

（2）系统冗余

对 SCADA 系统的采集服务器来说，系统冗余非常有必要。冗余方式有主、备两台计算机的热冗余，两台计算机的冷冗余，硬盘阵列的冗余，等等。

（3）网络安全防护

防火墙的作用是根据设定的安全规则监控和控制进出的网络数据包。主要作用有：数据包过滤、连接状态监测、应用层过滤、阻止未授权访问、网络隔离、外网访问限制、网络流量管理等。同时，防火墙需要与其他安全措施（如反病毒软件、入侵检测系统等）结合才能发挥更全面的网络安全保护。

其他安全防护措施有网闸、VPN（virtual private network，虚拟专用网络）等，与网络管理员的安全策略、防护等级密切相关。

12.4.9 系统集成与扩展性

SCADA 系统可以利用各种标准接口与其他系统（如能源管理系统、ERP 系统等）集成，实现更广泛的监控和控制功能，目前常用的标准接口协议有：HTTP、TCP（传输控制协议）、UDP（用户数据报协议）、OPC（过程控制的对象链接与嵌入技术）等。还可以通过直接读取对方数据库来获取数据。同时，系统设计具有良好的扩展性，可以根据供热网的扩展进行升级和扩展。

图 12.18 是上海某氯碱化工厂 SCADA 系统与厂内 ERP 系统的连接图。

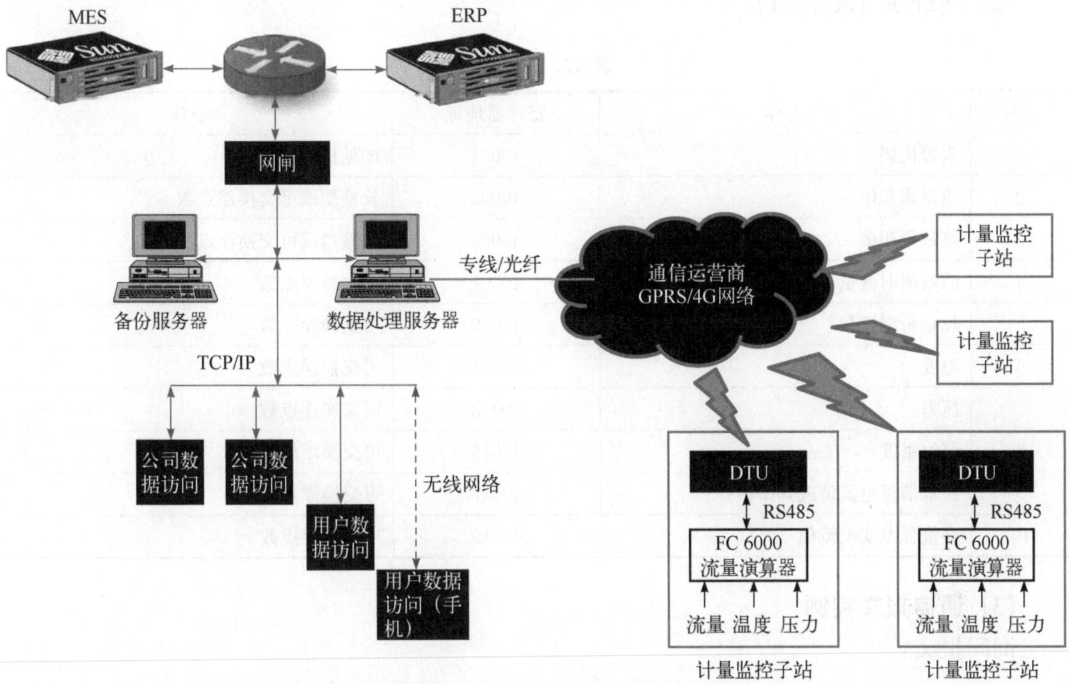

图 12.18　SCADA 系统与 ERP 系统的连接图

12.5 SCADA 系统应用典型案例

12.5.1 SCADA 系统通信协议

通信协议是上位机从下位机采集数据并解析通信报文的依据，是数字通信，与模拟信号不同的是数字通信的物理层是代表 0 和 1 的 TTL（晶体管-晶体管逻辑）电平。最基本的数字通信接口是 RS485 和 RS232 串口，高级的有以太网接口。

国内的现场仪表普遍带有 RS485 和 RS232 串口的通信接口，RS485 总线可支持 255 台现场设备，便于扩展，RS232 仅支持点对点通信。基于串口总线的公开通信协议主要有：modbus rtu、profibus、device net、BACnet、CANopen 等。其中 modbus 协议在国内应用极其广泛。

上位机与下位机如采用不同接口或协议，可通过对应的网关进行连接，如下位机是 modbus rtu 协议，上位机是 BACnet 协议，需要通过 modbus rtu/BACnet 网关进行协议转换。有些数据采集系统采用私有通信协议，须上位机与下位机配套使用。

以 FC 6000 型流量演算器的通信协议为例，其支持 modbus rtu 协议，内容如下。

(1) 通信设置

1200～57600 波特率（在 FC 6000 中设定），无奇偶校验位，8 位数据位，1 位停止位。

(2) 地址表（表 12.1）

表 12.1 地址表

序号	名称	寄存器地址	备注
1	报警代码	40001	详见报警代码表
2	质量累积值	40003	长整型或可交换浮点数
3	热量累积值	40005	长整型或可交换浮点数
4	质量瞬时流量	40007	可交换浮点数
5	热量瞬时流量	40009	可交换浮点数
6	温度	40011	可交换浮点数
7	压力	40013	可交换浮点数
8	蒸汽密度	40015	可交换浮点数
9	流量信号电流值或频率值	40017	可交换浮点数
10	高量程差变电流值	40019	可交换浮点数

(3) 通信报文实例

询问报文：

01	03	00	00	00	14	45	C5

01：仪表地址；

03：读寄存器命令；

00 00：起始地址；

00 14：寄存器数量；

45 C5：CRC 校验码。

应答报文：

01	03	28	4A	E0	00	00	00	00	EC
18	00	0E	2E	40	44	47	FA	CF	45
25	F9	AB	43	D5	04	B0	3F	65	77
18	40	48	01	50	43	03	FF	ED	BE
FC	08	F0	6D	B2					

01：仪表地址；

03：读寄存器命令；

28：内容长度 40 字节；

4A E0 00 00：报警代码 （32 位浮点数）；

00 00 EC 18：第一累积值 （长整型数为 60440）；

00 0E 2E 40：第二累积值 （长整型数为 929344）；

44 47 FA CF：第一瞬时流量 （32 位浮点数为 799.9）；

45 25 F9 AB：第二瞬时流量 （32 位浮点数为 2655）；

43 D5 04 B0：温度 （32 位浮点数为 426）；

3F 65 77 18：压力　（32 位浮点数为 0.896）；

40 48 01 50：蒸汽密度　（32 位浮点数为 3.125）；

43 03 FF FD：流量信号电流值或频率值　（32 位浮点数为 132Hz）；

BE FC 08 F0：高量程差压变送器电流值（未使用）；

6D B2：CRC 校验值。

12.5.2 SCADA 系统通信故障分析

下位机与上位机的通信故障来源分为硬件原因和软件原因，因硬件失效原因造成的通信失败本节不做详述。

(1) 电源高次谐波干扰

天津某食品厂 2 台流量计通过 RS485 上传流量数据，时常有通信中断的现象发生，而且无规律。后来发现通信中断都发生在大功率变频设备工作的时候。原来流量计和变频设备的电源都引自相同的配电箱，变频设备工作时，交流电源的波形由正弦波畸变，产生高次谐波，对流量计产生干扰。这些高次谐波在普通的整流电路里无法全部过滤，对电源高次谐波可采用隔离、滤波的方法予以解决。隔离就是在电源端增加隔离变压器，利用铁芯的高频损耗特性减少干扰，在隔离变压器输出端接滤波器，滤除高次谐波。增加了隔离变压器和滤波器以后，2 台流量计的通信恢复正常。

(2) 电磁干扰

广东某饲料厂安装有 5 台流量计，每台流量计的积算仪用 RS485 通信口向现场工作站上传数据，其中 1 台流量计出现工作一段时间后通信失败的现象。

流量积算仪由配电箱供电，并安装了隔离变压器和电源滤波器。仪表周围安装有数台电机，仪表箱与电机安装在同一个金属框架平台上，仪表通信电缆与电机电源线安装在同一根线槽内，部分走线段甚至和电机电源线捆扎在一起。由于变频器具有变频功能，使得电源中出现高次谐波，并产生电磁辐射通过电源线耦合至通信电缆，耦合后的干扰信号叠加到通信信号电平上致使信号畸变，最终导致通信失败。

为防止电磁干扰，通信电缆应有屏蔽层，避免与强电电缆平行敷设，如无法避免平行敷设，应保持一定距离，并用金属隔板隔离。

(3) 接地不良

广东某大型食品企业的车间里安装了十多台流量计，普遍有通信偶尔中断的情况。于是在配电箱安装了隔离变压器，在仪表箱内安装了滤波器，情况改善了许多，但仍有 1 台仪表的通信会中断。工程师到现场仔细检查后发现所有流量计的接地与电气设备的接地汇合在一处，于是把这台仪表的接地线单独拉到车间外，并打入了一根接地桩，这个问题才彻底解决。要注意的是，接地线应采用仪表专用接地，这个案例中就是把原来接到配电箱的接地线改到室外接地桩上。

以上三节都是由于高频干扰信号通过电源、电磁耦合等方式进入仪表电路，使通信信号畸变导致通信失败。这种情况也会对 HART 通信等模拟信号产生相同的影响，故都可以采用隔离、滤波、屏蔽、接地等方式予以解决。

(4) 通信距离过长

RS485 的通信距离与通信速率和电缆质量有关，一般不超过 2km，通信距离过长会因为信号电平衰减导致误码。如通信距离超过 2km 可每隔 2km 增设一个中继器，将信号放大后继续传输；如超过距离不大，也可以用降低通信速率的方法来解决。

(5) 上位机通信参数设置错误

上位机一般有 PLC、DCS、计算机等类型，PLC 和 DCS 调试手段不多，可用 modscan 等软件对 modbus rtu 协议的通信进行调试。

① 软件参数设置

数据格式选为"swapped FP"（可交换浮点数）；

始地址设为 0001；

长度设为 16；

设备 ID 设为 1（仪表地址）；

modbus rtu 点样式选择"03：保存输入信号"；

选择"连接"菜单，进行通信配置；

波特率：9600（与下位机相同）；

字长：8；

奇偶：none；

停止位：1；

连接使用端口：直连 com1。

② 参数设置错误解析

某用户反映上位机与下位机的瞬时流量、温度、压力等参数相符，但累积值上位机比下位机小了不少。检查了两者之间的通信报文，发现报文正常，如下：

01	03	20	00	00	00	00	44	D6	E0
00	45	9D	E8	00	46	C7	D4	8E	47
92	D4	97	43	7A	00	00	3F	80	00
00	40	98	25	29	47	4F			

然后继续检查上位机软件设置，上位机设置的起始地址是 0000（即寄存器 40001），错了 1 位寄存器。报文中的累积值是可交换浮点数类型，分析如下：

44 D6 E0 00，转换成十进制数是 1719。实际设置起始地址为 40000，得到的 16 进制数是 00 00 44 D6，因为是可交换浮点数，经过交换以后得到 44 D6 00 00，结果解析为 1712。这个情况只有当累积值变成 44 D7 00 00，即 1720 时，上位机和下位机才有相同结果。

另一方面，温度正确值是 43 7A 00 00，转换成十进制数是 250，错位后得到 43 7A D4 97，转换成十进制数是 250.8，因为偏差很小，不易察觉。

发现这一问题后，上位机软件修改了设置，问题得以解决。

12.5.3 SCADA 系统管损诊断案例

第 4.6.5 节详细描述了一个发生在江苏常州某热力公司的事例。

这个案例通过分析 SCADA 系统的管损趋势图得出管损产生的时间，进而从每个计量点的流量趋势图分析流量变化的时间，找到产生管损的流量计，并通过蒸汽流速的计算得出涡街流量计超流速以致产生管损的原因。整个管损分析诊断的过程都在 SCADA 系统上完成，是一个典型的案例。

12.5.4 供热网失水诊断案例

某供热公司使用超声热量表分别测量两路供热管道的供热量。2 套超声热量表分别安装在两路管道的供水管上，回水管分别安装温度传感器测量水温，此外在回水管上另安装 1 台超声流量计测量回水流量，用以判断是否失水。供热公司反映供热初期失水量不大，进入 12 月以后失水量增大，需要热电厂补水，但经现场检查后并未发现漏水点。

针对这一现象做下面的分析。

(1) 流量计

使用超声流量计测量热水流量是个合理的选择，单声道超声流量计测量精确度可达 1%，多声道的精确度更高。超声流量计是速度式流量计，测量的是流体的体积流量，在流体温度变化不大时，其密度可视作定值，用体积流量乘以密度得到质量流量。但当流体密度变化较大时，就应对流体密度进行补偿计算，以保证质量流量的测量精确度，因为不管是热量计算还是液体流量计算都是以质量流量为基础的，热量计算公式如下：

焓差法公式：$\Phi=(h_{g}-h_{h})q_{m}=(h_{g}-h_{h})q_{v}\rho$ 。

比热容法公式：$\Phi=C(t_{g}-t_{h})q_{v}\rho$ 。

(2) 数据分析

根据供热公司提供的数据进行了分析。供热初期两根供热管道供水温度 50℃，回水温度 35℃，温差 15℃；到 11 月下旬供水温度 60℃，回水温度 35℃，温差 25℃；到 12 月初供水温度 70℃，回水温度 35℃，温差 35℃；到 12 月 23 日温差达到峰值，供水温度 100℃，回水温度 45℃，温差 55℃。因为温差越大热水密度差异越大，测量结果偏差也越大，所以选取 12 月 1 日和 12 月 23 日两天的数据进行分析计算。为避免流量波动造成的误差，热水流量取 24 小时的累积流量进行计算。

1 号管数据如表 12.2 所示。

表 12.2　1 号管数据

供水温度 /℃	供水密度 /(kg/m^3)	回水温度 /℃	回水密度 /(kg/m^3)	供水流量 /m^3	回水流量 /m^3	名义热水失水 /m^3	失水率 /%
70	978.0	35	994.26	39037	38407	630	−1.6
100	958.59	45	990.44	39896	38784	1112	−2.8

2 号管数据如表 12.3 所示。

表 12.3　2 号管数据

供水温度 /℃	供水密度 /(kg/m^3)	回水温度 /℃	回水密度 /(kg/m^3)	供水流量 /m^3	回水流量 /m^3	名义热水失水 /m^3	失水率 /%
70	978.0	35	994.26	27488	26856	632	−2.3
100	958.59	45	990.44	28203	27250	953	−3.4

热水密度来自 GB/T 32224《热量表》附录 A。

热水密度补偿方法：$q_{m}=q_{v}\rho$ 。

进行密度补偿后的计算结果如表 12.4 所示。

表 12.4　密度补偿后的计算结果

日期	管道	供水流量/t	回水流量/t	失水/t	失水率/%
12 月 1 日	1	38178	38187	−9	−0.02
	2	26883	26702	181	0.67
12 月 23 日	1	38244	38413	−169	−0.44
	2	27035	26989	46	0.17

从以上计算结果看，管道并未失水，最大值 0.67%的失水率是测量误差所致，在测量精确度规定的范围内。由于测量误差不可避免，并且有波动，可以考虑在回水管道上分别安装压力表作为失水判断的辅助依据。

参考文献

[1] 纪纲，刘胜军. SCADA 系统在能源供应系统中的应用研究. 自动化仪表，2024(7)：1-5.

[2] 纪纲. 流量测量仪表应用技巧. 2 版. 北京：化学工业出版社，2009：265-277.

[3] 陈茹. 安装 SCADA 系统应考虑的问题. 自动化仪表，1999(5)：44.

[4] 何岩明，纪波峰，纪纲. 计量仪表及罐区的防雷方式探讨. 石油化工自动化，2017(6).

[5] 海因斯. 供热通风与空气调节系统设计手册. 北京：机械工业出版社，2007.

[6] 张经为. 提高空调制冷系统效率的方法. 科技视界，2015(19)：72.

[7] 纪纲，纪波峰. 流量测量系统远程诊断集锦. 北京：化学工业出版社，2012：264-268.

[8] 谭增显，纪纲. 减压阀振荡对涡街流量计的影响. 自动化仪表. 2009(9)：74-76.

[9] 韩鹏，周围，何志俊，等. 用能单位能源供应预付费系统. 自动化仪表，2017(2)：93-95.

[10] 张毅，纪波峰，纪纲. IC 卡预付费管理系统在蒸汽供热网的应用. 热电技术，2021(6).

附录

附录 A 水和蒸汽性质[1]

表 A.1 水和蒸汽性质参数的名称、符号和单位

性质参数名称	符号	单位符号	备注
热力学温度	T	K	$t=T-T_0$
摄氏温度	t	℃	$T_0=273.16$℃
绝对压力	P	Pa（MPa）	t_s—饱和温度
比容	ν	m^3/kg	“′”—水参数 “″”—蒸汽参数
比焓	h	kJ/kg	表 A.4 中，水平线上区为水参数，下区为过热蒸汽参数
比蒸发焓	Δh_v	kJ/kg	

表 A.2 饱和水和饱和蒸汽的热力学基本参数（按温度排列）

t/℃	T/K	P/MPa	ν' /(m^3/kg)	ν'' /(m^3/kg)	h' /(kJ/kg)	h'' /(kJ/kg)	Δh_v /(kJ/kg)
0	273.15	0.000611	0.001000	206.140	−0.042	2500.89	2500.93
0.01	273.16	0.000612	0.001000	205.997	0.001	2500.91	2500.91
1	274.15	0.000657	0.001000	192.445	4.177	2502.73	2498.55
2	275.15	0.000706	0.001000	179.764	8.392	2504.57	2496.17
3	276.15	0.000758	0.001000	168.014	12.604	2506.40	2493.80
4	277.15	0.000814	0.001000	157.121	16.813	2508.24	2491.42
5	278.15	0.000873	0.001000	147.017	21.019	2510.07	2489.05
6	279.15	0.000935	0.001000	137.638	25.224	2511.91	2486.68
7	280.15	0.001002	0.001000	128.928	29.426	2513.74	2484.31
8	281.15	0.001073	0.001000	120.834	33.626	2515.57	2481.94
9	282.15	0.001148	0.001000	113.309	37.824	2517.40	2479.58
10	283.15	0.001228	0.001000	106.309	42.021	2519.23	2477.21
11	284.15	0.001313	0.001000	99.793	46.216	2521.06	2474.84
12	285.15	0.001403	0.001001	93.724	50.410	2522.89	2472.48
13	286.15	0.001498	0.001001	88.070	54.602	2524.71	2470.11
14	287.15	0.001599	0.001001	82.798	58.794	2526.54	2467.75

[1] 引自：瓦格纳，克鲁泽. 水和蒸汽性质. 项红卫，译. 北京：科学出版社，2003.（根据 IAPWS·IF97 公式补充了部分过热蒸汽数据）

续表

t/℃	T/K	P/MPa	v' /(m^3/kg)	v'' /(m^3/kg)	h' /(kJ/kg)	h'' /(kJ/kg)	Δh_v /(kJ/kg)
15	288.15	0.001706	0.001001	77.881	62.984	2528.36	2465.38
16	289.15	0.001819	0.001001	73.291	67.173	2530.19	2463.01
17	290.15	0.001938	0.001001	69.006	71.361	2532.01	2460.65
18	291.15	0.002065	0.001001	65.003	75.548	2533.83	2458.28
19	292.15	0.002198	0.001002	61.261	79.734	2535.65	2455.92
20	293.15	0.002339	0.001002	57.761	83.920	2537.47	2453.55
21	294.15	0.002488	0.001002	54.487	88.105	2539.29	2451.18
22	295.15	0.002645	0.001002	51.422	92.289	2541.10	2448.81
23	296.15	0.002811	0.001003	48.552	96.473	2542.92	2446.45
24	297.15	0.002986	0.001003	45.863	100.656	2544.73	2444.08
25	298.15	0.003170	0.001003	43.341	104.838	2546.54	2441.71
26	299.15	0.003364	0.001003	40.977	109.021	2548.35	2439.33
27	300.15	0.003568	0.001004	38.758	113.202	2550.16	2436.96
28	301.15	0.003783	0.001004	36.675	117.384	2551.97	2434.59
29	302.15	0.004009	0.001004	34.719	121.565	2553.78	2432.21
30	303.15	0.004247	0.001004	32.882	125.745	2555.58	2429.84
31	304.15	0.004497	0.001005	31.154	129.926	2557.39	2427.46
32	305.15	0.004759	0.001005	29.529	134.106	2559.19	2425.08
33	306.15	0.005035	0.001005	28.001	138.286	2560.99	2422.70
34	307.15	0.005325	0.001006	26.562	142.465	2562.79	2420.32
35	308.15	0.005629	0.001006	25.208	146.645	2564.58	2417.94
36	309.15	0.005947	0.001006	23.932	150.824	2566.38	2415.56
37	310.15	0.006282	0.001007	22.729	155.004	2568.17	2413.17
38	311.15	0.006632	0.001007	21.595	159.183	2569.96	2410.78
39	312.15	0.007000	0.001007	20.526	163.362	2571.75	2408.39
40	313.15	0.007384	0.001008	19.517	167.541	2573.54	2406.00
41	314.15	0.007787	0.001008	18.565	171.720	2575.33	2403.61
42	315.15	0.008209	0.001009	17.665	175.899	2577.11	2401.21
43	316.15	0.008650	0.001009	16.816	180.079	2578.89	2398.82
44	317.15	0.009112	0.001009	16.013	184.258	2580.67	2396.42
45	318.15	0.009594	0.001010	15.253	188.437	2582.45	2394.02

续表

t/℃	T/K	P/MPa	ν' /(m³/kg)	ν'' /(m³/kg)	h' /(kJ/kg)	h'' /(kJ/kg)	Δh_v /(kJ/kg)
46	319.15	0.010099	0.001010	14.535	192.617	2584.23	2391.61
47	320.15	0.010626	0.001011	13.856	196.796	2586.00	2389.21
48	321.15	0.011176	0.001011	13.213	200.976	2587.77	2386.80
49	322.15	0.011751	0.001012	12.604	205.156	2589.54	2384.39
50	323.15	0.012351	0.001012	12.028	209.336	2591.31	2381.97
51	324.15	0.012977	0.001013	11.482	213.517	2593.08	2379.56
52	325.15	0.013631	0.001013	10.964	217.697	2594.84	2377.14
53	326.15	0.014312	0.001014	10.473	221.878	2596.60	2374.72
54	327.15	0.015022	0.001014	10.007	226.059	2598.35	2372.30
55	328.15	0.015761	0.001015	9.565	230.241	2600.11	2369.87
56	329.15	0.016532	0.001015	9.145	234.423	2601.86	2367.44
57	330.15	0.017335	0.001016	8.747	238.605	2603.61	2365.01
58	331.15	0.018171	0.001016	8.369	242.788	2605.36	2362.57
59	332.15	0.019041	0.001017	8.009	246.971	2607.10	2360.13
60	333.15	0.019946	0.001017	7.668	251.154	2608.85	2357.69
61	334.15	0.020887	0.001018	7.343	255.338	2610.58	2355.25
62	335.15	0.021866	0.001018	7.034	259.523	2612.32	2352.80
63	336.15	0.022884	0.001019	6.740	263.708	2614.05	2350.35
64	337.15	0.023942	0.001019	6.4602	267.893	2615.78	2347.89
65	338.15	0.025041	0.001020	6.1938	272.079	2617.51	2345.43
66	339.15	0.026183	0.001020	5.9402	276.266	2619.23	2342.97
67	340.15	0.027368	0.001021	5.6986	280.453	2620.96	2340.50
68	341.15	0.028599	0.001022	5.4684	284.641	2622.67	2338.03
69	342.15	0.029876	0.001022	5.2489	288.829	2624.39	2335.56
70	343.15	0.031201	0.001023	5.0397	293.018	2626.10	2333.08
71	344.15	0.032575	0.001023	4.8402	297.208	2627.81	2330.60
72	345.15	0.034000	0.001024	4.6498	301.398	2629.51	2328.11
73	346.15	0.035478	0.001025	4.4681	305.589	2631.21	2325.62
74	347.15	0.037009	0.001025	4.2946	309.781	2632.91	2323.13
75	348.15	0.038595	0.001026	4.1291	313.974	2634.60	2320.63
76	349.15	0.040239	0.001026	3.9709	318.167	2636.29	2318.13

续表

t/℃	T/K	P/MPa	ν' /(m³/kg)	ν'' /(m³/kg)	h' /(kJ/kg)	h'' /(kJ/kg)	Δh_v /(kJ/kg)
77	350.15	0.041941	0.001027	3.8197	322.361	2637.98	2315.62
78	351.15	0.043703	0.001028	3.6753	326.556	2639.66	2313.11
79	352.15	0.045527	0.001028	3.5372	330.752	2641.34	2310.59
80	353.15	0.047415	0.001029	3.4052	334.949	2643.01	2308.07
81	354.15	0.049368	0.001030	3.2789	339.146	2644.68	2305.54
82	355.15	0.051387	0.001030	3.1581	343.345	2646.35	2303.01
83	356.15	0.053476	0.001031	3.0425	347.544	2648.01	2300.47
84	357.15	0.055636	0.001032	2.9318	351.745	2649.67	2297.93
85	358.15	0.057867	0.001032	2.8259	355.946	2651.33	2295.38
86	359.15	0.060174	0.001033	2.7244	360.148	2652.98	2292.83
87	360.15	0.062556	0.001034	2.6272	364.352	2654.62	2290.27
88	361.15	0.065017	0.001035	2.5340	368.556	2656.26	2287.70
89	362.15	0.067559	0.001035	2.4447	372.762	2657.90	2285.14
90	363.15	0.070182	0.001036	2.3591	376.970	2659.53	2282.56
91	364.15	0.072890	0.001037	2.2771	381.176	2661.16	2279.98
92	365.15	0.075685	0.001037	2.1983	385.385	2662.78	2277.39
93	366.15	0.078568	0.001038	2.1228	389.595	2664.39	2274.80
94	367.15	0.081542	0.001039	2.0502	393.806	2666.01	2272.20
95	368.15	0.084609	0.001040	1.9806	398.018	2667.61	2269.60
96	369.15	0.087771	0.001040	1.9138	402.232	2669.22	2266.98
97	370.15	0.091031	0.001041	1.8497	406.447	2670.81	2264.37
98	371.15	0.094390	0.001042	1.7880	410.663	2672.40	2261.74
99	372.15	0.097852	0.001043	1.7288	414.880	2673.99	2259.11
100	373.15	0.101418	0.001043	1.6719	419.100	2675.57	2256.47
101	374.15	0.105091	0.001044	1.6171	423.320	2677.15	2253.83
102	375.15	0.108873	0.001045	1.5645	427.540	2678.72	2251.18
103	376.15	0.112768	0.001046	1.5140	431.760	2680.28	2248.52
104	377.15	0.116776	0.001047	1.46529	435.99	2681.84	2245.85
105	378.15	0.120902	0.001047	1.41847	440.21	2683.39	2243.18
106	379.15	0.125147	0.001048	1.37342	444.44	2684.94	2240.50
107	380.15	0.129514	0.001049	1.33006	448.67	2686.48	2237.81

续表

t/℃	T/K	P/MPa	ν' /(m^3/kg)	ν'' /(m^3/kg)	h' /(kJ/kg)	h'' /(kJ/kg)	Δh_v /(kJ/kg)
108	381.15	0.134007	0.001050	1.28831	452.90	2688.02	2235.12
109	382.15	0.138626	0.001051	1.24811	457.13	2689.55	2232.41
110	383.15	0.143376	0.001052	1.20939	461.36	2691.07	2229.70
111	384.15	0.148259	0.001052	1.17209	465.60	2692.58	2226.99
112	385.15	0.153277	0.001053	1.13615	469.83	2694.09	2224.26
113	386.15	0.158435	0.001054	1.10152	474.07	2695.60	2221.53
114	387.15	0.163734	0.001055	1.06813	478.31	2697.09	2218.78
115	388.15	0.169177	0.001056	1.03593	482.55	2698.58	2216.03
116	389.15	0.174768	0.001057	1.00489	486.80	2700.07	2213.27
117	390.15	0.180509	0.001058	0.97495	491.04	2701.55	2210.51
118	391.15	0.186404	0.001059	0.94607	495.29	2703.02	2207.73
119	392.15	0.192455	0.001059	0.91820	499.53	2704.48	2204.94
120	393.15	0.198665	0.001060	0.89130	503.78	2705.93	2202.15
121	394.15	0.205039	0.001061	0.86534	508.04	2707.38	2199.35
122	395.15	0.211578	0.001062	0.84028	512.29	2708.82	2196.53
123	396.15	0.218287	0.001063	0.81607	516.55	2710.26	2193.71
124	397.15	0.225168	0.001064	0.79270	520.80	2711.69	2190.88
125	398.15	0.232224	0.001065	0.77012	525.06	2713.11	2188.04
126	399.15	0.239460	0.001066	0.74829	529.32	2714.52	2185.19
127	400.15	0.246878	0.001067	0.72721	533.59	2715.92	2182.34
128	401.15	0.254481	0.001068	0.70683	537.85	2717.32	2179.47
129	402.15	0.262274	0.001069	0.68713	542.12	2718.71	2176.59
130	403.15	0.270260	0.001070	0.66808	546.39	2720.09	2173.70
131	404.15	0.278441	0.001071	0.64967	550.66	2721.46	2170.80
132	405.15	0.286823	0.001072	0.63185	554.93	2722.83	2167.89
133	406.15	0.295407	0.001073	0.61462	559.21	2724.18	2164.97
134	407.15	0.304199	0.001074	0.59794	563.49	2725.53	2162.04
135	408.15	0.313201	0.001075	0.58180	567.77	2726.87	2159.10
136	409.15	0.322417	0.001076	0.56618	572.05	2728.20	2156.15
137	410.15	0.331852	0.001077	0.55107	576.33	2729.53	2153.19

续表

t/℃	T/K	P/MPa	ν' /(m^3/kg)	ν'' /(m^3/kg)	h' /(kJ/kg)	h'' /(kJ/kg)	Δh_v /(kJ/kg)
138	411.15	0.341508	0.001078	0.53643	580.62	2730.84	2150.22
139	412.15	0.351390	0.001079	0.52225	584.91	2732.15	2147.24
140	413.15	0.361501	0.001080	0.50852	589.20	2733.44	2144.24
141	414.15	0.371845	0.001081	0.49522	593.49	2734.73	2141.24
142	415.15	0.382427	0.001082	0.48233	597.79	2736.01	2138.22
143	416.15	0.393250	0.001083	0.46985	602.09	2737.28	2135.19
144	417.15	0.404318	0.001084	0.45775	606.39	2738.54	2132.15
145	418.15	0.415635	0.001085	0.44602	610.69	2739.80	2129.10
146	419.15	0.427205	0.001086	0.43465	615.00	2741.04	2126.04
147	420.15	0.439033	0.001087	0.42362	619.31	2742.27	2122.96
148	421.15	0.451122	0.001088	0.41293	623.62	2743.50	2119.88
149	422.15	0.463477	0.001089	0.40256	627.93	2744.71	2116.78
150	423.15	0.476101	0.001091	0.39250	632.25	2745.92	2113.67
151	424.15	0.489000	0.001092	0.38274	636.57	2747.12	2110.54
152	425.15	0.502177	0.001093	0.37327	640.89	2748.30	2107.41
153	426.15	0.515637	0.001094	0.36408	645.22	2749.48	2104.26
154	427.15	0.529383	0.001095	0.35516	649.55	2750.64	2101.10
155	428.15	0.543422	0.001096	0.34650	653.88	2751.80	2097.92
156	429.15	0.557755	0.001097	0.33810	658.21	2752.95	2094.74
157	430.15	0.572390	0.001098	0.32994	662.55	2754.08	2091.54
158	431.15	0.587329	0.001100	0.32200	666.89	2755.21	2088.32
159	432.15	0.602577	0.001101	0.31430	671.23	2756.33	2085.10
160	433.15	0.618139	0.001102	0.30682	675.57	2757.43	2081.86
161	434.15	0.634020	0.001103	0.29955	679.92	2758.53	2078.60
162	435.15	0.650224	0.001104	0.29249	684.28	2759.61	2075.33
163	436.15	0.666755	0.001106	0.28562	688.63	2760.68	2072.05
164	437.15	0.683619	0.001107	0.27895	692.99	2761.75	2068.76
165	438.15	0.700820	0.001108	0.27247	697.35	2762.80	2065.45
166	439.15	0.718364	0.001109	0.26616	701.71	2763.84	2062.13
167	440.15	0.736254	0.001110	0.26003	706.08	2764.87	2058.79
168	441.15	0.754495	0.001112	0.25406	710.45	2765.89	2055.44

续表

t/℃	T/K	P/MPa	ν' /(m³/kg)	ν'' /(m³/kg)	h' /(kJ/kg)	h'' /(kJ/kg)	Δh_v /(kJ/kg)
169	442.15	0.773094	0.001113	0.24826	714.83	2766.90	2052.07
170	443.15	0.792053	0.001114	0.24262	719.21	2767.89	2048.69
171	444.15	0.811379	0.001116	0.23713	723.59	2768.88	2045.29
172	445.15	0.831077	0.001117	0.23179	727.97	2769.85	2041.88
173	446.15	0.851150	0.001118	0.22659	732.36	2770.82	2038.45
174	447.15	0.871606	0.001119	0.22153	736.75	2771.77	2035.01
175	448.15	0.892447	0.001121	0.21661	741.15	2772.70	2031.55
176	449.15	0.913681	0.001122	0.21181	745.55	2773.63	2028.08
177	450.15	0.935311	0.001123	0.20714	749.95	2774.55	2024.59
178	451.15	0.957343	0.001125	0.20260	754.36	2775.45	2021.09
179	452.15	0.979783	0.001126	0.19818	758.77	2776.34	2017.57
180	453.15	1.002630	0.001127	0.19386	763.19	2777.22	2014.03
181	454.15	1.025850	0.001129	0.18966	767.61	2778.09	2010.48
182	455.15	1.049600	0.001130	0.18557	772.03	2778.94	2006.91
183	456.15	1.073720	0.001132	0.18159	776.46	2779.78	2003.32
184	457.15	1.09827	0.001133	0.17770	780.89	2780.61	1999.72
185	458.15	1.12330	0.001134	0.17392	785.32	2781.43	1996.10
186	459.15	1.14871	0.001136	0.17023	789.76	2782.23	1992.47
187	460.15	1.17460	0.001137	0.16663	794.21	2783.02	1988.81
188	461.15	1.20094	0.001139	0.16313	798.66	2783.80	1985.14
189	462.15	1.22770	0.001140	0.15971	803.11	2784.56	1981.45
190	463.15	1.25502	0.001141	0.15638	807.57	2785.31	1977.74
191	464.15	1.28280	0.001143	0.15313	812.03	2786.05	1974.02
192	465.15	1.31099	0.001144	0.14996	816.49	2786.77	1970.28
193	466.15	1.33970	0.001146	0.14686	820.96	2787.48	1966.52
194	467.15	1.36889	0.001147	0.14385	825.44	2788.18	1962.74
195	468.15	1.39860	0.001149	0.14091	829.92	2788.86	1958.94
196	469.15	1.42877	0.001150	0.13803	834.40	2789.53	1955.12
197	470.15	1.45950	0.001152	0.13523	838.89	2790.18	1951.29
198	471.15	1.49069	0.001153	0.13250	843.39	2790.82	1947.44
199	472.15	1.52240	0.001155	0.12983	847.89	2791.45	1943.56

续表

t/℃	T/K	P/MPa	ν' /(m^3/kg)	ν'' /(m^3/kg)	h' /(kJ/kg)	h'' /(kJ/kg)	Δh_v /(kJ/kg)
200	473.15	1.55467	0.001157	0.12722	852.39	2792.06	1939.67
201	474.15	1.58750	0.001158	0.12468	856.90	2792.66	1935.76
202	475.15	1.62078	0.001160	0.12220	861.42	2793.24	1931.82
203	476.15	1.65460	0.001161	0.11977	865.94	2793.81	1927.87
204	477.15	1.68906	0.001163	0.11740	870.46	2794.36	1923.90
205	478.15	1.72400	0.001164	0.11509	874.99	2794.90	1919.90
206	479.15	1.75955	0.001166	0.11283	879.53	2795.42	1915.89
207	480.15	1.79560	0.001168	0.11062	884.07	2795.93	1911.86
208	481.15	1.83231	0.001169	0.10847	888.62	2796.42	1907.80
209	482.15	1.86960	0.001171	0.10636	893.17	2796.89	1903.72
210	483.15	1.90739	0.001173	0.10430	897.73	2797.35	1899.62
211	484.15	1.94580	0.001174	0.10229	902.29	2797.80	1895.50
212	485.15	1.98483	0.001176	0.10032	906.86	2798.22	1891.36
213	486.15	2.02450	0.001178	0.09840	911.44	2798.64	1887.20
214	487.15	2.06470	0.001180	0.09652	916.02	2799.03	1883.01
215	488.15	2.10550	0.001181	0.09469	920.61	2799.41	1878.80
216	489.15	2.14702	0.001183	0.09289	925.20	2799.77	1874.57
217	490.15	2.18910	0.001185	0.09114	929.80	2800.12	1870.31
218	491.15	2.23187	0.001187	0.08942	934.41	2800.45	1866.04
219	492.15	2.27530	0.001188	0.08774	939.02	2800.76	1861.73
220	493.15	2.31929	0.001190	0.08610	943.64	2801.05	1857.41
221	494.15	2.36400	0.001192	0.08449	948.27	2801.33	1853.06
222	495.15	2.40933	0.001194	0.08292	952.90	2801.59	1848.69
223	496.15	2.45530	0.001196	0.08139	957.54	2801.83	1844.29
224	497.15	2.50205	0.001198	0.07988	962.19	2802.05	1839.87
225	498.15	2.54940	0.001199	0.07841	966.84	2802.26	1835.42
226	499.15	2.59749	0.001201	0.07697	971.50	2802.45	1830.95
227	500.15	2.64630	0.001203	0.07556	976.17	2802.61	1826.45
228	501.15	2.69572	0.001205	0.07418	980.84	2802.76	1821.93
229	502.15	2.74590	0.001207	0.07283	985.52	2802.90	1817.38
230	503.15	2.79679	0.001209	0.07151	990.21	2803.01	1812.80

附录

续表

t/℃	T/K	P/MPa	ν' /(m^3/kg)	ν'' /(m^3/kg)	h' /(kJ/kg)	h'' /(kJ/kg)	Δh_v /(kJ/kg)
231	504.15	2.84840	0.001211	0.07022	994.91	2803.10	1808.20
232	505.15	2.90075	0.001213	0.06895	999.61	2803.18	1803.57
233	506.15	2.95380	0.001215	0.06771	1004.32	2803.23	1798.91
234	507.15	3.00767	0.001217	0.06649	1009.04	2803.27	1794.23
235	508.15	3.06220	0.001219	0.06530	1013.77	2803.28	1789.52
236	509.15	3.11758	0.001221	0.06414	1018.50	2803.28	1784.78
237	510.15	3.17370	0.001223	0.06300	1023.24	2803.26	1780.01
238	511.15	3.23056	0.001225	0.06188	1028.00	2803.21	1775.22
239	512.15	3.28820	0.001227	0.06078	1032.76	2803.15	1770.39
240	513.15	3.34665	0.001229	0.05971	1037.52	2803.06	1765.54
241	514.15	3.40590	0.001232	0.05866	1042.30	2802.95	1760.65
242	515.15	3.46592	0.001234	0.05763	1047.08	2802.82	1755.74
243	516.15	3.52680	0.001236	0.05662	1051.88	2802.68	1750.80
244	517.15	3.58843	0.001238	0.05563	1056.68	2802.50	1745.82
245	518.15	3.65090	0.001240	0.05466	1061.49	2802.31	1740.82
246	519.15	3.71423	0.001243	0.05371	1066.31	2802.10	1735.78
247	520.15	3.77840	0.001245	0.05278	1071.14	2801.86	1730.72
248	521.15	3.84338	0.001247	0.05186	1075.98	2801.60	1725.62
249	522.15	3.90920	0.001249	0.05097	1080.83	2801.32	1720.49
250	523.15	3.97594	0.001252	0.05009	1085.69	2801.01	1715.33
251	524.15	4.04350	0.001254	0.04922	1090.55	2800.68	1710.13
252	525.15	4.11197	0.001256	0.04838	1095.43	2800.33	1704.90
253	526.15	4.18130	0.001259	0.04755	1100.32	2799.96	1699.64
254	527.15	4.25154	0.001261	0.04674	1105.22	2799.56	1694.34
255	528.15	4.32270	0.001264	0.04594	1110.13	2799.13	1689.01
256	529.15	4.39471	0.001266	0.04516	1115.04	2798.69	1683.64
257	530.15	4.46770	0.001269	0.04439	1119.97	2798.21	1678.24
258	531.15	4.54153	0.001271	0.04364	1124.91	2797.71	1672.80
259	532.15	4.61630	0.001274	0.04290	1129.86	2797.19	1667.33
260	533.15	4.69207	0.001276	0.04218	1134.83	2796.64	1661.82

续表

t/℃	T/K	P/MPa	ν' /(m³/kg)	ν'' /(m³/kg)	h' /(kJ/kg)	h'' /(kJ/kg)	Δh_v /(kJ/kg)
261	534.15	4.76880	0.001279	0.04146	1139.80	2796.07	1656.27
262	535.15	4.84640	0.001281	0.04077	1144.78	2795.47	1650.68
263	536.15	4.92500	0.001284	0.04008	1149.78	2794.84	1645.06
264	537.15	5.00457	0.001287	0.03941	1154.79	2794.19	1639.40
265	538.15	5.08510	0.001289	0.03875	1159.81	2793.51	1633.70
266	539.15	5.16666	0.001292	0.03810	1164.84	2792.80	1627.96
267	540.15	5.24920	0.001295	0.03746	1169.88	2792.07	1622.18
268	541.15	5.33273	0.001297	0.03684	1174.94	2791.30	1616.36
269	542.15	5.41730	0.001300	0.03622	1180.01	2790.51	1610.50
270	543.15	5.50284	0.001303	0.03562	1185.09	2789.69	1604.60
271	544.15	5.58940	0.001306	0.03503	1190.19	2788.84	1598.65
272	545.15	5.67706	0.001309	0.03445	1195.30	2787.96	1592.66
273	546.15	5.76570	0.001312	0.03388	1200.42	2787.05	1586.63
274	547.15	5.85547	0.001315	0.03332	1205.55	2786.11	1580.56
275	548.15	5.94630	0.001318	0.03277	1210.70	2785.14	1574.44
276	549.15	6.03812	0.001321	0.03223	1215.87	2784.14	1568.28
277	550.15	6.13110	0.001324	0.03169	1221.05	2783.11	1562.07
278	551.15	6.22510	0.001327	0.03117	1226.24	2782.05	1555.81
279	552.15	6.32020	0.001330	0.03066	1231.45	2780.95	1549.51
280	553.15	6.41646	0.001333	0.03015	1236.67	2779.82	1543.15
281	554.15	6.51380	0.001336	0.02966	1241.91	2778.66	1536.75
282	555.15	6.61228	0.001339	0.02917	1247.16	2777.47	1530.30
283	556.15	6.71190	0.001342	0.02869	1252.43	2776.24	1523.80
284	557.15	6.81264	0.001346	0.02822	1257.72	2774.97	1517.25
285	558.15	6.91450	0.001349	0.02776	1263.02	2773.67	1510.65
286	559.15	7.01760	0.001352	0.02730	1268.34	2772.34	1504.00
287	560.15	7.12180	0.001356	0.02686	1273.68	2770.97	1497.29
288	561.15	7.22724	0.001359	0.02642	1279.03	2769.56	1490.53
289	562.15	7.33380	0.001363	0.02598	1284.41	2768.12	1483.71
290	563.15	7.44164	0.001366	0.02556	1289.80	2766.63	1476.84
291	564.15	7.55060	0.001370	0.02514	1295.20	2765.11	1469.91

续表

t/℃	T/K	P/MPa	ν' /(m³/kg)	ν'' /(m³/kg)	h' /(kJ/kg)	h'' /(kJ/kg)	Δh_v /(kJ/kg)
292	565.15	7.66087	0.001373	0.02473	1300.63	2763.55	1462.92
293	566.15	7.77230	0.001377	0.02432	1306.08	2761.95	1455.87
294	567.15	7.88502	0.001381	0.02392	1311.54	2760.31	1448.76
295	568.15	7.99900	0.001385	0.02353	1317.03	2758.63	1441.60
296	569.15	8.11415	0.001388	0.02315	1322.54	2756.90	1434.37
297	570.15	8.23060	0.001392	0.02277	1328.06	2755.14	1427.07
298	571.15	8.34835	0.001396	0.02239	1333.61	2753.33	1419.72
299	572.15	8.46740	0.001400	0.02202	1339.18	2751.47	1412.29
300	573.15	8.58771	0.001404	0.02166	1344.77	2749.57	1404.80
301	574.15	8.70930	0.001408	0.02131	1350.39	2747.63	1397.24
302	575.15	8.83230	0.001412	0.02096	1356.02	2745.64	1389.62
303	576.15	8.95660	0.001417	0.02061	1361.68	2743.60	1381.92
304	577.15	9.0822	0.001421	0.02027	1367.37	2741.51	1374.15
305	578.15	9.2092	0.001425	0.01994	1373.07	2739.38	1366.30
306	579.15	9.3375	0.001430	0.01961	1378.81	2737.19	1358.38
307	580.15	9.4672	0.001434	0.01928	1384.57	2734.95	1350.39
308	581.15	9.5983	0.001439	0.01896	1390.35	2732.66	1342.31
309	582.15	9.7308	0.001443	0.018650	1396.16	2730.32	1334.16
310	583.15	9.8647	0.001448	0.018340	1402.00	2727.92	1325.92
311	584.15	10.0001	0.001453	0.018029	1407.87	2725.47	1317.60
312	585.15	10.1368	0.001457	0.017730	1413.77	2722.96	1309.20
313	586.15	10.2750	0.001462	0.017440	1419.69	2720.39	1300.70
314	587.15	10.4147	0.001467	0.017140	1425.65	2717.77	1292.12
315	588.15	10.5558	0.001472	0.016856	1431.63	2715.08	1283.45
316	589.15	10.6980	0.001478	0.016572	1437.65	2712.33	1274.68
317	590.15	10.8420	0.001483	0.016292	1443.70	2709.51	1265.81
318	591.15	10.9880	0.001488	0.016016	1449.78	2706.63	1256.85
319	592.15	11.1350	0.001494	0.015744	1455.90	2703.68	1247.79
320	593.15	11.2839	0.001499	0.015476	1462.05	2700.67	1238.62
321	594.15	11.4340	0.001505	0.015211	1468.24	2697.58	1229.34
322	595.15	11.5860	0.001510	0.014951	1474.46	2694.42	1219.96

续表

t/℃	T/K	P/MPa	ν' /(m³/kg)	ν'' /(m³/kg)	h' /(kJ/kg)	h'' /(kJ/kg)	Δh_v /(kJ/kg)
323	596.15	11.7390	0.001516	0.014693	1480.73	2691.19	1210.46
324	597.15	11.8940	0.001522	0.014439	1487.03	2687.87	1200.84
325	598.15	12.0505	0.001528	0.014189	1493.37	2684.48	1191.11
326	599.15	12.2090	0.001534	0.013941	1499.76	2681.01	1181.25
327	600.15	12.3680	0.001541	0.013697	1506.18	2677.45	1171.27
328	601.15	12.5300	0.001547	0.013457	1512.66	2673.81	1161.15
329	602.15	12.6930	0.001554	0.013219	1519.17	2670.08	1150.90
330	603.15	12.8575	0.001561	0.012984	1525.74	2666.25	1140.51
331	604.15	13.0240	0.001567	0.012752	1532.35	2662.33	1129.97
332	605.15	13.1920	0.001575	0.012523	1539.02	2658.30	1119.29
333	606.15	13.3620	0.001582	0.012297	1545.74	2654.18	1108.44
334	607.15	13.5330	0.001589	0.012073	1552.51	2649.95	1097.44
335	608.15	13.7067	0.001597	0.011852	1559.34	2645.60	1086.26
336	609.15	13.8820	0.001604	0.011634	1566.23	2641.14	1074.91
337	610.15	14.0590	0.001612	0.011418	1573.18	2636.57	1063.38
338	611.15	14.2370	0.001621	0.011204	1580.20	2631.86	1051.66
339	612.15	14.4180	0.001629	0.010993	1587.29	2627.03	1039.74
340	613.15	14.6002	0.001638	0.010784	1594.45	2622.07	1027.62
341	614.15	14.7840	0.001646	0.010577	1601.68	2616.96	1015.28
342	615.15	14.9700	0.001655	0.010372	1608.99	2611.71	1002.72
343	616.15	15.1580	0.001665	0.010170	1616.38	2606.30	989.92
344	617.15	15.3480	0.001675	0.009969	1623.86	2600.74	976.87
345	618.15	15.5401	0.001685	0.009770	1631.44	2595.01	963.57
346	619.15	15.7340	0.001695	0.009573	1639.11	2589.10	950.00
347	620.15	15.9300	0.001706	0.009377	1646.88	2583.02	936.14
348	621.15	16.1270	0.001717	0.009184	1654.75	2576.74	921.99
349	622.15	16.3270	0.001728	0.008992	1662.75	2570.27	907.53
350	623.15	16.5292	0.001740	0.008801	1670.86	2563.59	892.73
351	624.15	16.7330	0.001753	0.008612	1679.14	2556.72	877.57
352	625.15	16.9390	0.001765	0.008424	1687.54	2549.56	862.02
353	626.15	17.1470	0.001779	0.008237	1696.10	2542.15	846.05

续表

t/℃	T/K	P/MPa	ν' /(m^3/kg)	ν'' /(m^3/kg)	h' /(kJ/kg)	h'' /(kJ/kg)	Δh_v /(kJ/kg)
354	627.15	17.3580	0.001793	0.008051	1704.81	2534.45	829.64
355	628.15	17.5701	0.001808	0.007866	1713.71	2526.46	812.75
356	629.15	17.7850	0.001823	0.007682	1722.80	2518.15	795.34
357	630.15	18.0020	0.001840	0.007497	1732.10	2509.48	777.38
358	631.15	18.2210	0.001857	0.007314	1741.64	2500.43	758.80
359	632.15	18.4430	0.001875	0.007130	1751.42	2490.96	739.54
360	633.15	18.6664	0.001895	0.006946	1761.50	2481.03	719.54
361	634.15	18.8930	0.001915	0.006761	1771.89	2470.59	698.70
362	635.15	19.1210	0.001937	0.006575	1782.63	2459.56	676.93
363	636.15	19.3520	0.001961	0.006387	1793.79	2447.88	654.09
364	637.15	19.5860	0.001987	0.006198	1805.42	2435.44	630.02
365	638.15	19.8222	0.002016	0.006006	1817.61	2422.12	604.51
366	639.15	20.0610	0.002047	0.005809	1830.46	2407.75	577.29
367	640.15	20.3020	0.002082	0.005608	1844.12	2392.11	547.99
368	641.15	20.5460	0.002122	0.005399	1858.80	2374.89	516.09
369	642.15	20.7930	0.002168	0.005180	1874.81	2355.63	480.82
370	643.15	21.0434	0.002222	0.004947	1892.66	2333.60	440.94
371	644.15	21.2964	0.002290	0.004692	1913.26	2307.51	394.26
372	645.15	21.5528	0.002382	0.004398	1938.50	2274.60	336.10
373	646.15	21.8132	0.002526	0.004019	1974.01	2227.30	253.28
373.946	674.10	22.0640	0.003106		2087.550		

表 A.3 饱和水和饱和蒸气的热力学基本参数（按压力排列）

P /MPa	t/℃	ν' /(m^3/kg)	ν'' /(m^3/kg)	h' /(kJ/kg)	h'' /(kJ/kg)	Δh_v /(kJ/kg)
0.0010	6.97	0.001000	129.183	29.298	2513.68	2484.38
0.0015	13.02	0.001001	87.962	54.685	2524.75	2470.06
0.0020	17.50	0.001001	66.990	73.435	2532.91	2459.48
0.0025	21.08	0.001002	54.242	88.430	2539.43	2451.00
0.0030	24.08	0.001003	45.655	100.990	2544.88	2443.89
0.0035	26.67	0.001003	39.468	111.836	2549.57	2437.74

续表

P /MPa	t/℃	ν' /(m^3/kg)	ν'' /(m^3/kg)	h' /(kJ/kg)	h'' /(kJ/kg)	Δh_v /(kJ/kg)
0.0040	28.96	0.001004	34.792	121.404	2553.71	2432.31
0.0045	31.01	0.001005	31.132	129.981	2557.41	2427.43
0.0050	32.88	0.001005	28.186	137.765	2560.77	2423.00
0.0055	34.58	0.001006	25.763	144.901	2563.83	2418.93
0.0060	36.16	0.001006	23.734	151.494	2566.67	2415.17
0.0065	37.63	0.001007	22.010	157.627	2569.30	2411.67
0.0070	39.00	0.001007	20.525	163.366	2571.76	2408.39
0.0075	40.29	0.001008	19.234	168.760	2574.06	2405.30
0.0080	41.51	0.001008	18.099	173.852	2576.24	2402.39
0.0085	42.66	0.001009	17.095	178.676	2578.30	2399.62
0.0090	43.76	0.001009	16.200	183.262	2580.25	2396.99
0.0095	44.81	0.001010	15.396	187.634	2582.11	2394.48
0.0100	45.81	0.001010	14.671	191.812	2583.89	2392.07
0.0150	53.97	0.001014	10.020	225.935	2598.30	2372.37
0.0200	60.06	0.001017	7.648	251.400	2608.95	2357.55
0.0250	64.96	0.001020	6.203	271.925	2617.45	2345.52
0.0300	69.10	0.001022	5.229	289.229	2624.55	2335.32
0.0350	72.68	0.001024	4.525	304.251	2630.67	2326.42
0.0400	75.86	0.001026	3.993	317.566	2636.05	2318.48
0.0450	78.71	0.001028	3.576	329.554	2640.86	2311.31
0.0500	81.32	0.001030	3.240	340.476	2645.21	2304.74
0.0550	83.71	0.001032	2.964	350.523	2649.19	2298.67
0.0600	85.93	0.001033	2.732	359.837	2652.85	2293.02
0.0650	87.99	0.001035	2.535	368.527	2656.25	2287.72
0.0700	89.93	0.001036	2.365	376.680	2659.42	2282.74
0.0750	91.76	0.001037	2.217	384.365	2662.39	2278.02
0.0800	93.49	0.001038	2.087	391.639	2665.18	2273.54
0.0850	95.13	0.001040	1.972	398.547	2667.82	2269.27
0.0900	96.69	0.001041	1.869	405.128	2670.31	2265.19
0.0950	98.18	0.001042	1.777	411.415	2672.69	2261.27

续表

P /MPa	t/℃	ν' /(m³/kg)	ν'' /(m³/kg)	h' /(kJ/kg)	h'' /(kJ/kg)	Δh_v /(kJ/kg)
0.1000	99.61	0.001043	1.694	417.436	2674.95	2257.51
0.1100	102.29	0.001045	1.550	428.775	2679.18	2250.40
0.1200	104.78	0.001047	1.428	439.299	2683.06	2243.76
0.1300	107.11	0.001049	1.325	449.132	2686.65	2237.52
0.1400	109.29	0.001051	1.237	458.367	2689.99	2231.62
0.1500	111.35	0.001053	1.1594	467.080	2693.11	2226.03
0.1600	113.30	0.001054	1.0914	475.340	2696.04	2220.71
0.1700	115.15	0.001056	1.0312	483.180	2698.81	2215.62
0.1800	116.91	0.001058	0.9775	490.670	2701.42	2210.75
0.19	118.60	0.001059	0.9293	497.82	2703.89	2206.07
0.20	120.21	0.001061	0.8857	504.68	2706.24	2201.56
0.21	121.76	0.001062	0.8462	511.27	2708.48	2197.21
0.22	123.25	0.001063	0.8101	517.62	2710.62	2193.00
0.23	124.69	0.001065	0.7771	523.73	2712.66	2188.93
0.24	126.07	0.001066	0.7467	529.64	2714.62	2184.98
0.25	127.41	0.001067	0.7187	535.35	2716.50	2181.15
0.26	128.71	0.001068	0.6928	540.88	2718.31	2177.42
0.27	129.97	0.001070	0.6687	546.25	2720.04	2173.79
0.28	131.19	0.001071	0.6463	551.46	2721.72	2170.26
0.29	132.37	0.001072	0.6254	556.53	2723.33	2166.81
0.30	133.53	0.001073	0.6058	561.46	2724.89	2163.44
0.31	134.65	0.001074	0.5874	566.26	2726.40	2160.14
0.32	135.74	0.001075	0.5702	570.93	2727.86	2156.92
0.33	136.81	0.001076	0.5540	575.50	2729.27	2153.77
0.34	137.85	0.001078	0.5387	579.96	2730.64	2150.68
0.35	138.86	0.001079	0.5242	584.31	2731.97	2147.65
0.36	139.85	0.001080	0.5105	588.57	2733.25	2144.68
0.37	140.82	0.001081	0.4975	592.74	2734.51	2141.77
0.38	141.77	0.001082	0.4852	596.81	2735.72	2138.91
0.39	142.70	0.001083	0.4735	600.81	2736.91	2136.10
0.40	143.61	0.001084	0.4624	604.72	2738.06	2133.33

续表

P /MPa	t/℃	ν' /(m³/kg)	ν'' /(m³/kg)	h' /(kJ/kg)	h'' /(kJ/kg)	Δh_v /(kJ/kg)
0.41	144.50	0.001085	0.4518	608.56	2739.18	2130.62
0.42	145.38	0.001085	0.4417	612.33	2740.27	2127.94
0.43	146.24	0.001086	0.4320	616.03	2741.33	2125.31
0.44	147.08	0.001087	0.4227	619.66	2742.37	2122.72
0.45	147.91	0.001088	0.4139	623.22	2743.39	2120.16
0.46	148.72	0.001089	0.4054	626.73	2744.38	2117.65
0.47	149.52	0.001090	0.3973	630.18	2745.34	2115.16
0.48	150.30	0.001091	0.3895	633.57	2746.28	2112.72
0.49	151.08	0.001092	0.3820	636.90	2747.21	2110.30
0.50	151.84	0.001093	0.3748	640.19	2748.11	2107.92
0.52	153.32	0.001094	0.3612	646.60	2749.85	2103.25
0.54	154.76	0.001096	0.3486	652.83	2751.52	2098.69
0.56	156.15	0.001097	0.3368	658.88	2753.12	2094.24
0.58	157.51	0.001099	0.3258	664.77	2754.66	2089.89
0.60	158.83	0.001101	0.3156	670.50	2756.14	2085.64
0.62	160.12	0.001102	0.3059	676.09	2757.56	2081.47
0.64	161.37	0.001104	0.2969	681.54	2758.93	2077.39
0.66	162.59	0.001105	0.2884	686.86	2760.25	2073.39
0.68	163.79	0.001107	0.280400	692.06	2761.52	2069.46
0.70	164.95	0.001108	0.272764	697.14	2762.75	2065.61
0.72	166.09	0.001109	0.265582	702.12	2763.94	2061.82
0.74	167.21	0.001111	0.258775	706.99	2765.08	2058.10
0.76	168.30	0.001112	0.252314	711.76	2766.19	2054.43
0.78	169.37	0.001113	0.246172	716.43	2767.26	2050.83
0.80	170.41	0.001115	0.240328	721.02	2768.30	2047.28
0.82	171.44	0.001116	0.234758	725.52	2769.31	2043.79
0.84	172.45	0.001117	0.229445	729.93	2770.28	2040.35
0.86	173.43	0.001119	0.224370	734.27	2771.23	2036.96
0.88	174.41	0.001120	0.219518	738.53	2772.15	2033.61
0.90	175.36	0.001121	0.214874	742.72	2773.04	2030.31
0.92	176.29	0.001122	0.210425	746.85	2773.90	2027.06

续表

P /MPa	t/℃	ν' /(m^3/kg)	ν'' /(m^3/kg)	h' /(kJ/kg)	h'' /(kJ/kg)	Δh_v /(kJ/kg)
0.94	177.21	0.001124	0.206158	750.90	2774.74	2023.84
0.96	178.12	0.001125	0.202064	754.89	2775.56	2020.67
0.98	179.01	0.001126	0.198130	758.82	2776.35	2017.53
1.00	179.89	0.001127	0.194349	762.68	2777.12	2014.44
1.10	184.07	0.001133	0.177436	781.20	2780.67	1999.47
1.20	187.96	0.001139	0.163250	798.50	2783.77	1985.27
1.30	191.61	0.001144	0.151175	814.76	2786.49	1971.73
1.40	195.05	0.001149	0.140768	830.13	2788.89	1958.76
1.50	198.30	0.001154	0.131702	844.72	2791.01	1946.29
1.60	201.38	0.001159	0.123732	858.61	2792.88	1934.27
1.70	204.31	0.001163	0.116668	871.89	2794.53	1922.64
1.80	207.12	0.001168	0.110362	884.61	2795.99	1911.37
1.90	209.81	0.001172	0.104698	896.84	2797.26	1900.42
2.00	212.38	0.001177	0.099581	908.62	2798.38	1889.76
2.10	214.87	0.001181	0.094934	919.99	2799.36	1879.37
2.20	217.26	0.001185	0.090695	930.98	2800.20	1869.22
2.30	219.56	0.001189	0.086812	941.63	2800.92	1859.30
2.40	221.80	0.001193	0.083242	951.95	2801.54	1849.58
2.50	223.96	0.001197	0.079947	961.98	2802.04	1840.06
2.60	226.05	0.001201	0.076897	971.74	2802.45	1830.71
2.70	228.09	0.001205	0.074065	981.24	2802.78	1821.54
2.80	230.06	0.001209	0.071428	990.50	2803.02	1812.51
2.90	231.99	0.001213	0.068967	999.54	2803.18	1803.63
3.00	233.86	0.001217	0.066664	1008.37	2803.26	1794.89
3.10	235.68	0.001220	0.064504	1017.00	2803.28	1786.28
3.20	237.46	0.001224	0.062475	1025.45	2803.24	1777.79
3.30	239.20	0.001228	0.060564	1033.72	2803.13	1769.41
3.4	240.90	0.001231	0.058761	1041.83	2802.96	1761.14
3.5	242.56	0.001235	0.057058	1049.78	2802.74	1752.97
3.6	244.19	0.001239	0.055446	1057.57	2802.47	1744.90
3.7	245.78	0.001242	0.053918	1065.23	2802.15	1736.91

续表

P /MPa	t/℃	ν' /(m^3/kg)	ν'' /(m^3/kg)	h' /(kJ/kg)	h'' /(kJ/kg)	Δh_v /(kJ/kg)
3.8	247.33	0.001246	0.052468	1072.76	2801.78	1729.02
3.9	248.86	0.001249	0.051089	1080.15	2801.36	1721.21
4.0	250.36	0.001253	0.049777	1087.43	2800.90	1713.47
4.1	251.83	0.001256	0.048526	1094.58	2800.39	1705.81
4.2	253.27	0.001259	0.047333	1101.63	2799.85	1698.22
4.3	254.68	0.001263	0.046193	1108.57	2799.27	1690.70
4.4	256.07	0.001266	0.045103	1115.40	2798.65	1683.25
4.5	257.44	0.001270	0.044059	1122.14	2798.00	1675.85
4.6	258.78	0.001273	0.043060	1128.79	2797.31	1668.52
4.7	260.10	0.001276	0.042101	1135.34	2796.59	1661.24
4.8	261.40	0.001280	0.041181	1141.81	2795.83	1654.02
4.9	262.68	0.001283	0.040296	1148.20	2795.04	1646.85
5.0	263.94	0.001286	0.039446	1154.50	2794.23	1639.73
5.1	265.18	0.001290	0.038628	1160.73	2793.38	1632.65
5.2	266.41	0.001293	0.037840	1166.88	2792.51	1625.62
5.3	267.61	0.001296	0.037081	1172.97	2791.60	1618.64
5.4	268.80	0.001300	0.036349	1178.98	2790.67	1611.69
5.5	269.97	0.001303	0.035642	1184.92	2789.72	1604.79
5.6	271.12	0.001306	0.034960	1190.81	2788.74	1597.93
5.7	272.26	0.001309	0.034300	1196.63	2787.73	1591.10
5.8	273.38	0.001313	0.033663	1202.39	2786.70	1584.31
5.9	274.49	0.001316	0.033046	1208.09	2785.64	1577.55
6.0	275.59	0.001319	0.032449	1213.73	2784.56	1570.83
6.1	276.67	0.001323	0.031870	1219.32	2783.46	1564.14
6.2	277.73	0.001326	0.031310	1224.86	2782.33	1557.48
6.3	278.79	0.001329	0.030766	1230.34	2781.19	1550.84
6.4	279.83	0.001332	0.030239	1235.78	2780.02	1544.24
6.5	280.86	0.001336	0.029728	1241.17	2778.83	1537.66
6.6	281.88	0.001339	0.029231	1246.51	2777.62	1531.11
6.7	282.88	0.001342	0.028748	1251.81	2776.39	1524.58

续表

P /MPa	t/℃	ν' /(m^3/kg)	ν'' /(m^3/kg)	h' /(kJ/kg)	h'' /(kJ/kg)	Δh_v /(kJ/kg)
6. 8	283. 88	0. 001345	0. 028279	1257. 06	2775. 13	1518. 07
6. 9	284. 86	0. 001349	0. 027823	1262. 27	2773. 86	1511. 59
7. 0	285. 83	0. 001352	0. 027380	1267. 44	2772. 57	1505. 13
7. 1	286. 79	0. 001355	0. 026948	1272. 57	2771. 26	1498. 69
7. 2	287. 74	0. 001358	0. 026528	1277. 65	2769. 93	1492. 27
7. 3	288. 68	0. 001362	0. 026119	1282. 70	2768. 58	1485. 87
7. 4	289. 62	0. 001365	0. 025720	1287. 72	2767. 21	1479. 49
7. 5	290. 54	0. 001368	0. 025331	1292. 70	2765. 82	1473. 12
7. 6	291. 45	0. 001371	0. 024952	1297. 64	2764. 41	1466. 78
7. 7	292. 35	0. 001375	0. 024583	1302. 55	2762. 99	1460. 44
7. 8	293. 25	0. 001378	0. 024223	1307. 42	2761. 55	1454. 12
7. 9	294. 13	0. 001381	0. 023871	1312. 27	2760. 09	1447. 82
8. 0	295. 01	0. 001385	0. 023528	1317. 08	2758. 61	1441. 53
8. 1	295. 88	0. 001388	0. 023192	1321. 86	2757. 12	1435. 25
8. 2	296. 74	0. 001391	0. 022865	1326. 61	2755. 60	1428. 99
8. 3	297. 59	0. 001395	0. 022545	1331. 34	2754. 07	1422. 74
8. 4	298. 44	0. 001398	0. 022232	1336. 03	2752. 52	1416. 49
8. 5	299. 27	0. 001401	0. 021926	1340. 70	2750. 96	1410. 26
8. 6	300. 10	0. 001405	0. 021627	1345. 34	2749. 38	1404. 04
8. 7	300. 92	0. 001408	0. 021334	1349. 96	2747. 78	1397. 82
8. 8	301. 74	0. 001411	0. 021048	1354. 54	2746. 16	1391. 62
8. 9	302. 55	0. 001415	0. 020767	1359. 11	2744. 53	1385. 42
9. 0	303. 35	0. 001418	0. 020493	1363. 65	2742. 88	1379. 23
9. 1	304. 14	0. 001422	0. 020224	1368. 17	2741. 22	1373. 05
9. 2	304. 93	0. 001425	0. 019961	1372. 66	2739. 53	1366. 87
9. 3	305. 71	0. 001428	0. 019703	1377. 11	2737. 83	1360. 70
9. 4	306. 48	0. 001432	0. 019450	1381. 59	2736. 12	1354. 53
9. 5	307. 25	0. 001435	0. 019203	1386. 02	2734. 38	1348. 37
9. 6	308. 01	0. 001439	0. 018960	1390. 43	2732. 64	1342. 21
9. 7	308. 77	0. 001442	0. 018721	1394. 81	2730. 87	1336. 06
9. 8	309. 52	0. 001146	0. 018488	1399. 18	2729. 09	1329. 90

续表

P /MPa	t/℃	ν' /(m^3/kg)	ν'' /(m^3/kg)	h' /(kJ/kg)	h'' /(kJ/kg)	Δh_v /(kJ/kg)
9.9	310.26	0.001149	0.018259	1403.54	2727.29	1323.75
10.0	311.00	0.001453	0.018034	1407.87	2725.47	1317.61
10.1	311.73	0.001456	0.017813	1412.18	2723.64	1311.46
10.2	312.46	0.001460	0.017596	1416.48	2721.79	1305.31
10.3	313.18	0.001463	0.017383	1420.76	2719.93	1299.17
10.4	313.90	0.001467	0.017174	1425.02	2718.04	1293.02
10.5	314.61	0.001470	0.016969	1429.27	2716.14	1286.88
10.6	315.31	0.001474	0.016767	1433.50	2714.23	1280.73
10.7	316.01	0.001478	0.016569	1437.72	2712.30	1274.58
10.8	316.71	0.001481	0.016374	1441.92	2710.35	1268.43
10.9	317.40	0.001485	0.016182	1446.11	2708.38	1262.27
11.0	318.08	0.001489	0.015994	1450.28	2706.39	1256.12
11.1	318.76	0.001492	0.015809	1454.44	2704.39	1249.96
11.2	319.44	0.001496	0.015626	1458.58	2702.37	1243.79
11.3	320.11	0.001500	0.015447	1462.72	2700.34	1237.62
11.4	320.77	0.001503	0.015271	1466.84	2698.28	1231.45
11.5	321.44	0.001507	0.015097	1470.95	2696.21	1225.26
11.6	322.09	0.001511	0.014926	1475.05	2694.12	1219.08
11.7	322.75	0.001515	0.014758	1479.13	2692.02	1212.88
11.8	323.39	0.001519	0.014593	1483.21	2689.89	1206.68
11.9	324.04	0.001522	0.014430	1487.27	2687.75	1200.47
12.0	324.68	0.001526	0.014269	1491.33	2685.58	1194.26
12.1	325.31	0.001530	0.014111	1495.37	2683.40	1188.03
12.2	325.95	0.001534	0.013955	1499.41	2681.20	1181.79
12.3	326.57	0.001538	0.013801	1503.43	2678.98	1175.55
12.4	327.20	0.001542	0.013650	1507.45	2676.74	1169.29
12.5	327.82	0.001546	0.013501	1511.46	2674.49	1163.02
12.6	328.43	0.001550	0.013354	1515.47	2672.21	1156.74
12.7	329.04	0.001554	0.013208	1519.46	2669.91	1150.45
12.8	329.65	0.001558	0.013065	1523.45	2667.59	1144.44
12.9	330.26	0.001562	0.012924	1527.43	2665.25	1137.82

续表

P /MPa	t/℃	ν' /(m³/kg)	ν'' /(m³/kg)	h' /(kJ/kg)	h'' /(kJ/kg)	Δh_v /(kJ/kg)
13.0	330.86	0.001566	0.012785	1531.40	2662.89	1131.49
13.1	331.45	0.001571	0.012648	1535.37	2660.51	1125.14
13.2	332.05	0.001575	0.012512	1539.33	2658.11	1118.78
13.3	332.64	0.001579	0.012379	1543.29	2655.69	1112.40
13.4	333.22	0.001583	0.012247	1547.24	2653.24	1106.00
13.5	333.81	0.001588	0.012116	1551.19	2650.77	1099.58
13.6	334.39	0.001592	0.011988	1555.14	2648.28	1093.15
13.7	334.96	0.001596	0.011861	1559.08	2645.77	1086.70
13.8	335.53	0.001601	0.011735	1563.01	2643.24	1080.22
13.9	336.10	0.001605	0.011611	1566.95	2640.68	1073.73
14.0	336.67	0.001610	0.011489	1570.88	2638.09	1067.21
14.1	337.23	0.001614	0.011368	1574.81	2635.49	1060.68
14.2	337.79	0.001619	0.011248	1578.74	2632.85	1054.12
14.3	338.35	0.001623	0.011130	1582.66	2630.20	1047.53
14.4	338.90	0.001628	0.011014	1586.59	2627.51	1040.93
14.5	339.45	0.001633	0.010898	1590.51	2624.81	1034.29
14.6	340.00	0.001638	0.010784	1594.44	2622.07	1027.63
14.7	340.54	0.001642	0.010671	1598.37	2619.31	1020.95
14.8	341.08	0.001647	0.010560	1602.29	2616.52	1014.23
14.9	341.62	0.001652	0.010449	1606.22	2613.71	1007.49
15.0	342.16	0.001657	0.010340	1610.15	2610.86	1000.71
15.1	342.69	0.001662	0.010232	1614.08	2607.99	993.91
15.2	343.22	0.001667	0.010125	1618.02	2605.09	987.07
15.3	343.75	0.001672	0.010019	1621.96	2602.16	980.20
15.4	344.27	0.001677	0.009915	1625.90	2599.21	973.30
15.5	344.79	0.001682	0.009811	1629.85	2596.22	966.37
15.6	345.31	0.001688	0.009709	1633.80	2593.20	959.39
15.7	345.83	0.001693	0.009607	1637.76	2590.15	952.39
15.8	346.34	0.001699	0.009506	1641.72	2587.06	945.34
15.9	346.85	0.001704	0.009407	1645.69	2583.95	938.26
16.0	347.36	0.001710	0.009308	1649.67	2580.80	931.13

续表

P /MPa	t/℃	ν' /(m^3/kg)	ν'' /(m^3/kg)	h' /(kJ/kg)	h'' /(kJ/kg)	Δh_v /(kJ/kg)
16.1	347.86	0.001715	0.009210	1653.66	2577.62	923.97
16.2	348.36	0.001721	0.009114	1657.65	2574.41	916.76
16.3	348.86	0.001727	0.009018	1661.65	2571.16	909.51
16.4	349.36	0.001732	0.008923	1665.66	2567.88	902.22
16.5	349.86	0.001738	0.008828	1669.68	2564.57	894.88
16.6	350.35	0.001744	0.008736	1673.74	2561.26	887.52
16.7	350.84	0.001750	0.008643	1677.80	2557.87	880.07
16.8	351.33	0.001757	0.008551	1681.86	2554.43	872.57
16.9	351.81	0.001763	0.008460	1685.94	2550.96	865.02
17.0	352.29	0.001769	0.008370	1690.04	2547.44	857.40
17.1	352.77	0.001776	0.008280	1694.15	2543.88	849.73
17.2	353.25	0.001782	0.008191	1698.27	2540.27	841.99
17.3	353.73	0.001789	0.008102	1702.42	2536.61	834.19
17.4	354.20	0.001796	0.008015	1706.59	2532.91	826.32
17.5	354.67	0.001803	0.007927	1710.77	2529.16	818.39
17.6	355.14	0.001810	0.007841	1714.98	2525.35	810.38
17.7	355.61	0.001817	0.007755	1719.21	2521.50	802.29
17.8	356.07	0.001824	0.007669	1723.46	2517.59	794.13
17.9	356.54	0.001832	0.007584	1727.74	2513.62	785.88
18.0	357.00	0.001839	0.007499	1732.04	2509.59	777.55
18.1	357.45	0.001847	0.007415	1736.38	2505.51	769.13
18.2	357.91	0.001855	0.007331	1740.74	2501.36	760.62
18.3	358.36	0.001863	0.007248	1745.13	2497.14	752.01
18.4	358.82	0.001872	0.007165	1749.56	2492.86	743.30
18.5	359.27	0.001880	0.007082	1754.02	2488.50	734.48
18.6	359.71	0.001889	0.007000	1758.52	2484.07	725.55
18.7	360.16	0.001898	0.006918	1763.06	2479.56	716.50
18.8	360.60	0.001907	0.006836	1767.64	2474.97	707.32
18.9	361.04	0.001916	0.006755	1772.27	2470.29	698.02
19.0	361.48	0.001925	0.006673	1776.94	2465.52	688.58

续表

P /MPa	t/℃	ν' /(m^3/kg)	ν'' /(m^3/kg)	h' /(kJ/kg)	h'' /(kJ/kg)	Δh_v /(kJ/kg)
19.1	361.92	0.001935	0.006592	1781.67	2460.66	678.99
19.2	362.36	0.001945	0.006511	1786.45	2455.69	669.25
19.3	362.79	0.001956	0.006430	1791.28	2450.62	659.34
19.4	363.22	0.001966	0.006349	1796.18	2445.44	649.26
19.5	363.65	0.001977	0.006267	1801.15	2440.14	638.99
19.6	364.08	0.001989	0.006186	1806.18	2434.71	628.53
19.7	364.50	0.002001	0.006105	1811.30	2429.14	617.85
19.8	364.92	0.002013	0.006023	1816.50	2423.43	606.94
19.9	365.34	0.002026	0.005941	1821.79	2417.57	595.78
20.0	365.76	0.002039	0.005859	1827.17	2411.53	584.36
20.1	366.18	0.002052	0.005776	1832.67	2405.32	572.65
20.2	366.59	0.002067	0.005693	1838.28	2398.91	560.63
20.3	367.01	0.002082	0.005609	1844.02	2392.29	548.26
20.4	367.42	0.002097	0.005524	1849.91	2385.43	535.52
20.5	367.82	0.002114	0.005438	1855.96	2378.31	522.35
20.6	368.23	0.002131	0.005352	1862.19	2370.91	508.73
20.7	368.63	0.002149	0.005264	1868.62	2363.20	494.58
20.8	369.04	0.002169	0.005174	1875.28	2355.13	479.85
20.9	369.44	0.002190	0.005082	1882.20	2346.65	464.45
21.0	369.83	0.002212	0.004989	1889.43	2337.72	448.29
21.1	370.23	0.002236	0.004893	1897.02	2328.25	431.23
21.2	370.62	0.002262	0.004793	1905.03	2318.15	413.11
21.3	371.01	0.002291	0.004690	1913.57	2307.30	393.72
21.4	371.40	0.002324	0.004581	1922.77	2295.53	372.76
21.5	371.79	0.002360	0.004466	1932.79	2282.59	349.80
21.6	372.18	0.002403	0.004343	1943.94	2268.14	324.20
21.7	372.56	0.002453	0.004207	1956.67	2251.59	294.91
21.8	372.94	0.002517	0.004053	1971.85	2231.89	260.04
21.9	373.33	0.002604	0.003868	1991.41	2206.80	215.39
22.0	373.71	0.002750	0.003609	2021.91	2169.25	147.34
22.064	373.95	0.003106		2087.550		

表 A.4 水和过热蒸汽热力学基本参数

t/℃	0.10MPa t_s=99.61℃		0.12MPa t_s=104.78℃		0.14MPa t_s=109.29℃		0.16MPa t_s=113.30℃		0.18MPa t_s=116.91℃		0.20MPa t_s=120.21℃	
	ν' 0.001043 ν'' 1.694 /(m^3/kg)	h' 417.44 h'' 2675.0 /(kJ/kg)	ν' 0.001047 ν'' 1.428 /(m^3/kg)	h' 439.30 h'' 2683.1 /(kJ/kg)	ν' 0.001051 ν'' 1.237 /(m^3/kg)	h' 458.37 h'' 2690.0 /(kJ/kg)	ν' 0.001054 ν'' 1.0914 /(m^3/kg)	h' 475.34 h'' 2696.0 /(kJ/kg)	ν' 0.001058 ν'' 0.9775 /(m^3/kg)	h' 490.67 h'' 2701.4 /(kJ/kg)	ν' 0.001061 ν'' 0.8857 /(m^3/kg)	h' 504.68 h'' 2706.2 /(kJ/kg)
0	0.0010000	0.060	0.0010000	0.080	0.0010000	0.100	0.0010000	0.121	0.0010000	0.141	0.0010000	0.162
10	0.0010003	42.12	0.0010003	42.14	0.0010003	42.16	0.0010003	42.18	0.0010003	42.20	0.0010003	42.21
20	0.0010018	84.00	0.0010018	84.03	0.0010018	84.05	0.0010018	84.07	0.0010018	84.09	0.0010018	84.11
30	0.0010044	125.83	0.0010044	125.85	0.0010043	125.87	0.0010043	125.89	0.0010043	125.91	0.0010043	125.92
40	0.0010078	167.62	0.0010078	167.64	0.0010078	167.66	0.0010078	167.68	0.0010078	167.69	0.0010078	167.71
50	0.0010121	209.41	0.0010121	209.43	0.0010121	209.45	0.0010121	209.46	0.0010121	209.48	0.0010121	209.50
60	0.0010171	251.22	0.0010171	251.24	0.0010171	251.26	0.0010170	251.27	0.0010170	251.29	0.0010170	251.31
70	0.0010227	293.07	0.0010227	293.09	0.0010227	293.11	0.0010227	293.12	0.0010227	293.14	0.0010227	293.16
80	0.0010290	334.99	0.0010290	335.01	0.0010290	335.02	0.0010290	335.04	0.0010290	335.05	0.0010290	335.07
90	0.0010359	376.99	0.0010359	377.01	0.0010359	377.02	0.0010359	377.04	0.0010359	377.05	0.0010359	377.07
100	1.69596	2675.8	0.0010434	419.11	0.0010434	419.13	0.0010434	419.14	0.0010434	419.16	0.0010434	419.17
110	1.74482	2696.3	1.44990	2693.9	1.23916	2691.5	0.0010516	461.38	0.0010516	461.39	0.0010516	461.40
120	1.79324	2716.6	1.49068	2714.5	1.27451	2712.4	1.11235	2710.3	0.98618	2708.0	0.0010603	503.79
130	1.84132	2736.7	1.53110	2734.9	1.30948	2733.0	1.14323	2731.1	1.01390	2729.2	0.91041	2727.3
140	1.88913	2756.7	1.57124	2755.1	1.34415	2753.4	1.17381	2751.7	1.04131	2750.0	0.93528	2748.3
150	1.93673	2776.6	1.61116	2775.1	1.37860	2773.6	1.20416	2772.1	1.06846	2770.6	0.95989	2769.1
160	1.98414	2796.4	1.65090	2795.1	1.41285	2793.8	1.23431	2792.4	1.09542	2791.0	0.98430	2789.7
170	2.03140	2816.2	1.69048	2815.0	1.44695	2813.8	1.26429	2812.6	1.12222	2811.3	1.00854	2810.1
180	2.07853	2836.0	1.72993	2834.9	1.48092	2833.8	1.29415	2832.6	1.14887	2831.5	1.03265	2830.4

续表

t/℃	0.10MPa t_s=99.61℃		0.12MPa t_s=104.78℃		0.14MPa t_s=109.29℃		0.16MPa t_s=113.30℃		0.18MPa t_s=116.91℃		0.20MPa t_s=120.21℃	
	ν' 0.001043 ν'' 1.694 /(m^3/kg)	h' 417.44 h'' 2675.0 /(kJ/kg)	ν' 0.001047 ν'' 1.428 /(m^3/kg)	h' 439.30 h'' 2683.1 /(kJ/kg)	ν' 0.001051 ν'' 1.237 /(m^3/kg)	h' 458.37 h'' 2690.0 /(kJ/kg)	ν' 0.001054 ν'' 1.0914 /(m^3/kg)	h' 475.34 h'' 2696.0 /(kJ/kg)	ν' 0.001058 ν'' 0.9775 /(m^3/kg)	h' 490.67 h'' 2701.4 /(kJ/kg)	ν' 0.001061 ν'' 0.8857 /(m^3/kg)	h' 504.68 h'' 2706.2 /(kJ/kg)
190	2.12556	2855.7	1.76927	2854.7	1.51476	2853.7	1.32389	2852.7	1.17541	2851.7	1.05663	2850.6
200	2.17249	2875.5	1.80852	2874.5	1.54853	2873.6	1.35353	2872.7	1.20186	2871.7	1.08052	2870.8
210	2.21935	2895.2	1.84769	2894.4	1.58221	2893.5	1.38309	2892.6	1.22822	2891.8	1.10432	2890.9
220	2.26614	2915.0	1.88679	2914.2	1.61582	2913.4	1.41259	2912.6	1.25451	2911.8	1.12805	2911.0
230	2.31287	2934.8	1.92583	2934.1	1.64937	2933.3	1.44202	2932.6	1.28075	2931.8	1.15172	2931.1
240	2.35955	2954.7	1.96482	2954.0	1.68287	2953.3	1.47140	2952.6	1.30692	2951.9	1.17534	2951.2
250	2.40619	2974.5	2.00377	2973.9	1.71632	2973.2	1.50074	2972.6	1.33306	2971.9	1.19891	2971.3
260	2.45279	2994.4	2.04268	2993.8	1.74974	2993.2	1.53003	2992.6	1.35915	2992.0	1.22244	2991.4
270	2.49935	3014.4	2.08155	3013.8	1.78312	3013.2	1.55929	3012.7	1.38520	3012.1	1.24593	3011.5
280	2.54588	3034.4	2.12039	3033.9	1.81646	3033.3	1.58852	3032.8	1.41123	3032.2	1.26939	3031.7
290	2.59239	3054.4	2.15920	3053.9	1.84978	3053.4	1.61772	3052.9	1.43722	3052.4	1.29282	3051.9
300	2.63887	3074.5	2.19799	3074.1	1.88308	3073.6	1.64689	3073.1	1.46319	3072.6	1.31623	3072.1
310	2.68533	3094.7	2.23676	3094.2	1.91635	3093.8	1.67605	3093.3	1.48914	3092.8	1.33962	3092.4
320	2.73176	3114.9	2.27550	3114.4	1.94960	3114.0	1.70518	3113.6	1.51507	3113.1	1.36298	3112.7
330	2.77818	3135.1	2.31423	3134.7	1.98284	3134.3	1.73429	3133.9	1.54098	3133.5	1.38632	3133.0
340	2.82458	3155.5	2.35294	3155.0	2.01605	3154.6	1.76339	3154.2	1.56687	3153.8	1.40965	3153.4
350	2.87097	3175.8	2.39164	3175.4	2.04925	3175.0	1.79247	3174.7	1.59274	3174.3	1.43296	3173.9
360	2.91735	3196.2	2.43032	3195.9	2.08244	3195.5	1.82153	3195.1	1.61860	3194.8	1.45626	3194.4
370	2.96371	3216.7	2.46899	3216.4	2.11562	3216.0	1.85059	3215.7	1.64445	3215.3	1.47955	3215.0

续表

t/℃	0.10MPa t_s=99.61℃		0.12MPa t_s=104.78℃		0.14MPa t_s=109.29℃		0.16MPa t_s=113.30℃		0.18MPa t_s=116.91℃		0.20MPa t_s=120.21℃	
	ν' 0.001043 ν'' 1.694 /(m^3/kg)	h' 417.44 h'' 2675.0 /(kJ/kg)	ν' 0.001047 ν'' 1.428 /(m^3/kg)	h' 439.30 h'' 2683.1 /(kJ/kg)	ν' 0.001051 ν'' 1.237 /(m^3/kg)	h' 458.37 h'' 2690.0 /(kJ/kg)	ν' 0.001054 ν'' 1.0914 /(m^3/kg)	h' 475.34 h'' 2696.0 /(kJ/kg)	ν' 0.001058 ν'' 0.9775 /(m^3/kg)	h' 490.67 h'' 2701.4 /(kJ/kg)	ν' 0.001061 ν'' 0.8857 /(m^3/kg)	h' 504.68 h'' 2706.2 /(kJ/kg)
380	3.01006	3237.3	2.50764	3236.9	2.14878	3236.6	1.87963	3236.3	1.67029	3235.9	1.50282	3235.6
390	3.05639	3257.9	2.54629	3257.6	2.18193	3257.2	1.90866	3256.9	1.69612	3256.6	1.52608	3256.3
400	3.10272	3278.5	2.58493	3278.2	2.21507	3277.9	1.93768	3277.6	1.72194	3277.3	1.54934	3277.0
410	3.14904	3299.3	2.62355	3299.0	2.24821	3298.7	1.96670	3298.4	1.74774	3298.1	1.57258	3297.8
420	3.19535	3320.1	2.66217	3319.8	2.28133	3319.5	1.99570	3319.2	1.77354	3318.9	1.59581	3318.6
430	3.24165	3340.9	2.70078	3340.6	2.31445	3340.4	2.02469	3340.1	1.79933	3339.8	1.61904	3339.5
440	3.28795	3361.8	2.73939	3361.6	2.34755	3361.3	2.05368	3361.0	1.82511	3360.8	1.64226	3360.5
450	3.33424	3382.8	2.77798	3382.6	2.38066	3382.3	2.08266	3382.0	1.85089	3381.8	1.66547	3381.5
460	3.38052	3403.9	2.81657	3403.6	2.41375	3403.4	2.11164	3403.1	1.87666	3402.9	1.68868	3402.6
470	3.42679	3425.0	2.85515	3424.7	2.44684	3424.5	2.14060	3424.3	1.90242	3424.0	1.71187	3423.8
480	3.47306	3446.2	2.89373	3445.9	2.47992	3445.7	2.16957	3445.5	1.92818	3445.2	1.73507	3445.0
490	3.51932	3467.4	2.93230	3467.2	2.51300	3467.0	2.19852	3466.7	1.95393	3466.5	1.75825	3466.3
500	3.56558	3488.7	2.97087	3488.5	2.54607	3488.3	2.22747	3488.1	1.97968	3487.9	1.78144	3487.6
510	3.61184	3510.1	3.00943	3509.9	2.57914	3509.7	2.25642	3509.5	2.00542	3509.3	1.80462	3509.1
520	3.65809	3531.5	3.04799	3531.3	2.61220	3531.1	2.28536	3530.9	2.03116	3530.7	1.82779	3530.5
530	3.70433	3553.0	3.08654	3552.9	2.64526	3552.7	2.31430	3552.5	2.05689	3552.3	1.85096	3552.1
540	3.75057	3574.6	3.12509	3574.4	2.67832	3574.3	2.34324	3574.1	2.08262	3573.9	1.87412	3573.7
550	3.79681	3596.3	3.16364	3596.1	2.71137	3595.9	2.37217	3595.7	2.10834	3595.6	1.89728	3595.4
560	3.84304	3618.0	3.20218	3617.8	2.74441	3617.6	2.40109	3617.5	2.13406	3617.3	1.92044	3617.1

续表

t/℃	0.22MPa t_s=123.25℃		0.24MPa t_s=126.07℃		0.26MPa t_s=128.71℃		0.28MPa t_s=131.19℃		0.30MPa t_s=133.53℃		0.32MPa t_s=135.74℃	
	ν' 0.001063 ν'' 0.8101 /(m^3/kg)	h' 517.62 h'' 2710.6 /(kJ/kg)	ν' 0.001066 ν'' 0.7467 /(m^3/kg)	h' 529.64 h'' 2714.6 /(kJ/kg)	ν' 0.001068 ν'' 0.6928 /(m^3/kg)	h' 540.88 h'' 2718.3 /(kJ/kg)	ν' 0.001071 ν'' 0.6463 /(m^3/kg)	h' 551.46 h'' 2721.7 /(kJ/kg)	ν' 0.001073 ν'' 0.6058 /(m^3/kg)	h' 561.46 h'' 2724.89 /(kJ/kg)	ν' 0.001075 ν'' 0.5702 /(m^3/kg)	h' 570.93 h'' 2727.9 /(kJ/kg)
0	0.0010000	0.182	0.0010000	0.202	0.0009999	0.223	0.0009999	0.243	0.0009999	0.263	0.0009999	0.284
10	0.0010002	42.23	0.0010002	42.25	0.0010002	42.27	0.0010002	42.29	0.0010002	42.31	0.0010002	42.33
20	0.0010017	84.12	0.0010017	84.14	0.0010017	84.16	0.0010017	84.18	0.0010017	84.20	0.0010017	84.22
30	0.0010043	125.94	0.0010043	125.96	0.0010043	125.98	0.0010043	126.00	0.0010043	126.00	0.0010043	126.03
40	0.0010078	167.73	0.0010078	167.75	0.0010078	167.76	0.0010078	167.78	0.0010077	167.80	0.0010077	167.82
50	0.0010120	209.52	0.0010120	209.53	0.0010120	209.55	0.0010120	209.57	0.0010120	209.58	0.0010120	209.60
60	0.0010170	251.32	0.0010170	251.34	0.0010170	251.36	0.0010170	251.37	0.0010170	251.39	0.0010170	251.41
70	0.0010227	293.17	0.0010227	293.19	0.0010227	293.21	0.0010226	293.22	0.0010226	293.24	0.0010226	293.25
80	0.0010290	335.09	0.0010289	335.10	0.0010289	335.12	0.0010289	335.13	0.0010289	335.15	0.0010289	335.17
90	0.0010359	377.08	0.0010359	377.10	0.0010358	377.12	0.0010358	377.13	0.0010358	377.15	0.0010358	377.16
100	0.0010434	419.19	0.0010434	419.20	0.0010434	419.22	0.0010434	419.23	0.0010434	419.25	0.0010433	419.26
110	0.0010515	461.42	0.0010515	461.43	0.0010515	461.45	0.0010515	461.46	0.0010515	461.48	0.0010515	461.49
120	0.0010603	503.80	0.0010603	503.81	0.0010603	503.83	0.0010603	503.84	0.0010603	503.86	0.0010603	503.87
130	0.82571	2725.3	0.75510	2723.2	0.69533	2721.2	0.0010697	546.39	0.0010697	546.41	0.0010697	546.42
140	0.84852	2746.6	0.77619	2744.8	0.71498	2743.0	0.66250	2741.2	0.61699	2739.4	0.57716	2737.5
150	0.87105	2767.5	0.79700	2766.0	0.73433	2764.4	0.68061	2762.8	0.63403	2761.2	0.59327	2759.5
160	0.89338	2788.3	0.81760	2786.9	0.75346	2785.5	0.69848	2784.0	0.65083	2782.6	0.60912	2781.1
170	0.91553	2808.8	0.83801	2807.6	0.77241	2806.3	0.71618	2805.0	0.66744	2803.7	0.62478	2802.4
180	0.93755	2829.3	0.85829	2828.1	0.79122	2827.0	0.73372	2825.8	0.68389	2824.6	0.64028	2823.4

续表

t/℃	0.22MPa t_s=123.25℃		0.24MPa t_s=126.07℃		0.26MPa t_s=128.71℃		0.28MPa t_s=131.19℃		0.30MPa t_s=133.53℃		0.32MPa t_s=135.74℃	
	ν' 0.001063 ν'' 0.8101 /(m³/kg)	h' 517.62 h'' 2710.6 /(kJ/kg)	ν' 0.001066 ν'' 0.7467 /(m³/kg)	h' 529.64 h'' 2714.6 /(kJ/kg)	ν' 0.001068 ν'' 0.6928 /(m³/kg)	h' 540.88 h'' 2718.3 /(kJ/kg)	ν' 0.001071 ν'' 0.6463 /(m³/kg)	h' 551.46 h'' 2721.7 /(kJ/kg)	ν' 0.001073 ν'' 0.6058 /(m³/kg)	h' 561.46 h'' 2724.89 /(kJ/kg)	ν' 0.001075 ν'' 0.5702 /(m³/kg)	h' 570.93 h'' 2727.9 /(kJ/kg)
190	0.95944	2849.6	0.87844	2848.5	0.80990	2847.5	0.75115	2846.4	0.70022	2845.4	0.65566	2844.3
200	0.98123	2869.8	0.89849	2868.9	0.82848	2867.9	0.76846	2866.9	0.71644	2866.0	0.67093	2865.0
210	1.00294	2890.0	0.91846	2889.1	0.84697	2888.2	0.78569	2887.4	0.73258	2886.5	0.68610	2885.6
220	1.02458	2910.2	0.93835	2909.4	0.86539	2908.5	0.80284	2907.7	0.74864	2906.9	0.70120	2906.1
230	1.04616	2930.3	0.95818	2929.6	0.88374	2928.8	0.81993	2928.0	0.76463	2927.3	0.71624	2926.5
240	1.06768	2950.5	0.97796	2949.8	0.90204	2949.0	0.83696	2948.3	0.78056	2947.6	0.73121	2946.9
250	1.08915	2970.6	0.99769	2969.9	0.92029	2969.3	0.85395	2968.6	0.79645	2967.9	0.74614	2967.3
260	1.11058	2990.7	1.01737	2990.1	0.93850	2989.5	0.87089	2988.9	0.81230	2988.2	0.76103	2987.6
270	1.13198	3010.9	1.03702	3010.3	0.95667	3009.7	0.88779	3009.2	0.82810	3008.6	0.77587	3008.0
280	1.15334	3031.1	1.05664	3030.6	0.97481	3030.0	0.90467	3029.5	0.84388	3028.9	0.79069	3028.3
290	1.17468	3051.3	1.07622	3050.8	0.99292	3050.3	0.92151	3049.8	0.85962	3049.2	0.80547	3048.7
300	1.19599	3071.6	1.09579	3071.1	1.01100	3070.6	0.93833	3070.1	0.87534	3069.6	0.82023	3069.1
310	1.21728	3091.9	1.11533	3091.4	1.02906	3090.9	0.95512	3090.5	0.89103	3090.0	0.83496	3089.5
320	1.23854	3112.2	1.13484	3111.8	1.04710	3111.3	0.97189	3110.9	0.90671	3110.4	0.84967	3110.0
330	1.25979	3132.6	1.15434	3132.2	1.06512	3131.8	0.98864	3131.3	0.92236	3130.9	0.86437	3130.5
340	1.28102	3153.0	1.17383	3152.6	1.08312	3152.2	1.00538	3151.8	0.93800	3151.4	0.87904	3151.0
350	1.30224	3173.5	1.19329	3173.1	1.10111	3172.7	1.02210	3172.3	0.95362	3172.0	0.89370	3171.6
360	1.32344	3194.0	1.21275	3193.7	1.11909	3193.3	1.03881	3192.9	0.96923	3192.6	0.90835	3192.2
370	1.34462	3214.6	1.23219	3214.3	1.13705	3213.9	1.05550	3213.5	0.98482	3213.2	0.92298	3212.8

续表

t/℃	0. 22MPa t_s=123. 25℃		0. 24MPa t_s=126. 07℃		0. 26MPa t_s=128. 71℃		0. 28MPa t_s=131. 19℃		0. 30MPa t_s=133. 53℃		0. 32MPa t_s=135. 74℃	
	ν' 0. 001063 ν'' 0. 8101 /(m³/kg)	h' 517. 62 h'' 2710. 6 /(kJ/kg)	ν' 0. 001066 ν'' 0. 7467 /(m³/kg)	h' 529. 64 h'' 2714. 6 /(kJ/kg)	ν' 0. 001068 ν'' 0. 6928 /(m³/kg)	h' 540. 88 h'' 2718. 3 /(kJ/kg)	ν' 0. 001071 ν'' 0. 6463 /(m³/kg)	h' 551. 46 h'' 2721. 7 /(kJ/kg)	ν' 0. 001073 ν'' 0. 6058 /(m³/kg)	h' 561. 46 h'' 2724. 89 /(kJ/kg)	ν' 0. 001075 ν'' 0. 5702 /(m³/kg)	h' 570. 93 h'' 2727. 9 /(kJ/kg)
380	1. 36580	3235. 2	1. 25161	3234. 9	1. 15500	3234. 6	1. 07218	3234. 2	1. 00041	3233. 9	0. 93760	3233. 5
390	1. 38696	3255. 9	1. 27103	3255. 6	1. 17293	3255. 3	1. 08885	3255. 0	1. 01598	3254. 6	0. 95221	3254. 3
400	1. 40812	3276. 7	1. 29044	3276. 4	1. 19086	3276. 0	1. 10551	3275. 7	1. 03154	3275. 4	0. 96681	3275. 1
410	1. 42926	3297. 5	1. 30983	3297. 2	1. 20878	3296. 9	1. 12216	3296. 6	1. 04709	3296. 3	0. 98140	3296. 0
420	1. 45040	3318. 3	1. 32922	3318. 0	1. 22669	3317. 8	1. 13880	3317. 5	1. 06263	3317. 2	0. 99598	3316. 9
430	1. 47153	3339. 3	1. 34860	3339. 0	1. 24459	3338. 7	1. 15543	3338. 4	1. 07817	3338. 1	1. 01056	3337. 9
440	1. 49265	3360. 2	1. 36798	3360. 0	1. 26248	3359. 7	1. 17206	3359. 4	1. 09369	3359. 2	1. 02512	3358. 9
450	1. 51376	3381. 3	1. 38734	3381. 0	1. 28037	3380. 8	1. 18868	3380. 5	1. 10921	3380. 2	1. 03968	3380. 0
460	1. 53487	3402. 4	1. 40670	3402. 1	1. 29825	3401. 9	1. 20529	3401. 6	1. 12473	3401. 4	1. 05423	3401. 1
470	1. 55597	3423. 5	1. 42605	3423. 3	1. 31612	3423. 1	1. 22190	3422. 8	1. 14023	3422. 6	1. 06878	3422. 3
480	1. 57707	3444. 8	1. 44540	3444. 5	1. 33399	3444. 3	1. 23850	3444. 1	1. 15573	3443. 8	1. 08332	3443. 6
490	1. 59816	3466. 1	1. 46474	3465. 8	1. 35185	3465. 6	1. 25509	3465. 4	1. 17123	3465. 2	1. 09785	3465. 0
500	1. 61924	3487. 4	1. 48408	3487. 2	1. 36971	3487. 0	1. 27168	3486. 8	1. 18672	3486. 6	1. 11238	3486. 3
510	1. 64032	3508. 8	1. 50341	3508. 6	1. 38756	3508. 4	1. 28827	3508. 2	1. 20221	3508. 0	1. 12691	3507. 8
520	1. 66140	3530. 3	1. 52274	3530. 1	1. 40541	3529. 9	1. 30485	3529. 7	1. 21769	3529. 5	1. 14143	3529. 3
530	1. 68247	3551. 9	1. 54206	3551. 7	1. 42326	3551. 5	1. 32142	3551. 3	1. 23317	3551. 1	1. 15594	3550. 9
540	1. 70354	3573. 5	1. 56138	3573. 3	1. 44110	3573. 1	1. 33799	3572. 9	1. 24864	3572. 8	1. 17045	3572. 6
550	1. 72460	3595. 2	1. 58070	3595. 0	1. 45893	3594. 8	1. 35456	3594. 6	1. 26411	3594. 5	1. 18496	3594. 3
560	1. 74566	3616. 9	1. 60001	3616. 8	1. 47676	3616. 6	1. 37113	3616. 4	1. 27957	3616. 2	1. 19947	3616. 1

续表

t/℃	0.34MPa t_s=137.85℃		0.36MPa t_s=139.85℃		0.38MPa t_s=141.77℃		0.40MPa t_s=143.61℃		0.42MPa t_s=145.38℃		0.44MPa t_s=147.08℃	
	v' 0.001078 v'' 0.5387 /(m³/kg)	h' 579.96 h'' 2730.6 /(kJ/kg)	v' 0.001080 v'' 0.5105 /(m³/kg)	h' 588.57 h'' 2733.3 /(kJ/kg)	v' 0.001082 v'' 0.4852 /(m³/kg)	h' 596.81 h'' 2735.7 /(kJ/kg)	v' 0.001084 v'' 0.4624 /(m³/kg)	h' 604.72 h'' 2738.1 /(kJ/kg)	v' 0.001085 v'' 0.4417 /(m³/kg)	h' 612.33 h'' 2740.3 /(kJ/kg)	v' 0.001087 v'' 0.4227 /(m³/kg)	h' 619.66 h'' 2742.4 /(kJ/kg)
0	0.0009999	0.304	0.0009999	0.324	0.0009999	0.345	0.0009999	0.365	0.0009999	0.386	0.0009999	0.406
10	0.0010002	42.35	0.0010002	42.37	0.0010002	42.39	0.0010002	42.41	0.0010001	42.43	0.0010001	42.45
20	0.0010017	84.24	0.0010017	84.26	0.0010017	84.28	0.0010017	84.29	0.0010017	84.31	0.0010016	84.33
30	0.0010043	126.05	0.0010043	126.07	0.0010042	126.09	0.0010042	126.11	0.0010042	126.12	0.0010042	126.14
40	0.0010077	167.84	0.0010077	167.85	0.0010077	167.87	0.0010077	167.89	0.0010077	167.91	0.0010077	167.92
50	0.0010120	209.62	0.0010120	209.64	0.0010120	209.65	0.0010120	209.67	0.0010120	209.69	0.0010119	209.71
60	0.0010170	251.42	0.0010170	251.44	0.0010170	251.46	0.0010169	251.47	0.0010169	251.49	0.0010169	251.51
70	0.0010226	293.27	0.0010226	293.29	0.0010226	293.30	0.0010226	293.32	0.0010226	293.34	0.0010226	293.35
80	0.0010289	335.18	0.0010289	335.20	0.0010289	335.21	0.0010289	335.23	0.0010289	335.25	0.0010289	335.26
90	0.0010358	377.18	0.0010358	377.19	0.0010358	377.21	0.0010358	377.22	0.0010358	377.24	0.0010358	377.25
100	0.0010433	419.28	0.0010433	419.29	0.0010433	419.31	0.0010433	419.32	0.0010433	419.34	0.0010433	419.35
110	0.0010515	461.51	0.0010515	461.52	0.0010515	461.54	0.0010514	461.55	0.0010514	461.56	0.0010514	461.58
120	0.0010602	503.88	0.0010602	503.90	0.0010602	503.91	0.0010602	503.93	0.0010602	503.94	0.0010602	503.95
130	0.0010697	546.44	0.0010697	546.45	0.0010696	546.46	0.0010696	546.48	0.0010696	546.49	0.0010696	546.50
140	0.54200	2735.6	0.51073	2733.6	0.0010797	589.21	0.0010797	589.23	0.0010797	589.24	0.0010797	589.25
150	0.55729	2757.9	0.52530	2756.2	0.49667	2754.5	0.47089	2752.8	0.44755	2751.0	0.42632	2749.2
160	0.57231	2779.7	0.53959	2778.2	0.51030	2776.7	0.48394	2775.2	0.46007	2773.7	0.43838	2772.1
170	0.58714	2801.1	0.55367	2799.8	0.52372	2798.4	0.49676	2797.1	0.47236	2795.7	0.45018	2794.4
180	0.60180	2822.3	0.56759	2821.1	0.53698	2819.9	0.50942	2818.6	0.48448	2817.4	0.46181	2816.2

续表

t/℃	0.34MPa t_s=137.85℃		0.36MPa t_s=139.85℃		0.38MPa t_s=141.77℃		0.40MPa t_s=143.61℃		0.42MPa t_s=145.38℃		0.44MPa t_s=147.08℃	
	ν' 0.001078 ν'' 0.5387 /(m³/kg)	h' 579.96 h'' 2730.6 /(kJ/kg)	ν' 0.001080 ν'' 0.5105 /(m³/kg)	h' 588.57 h'' 2733.3 /(kJ/kg)	ν' 0.001082 ν'' 0.4852 /(m³/kg)	h' 596.81 h'' 2735.7 /(kJ/kg)	ν' 0.001084 ν'' 0.4624 /(m³/kg)	h' 604.72 h'' 2738.1 /(kJ/kg)	ν' 0.001085 ν'' 0.4417 /(m³/kg)	h' 612.33 h'' 2740.3 /(kJ/kg)	ν' 0.001087 ν'' 0.4227 /(m³/kg)	h' 619.66 h'' 2742.4 /(kJ/kg)
190	0.61633	2843.2	0.58138	2842.1	0.55009	2841.0	0.52194	2839.9	0.49646	2838.8	0.47330	2837.7
200	0.63076	2864.0	0.59505	2863.0	0.56310	2862.0	0.53434	2861.0	0.50832	2860.0	0.48466	2859.0
210	0.64509	2884.6	0.60864	2883.7	0.57602	2882.8	0.54666	2881.9	0.52009	2881.0	0.49594	2880.0
220	0.65935	2905.2	0.62214	2904.4	0.58885	2903.5	0.55889	2902.7	0.53177	2901.8	0.50712	2901.0
230	0.67354	2925.7	0.63558	2924.9	0.60162	2924.2	0.57105	2923.4	0.54339	2922.6	0.51824	2921.8
240	0.68767	2946.2	0.64896	2945.4	0.61432	2944.7	0.58315	2944.0	0.55494	2943.3	0.52930	2942.5
250	0.70175	2966.6	0.66229	2965.9	0.62698	2965.2	0.59520	2964.6	0.56645	2963.9	0.54031	2963.2
260	0.71579	2987.0	0.67557	2986.4	0.63959	2985.7	0.60721	2985.1	0.57790	2984.5	0.55127	2983.8
270	0.72979	3007.4	0.68882	3006.8	0.65216	3006.2	0.61917	3005.6	0.58932	3005.0	0.56219	3004.4
280	0.74375	3027.8	0.70203	3027.2	0.66470	3026.7	0.63111	3026.1	0.60071	3025.5	0.57307	3025.0
290	0.75769	3048.2	0.71521	3047.7	0.67721	3047.1	0.64301	3046.6	0.61206	3046.1	0.58393	3045.5
300	0.77160	3068.6	0.72837	3068.1	0.68969	3067.6	0.65488	3067.1	0.62339	3066.6	0.59476	3066.1
310	0.78548	3089.1	0.74150	3088.6	0.70215	3088.1	0.66674	3087.6	0.63469	3087.2	0.60556	3086.7
320	0.79935	3109.5	0.75461	3109.1	0.71459	3108.6	0.67857	3108.2	0.64597	3107.7	0.61634	3107.3
330	0.81319	3130.0	0.76771	3129.6	0.72701	3129.2	0.69038	3128.8	0.65723	3128.3	0.62711	3127.9
340	0.82702	3150.6	0.78078	3150.2	0.73941	3149.8	0.70217	3149.4	0.66848	3149.0	0.63785	3148.6
350	0.84083	3171.2	0.79384	3170.8	0.75179	3170.4	0.71395	3170.0	0.67971	3169.6	0.64858	3169.2
360	0.85463	3191.8	0.80688	3191.4	0.76416	3191.1	0.72571	3190.7	0.69092	3190.3	0.65929	3189.9
370	0.86842	3212.5	0.81991	3212.1	0.77652	3211.8	0.73746	3211.4	0.70212	3211.1	0.66999	3210.7

续表

t/℃	0.34MPa t_s=137.85℃		0.36MPa t_s=139.85℃		0.38MPa t_s=141.77℃		0.40MPa t_s=143.61℃		0.42MPa t_s=145.38℃		0.44MPa t_s=147.08℃	
	v' 0.001078 v'' 0.5387 /(m³/kg)	h' 579.96 h'' 2730.6 /(kJ/kg)	v' 0.001080 v'' 0.5105 /(m³/kg)	h' 588.57 h'' 2733.3 /(kJ/kg)	v' 0.001082 v'' 0.4852 /(m³/kg)	h' 596.81 h'' 2735.7 /(kJ/kg)	v' 0.001084 v'' 0.4624 /(m³/kg)	h' 604.72 h'' 2738.1 /(kJ/kg)	v' 0.001085 v'' 0.4417 /(m³/kg)	h' 612.33 h'' 2740.3 /(kJ/kg)	v' 0.001087 v'' 0.4227 /(m³/kg)	h' 619.66 h'' 2742.4 /(kJ/kg)
380	0.88219	3233.2	0.83293	3232.9	0.78886	3232.5	0.74920	3232.2	0.71331	3231.8	0.68068	3231.5
390	0.89595	3254.0	0.84594	3253.7	0.80119	3253.3	0.76092	3253.0	0.72448	3252.7	0.69136	3252.3
400	0.90970	3274.8	0.85894	3274.5	0.81352	3274.2	0.77264	3273.9	0.73565	3273.5	0.70203	3273.2
410	0.92344	3295.7	0.87193	3295.4	0.82583	3295.1	0.78434	3294.8	0.74681	3294.5	0.71268	3294.2
420	0.93718	3316.6	0.88490	3316.3	0.83813	3316.0	0.79604	3315.7	0.75796	3315.4	0.72333	3315.2
430	0.95090	3337.6	0.89787	3337.3	0.85043	3337.0	0.80773	3336.8	0.76909	3336.5	0.73397	3336.2
440	0.96462	3358.6	0.91084	3358.4	0.86272	3358.1	0.81941	3357.8	0.78023	3357.6	0.74460	3357.3
450	0.97833	3379.7	0.92379	3379.5	0.87500	3379.2	0.83108	3379.0	0.79135	3378.7	0.75523	3378.4
460	0.99203	3400.9	0.93674	3400.6	0.88727	3400.4	0.84275	3400.1	0.80247	3399.9	0.76585	3399.6
470	1.00573	3422.1	0.94969	3421.9	0.89954	3421.6	0.85441	3421.4	0.81358	3421.2	0.77646	3420.9
480	1.01942	3443.4	0.96262	3443.2	0.91180	3442.9	0.86607	3442.7	0.82469	3442.5	0.78707	3442.2
490	1.03311	3464.7	0.97556	3464.5	0.92406	3464.3	0.87772	3464.1	0.83579	3463.8	0.79767	3463.6
500	1.04679	3486.1	0.98848	3485.9	0.93631	3485.7	0.88936	3485.5	0.84688	3485.3	0.80826	3485.1
510	1.06046	3507.6	1.00140	3507.4	0.94856	3507.2	0.90100	3507.0	0.85797	3506.8	0.81886	3506.6
520	1.07414	3529.1	1.01432	3528.9	0.96080	3528.7	0.91264	3528.5	0.86906	3528.3	0.82944	3528.1
530	1.08780	3550.7	1.02723	3550.5	0.97304	3550.3	0.92427	3550.1	0.88014	3549.9	0.84002	3549.7
540	1.10147	3572.4	1.04014	3572.2	0.98528	3572.0	0.93590	3571.8	0.89122	3571.6	0.85060	3571.4
550	1.11513	3594.1	1.05305	3593.9	0.99751	3593.7	0.94752	3593.6	0.90229	3593.4	0.86118	3593.2
560	1.12878	3615.9	1.06595	3615.7	1.00973	3615.5	0.95914	3615.4	0.91336	3615.2	0.87175	3615.0

续表

t/℃	0.46MPa t_s=148.72℃		0.48MPa t_s=150.30℃		0.50MPa t_s=151.84℃		0.55MPa t_s=155.46℃		0.60MPa t_s=158.83℃		0.65MPa t_s=161.99℃	
	ν' 0.001089 ν'' 0.4054 /(m³/kg)	h' 626.73 h'' 2744.4 /(kJ/kg)	ν' 0.001091 ν'' 0.3895 /(m³/kg)	h' 633.57 h'' 2746.3 /(kJ/kg)	ν' 0.001093 ν'' 0.3748 /(m³/kg)	h' 640.19 h'' 2748.1 /(kJ/kg)	ν' 0.001097 ν'' 0.3426 /(m³/kg)	h' 655.80 h'' 2752.3 /(kJ/kg)	ν' 0.001101 ν'' 0.3156 /(m³/kg)	h' 670.50 h'' 2756.1 /(kJ/kg)	ν' 0.001104 ν'' 0.2926 /(m³/kg)	h' 684.20 h'' 2759.6 /(kJ/kg)
0	0.0009998	0.426	0.0009998	0.447	0.0009998	0.467	0.0009998	0.518	0.0009998	0.569	0.0009998	0.620
10	0.0010001	42.47	0.0010001	42.49	0.0010001	42.51	0.0010001	42.56	0.0010001	42.60	0.0010000	42.65
20	0.0010016	84.35	0.0010016	84.37	0.0010016	84.39	0.0010016	84.44	0.0010016	84.48	0.0010015	84.53
30	0.0010042	126.16	0.0010042	126.18	0.0010042	126.20	0.0010042	126.24	0.0010041	126.29	0.0010041	126.33
40	0.0010077	167.94	0.0010077	167.96	0.0010077	167.98	0.0010076	168.02	0.0010076	168.07	0.0010076	168.11
50	0.0010119	209.72	0.0010119	209.74	0.0010119	209.76	0.0010119	209.80	0.0010119	209.84	0.0010119	209.89
60	0.0010169	251.52	0.0010169	251.54	0.0010169	251.56	0.0010169	251.60	0.0010169	251.64	0.0010168	251.68
70	0.0010226	293.37	0.0010226	293.38	0.0010225	293.40	0.0010225	293.44	0.0010225	293.48	0.0010225	293.52
80	0.0010288	335.28	0.0010288	335.29	0.0010288	335.31	0.0010288	335.35	0.0010288	335.39	0.0010288	335.43
90	0.0010358	377.27	0.0010357	377.29	0.0010357	377.30	0.0010357	377.34	0.0010357	377.38	0.0010357	377.42
100	0.0010433	419.37	0.0010433	419.38	0.0010433	419.40	0.0010432	419.44	0.0010432	419.47	0.0010432	419.51
110	0.0010514	461.59	0.0010514	461.61	0.0010514	461.62	0.0010514	461.66	0.0010513	461.70	0.0010513	461.73
120	0.0010602	503.97	0.0010602	503.98	0.0010602	504.00	0.0010601	504.03	0.0010601	504.07	0.0010601	504.10
130	0.0010696	546.52	0.0010696	546.53	0.0010696	546.54	0.0010695	546.58	0.0010695	546.61	0.0010695	546.64
140	0.0010797	589.26	0.0010797	589.28	0.0010797	589.29	0.0010796	589.32	0.0010796	589.35	0.0010796	589.39
150	0.40694	2747.4	0.0010905	632.25	0.0010905	632.27	0.0010905	632.30	0.0010904	632.33	0.0010904	632.36
160	0.41856	2770.6	0.40039	2769.0	0.38366	2767.4	0.34714	2763.3	0.31667	2759.0	0.0011020	675.59
170	0.42992	2793.0	0.41135	2791.6	0.39425	2790.2	0.35694	2786.6	0.32582	2783.0	0.29947	2779.2
180	0.44111	2814.9	0.42212	2813.7	0.40466	2812.4	0.36653	2809.3	0.33474	2806.0	0.30783	2802.7

续表

t/℃	0.46MPa t_s=148.72℃		0.48MPa t_s=150.30℃		0.50MPa t_s=151.84℃		0.55MPa t_s=155.46℃		0.60MPa t_s=158.83℃		0.65MPa t_s=161.99℃	
	v' 0.001089 v'' 0.4054 /(m^3/kg)	h' 626.73 h'' 2744.4 /(kJ/kg)	v' 0.001091 v'' 0.3895 /(m^3/kg)	h' 633.57 h'' 2746.3 /(kJ/kg)	v' 0.001093 v'' 0.3748 /(m^3/kg)	h' 640.19 h'' 2748.1 /(kJ/kg)	v' 0.001097 v'' 0.3426 /(m^3/kg)	h' 655.80 h'' 2752.3 /(kJ/kg)	v' 0.001101 v'' 0.3156 /(m^3/kg)	h' 670.50 h'' 2756.1 /(kJ/kg)	v' 0.001104 v'' 0.2926 /(m^3/kg)	h' 684.20 h'' 2759.6 /(kJ/kg)
190	0.45214	2836.6	0.43275	2835.5	0.41491	2834.3	0.37596	2831.5	0.34350	2828.6	0.31601	2825.6
200	0.46306	2858.0	0.44326	2856.9	0.42503	2855.9	0.38527	2853.3	0.35212	2850.7	0.32406	2848.0
210	0.47388	2879.1	0.45366	2878.2	0.43506	2877.2	0.39447	2874.9	0.36063	2872.5	0.33199	2870.0
220	0.48462	2900.1	0.46398	2899.3	0.44500	2898.4	0.40358	2896.2	0.36905	2894.0	0.33983	2891.8
230	0.49528	2921.0	0.47423	2920.2	0.45487	2919.4	0.41261	2917.4	0.37739	2915.4	0.34759	2913.3
240	0.50589	2941.8	0.48442	2941.1	0.46468	2940.3	0.42159	2938.4	0.38567	2936.6	0.35528	2934.7
250	0.51644	2962.5	0.49456	2961.8	0.47443	2961.1	0.43051	2959.4	0.39390	2957.6	0.36292	2955.9
260	0.52694	2983.2	0.50465	2982.5	0.48414	2981.9	0.43938	2980.3	0.40207	2978.6	0.37051	2977.0
270	0.53741	3003.8	0.51470	3003.2	0.49380	3002.6	0.44821	3001.1	0.41021	2999.6	0.37805	2998.0
280	0.54784	3024.4	0.52471	3023.8	0.50343	3023.3	0.45700	3021.9	0.41831	3020.4	0.38556	3019.0
290	0.55824	3045.0	0.53469	3044.5	0.51303	3043.9	0.46576	3042.6	0.42637	3041.3	0.39304	3039.9
300	0.56861	3065.6	0.54465	3065.1	0.52260	3064.6	0.47450	3063.3	0.43441	3062.1	0.40049	3060.8
310	0.57896	3086.2	0.55458	3085.7	0.53215	3085.3	0.48321	3084.1	0.44242	3082.9	0.40791	3081.6
320	0.58929	3106.8	0.56449	3106.4	0.54167	3105.9	0.49189	3104.8	0.45041	3103.7	0.41531	3102.5
330	0.59960	3127.5	0.57438	3127.0	0.55118	3126.6	0.50056	3125.5	0.45838	3124.5	0.42268	3123.4
340	0.60989	3148.1	0.58425	3147.7	0.56067	3147.3	0.50921	3146.3	0.46633	3145.3	0.43004	3144.2
350	0.62016	3168.8	0.59411	3168.5	0.57014	3168.1	0.51784	3167.1	0.47426	3166.1	0.43739	3165.1
360	0.63042	3189.6	0.60395	3189.2	0.57959	3188.8	0.52646	3187.9	0.48218	3187.0	0.44471	3186.0
370	0.64066	3210.3	0.61377	3210.0	0.58904	3209.6	0.53506	3208.7	0.49009	3207.8	0.45203	3206.9

续表

t/℃	0. 46MPa t_s=148. 72℃		0. 48MPa t_s=150. 30℃		0. 50MPa t_s=151. 84℃		0. 55MPa t_s=155. 46℃		0. 60MPa t_s=158. 83℃		0. 65MPa t_s=161. 99℃	
	ν' 0. 001089 ν'' 0. 4054 /(m^3/kg)	h' 626. 73 h'' 2744. 4 /(kJ/kg)	ν' 0. 001091 ν'' 0. 3895 /(m^3/kg)	h' 633. 57 h'' 2746. 3 /(kJ/kg)	ν' 0. 001093 ν'' 0. 3748 /(m^3/kg)	h' 640. 19 h'' 2748. 1 /(kJ/kg)	ν' 0. 001097 ν'' 0. 3426 /(m^3/kg)	h' 655. 80 h'' 2752. 3 /(kJ/kg)	ν' 0. 001101 ν'' 0. 3156 /(m^3/kg)	h' 670. 50 h'' 2756. 1 /(kJ/kg)	ν' 0. 001104 ν'' 0. 2926 /(m^3/kg)	h' 684. 20 h'' 2759. 6 /(kJ/kg)
380	0. 65089	3231. 2	0. 62359	3230. 8	0. 59847	3230. 5	0. 54366	3229. 6	0. 49798	3228. 8	0. 45933	3227. 9
390	0. 66112	3252. 0	0. 63339	3251. 7	0. 60789	3251. 4	0. 55224	3250. 5	0. 50586	3249. 7	0. 46662	3248. 9
400	0. 67133	3272. 9	0. 64318	3272. 6	0. 61729	3272. 3	0. 56081	3271. 5	0. 51373	3270. 7	0. 47390	3269. 9
410	0. 68153	3293. 9	0. 65297	3293. 6	0. 62669	3293. 3	0. 56937	3292. 5	0. 52159	3291. 8	0. 48117	3291. 0
420	0. 69172	3314. 9	0. 66274	3314. 6	0. 63608	3314. 3	0. 57792	3313. 6	0. 52944	3312. 8	0. 48843	3312. 1
430	0. 70190	3335. 9	0. 67251	3335. 6	0. 64546	3335. 4	0. 58646	3334. 7	0. 53729	3334. 0	0. 49568	3333. 3
440	0. 71208	3357. 0	0. 68227	3356. 8	0. 65484	3356. 5	0. 59499	3355. 8	0. 54512	3355. 1	0. 50292	3354. 5
450	0. 72225	3378. 2	0. 69202	3377. 9	0. 66421	3377. 7	0. 60352	3377. 0	0. 55295	3376. 4	0. 51016	3375. 7
460	0. 73241	3399. 4	0. 70176	3399. 2	0. 67357	3398. 9	0. 61204	3398. 3	0. 56077	3397. 7	0. 51739	3397. 0
470	0. 74257	3420. 7	0. 71150	3420. 4	0. 68292	3420. 2	0. 62056	3419. 6	0. 56859	3419. 0	0. 52462	3418. 4
480	0. 75272	3442. 0	0. 72123	3441. 8	0. 69227	3441. 5	0. 62907	3441. 0	0. 57640	3440. 4	0. 53183	3439. 8
490	0. 76286	3463. 4	0. 73096	3463. 2	0. 70161	3462. 9	0. 63757	3462. 4	0. 58420	3461. 8	0. 53905	3461. 3
500	0. 77300	3484. 8	0. 74068	3484. 6	0. 71095	3484. 4	0. 64607	3483. 9	0. 59200	3483. 3	0. 54625	3482. 8
510	0. 78314	3506. 3	0. 75040	3506. 1	0. 72028	3505. 9	0. 65456	3505. 4	0. 59980	3504. 9	0. 55346	3504. 4
520	0. 79327	3527. 9	0. 76011	3527. 7	0. 72961	3527. 5	0. 66305	3527. 0	0. 60759	3526. 5	0. 56065	3526. 0
530	0. 80340	3549. 6	0. 76982	3549. 4	0. 73893	3549. 2	0. 67153	3548. 7	0. 61537	3548. 2	0. 56785	3547. 7
540	0. 81352	3571. 2	0. 77952	3571. 1	0. 74825	3570. 9	0. 68002	3570. 4	0. 62315	3569. 9	0. 57504	3569. 5
550	0. 82364	3593. 0	0. 78923	3592. 8	0. 75757	3592. 6	0. 68849	3592. 2	0. 63093	3591. 7	0. 58222	3591. 3
560	0. 83375	3614. 8	0. 79892	3614. 7	0. 76688	3614. 5	0. 69697	3614. 0	0. 63870	3613. 6	0. 58941	3613. 2

续表

t/℃	0.70MPa t_s=164.95℃		0.75MPa t_s=167.76℃		0.80MPa t_s=170.41℃		0.85MPa t_s=172.94℃		0.90MPa t_s=175.36℃		0.95MPa t_s=177.67℃	
	v' 0.001108 v'' 0.2728 /(m^3/kg)	h' 697.14 h'' 2762.8 /(kJ/kg)	v' 0.001111 v'' 0.2555 /(m^3/kg)	h' 709.40 h'' 2765.6 /(kJ/kg)	v' 0.001115 v'' 0.2403 /(m^3/kg)	h' 721.02 h'' 2768.3 /(kJ/kg)	v' 0.001118 v'' 0.2269 /(m^3/kg)	h' 732.10 h'' 2770.8 /(kJ/kg)	v' 0.001121 v'' 0.2149 /(m^3/kg)	h' 742.72 h'' 2773.0 /(kJ/kg)	v' 0.001124 v'' 0.2041 /(m^3/kg)	h' 752.91 h'' 2775.2 /(kJ/kg)
0	0.0009997	0.671	0.0009997	0.721	0.0009997	0.772	0.0009997	0.823	0.0009996	0.874	0.0009996	0.925
10	0.0010000	42.70	0.0010000	42.75	0.0010000	42.80	0.0009999	42.85	0.0009999	42.90	0.0009999	42.95
20	0.0010015	84.58	0.0010015	84.62	0.0010015	84.67	0.0010015	84.72	0.0010014	84.76	0.0010014	84.81
30	0.0010041	126.38	0.0010041	126.43	0.0010041	126.47	0.0010040	126.52	0.0010040	126.56	0.0010040	126.61
40	0.0010076	168.15	0.0010075	168.20	0.0010075	168.24	0.0010075	168.29	0.0010075	168.33	0.0010075	168.38
50	0.0010118	209.93	0.0010118	209.97	0.0010118	210.02	0.0010118	210.06	0.0010117	210.10	0.0010117	210.14
60	0.0010168	251.73	0.0010168	251.77	0.0010168	251.81	0.0010167	251.85	0.0010167	251.89	0.0010167	251.94
70	0.0010225	293.56	0.0010224	293.61	0.0010224	293.65	0.0010224	293.69	0.0010224	293.73	0.0010223	293.77
80	0.0010287	335.47	0.0010287	335.51	0.0010287	335.55	0.0010287	335.59	0.0010286	335.63	0.0010286	335.67
90	0.0010356	377.46	0.0010356	377.49	0.0010356	377.53	0.0010356	377.57	0.0010355	377.61	0.0010355	377.65
100	0.0010432	419.55	0.0010431	419.59	0.0010431	419.62	0.0010431	419.66	0.0010430	419.70	0.0010430	419.74
110	0.0010513	461.77	0.0010513	461.80	0.0010512	461.84	0.0010512	461.88	0.0010512	461.91	0.0010511	461.95
120	0.0010600	504.14	0.0010600	504.17	0.0010600	504.21	0.0010600	504.24	0.0010600	504.28	0.0010599	504.31
130	0.0010695	546.68	0.0010694	546.71	0.0010694	546.75	0.0010694	546.78	0.0010693	546.81	0.0010693	546.85
140	0.0010795	589.42	0.0010795	589.45	0.0010795	589.48	0.0010795	589.52	0.0010794	589.55	0.0010794	589.58
150	0.0010904	632.39	0.0010903	632.42	0.0010903	632.45	0.0010903	632.48	0.0010902	632.51	0.0010902	632.54
160	0.0011019	675.62	0.0011019	675.65	0.0011019	675.68	0.0011018	675.71	0.0011018	675.74	0.0011017	675.77
170	0.27685	2775.4	0.25723	2771.4	0.0011143	719.21	0.0011142	719.24	0.0011142	719.27	0.0011141	719.29
180	0.28474	2799.4	0.26472	2795.9	0.24718	2792.4	0.23169	2788.8	0.21791	2785.2	0.20555	2781.4

续表

t/℃	0. 70MPa t_s=164. 95℃		0. 75MPa t_s=167. 76℃		0. 80MPa t_s=170. 41℃		0. 85MPa t_s=172. 94℃		0. 90MPa t_s=175. 36℃		0. 95MPa t_s=177. 67℃	
	ν' 0. 001108 ν'' 0. 2728 /(m³/kg)	h' 697. 14 h'' 2762. 8 /(kJ/kg)	ν' 0. 001111 ν'' 0. 2555 /(m³/kg)	h' 709. 40 h'' 2765. 6 /(kJ/kg)	ν' 0. 001115 ν'' 0. 2403 /(m³/kg)	h' 721. 02 h'' 2768. 3 /(kJ/kg)	ν' 0. 001118 ν'' 0. 2269 /(m³/kg)	h' 732. 10 h'' 2770. 8 /(kJ/kg)	ν' 0. 001121 ν'' 0. 2149 /(m³/kg)	h' 742. 72 h'' 2773. 0 /(kJ/kg)	ν' 0. 001124 ν'' 0. 2041 /(m³/kg)	h' 752. 91 h'' 2775. 2 /(kJ/kg)
190	0. 29244	2822. 6	0. 27200	2819. 6	0. 25411	2816. 5	0. 23830	2813. 3	0. 22425	2810. 1	0. 21166	2806. 8
200	0. 29999	2845. 3	0. 27913	2842. 5	0. 26087	2839. 8	0. 24474	2837. 0	0. 23040	2834. 1	0. 21757	2831. 2
210	0. 30743	2867. 6	0. 28614	2865. 1	0. 26751	2862. 6	0. 25106	2860. 0	0. 23643	2857. 4	0. 22333	2854. 8
220	0. 31477	2889. 5	0. 29305	2887. 3	0. 27404	2885. 0	0. 25726	2882. 7	0. 24234	2880. 3	0. 22899	2877. 9
230	0. 32203	2911. 3	0. 29988	2909. 2	0. 28050	2907. 1	0. 26339	2904. 9	0. 24817	2902. 8	0. 23456	2900. 6
240	0. 32923	2932. 8	0. 30664	2930. 8	0. 28688	2928. 9	0. 26943	2926. 9	0. 25393	2925. 0	0. 24005	2923. 0
250	0. 33636	2954. 1	0. 31334	2952. 3	0. 29320	2950. 5	0. 27542	2948. 7	0. 25962	2946. 9	0. 24547	2945. 1
260	0. 34345	2975. 4	0. 31999	2973. 7	0. 29947	2972. 0	0. 28136	2970. 3	0. 26525	2968. 6	0. 25084	2966. 9
270	0. 35049	2996. 5	0. 32660	2994. 9	0. 30569	2993. 4	0. 28724	2991. 8	0. 27084	2990. 2	0. 25617	2988. 6
280	0. 35749	3017. 5	0. 33317	3016. 1	0. 31188	3014. 6	0. 29309	3013. 2	0. 27639	3011. 7	0. 26145	3010. 2
290	0. 36447	3038. 5	0. 33970	3037. 2	0. 31803	3035. 8	0. 29891	3034. 4	0. 28191	3033. 0	0. 26670	3031. 7
300	0. 37141	3059. 5	0. 34620	3058. 2	0. 32415	3056. 9	0. 30469	3055. 6	0. 28739	3054. 3	0. 27191	3053. 0
310	0. 37832	3080. 4	0. 35268	3079. 2	0. 33025	3078. 0	0. 31045	3076. 8	0. 29285	3075. 5	0. 27710	3074. 3
320	0. 38522	3101. 4	0. 35914	3100. 2	0. 33632	3099. 1	0. 31618	3097. 9	0. 29828	3096. 7	0. 28226	3095. 6
330	0. 39209	3122. 3	0. 36557	3121. 2	0. 34237	3120. 1	0. 32189	3119. 0	0. 30369	3117. 9	0. 28741	3116. 8
340	0. 39894	3143. 2	0. 37198	3142. 2	0. 34840	3141. 1	0. 32758	3140. 1	0. 30908	3139. 0	0. 29253	3138. 0
350	0. 40578	3164. 1	0. 37838	3163. 1	0. 35441	3162. 2	0. 33326	3161. 2	0. 31446	3160. 2	0. 29763	3159. 2
360	0. 41260	3185. 1	0. 38476	3184. 1	0. 36041	3183. 2	0. 33892	3182. 2	0. 31982	3181. 3	0. 30272	3180. 3
370	0. 41941	3206. 1	0. 39113	3205. 1	0. 36639	3204. 2	0. 34456	3203. 3	0. 32516	3202. 4	0. 30780	3201. 5

续表

t/℃	0.70MPa t_s=164.95℃		0.75MPa t_s=167.76℃		0.80MPa t_s=170.41℃		0.85MPa t_s=172.94℃		0.90MPa t_s=175.36℃		0.95MPa t_s=177.67℃	
	v' 0.001108 v'' 0.2728 /(m^3/kg)	h' 697.14 h'' 2762.8 /(kJ/kg)	v' 0.001111 v'' 0.2555 /(m^3/kg)	h' 709.40 h'' 2765.6 /(kJ/kg)	v' 0.001115 v'' 0.2403 /(m^3/kg)	h' 721.02 h'' 2768.3 /(kJ/kg)	v' 0.001118 v'' 0.2269 /(m^3/kg)	h' 732.10 h'' 2770.8 /(kJ/kg)	v' 0.001121 v'' 0.2149 /(m^3/kg)	h' 742.72 h'' 2773.0 /(kJ/kg)	v' 0.001124 v'' 0.2041 /(m^3/kg)	h' 752.91 h'' 2775.2 /(kJ/kg)
380	0.42620	3227.0	0.39749	3226.2	0.37236	3225.3	0.35020	3224.5	0.33049	3223.6	0.31286	3222.7
390	0.43298	3248.1	0.40383	3247.3	0.37832	3246.4	0.35582	3245.6	0.33581	3244.8	0.31791	3243.9
400	0.43976	3269.1	0.41017	3268.4	0.38427	3267.5	0.36143	3266.8	0.34112	3266.0	0.32295	3265.2
410	0.44652	3290.2	0.41649	3289.5	0.39021	3288.7	0.36703	3288.0	0.34642	3287.2	0.32798	3286.4
420	0.45327	3311.4	0.42280	3310.7	0.39614	3309.9	0.37262	3309.2	0.35171	3308.5	0.33300	3307.7
430	0.46002	3332.6	0.42911	3331.9	0.40206	3331.2	0.37820	3330.5	0.35699	3329.8	0.33801	3329.1
440	0.46675	3353.8	0.43541	3353.1	0.40798	3352.5	0.38377	3351.8	0.36226	3351.1	0.34301	3350.4
450	0.47348	3375.1	0.44170	3374.4	0.41388	3373.8	0.38934	3373.1	0.36753	3372.5	0.34801	3371.8
460	0.48021	3396.4	0.44798	3395.8	0.41978	3395.2	0.39490	3394.5	0.37278	3393.9	0.35300	3393.3
470	0.48692	3417.8	0.45426	3417.2	0.42568	3416.6	0.40046	3416.0	0.37804	3415.4	0.35798	3414.8
480	0.49364	3439.2	0.46053	3438.6	0.43156	3438.1	0.40600	3437.5	0.38328	3436.9	0.36295	3436.3
490	0.50034	3460.7	0.46680	3460.2	0.43744	3459.6	0.41155	3459.0	0.38852	3458.5	0.36793	3457.9
500	0.50704	3482.3	0.47306	3481.7	0.44332	3481.2	0.41708	3480.6	0.39376	3480.1	0.37289	3479.5
510	0.51374	3503.8	0.47931	3503.3	0.44919	3502.8	0.42261	3502.3	0.39899	3501.8	0.37785	3501.2
520	0.52043	3525.5	0.48556	3525.0	0.45506	3524.5	0.42814	3524.0	0.40422	3523.5	0.38281	3523.0
530	0.52711	3547.2	0.49181	3546.7	0.46092	3546.2	0.43367	3545.7	0.40944	3545.3	0.38776	3544.8
540	0.53380	3569.0	0.49805	3568.5	0.46678	3568.0	0.43918	3567.6	0.41466	3567.1	0.39271	3566.6
550	0.54048	3590.8	0.50429	3590.4	0.47263	3589.9	0.44470	3589.4	0.41987	3589.0	0.39765	3588.5
560	0.54715	3612.7	0.51053	3612.3	0.47849	3611.8	0.45021	3611.4	0.42508	3610.9	0.40259	3610.5

续表

t/℃	1.00MPa t_s=179.89℃		1.05MPa t_s=182.02℃		1.10MPa t_s=184.07℃		1.15MPa t_s=186.05℃		1.20MPa t_s=187.96℃		1.25MPa t_s=189.82℃	
	ν' 0.001127 ν'' 0.1943 /(m^3/kg)	h' 762.68 h'' 2777.1 /(kJ/kg)	ν' 0.001130 ν'' 0.1855 /(m^3/kg)	h' 772.09 h'' 2779.0 /(kJ/kg)	ν' 0.001133 ν'' 0.1774 /(m^3/kg)	h' 781.20 h'' 2780.7 /(kJ/kg)	ν' 0.001136 ν'' 0.1700 /(m^3/kg)	h' 789.99 h'' 2782.3 /(kJ/kg)	ν' 0.001139 ν'' 0.1633 /(m^3/kg)	h' 798.50 h'' 2783.8 /(kJ/kg)	ν' 0.001142 ν'' 0.1570 /(m^3/kg)	h' 806.75 h'' 2785.2 /(kJ/kg)
0	0.0009996	0.976	0.0009996	1.027	0.0009995	1.078	0.0009995	1.128	0.0009995	1.179	0.0009995	1.230
10	0.0009999	42.99	0.0009998	43.04	0.0009998	43.09	0.0009998	43.14	0.0009998	43.19	0.0009998	43.24
20	0.0010014	84.86	0.0010014	84.91	0.0010014	84.95	0.0010013	85.00	0.0010013	85.05	0.0010013	85.09
30	0.0010040	126.65	0.0010039	126.70	0.0010039	126.74	0.0010039	126.79	0.0010039	126.84	0.0010039	126.88
40	0.0010074	168.42	0.0010074	168.46	0.0010074	168.51	0.0010074	168.55	0.0010073	168.60	0.0010073	168.64
50	0.0010117	210.19	0.0010117	210.23	0.0010117	210.27	0.0010116	210.32	0.0010116	210.36	0.0010116	210.40
60	0.0010167	251.98	0.0010166	252.02	0.0010166	252.06	0.0010166	252.10	0.0010166	252.15	0.0010166	252.19
70	0.0010223	293.81	0.0010223	293.85	0.0010223	293.89	0.0010222	293.93	0.0010222	293.97	0.0010222	294.01
80	0.0010286	335.71	0.0010286	335.75	0.0010285	335.79	0.0010285	335.83	0.0010285	335.87	0.0010285	335.91
90	0.0010355	377.69	0.0010355	377.73	0.0010354	377.77	0.0010354	377.80	0.0010354	377.84	0.0010354	377.88
100	0.0010430	419.77	0.0010430	419.81	0.0010429	419.85	0.0010429	419.89	0.0010429	419.92	0.0010429	419.96
110	0.0010511	461.99	0.0010511	462.02	0.0010511	462.06	0.0010510	462.10	0.0010510	462.13	0.0010510	462.17
120	0.0010599	504.35	0.0010598	504.38	0.0010598	504.42	0.0010598	504.45	0.0010598	504.49	0.0010597	504.52
130	0.0010693	546.88	0.0010692	546.92	0.0010692	546.95	0.0010692	546.98	0.0010692	547.02	0.0010691	547.05
140	0.0010794	589.61	0.0010793	589.65	0.0010793	589.68	0.0010793	589.71	0.0010792	589.74	0.0010792	589.78
150	0.0010902	632.57	0.0010901	632.61	0.0010901	632.64	0.0010900	632.67	0.0010900	632.70	0.0010900	632.73
160	0.0011017	675.80	0.0011017	675.83	0.0011016	675.86	0.0011016	675.88	0.0011016	675.91	0.0011015	675.94
170	0.0011141	719.32	0.0011141	719.35	0.0011140	719.37	0.0011140	719.40	0.0011139	719.43	0.0011139	719.46
180	0.19442	2777.4	0.0011273	763.21	0.0011273	763.24	0.0011273	763.26	0.0011272	763.29	0.0011272	763.31

续表

t/℃	1.00MPa t_s=179.89℃		1.05MPa t_s=182.02℃		1.10MPa t_s=184.07℃		1.15MPa t_s=186.05℃		1.20MPa t_s=187.96℃		1.25MPa t_s=189.82℃	
	ν' 0.001127 ν'' 0.1943 /(m³/kg)	h' 762.68 h'' 2777.1 /(kJ/kg)	ν' 0.001130 ν'' 0.1855 /(m³/kg)	h' 772.09 h'' 2779.0 /(kJ/kg)	ν' 0.001133 ν'' 0.1774 /(m³/kg)	h' 781.20 h'' 2780.7 /(kJ/kg)	ν' 0.001136 ν'' 0.1700 /(m³/kg)	h' 789.99 h'' 2782.3 /(kJ/kg)	ν' 0.001139 ν'' 0.1633 /(m³/kg)	h' 798.50 h'' 2783.8 /(kJ/kg)	ν' 0.001142 ν'' 0.1570 /(m³/kg)	h' 806.75 h'' 2785.2 /(kJ/kg)
190	0.20032	2803.5	0.19005	2800.1	0.18070	2796.7	0.17215	2793.1	0.16430	2789.4	0.15707	2785.7
200	0.20600	2828.3	0.19554	2825.3	0.18601	2822.3	0.17731	2819.2	0.16932	2816.1	0.16197	2812.9
210	0.21154	2852.2	0.20087	2849.5	0.19116	2846.8	0.18229	2844.1	0.17415	2841.3	0.16666	2838.5
220	0.21697	2875.6	0.20608	2873.1	0.19618	2870.7	0.18714	2868.2	0.17885	2865.7	0.17122	2863.2
230	0.22230	2898.4	0.21120	2896.2	0.20111	2894.0	0.19190	2891.8	0.18345	2889.5	0.17567	2887.2
240	0.22755	2921.0	0.21624	2919.0	0.20596	2916.9	0.19657	2914.9	0.18796	2912.8	0.18003	2910.7
250	0.23274	2943.2	0.22122	2941.4	0.21074	2939.5	0.20117	2937.6	0.19240	2935.7	0.18432	2933.8
260	0.23787	2965.2	0.22613	2963.5	0.21546	2961.8	0.20571	2960.0	0.19678	2958.3	0.18855	2956.5
270	0.24296	2987.0	0.23100	2985.4	0.22013	2983.8	0.21021	2982.2	0.20111	2980.6	0.19273	2978.9
280	0.24800	3008.7	0.23583	3007.2	0.22476	3005.7	0.21466	3004.2	0.20539	3002.7	0.19687	3001.1
290	0.25300	3030.3	0.24062	3028.9	0.22935	3027.4	0.21907	3026.0	0.20964	3024.6	0.20096	3023.2
300	0.25798	3051.7	0.24537	3050.4	0.23391	3049.1	0.22345	3047.7	0.21385	3046.4	0.20502	3045.1
310	0.26293	3073.1	0.25010	3071.8	0.23844	3070.6	0.22779	3069.3	0.21803	3068.1	0.20905	3066.8
320	0.26785	3094.4	0.25481	3093.2	0.24295	3092.0	0.23212	3090.9	0.22219	3089.7	0.21306	3088.5
330	0.27275	3115.7	0.25949	3114.6	0.24743	3113.4	0.23642	3112.3	0.22633	3111.2	0.21704	3110.1
340	0.27763	3136.9	0.26415	3135.9	0.25189	3134.8	0.24070	3133.8	0.23044	3132.7	0.22100	3131.6
350	0.28249	3158.2	0.26879	3157.2	0.25634	3156.2	0.24497	3155.1	0.23454	3154.1	0.22495	3153.1
360	0.28734	3179.4	0.27342	3178.4	0.26077	3177.5	0.24921	3176.5	0.23862	3175.6	0.22888	3174.6
370	0.29217	3200.6	0.27803	3199.7	0.26518	3198.8	0.25344	3197.9	0.24269	3197.0	0.23279	3196.1

续表

t/℃	1.00MPa t_s=179.89℃		1.05MPa t_s=182.02℃		1.10MPa t_s=184.07℃		1.15MPa t_s=186.05℃		1.20MPa t_s=187.96℃		1.25MPa t_s=189.82℃	
	ν' 0.001127 ν'' 0.1943 /(m³/kg)	h' 762.68 h'' 2777.1 /(kJ/kg)	ν' 0.001130 ν'' 0.1855 /(m³/kg)	h' 772.09 h'' 2779.0 /(kJ/kg)	ν' 0.001133 ν'' 0.1774 /(m³/kg)	h' 781.20 h'' 2780.7 /(kJ/kg)	ν' 0.001136 ν'' 0.1700 /(m³/kg)	h' 789.99 h'' 2782.3 /(kJ/kg)	ν' 0.001139 ν'' 0.1633 /(m³/kg)	h' 798.50 h'' 2783.8 /(kJ/kg)	ν' 0.001142 ν'' 0.1570 /(m³/kg)	h' 806.75 h'' 2785.2 /(kJ/kg)
380	0.29699	3221.9	0.28263	3221.0	0.26958	3220.1	0.25766	3219.2	0.24674	3218.4	0.23669	3217.5
390	0.30180	3243.1	0.28722	3242.3	0.27397	3241.4	0.26187	3240.6	0.25078	3239.8	0.24057	3238.9
400	0.30659	3264.4	0.29180	3263.6	0.27835	3262.8	0.26606	3262.0	0.25481	3261.2	0.24445	3260.4
410	0.31138	3285.7	0.29637	3284.9	0.28271	3284.2	0.27025	3283.4	0.25882	3282.6	0.24831	3281.9
420	0.31616	3307.0	0.30092	3306.3	0.28707	3305.5	0.27443	3304.8	0.26283	3304.1	0.25217	3303.3
430	0.32093	3328.4	0.30547	3327.7	0.29142	3327.0	0.27859	3326.3	0.26683	3325.5	0.25601	3324.8
440	0.32569	3349.8	0.31001	3349.1	0.29576	3348.4	0.28275	3347.7	0.27082	3347.0	0.25985	3346.4
450	0.33044	3371.2	0.31455	3370.5	0.30010	3369.9	0.28690	3369.2	0.27481	3368.6	0.26368	3367.9
460	0.33519	3392.7	0.31907	3392.0	0.30442	3391.4	0.29105	3390.8	0.27879	3390.2	0.26751	3389.5
470	0.33993	3414.2	0.32359	3413.6	0.30874	3413.0	0.29519	3412.4	0.28276	3411.8	0.27132	3411.2
480	0.34466	3435.7	0.32811	3435.2	0.31306	3434.6	0.29932	3434.0	0.28672	3433.4	0.27513	3432.8
490	0.34939	3457.3	0.33261	3456.8	0.31737	3456.2	0.30344	3455.7	0.29068	3455.1	0.27894	3454.5
500	0.35411	3479.0	0.33712	3478.5	0.32167	3477.9	0.30757	3477.4	0.29464	3476.8	0.28274	3476.3
510	0.35883	3500.7	0.34162	3500.2	0.32597	3499.7	0.31168	3499.1	0.29858	3498.6	0.28654	3498.1
520	0.36354	3522.5	0.34611	3522.0	0.33026	3521.5	0.31579	3521.0	0.30253	3520.4	0.29033	3519.9
530	0.36825	3544.3	0.35060	3543.8	0.33455	3543.3	0.31990	3542.8	0.30647	3542.3	0.29411	3541.8
540	0.37296	3566.2	0.35508	3565.7	0.33884	3565.2	0.32400	3564.7	0.31040	3564.3	0.29789	3563.8
550	0.37766	3588.1	0.35957	3587.6	0.34312	3587.2	0.32810	3586.7	0.31434	3586.2	0.30167	3585.8
560	0.38235	3610.1	0.36404	3609.6	0.34740	3609.2	0.33220	3608.7	0.31827	3608.3	0.30545	3607.8

续表

t/℃	1.30MPa t_s=191.61℃		1.35MPa t_s=193.36℃		1.40MPa t_s=195.05℃		1.45MPa t_s=196.69℃		1.50MPa t_s=198.30℃		1.55MPa t_s=199.86℃	
	ν' 0.001144 ν'' 0.1512 /(m³/kg)	h' 814.76 h'' 2786.5 /(kJ/kg)	ν' 0.001147 ν'' 0.1458 /(m³/kg)	h' 822.55 h'' 2787.7 /(kJ/kg)	ν' 0.001149 ν'' 0.1408 /(m³/kg)	h' 830.13 h'' 2788.9 /(kJ/kg)	ν' 0.001152 ν'' 0.1361 /(m³/kg)	h' 837.52 h'' 2790.0 /(kJ/kg)	ν' 0.001154 ν'' 0.1317 /(m³/kg)	h' 844.72 h'' 2791.0 /(kJ/kg)	ν' 0.001157 ν'' 0.1276 /(m³/kg)	h' 851.75 h'' 2792.0 /(kJ/kg)
0	0.0009994	1.281	0.0009994	1.332	0.0009994	1.383	0.0009994	1.433	0.0009993	1.484	0.0009993	1.535
10	0.0009997	43.29	0.0009997	43.34	0.0009997	43.38	0.0009997	43.43	0.0009996	43.48	0.0009996	43.53
20	0.0010012	85.14	0.0010012	85.19	0.0010012	85.23	0.0010012	85.28	0.0010012	85.33	0.0010011	85.38
30	0.0010038	126.93	0.0010038	126.97	0.0010038	127.02	0.0010038	127.06	0.0010037	127.11	0.0010037	127.15
40	0.0010073	168.69	0.0010073	168.73	0.0010073	168.77	0.0010072	168.82	0.0010072	168.86	0.0010072	168.91
50	0.0010116	210.45	0.0010115	210.49	0.0010115	210.53	0.0010115	210.58	0.0010115	210.62	0.0010115	210.66
60	0.0010165	252.23	0.0010165	252.27	0.0010165	252.31	0.0010165	252.36	0.0010164	252.40	0.0010164	252.44
70	0.0010222	294.06	0.0010222	294.10	0.0010221	294.14	0.0010221	294.18	0.0010221	294.22	0.0010221	294.26
80	0.0010284	335.95	0.0010284	335.99	0.0010284	336.03	0.0010284	336.06	0.0010284	336.10	0.0010283	336.14
90	0.0010353	377.92	0.0010353	377.96	0.0010353	378.00	0.0010353	378.04	0.0010352	378.07	0.0010352	378.11
100	0.0010428	420.00	0.0010428	420.04	0.0010428	420.07	0.0010428	420.11	0.0010427	420.15	0.0010427	420.19
110	0.0010510	462.21	0.0010509	462.24	0.0010509	462.28	0.0010509	462.31	0.0010509	462.35	0.0010508	462.39
120	0.0010597	504.56	0.0010597	504.59	0.0010597	504.63	0.0010596	504.66	0.0010596	504.70	0.0010596	504.73
130	0.0010691	547.08	0.0010691	547.12	0.0010690	547.15	0.0010690	547.19	0.0010690	547.22	0.0010690	547.25
140	0.0010792	589.81	0.0010791	589.84	0.0010791	589.87	0.0010791	589.91	0.0010790	589.94	0.0010790	589.97
150	0.0010899	632.76	0.0010899	632.79	0.0010899	632.82	0.0010898	632.85	0.0010898	632.88	0.0010898	632.91
160	0.0011015	675.97	0.0011015	676.00	0.0011014	676.03	0.0011014	676.06	0.0011013	676.09	0.0011013	676.12
170	0.0011139	719.48	0.0011138	719.51	0.0011138	719.54	0.0011137	719.57	0.0011137	719.59	0.0011137	719.62
180	0.0011271	763.34	0.0011271	763.36	0.0011271	763.39	0.0011270	763.41	0.0011270	763.44	0.0011269	763.46

续表

t/℃	1.30MPa t_s=191.61℃		1.35MPa t_s=193.36℃		1.40MPa t_s=195.05℃		1.45MPa t_s=196.69℃		1.50MPa t_s=198.30℃		1.55MPa t_s=199.86℃	
	ν' 0.001144 ν'' 0.1512 /(m³/kg)	h' 814.76 h'' 2786.5 /(kJ/kg)	ν' 0.001147 ν'' 0.1458 /(m³/kg)	h' 822.55 h'' 2787.7 /(kJ/kg)	ν' 0.001149 ν'' 0.1408 /(m³/kg)	h' 830.13 h'' 2788.9 /(kJ/kg)	ν' 0.001152 ν'' 0.1361 /(m³/kg)	h' 837.52 h'' 2790.0 /(kJ/kg)	ν' 0.001154 ν'' 0.1317 /(m³/kg)	h' 844.72 h'' 2791.0 /(kJ/kg)	ν' 0.001157 ν'' 0.1276 /(m³/kg)	h' 851.75 h'' 2792.0 /(kJ/kg)
190	0.0011414	807.59	0.0011414	807.61	0.0011413	807.63	0.0011413	807.65	0.0011412	807.68	0.0011412	807.70
200	0.15517	2809.6	0.14887	2806.3	0.14301	2803.0	0.13755	2799.5	0.13244	2796.0	0.12765	2792.4
210	0.15974	2835.7	0.15333	2832.8	0.14737	2829.9	0.14181	2826.9	0.13662	2823.9	0.13177	2820.9
220	0.16417	2860.7	0.15763	2858.1	0.15157	2855.5	0.14591	2852.9	0.14063	2850.2	0.13569	2847.5
230	0.16848	2884.9	0.16183	2882.6	0.15565	2880.2	0.14989	2877.9	0.14451	2875.5	0.13948	2873.0
240	0.17271	2908.6	0.16593	2906.5	0.15964	2904.3	0.15377	2902.2	0.14830	2900.0	0.14317	2897.8
250	0.17687	2931.8	0.16996	2929.9	0.16355	2927.9	0.15758	2925.9	0.15200	2924.0	0.14678	2922.0
260	0.18096	2954.7	0.17393	2952.9	0.16740	2951.1	0.16132	2949.3	0.15564	2947.5	0.15032	2945.6
270	0.18500	2977.3	0.17784	2975.6	0.17119	2973.9	0.16500	2972.3	0.15922	2970.6	0.15381	2968.9
280	0.18900	2999.6	0.18171	2998.1	0.17494	2996.5	0.16864	2994.9	0.16275	2993.4	0.15725	2991.8
290	0.19295	3021.7	0.18553	3020.3	0.17865	3018.8	0.17223	3017.4	0.16624	3015.9	0.16064	3014.5
300	0.19687	3043.7	0.18933	3042.4	0.18232	3041.0	0.17579	3039.6	0.16970	3038.3	0.16400	3036.9
310	0.20076	3065.6	0.19309	3064.3	0.18596	3063.0	0.17932	3061.7	0.17312	3060.4	0.16733	3059.2
320	0.20463	3087.3	0.19682	3086.1	0.18957	3084.9	0.18282	3083.7	0.17652	3082.5	0.17063	3081.3
330	0.20847	3109.0	0.20053	3107.8	0.19316	3106.7	0.18630	3105.6	0.17989	3104.4	0.17390	3103.3
340	0.21229	3130.6	0.20422	3129.5	0.19673	3128.4	0.18976	3127.3	0.18325	3126.3	0.17715	3125.2
350	0.21609	3152.1	0.20790	3151.1	0.20028	3150.1	0.19319	3149.1	0.18658	3148.0	0.18039	3147.0
360	0.21988	3173.6	0.21155	3172.7	0.20382	3171.7	0.19661	3170.7	0.18989	3169.8	0.18360	3168.8
370	0.22365	3195.1	0.21519	3194.2	0.20733	3193.3	0.20002	3192.4	0.19319	3191.4	0.18681	3190.5

续表

t/℃	1.30MPa t_s=191.61℃		1.35MPa t_s=193.36℃		1.40MPa t_s=195.05℃		1.45MPa t_s=196.69℃		1.50MPa t_s=198.30℃		1.55MPa t_s=199.86℃	
	ν' 0.001144 ν'' 0.1512 /(m^3/kg)	h' 814.76 h'' 2786.5 /(kJ/kg)	ν' 0.001147 ν'' 0.1458 /(m^3/kg)	h' 822.55 h'' 2787.7 /(kJ/kg)	ν' 0.001149 ν'' 0.1408 /(m^3/kg)	h' 830.13 h'' 2788.9 /(kJ/kg)	ν' 0.001152 ν'' 0.1361 /(m^3/kg)	h' 837.52 h'' 2790.0 /(kJ/kg)	ν' 0.001154 ν'' 0.1317 /(m^3/kg)	h' 844.72 h'' 2791.0 /(kJ/kg)	ν' 0.001157 ν'' 0.1276 /(m^3/kg)	h' 851.75 h'' 2792.0 /(kJ/kg)
380	0.22741	3216.6	0.21882	3215.7	0.21084	3214.9	0.20341	3214.0	0.19648	3213.1	0.18999	3212.2
390	0.23115	3238.1	0.22243	3237.3	0.21433	3236.4	0.20679	3235.6	0.19975	3234.7	0.19317	3233.9
400	0.23489	3259.6	0.22603	3258.8	0.21781	3258.0	0.21016	3257.2	0.20301	3256.4	0.19633	3255.6
410	0.23861	3281.1	0.22962	3280.3	0.22128	3279.5	0.21351	3278.8	0.20626	3278.0	0.19948	3277.2
420	0.24232	3302.6	0.23321	3301.9	0.22474	3301.1	0.21686	3300.4	0.20950	3299.6	0.20262	3298.9
430	0.24603	3324.1	0.23678	3323.4	0.22819	3322.7	0.22020	3322.0	0.21274	3321.3	0.20576	3320.6
440	0.24972	3345.7	0.24034	3345.0	0.23164	3344.3	0.22353	3343.6	0.21596	3343.0	0.20888	3342.3
450	0.25341	3367.3	0.24390	3366.6	0.23507	3366.0	0.22685	3365.3	0.21918	3364.7	0.21200	3364.0
460	0.25709	3388.9	0.24745	3388.3	0.23850	3387.6	0.23016	3387.0	0.22238	3386.4	0.21511	3385.7
470	0.26077	3410.5	0.25100	3409.9	0.24192	3409.3	0.23347	3408.7	0.22559	3408.1	0.21821	3407.5
480	0.26444	3432.2	0.25453	3431.7	0.24534	3431.1	0.23678	3430.5	0.22878	3429.9	0.22131	3429.3
490	0.26810	3454.0	0.25807	3453.4	0.24875	3452.8	0.24007	3452.3	0.23197	3451.7	0.22440	3451.1
500	0.27176	3475.7	0.26159	3475.2	0.25215	3474.7	0.24336	3474.1	0.23516	3473.6	0.22749	3473.0
510	0.27541	3497.6	0.26512	3497.0	0.25555	3496.5	0.24665	3496.0	0.23834	3495.5	0.23057	3494.9
520	0.27906	3519.4	0.26863	3518.9	0.25895	3518.4	0.24993	3517.9	0.24152	3517.4	0.23364	3516.9
530	0.28271	3541.3	0.27215	3540.9	0.26234	3540.4	0.25321	3539.9	0.24469	3539.4	0.23671	3538.9
540	0.28635	3563.3	0.27565	3562.8	0.26573	3562.4	0.25648	3561.9	0.24785	3561.4	0.23978	3560.9
550	0.28998	3585.3	0.27916	3584.9	0.26911	3584.4	0.25975	3583.9	0.25102	3583.5	0.24285	3583.0
560	0.29362	3607.4	0.28266	3606.9	0.27249	3606.5	0.26301	3606.1	0.25418	3605.6	0.24591	3605.2

续表

t/℃	1.60MPa t_s=201.38℃		1.65MPa t_s=202.86℃		1.70MPa t_s=204.31℃		1.75MPa t_s=205.73℃		1.80MPa t_s=207.12℃		1.85MPa t_s=208.48℃	
	ν' 0.001159 ν'' 0.1237 /(m^3/kg)	h' 858.61 h'' 2792.9 /(kJ/kg)	ν' 0.001161 ν'' 0.1201 /(m^3/kg)	h' 865.32 h'' 2793.7 /(kJ/kg)	ν' 0.001163 ν'' 0.1167 /(m^3/kg)	h' 871.89 h'' 2794.5 /(kJ/kg)	ν' 0.001165 ν'' 0.1134 /(m^3/kg)	h' 878.32 h'' 2795.3 /(kJ/kg)	ν' 0.001168 ν'' 0.1104 /(m^3/kg)	h' 884.61 h'' 2796.0 /(kJ/kg)	ν' 0.001170 ν'' 0.1075 /(m^3/kg)	h' 890.78 h'' 2796.7 /(kJ/kg)
0	0.0009993	1.586	0.0009993	1.637	0.0009992	1.688	0.0009992	1.738	0.0009992	1.789	0.0009992	1.840
10	0.0009996	43.58	0.0009996	43.63	0.0009995	43.68	0.0009995	43.73	0.0009995	43.77	0.0009995	43.82
20	0.0010011	85.42	0.0010011	85.47	0.0010011	85.52	0.0010010	85.56	0.0010010	85.61	0.0010010	85.66
30	0.0010037	127.20	0.0010037	127.25	0.0010037	127.29	0.0010036	127.34	0.0010036	127.38	0.0010036	127.43
40	0.0010072	168.95	0.0010071	169.00	0.0010071	169.04	0.0010071	169.08	0.0010071	169.13	0.0010071	169.17
50	0.0010114	210.71	0.0010114	210.75	0.0010114	210.79	0.0010114	210.83	0.0010113	210.88	0.0010113	210.92
60	0.0010164	252.48	0.0010164	252.52	0.0010164	252.57	0.0010163	252.61	0.0010163	252.65	0.0010163	252.69
70	0.0010220	294.30	0.0010220	294.34	0.0010220	294.38	0.0010220	294.42	0.0010219	294.46	0.0010219	294.51
80	0.0010283	336.18	0.0010283	336.22	0.0010283	336.26	0.0010282	336.30	0.0010282	336.34	0.0010282	336.38
90	0.0010352	378.15	0.0010352	378.19	0.0010351	378.23	0.0010351	378.27	0.0010351	378.31	0.0010351	378.35
100	0.0010427	420.23	0.0010427	420.26	0.0010426	420.30	0.0010426	420.34	0.0010426	420.38	0.0010426	420.41
110	0.0010508	462.42	0.0010508	462.46	0.0010508	462.50	0.0010507	462.53	0.0010507	462.57	0.0010507	462.61
120	0.0010595	504.77	0.0010595	504.81	0.0010595	504.84	0.0010595	504.88	0.0010594	504.91	0.0010594	504.95
130	0.0010689	547.29	0.0010689	547.32	0.0010689	547.36	0.0010688	547.39	0.0010688	547.42	0.0010688	547.46
140	0.0010790	590.00	0.0010789	590.04	0.0010789	590.07	0.0010789	590.10	0.0010789	590.13	0.0010788	590.17
150	0.0010897	632.95	0.0010897	632.98	0.0010897	633.00	0.0010896	633.04	0.0010896	633.07	0.0010896	633.10
160	0.0011013	676.15	0.0011012	676.18	0.0011012	676.21	0.0011012	676.24	0.0011011	676.26	0.0011011	676.29
170	0.0011136	719.65	0.0011136	719.67	0.0011136	719.70	0.0011135	719.73	0.0011135	719.76	0.0011134	719.78
180	0.0011269	763.49	0.0011268	763.51	0.0011268	763.54	0.0011268	763.56	0.0011267	763.59	0.0011267	763.62

续表

t/℃	1.60MPa t_s=201.38℃		1.65MPa t_s=202.86℃		1.70MPa t_s=204.31℃		1.75MPa t_s=205.73℃		1.80MPa t_s=207.12℃		1.85MPa t_s=208.48℃	
	ν' 0.001159 ν'' 0.1237 /(m³/kg)	h' 858.61 h'' 2792.9 /(kJ/kg)	ν' 0.001161 ν'' 0.1201 /(m³/kg)	h' 865.32 h'' 2793.7 /(kJ/kg)	ν' 0.001163 ν'' 0.1167 /(m³/kg)	h' 871.89 h'' 2794.5 /(kJ/kg)	ν' 0.001165 ν'' 0.1134 /(m³/kg)	h' 878.32 h'' 2795.3 /(kJ/kg)	ν' 0.001168 ν'' 0.1104 /(m³/kg)	h' 884.61 h'' 2796.0 /(kJ/kg)	ν' 0.001170 ν'' 0.1075 /(m³/kg)	h' 890.78 h'' 2796.7 /(kJ/kg)
190	0.0011411	807.72	0.0011411	807.75	0.0011410	807.77	0.0011410	807.79	0.0011409	807.81	0.0011409	807.84
200	0.0011565	852.41	0.0011564	852.43	0.0011564	852.45	0.0011563	852.47	0.0011563	852.49	0.0011562	852.51
210	0.12720	2817.7	0.12291	2814.6	0.11887	2811.4	0.11505	2808.1	0.11144	2804.8	0.10802	2801.4
220	0.13105	2844.8	0.12669	2842.0	0.12258	2839.2	0.11869	2836.4	0.11503	2833.5	0.11156	2830.6
230	0.13476	2870.6	0.13032	2868.1	0.12614	2865.6	0.12219	2863.1	0.11847	2860.6	0.11494	2858.0
240	0.13836	2895.6	0.13384	2893.4	0.12959	2891.1	0.12558	2888.8	0.12178	2886.6	0.11819	2884.3
250	0.14189	2919.9	0.13729	2917.9	0.13295	2915.9	0.12887	2913.8	0.12501	2911.7	0.12136	2909.6
260	0.14534	2943.8	0.14066	2941.9	0.13625	2940.0	0.13209	2938.1	0.12816	2936.2	0.12445	2934.3
270	0.14874	2967.2	0.14397	2965.4	0.13948	2963.7	0.13525	2962.0	0.13125	2960.2	0.12747	2958.4
280	0.15208	2990.2	0.14723	2988.6	0.14267	2987.0	0.13836	2985.4	0.13429	2983.8	0.13044	2982.1
290	0.15539	3013.0	0.15045	3011.5	0.14581	3010.0	0.14143	3008.5	0.13729	3007.0	0.13337	3005.5
300	0.15866	3035.5	0.15363	3034.1	0.14891	3032.7	0.14445	3031.3	0.14024	3029.9	0.13626	3028.5
310	0.16189	3057.9	0.15678	3056.6	0.15198	3055.3	0.14745	3053.9	0.14316	3052.6	0.13911	3051.3
320	0.16510	3080.0	0.15991	3078.8	0.15502	3077.6	0.15041	3076.4	0.14606	3075.1	0.14194	3073.9
330	0.16828	3102.1	0.16300	3101.0	0.15803	3099.8	0.15335	3098.6	0.14892	3097.5	0.14474	3096.3
340	0.17144	3124.1	0.16608	3123.0	0.16103	3121.9	0.15627	3120.8	0.15177	3120.6	0.14751	3118.6
350	0.17458	3146.0	0.16913	3144.9	0.16400	3143.9	0.15916	3142.9	0.15459	3141.8	0.15027	3140.8
360	0.17771	3167.8	0.17217	3166.8	0.16696	3165.8	0.16204	3164.8	0.15740	3163.9	0.15301	3162.9
370	0.18082	3189.6	0.17519	3188.6	0.16990	3187.7	0.16490	3186.8	0.16019	3186.6	0.15573	3184.9

续表

t/℃	1.60MPa t_s=201.38℃		1.65MPa t_s=202.86℃		1.70MPa t_s=204.31℃		1.75MPa t_s=205.73℃		1.80MPa t_s=207.12℃		1.85MPa t_s=208.48℃	
	ν' 0.001159 ν'' 0.1237 /(m^3/kg)	h' 858.61 h'' 2792.9 /(kJ/kg)	ν' 0.001161 ν'' 0.1201 /(m^3/kg)	h' 865.32 h'' 2793.7 /(kJ/kg)	ν' 0.001163 ν'' 0.1167 /(m^3/kg)	h' 871.89 h'' 2794.5 /(kJ/kg)	ν' 0.001165 ν'' 0.1134 /(m^3/kg)	h' 878.32 h'' 2795.3 /(kJ/kg)	ν' 0.001168 ν'' 0.1104 /(m^3/kg)	h' 884.61 h'' 2796.0 /(kJ/kg)	ν' 0.001170 ν'' 0.1075 /(m^3/kg)	h' 890.78 h'' 2796.7 /(kJ/kg)
380	0.18391	3211.3	0.17820	3210.4	0.17282	3209.5	0.16775	3208.6	0.16296	3207.8	0.15844	3206.9
390	0.18699	3233.0	0.18119	3232.2	0.17573	3231.3	0.17059	3230.5	0.16573	3229.6	0.16113	3228.8
400	0.19006	3254.7	0.18418	3253.9	0.17864	3253.1	0.17341	3252.3	0.16848	3251.5	0.16381	3250.7
410	0.19312	3276.4	0.18715	3275.7	0.18153	3274.9	0.17622	3274.1	0.17122	3273.3	0.16648	3272.6
420	0.19617	3298.2	0.19011	3297.4	0.18441	3296.7	0.17903	3295.9	0.17395	3295.2	0.16914	3294.4
430	0.19921	3319.9	0.19306	3319.2	0.18728	3318.4	0.18182	3317.7	0.17667	3317.0	0.17179	3316.3
440	0.20224	3341.6	0.19601	3340.9	0.19014	3340.2	0.18461	3339.5	0.17938	3338.8	0.17444	3338.2
450	0.20527	3363.3	0.19894	3362.7	0.19299	3362.0	0.18738	3361.4	0.18208	3360.7	0.17707	3360.0
460	0.20828	3385.1	0.20187	3384.5	0.19584	3383.8	0.19015	3383.2	0.18478	3382.6	0.17970	3381.9
470	0.21129	3406.9	0.20480	3406.3	0.19868	3405.7	0.19292	3405.1	0.18747	3404.5	0.18232	3403.8
480	0.21430	3428.7	0.20771	3428.1	0.20152	3427.5	0.19567	3427.0	0.19016	3426.4	0.18494	3425.8
490	0.21730	3450.6	0.21063	3450.0	0.20435	3449.4	0.19843	3448.9	0.19283	3448.3	0.18755	3447.7
500	0.22029	3472.5	0.21353	3471.9	0.20717	3471.4	0.20117	3470.8	0.19551	3470.3	0.19015	3469.7
510	0.22328	3494.4	0.21643	3493.9	0.20999	3493.4	0.20391	3492.8	0.19818	3492.3	0.19275	3491.8
520	0.22626	3516.4	0.21933	3515.9	0.21280	3515.4	0.20665	3514.9	0.20084	3514.3	0.19534	3513.8
530	0.22924	3538.4	0.22222	3537.9	0.21561	3537.4	0.20938	3536.9	0.20350	3536.4	0.19793	3535.9
540	0.23222	3560.5	0.22511	3558.9	0.21842	3559.5	0.21211	3559.0	0.20615	3558.6	0.20052	3558.1
550	0.23519	3582.6	0.22799	3582.1	0.22122	3581.6	0.21483	3581.2	0.20880	3580.7	0.20310	3580.3
560	0.23815	3604.7	0.23087	3604.3	0.22402	3603.8	0.21755	3603.4	0.21145	3602.9	0.20567	3602.5

续表

t/℃	1.90MPa t_s=209.81℃		1.95MPa t_s=211.11℃		2.0MPa t_s=212.38℃		2.1MPa t_s=214.87℃		2.2MPa t_s=217.26℃		2.3MPa t_s=219.56℃	
	ν' 0.001172 ν'' 0.1047 /(m³/kg)	h' 896.84 h'' 2797.3 /(kJ/kg)	ν' 0.001174 ν'' 0.1021 /(m³/kg)	h' 902.78 h'' 2797.8 /(kJ/kg)	ν' 0.001177 ν'' 0.09958 /(m³/kg)	h' 908.62 h'' 2798.4 /(kJ/kg)	ν' 0.001181 ν'' 0.09493 /(m³/kg)	h' 919.99 h'' 2799.4 /(kJ/kg)	ν' 0.001185 ν'' 0.09070 /(m³/kg)	h' 930.98 h'' 2800.2 /(kJ/kg)	ν' 0.001189 ν'' 0.08681 /(m³/kg)	h' 941.63 h'' 2800.9 /(kJ/kg)
0	0.0009991	1.891	0.0009991	1.942	0.0009991	1.992	0.0009990	2.094	0.0009990	2.195	0.0009989	2.297
10	0.0009994	43.87	0.0009994	43.92	0.0009994	43.97	0.0009993	44.07	0.0009993	44.16	0.0009993	44.26
20	0.0010010	85.70	0.0010010	85.75	0.0010009	85.80	0.0010009	85.89	0.0010008	85.99	0.0010008	86.08
30	0.0010036	127.47	0.0010035	127.52	0.0010035	127.56	0.0010035	127.66	0.0010034	127.75	0.0010034	127.84
40	0.0010070	169.22	0.0010070	169.26	0.0010070	169.31	0.0010070	169.39	0.0010069	169.48	0.0010069	169.57
50	0.0010113	210.96	0.0010113	211.00	0.0010113	211.05	0.0010112	211.14	0.0010112	211.22	0.0010111	211.31
60	0.0010163	252.73	0.0010162	252.77	0.0010162	252.82	0.0010162	252.90	0.0010161	252.98	0.0010161	253.07
70	0.0010219	294.55	0.0010219	294.59	0.0010219	294.63	0.0010218	294.71	0.0010218	294.79	0.0010217	294.87
80	0.0010282	336.42	0.0010281	336.46	0.0010281	336.50	0.0010281	336.58	0.0010280	336.66	0.0010280	336.74
90	0.0010350	378.38	0.0010350	378.42	0.0010350	378.46	0.0010350	378.54	0.0010349	378.62	0.0010349	378.69
100	0.0010425	420.45	0.0010425	420.49	0.0010425	420.53	0.0010424	420.60	0.0010424	420.68	0.0010423	420.75
110	0.0010506	462.64	0.0010506	462.68	0.0010506	462.71	0.0010505	462.79	0.0010505	462.86	0.0010504	462.93
120	0.0010594	504.98	0.0010593	505.02	0.0010593	505.05	0.0010593	505.12	0.0010592	505.19	0.0010591	505.26
130	0.0010687	547.49	0.0010687	547.52	0.0010687	547.56	0.0010686	547.63	0.0010686	547.69	0.0010685	547.76
140	0.0010788	590.20	0.0010788	590.23	0.0010787	590.26	0.0010787	590.33	0.0010786	590.39	0.0010785	590.46
150	0.0010895	633.13	0.0010895	633.16	0.0010895	633.19	0.0010894	633.26	0.0010893	633.32	0.0010893	633.38
160	0.0011011	676.32	0.0011010	676.35	0.0011010	676.38	0.0011009	676.44	0.0011008	676.50	0.0011008	676.56
170	0.0011134	719.81	0.0011134	719.84	0.0011133	719.87	0.0011132	719.92	0.0011132	719.98	0.0011131	720.03
180	0.0011266	763.64	0.0011266	763.67	0.0011265	763.69	0.0011265	763.74	0.0011264	763.79	0.0011263	763.84

续表

t/℃	1.90MPa t_s=209.81℃		1.95MPa t_s=211.11℃		2.0MPa t_s=212.38℃		2.1MPa t_s=214.87℃		2.2MPa t_s=217.26℃		2.3MPa t_s=219.56℃	
	ν' 0.001172 ν'' 0.1047 /(m³/kg)	h' 896.84 h'' 2797.3 /(kJ/kg)	ν' 0.001174 ν'' 0.1021 /(m³/kg)	h' 902.78 h'' 2797.8 /(kJ/kg)	ν' 0.001177 ν'' 0.09958 /(m³/kg)	h' 908.62 h'' 2798.4 /(kJ/kg)	ν' 0.001181 ν'' 0.09493 /(m³/kg)	h' 919.99 h'' 2799.4 /(kJ/kg)	ν' 0.001185 ν'' 0.09070 /(m³/kg)	h' 930.98 h'' 2800.2 /(kJ/kg)	ν' 0.001189 ν'' 0.08681 /(m³/kg)	h' 941.63 h'' 2800.9 /(kJ/kg)
190	0.0011408	807.86	0.0011408	807.88	0.0011408	807.91	0.0011407	807.95	0.0011406	808.00	0.0011405	808.04
200	0.0011562	852.53	0.0011561	852.55	0.0011561	852.57	0.0011560	852.61	0.0011559	852.65	0.0011558	852.69
210	0.10477	2797.9	0.0011727	897.74	0.0011726	897.76	0.0011725	897.79	0.0011724	897.83	0.0011723	897.86
220	0.10827	2827.7	0.10514	2824.7	0.102167	2821.7	0.096630	2815.5	0.091579	2809.0	0.086950	2802.4
230	0.11159	2855.4	0.10841	2852.8	0.105394	2850.2	0.099776	2844.8	0.094658	2839.3	0.089974	2833.6
240	0.11479	2881.9	0.11156	2879.6	0.108488	2877.2	0.102779	2872.4	0.097581	2867.5	0.092827	2862.5
250	0.11789	2907.5	0.11461	2905.4	0.111484	2903.2	0.105678	2898.9	0.100394	2894.5	0.095563	2890.0
260	0.12092	2932.4	0.11758	2930.4	0.114400	2928.5	0.108495	2924.5	0.103121	2920.5	0.098210	2916.5
270	0.12389	2956.7	0.12048	2954.9	0.117251	2953.1	0.111243	2949.5	0.105778	2945.8	0.100784	2942.1
280	0.12680	2980.5	0.12333	2978.9	0.120046	2977.2	0.113935	2973.9	0.108376	2970.5	0.103298	2967.1
290	0.12966	3004.0	0.12614	3002.4	0.122794	3000.9	0.116578	2997.8	0.110925	2994.7	0.105761	2991.5
300	0.13248	3027.1	0.12890	3025.7	0.125501	3024.3	0.119180	3021.4	0.113431	3018.5	0.108180	3015.6
310	0.13528	3050.0	0.13163	3048.7	0.128174	3047.3	0.121746	3044.6	0.115901	3041.9	0.110563	3039.2
320	0.13804	3072.7	0.13433	3071.4	0.130816	3070.2	0.124281	3067.6	0.118340	3065.1	0.112913	3062.6
330	0.14077	3095.1	0.13701	3094.0	0.133431	3092.8	0.126789	3090.4	0.120750	3088.1	0.115235	3085.7
340	0.14348	3117.5	0.13966	3116.4	0.136023	3115.3	0.129274	3113.1	0.123136	3110.8	0.117532	3108.6
350	0.14617	3139.7	0.14225	3138.7	0.138594	3137.6	0.131737	3135.5	0.125501	3133.4	0.119807	3131.3
360	0.14885	3161.9	0.14490	3160.9	0.141147	3159.9	0.134181	3157.9	0.127847	3155.9	0.122063	3153.9
370	0.15150	3184.0	0.14749	3183.0	0.143683	3182.1	0.136608	3180.2	0.130176	3178.3	0.124302	3176.3

续表

t/℃	1.90MPa t_s=209.81℃		1.95MPa t_s=211.11℃		2.0MPa t_s=212.38℃		2.1MPa t_s=214.87℃		2.2MPa t_s=217.26℃		2.3MPa t_s=219.56℃	
	ν' 0.001172 ν'' 0.1047 /(m³/kg)	h' 896.84 h'' 2797.3 /(kJ/kg)	ν' 0.001174 ν'' 0.1021 /(m³/kg)	h' 902.78 h'' 2797.8 /(kJ/kg)	ν' 0.001177 ν'' 0.09958 /(m³/kg)	h' 908.62 h'' 2798.4 /(kJ/kg)	ν' 0.001181 ν'' 0.09493 /(m³/kg)	h' 919.99 h'' 2799.4 /(kJ/kg)	ν' 0.001185 ν'' 0.09070 /(m³/kg)	h' 930.98 h'' 2800.2 /(kJ/kg)	ν' 0.001189 ν'' 0.08681 /(m³/kg)	h' 941.63 h'' 2800.9 /(kJ/kg)
380	0.15414	3206.0	0.15007	3205.1	0.146205	3204.2	0.139021	3202.4	0.132489	3200.5	0.126525	3198.7
390	0.15677	3227.9	0.15264	3227.1	0.148712	3226.2	0.141419	3224.5	0.134789	3222.8	0.128734	3221.0
400	0.15939	3249.9	0.15519	3249.0	0.151208	3248.2	0.143806	3246.6	0.137076	3244.9	0.130931	3243.3
410	0.16199	3271.8	0.15774	3271.0	0.153693	3270.2	0.146181	3268.6	0.139352	3267.1	0.133117	3265.5
420	0.16459	3293.7	0.16027	3292.9	0.156167	3292.2	0.148546	3290.7	0.141618	3289.2	0.135292	3287.7
430	0.16718	3315.6	0.16279	3314.9	0.158632	3314.1	0.150902	3312.7	0.143874	3311.3	0.137457	3309.8
440	0.16975	3337.5	0.16531	3336.8	0.161088	3336.1	0.153249	3334.7	0.146122	3333.3	0.139614	3331.9
450	0.17232	3359.4	0.16782	3358.7	0.163537	3358.1	0.155588	3356.7	0.148361	3355.4	0.141762	3354.1
460	0.17489	3381.3	0.17032	3380.7	0.165978	3380.0	0.157920	3378.7	0.150593	3377.5	0.143904	3376.2
470	0.17744	3403.2	0.17281	3402.6	0.168413	3402.0	0.160244	3400.8	0.152818	3399.5	0.146038	3398.3
480	0.17999	3425.2	0.17530	3424.6	0.170841	3424.0	0.162563	3422.8	0.155037	3421.6	0.148166	3420.5
490	0.18253	3447.2	0.17778	3446.6	0.173263	3446.0	0.164876	3444.9	0.157250	3443.8	0.150288	3442.6
500	0.18507	3469.2	0.18026	3468.6	0.175680	3468.1	0.167183	3467.0	0.159458	3465.9	0.152404	3464.8
510	0.18761	3491.2	0.18273	3490.7	0.178092	3490.2	0.169485	3489.1	0.161660	3488.1	0.154515	3487.0
520	0.19013	3513.3	0.18519	3512.8	0.180499	3512.3	0.171782	3511.3	0.163858	3510.2	0.156622	3509.2
530	0.19266	3535.4	0.18765	3534.9	0.182902	3534.5	0.174075	3533.5	0.166051	3532.5	0.158724	3531.5
540	0.19518	3557.6	0.19011	3557.1	0.185300	3556.6	0.176363	3555.7	0.168239	3554.7	0.160821	3553.8
550	0.19769	3579.8	0.19257	3579.3	0.187694	3578.9	0.178648	3578.0	0.170424	3577.0	0.162915	3576.1
560	0.20020	3602.0	0.19502	3601.6	0.190085	3601.2	0.180929	3600.3	0.172605	3599.4	0.165005	3598.5

续表

t/℃	2.4MPa t_s=211.80℃		2.5MPa t_s=223.96℃		2.6MPa t_s=226.05℃		2.7MPa t_s=228.09℃		2.8MPa t_s=230.06℃		2.9MPa t_s=231.99℃	
	ν' 0.001193 ν'' 0.08324 /(m^3/kg)	h' 951.95 h'' 2801.5 /(kJ/kg)	ν' 0.001197 ν'' 0.07995 /(m^3/kg)	h' 961.98 h'' 2802.0 /(kJ/kg)	ν' 0.001201 ν'' 0.07690 /(m^3/kg)	h' 971.74 h'' 2802.5 /(kJ/kg)	ν' 0.001205 ν'' 0.07407 /(m^3/kg)	h' 981.24 h'' 2802.8 /(kJ/kg)	ν' 0.001209 ν'' 0.07143 /(m^3/kg)	h' 990.50 h'' 2803.0 /(kJ/kg)	ν' 0.001213 ν'' 0.06897 /(m^3/kg)	h' 999.54 h'' 2803.2 /(kJ/kg)
0	0.0009989	2.398	0.0009988	2.500	0.0009988	2.601	0.0009987	2.703	0.0009987	2.804	0.0009986	2.906
10	0.0009992	44.36	0.0009992	44.45	0.0009991	44.55	0.0009990	44.65	0.0009990	44.75	0.0009990	44.84
20	0.0010007	86.17	0.0010007	86.27	0.0010007	86.36	0.0010006	86.46	0.0010006	86.55	0.0010005	86.64
30	0.0010033	127.93	0.0010033	128.02	0.0010033	128.11	0.0010032	128.20	0.0010032	128.29	0.0010031	128.38
40	0.0010068	169.66	0.0010068	169.75	0.0010067	169.84	0.0010067	169.93	0.0010066	170.01	0.0010066	170.10
50	0.0010111	211.39	0.0010110	211.48	0.0010110	211.57	0.0010109	211.65	0.0010109	211.74	0.0010109	211.83
60	0.0010160	253.15	0.0010160	253.24	0.0010160	253.32	0.0010159	253.40	0.0010159	253.49	0.0010158	253.57
70	0.0010217	294.95	0.0010216	295.04	0.0010216	295.12	0.0010215	295.20	0.0010215	295.28	0.0010214	295.36
80	0.0010279	336.82	0.0010279	336.90	0.0010278	336.98	0.0010278	337.06	0.0010277	337.14	0.0010277	337.22
90	0.0010348	378.77	0.0010348	378.85	0.0010347	378.93	0.0010347	379.00	0.0010346	379.08	0.0010346	379.16
100	0.0010423	420.82	0.0010422	420.90	0.0010422	420.98	0.0010421	421.05	0.0010421	421.13	0.0010420	421.20
110	0.0010504	463.01	0.0010503	463.08	0.0010503	463.15	0.0010502	463.22	0.0010502	463.30	0.0010501	463.37
120	0.0010591	505.33	0.0010590	505.40	0.0010590	505.47	0.0010589	505.54	0.0010589	505.61	0.0010588	505.68
130	0.0010684	547.83	0.0010684	547.90	0.0010683	547.97	0.0010683	548.03	0.0010682	548.10	0.0010682	548.17
140	0.0010785	590.52	0.0010784	590.59	0.0010784	590.65	0.0010783	590.71	0.0010782	590.78	0.0010782	590.85
150	0.0010892	633.44	0.0010891	633.50	0.0010891	633.56	0.0010890	633.63	0.0010889	633.69	0.0010889	633.75
160	0.0011007	676.62	0.0011006	676.67	0.0011006	676.73	0.0011005	676.79	0.0011004	676.85	0.0011003	676.91
170	0.0011130	720.09	0.0011129	720.14	0.0011129	720.20	0.0011128	720.25	0.0011127	720.31	0.0011126	720.36
180	0.0011262	763.89	0.0011261	763.94	0.0011260	764.00	0.0011260	764.05	0.0011259	764.10	0.0011258	764.15

续表

t/℃	2.4MPa t_s=211.80℃		2.5MPa t_s=223.96℃		2.6MPa t_s=226.05℃		2.7MPa t_s=228.09℃		2.8MPa t_s=230.06℃		2.9MPa t_s=231.99℃	
	ν' 0.001193 ν'' 0.08324 /(m^3/kg)	h' 951.95 h'' 2801.5 /(kJ/kg)	ν' 0.001197 ν'' 0.07995 /(m^3/kg)	h' 961.98 h'' 2802.0 /(kJ/kg)	ν' 0.001201 ν'' 0.07690 /(m^3/kg)	h' 971.74 h'' 2802.5 /(kJ/kg)	ν' 0.001205 ν'' 0.07407 /(m^3/kg)	h' 981.24 h'' 2802.8 /(kJ/kg)	ν' 0.001209 ν'' 0.07143 /(m^3/kg)	h' 990.50 h'' 2803.0 /(kJ/kg)	ν' 0.001213 ν'' 0.06897 /(m^3/kg)	h' 999.54 h'' 2803.2 /(kJ/kg)
190	0.0011400	808.09	0.0011403	808.14	0.0011402	808.18	0.0011401	808.23	0.0011400	808.27	0.0011399	808.32
200	0.0011557	852.73	0.0011556	852.77	0.0011555	852.82	0.0011553	852.86	0.0011552	852.90	0.0011551	852.94
210	0.0011722	897.90	0.0011720	897.93	0.0011719	897.97	0.0011718	898.00	0.0011717	898.03	0.0011716	898.07
220	0.0011901	943.66	0.0011899	943.69	0.0011898	943.72	0.0011897	943.74	0.0011896	943.77	0.0011894	943.80
230	0.085669	2827.8	0.081697	2821.9	0.078018	2815.7	0.074599	2809.4	0.0012090	990.21	0.0012089	990.23
240	0.088461	2857.5	0.084437	2852.3	0.080715	2847.0	0.077259	2841.6	0.074043	2836.0	0.071039	2830.4
250	0.091129	2885.5	0.087044	2880.9	0.083267	2876.2	0.079764	2871.4	0.076506	2866.5	0.073466	2861.6
260	0.093703	2912.4	0.089553	2908.2	0.085717	2904.0	0.082161	2899.7	0.078854	2895.3	0.075771	2890.9
270	0.096203	2938.4	0.091984	2934.6	0.088086	2930.7	0.084473	2926.8	0.081115	2922.9	0.077985	2918.9
280	0.098640	2963.6	0.094351	2960.2	0.090389	2956.6	0.086718	2953.1	0.083306	2949.5	0.080126	2945.8
290	0.101024	2988.4	0.096664	2985.2	0.092637	2981.9	0.088906	2978.6	0.085439	2975.3	0.082209	2972.0
300	0.103365	3012.6	0.098932	3009.6	0.094839	3006.6	0.091047	3003.6	0.087523	3000.5	0.084241	2997.5
310	0.105667	3036.5	0.101162	3033.7	0.097001	3030.9	0.093146	3028.1	0.089566	3025.2	0.086231	3022.4
320	0.107937	3060.0	0.103357	3057.4	0.099128	3054.8	0.095211	3052.2	0.091573	3049.5	0.088184	3046.9
330	0.110177	3083.2	0.105523	3080.8	0.101226	3078.4	0.097246	3075.9	0.093549	3073.5	0.090106	3071.0
340	0.112393	3106.3	0.107664	3104.0	0.103298	3101.7	0.099254	3099.4	0.095499	3097.1	0.092001	3094.7
350	0.114586	3129.1	0.109782	3127.0	0.105347	3124.8	0.101240	3122.7	0.097425	3120.5	0.093872	3118.3
360	0.116760	3151.8	0.111881	3149.8	0.107376	3147.8	0.103204	3145.7	0.099330	3143.6	0.095722	3141.6
370	0.118917	3174.4	0.113962	3172.5	0.109387	3170.6	0.105151	3168.6	0.101216	3166.7	0.097553	3164.7

续表

t/℃	2.4MPa t_s=211.80℃		2.5MPa t_s=223.96℃		2.6MPa t_s=226.05℃		2.7MPa t_s=228.09℃		2.8MPa t_s=230.06℃		2.9MPa t_s=231.99℃	
	ν' 0.001193 ν'' 0.08324 /(m^3/kg)	h' 951.95 h'' 2801.5 /(kJ/kg)	ν' 0.001197 ν'' 0.07995 /(m^3/kg)	h' 961.98 h'' 2802.0 /(kJ/kg)	ν' 0.001201 ν'' 0.07690 /(m^3/kg)	h' 971.74 h'' 2802.5 /(kJ/kg)	ν' 0.001205 ν'' 0.07407 /(m^3/kg)	h' 981.24 h'' 2802.8 /(kJ/kg)	ν' 0.001209 ν'' 0.07143 /(m^3/kg)	h' 990.50 h'' 2803.0 /(kJ/kg)	ν' 0.001213 ν'' 0.06897 /(m^3/kg)	h' 999.54 h'' 2803.2 /(kJ/kg)
380	0.121057	3196.9	0.116026	3195.1	0.111382	3193.2	0.107081	3191.4	0.103087	3189.5	0.099367	3187.7
390	0.123184	3219.3	0.118077	3217.6	0.113362	3215.8	0.108997	3214.0	0.104942	3212.3	0.101167	3210.5
400	0.125298	3241.6	0.120115	3240.0	0.115330	3238.3	0.110899	3236.6	0.106784	3234.9	0.102953	3233.3
410	0.127400	3263.9	0.122141	3262.3	0.117286	3260.7	0.112790	3259.1	0.108615	3257.5	0.104727	3255.9
420	0.129492	3286.1	0.124156	3284.6	0.119231	3283.1	0.114670	3281.6	0.110434	3280.0	0.106490	3278.5
430	0.131575	3308.4	0.126162	3306.9	0.121166	3305.4	0.116540	3304.0	0.112244	3302.5	0.108243	3301.0
440	0.133648	3330.5	0.128159	3329.2	0.123093	3327.8	0.118401	3326.4	0.114044	3325.0	0.109987	3323.5
450	0.135713	3352.7	0.130148	3351.4	0.125011	3350.0	0.120254	3348.7	0.115836	3347.4	0.111723	3346.0
460	0.137771	3374.9	0.132129	3373.6	0.126921	3372.3	0.122099	3371.0	0.117620	3369.7	0.113451	3368.5
470	0.139822	3397.1	0.134104	3395.8	0.128825	3394.6	0.123937	3393.4	0.119398	3392.1	0.115172	3390.9
480	0.141867	3419.3	0.136072	3418.1	0.130722	3416.9	0.125768	3415.7	0.121168	3414.5	0.116886	3413.3
490	0.143905	3441.5	0.138033	3440.3	0.132613	3439.2	0.127594	3438.0	0.122933	3436.9	0.118594	3435.7
500	0.145938	3463.7	0.139990	3462.6	0.134498	3461.5	0.129414	3460.4	0.124692	3459.3	0.120296	3458.2
510	0.147966	3485.9	0.141941	3484.9	0.136379	3483.8	0.131228	3482.7	0.126446	3481.7	0.121993	3480.6
520	0.149989	3508.2	0.143887	3507.2	0.138254	3506.1	0.133038	3505.1	0.128195	3504.1	0.123685	3503.0
530	0.152008	3530.5	0.145828	3529.5	0.140125	3528.5	0.134843	3527.5	0.129939	3526.5	0.125373	3525.5
540	0.154022	3552.8	0.147766	3551.9	0.141991	3550.9	0.136644	3549.9	0.131679	3549.0	0.127056	3548.0
550	0.156032	3575.2	0.149699	3574.2	0.143853	3573.3	0.138441	3572.4	0.133415	3571.5	0.128735	3570.5
560	0.158038	3597.6	0.151629	3596.7	0.145712	3595.8	0.140234	3594.9	0.135147	3594.0	0.130410	3593.1

续表

t/℃	3.0MPa t_s=233.86℃		3.1MPa t_s=235.68℃		3.2MPa t_s=237.46℃		3.3MPa t_s=239.20℃		3.4MPa t_s=240.90℃		3.5MPa t_s=242.56℃	
	v' 0.001217 v'' 0.06666 /(m³/kg)	h' 1008.4 h'' 2803.3 /(kJ/kg)	v' 0.001220 v'' 0.06450 /(m³/kg)	h' 1017.0 h'' 2803.3 /(kJ/kg)	v' 0.001224 v'' 0.06248 /(m³/kg)	h' 1025.5 h'' 2803.2 /(kJ/kg)	v' 0.001228 v'' 0.06056 /(m³/kg)	h' 1033.7 h'' 2803.1 /(kJ/kg)	v' 0.001231 v'' 0.05876 /(m³/kg)	h' 1041.8 h'' 2803.0 /(kJ/kg)	v' 0.001235 v'' 0.05706 /(m³/kg)	h' 1049.8 h'' 2802.7 /(kJ/kg)
0	0.0009986	3.007	0.0009985	3.109	0.0009985	3.210	0.0009984	3.311	0.0009984	3.413	0.0009983	3.514
10	0.0009989	44.94	0.0009989	45.04	0.0009988	45.14	0.0009988	45.23	0.0009987	45.33	0.0009987	45.43
20	0.0010005	86.74	0.0010004	86.83	0.0010004	86.93	0.0010003	87.02	0.0010003	87.11	0.0010002	87.21
30	0.0010031	128.47	0.0010030	128.57	0.0010030	128.66	0.0010029	128.75	0.0010029	128.84	0.0010028	128.93
40	0.0010066	170.19	0.0010065	170.28	0.0010065	170.37	0.0010064	170.46	0.0010064	170.55	0.0010063	170.63
50	0.0010108	211.91	0.0010108	212.00	0.0010107	212.08	0.0010107	212.17	0.0010106	212.26	0.0010106	212.34
60	0.0010158	253.66	0.0010157	253.74	0.0010157	253.82	0.0010156	253.91	0.0010156	253.99	0.0010156	254.08
70	0.0010214	295.45	0.0010214	295.53	0.0010213	295.61	0.0010213	295.69	0.0010212	295.77	0.0010212	295.85
80	0.0010276	337.30	0.0010277	337.38	0.0010276	337.46	0.0010275	337.54	0.0010275	337.62	0.0010274	337.70
90	0.0010345	379.24	0.0010345	379.31	0.0010344	379.39	0.0010344	379.47	0.0010343	379.55	0.0010343	379.62
100	0.0010420	421.28	0.0010419	421.35	0.0010419	421.43	0.0010418	421.50	0.0010418	421.58	0.0010417	421.65
110	0.0010501	463.44	0.0010500	463.52	0.0010500	463.59	0.0010499	463.66	0.0010499	463.73	0.0010498	463.81
120	0.0010588	505.76	0.0010587	505.83	0.0010586	505.90	0.0010586	505.97	0.0010585	506.04	0.0010585	506.11
130	0.0010681	548.24	0.0010680	548.30	0.0010680	548.37	0.0010679	548.44	0.0010679	548.51	0.0010678	548.58
140	0.0010781	590.91	0.0010780	590.98	0.0010780	591.04	0.0010779	591.11	0.0010779	591.17	0.0010778	591.24
150	0.0010888	633.81	0.0010887	633.87	0.0010887	633.94	0.0010886	634.00	0.0010885	634.06	0.0010885	634.12
160	0.0011003	676.97	0.0011002	677.03	0.0011001	677.09	0.0011001	677.14	0.0011000	677.20	0.0010999	677.26
170	0.0011125	720.42	0.0011125	720.47	0.0011124	720.53	0.0011123	720.58	0.0011122	720.64	0.0011122	720.69
180	0.0011257	764.20	0.0011256	764.25	0.0011255	764.30	0.0011254	764.35	0.0011254	764.40	0.0011253	764.45

续表

t/℃	3.0MPa t_s=233.86℃		3.1MPa t_s=235.68℃		3.2MPa t_s=237.46℃		3.3MPa t_s=239.20℃		3.4MPa t_s=240.90℃		3.5MPa t_s=242.56℃	
	ν' 0.001217 ν'' 0.06666 /(m³/kg)	h' 1008.4 h'' 2803.3 /(kJ/kg)	ν' 0.001220 ν'' 0.06450 /(m³/kg)	h' 1017.0 h'' 2803.3 /(kJ/kg)	ν' 0.001224 ν'' 0.06248 /(m³/kg)	h' 1025.5 h'' 2803.2 /(kJ/kg)	ν' 0.001228 ν'' 0.06056 /(m³/kg)	h' 1033.7 h'' 2803.1 /(kJ/kg)	ν' 0.001231 ν'' 0.05876 /(m³/kg)	h' 1041.8 h'' 2803.0 /(kJ/kg)	ν' 0.001235 ν'' 0.05706 /(m³/kg)	h' 1049.8 h'' 2802.7 /(kJ/kg)
190	0.0011398	808.37	0.0011397	808.41	0.0011396	808.46	0.0011396	808.50	0.0011395	808.55	0.0011394	808.60
200	0.0011550	852.98	0.0011549	853.02	0.0011548	853.06	0.0011547	853.10	0.0011546	853.14	0.0011545	853.18
210	0.0011715	898.10	0.0011714	898.14	0.0011713	898.17	0.0011711	898.21	0.0011710	898.24	0.0011709	898.28
220	0.0011893	943.83	0.0011892	943.85	0.0011891	943.88	0.0011889	943.91	0.0011888	943.94	0.0011887	943.96
230	0.0012087	990.25	0.0012086	990.27	0.0012084	990.28	0.0012083	990.30	0.0012082	990.32	0.0012080	990.34
240	0.068227	2824.6	0.065588	2818.6	0.063103	2812.4	0.060759	2806.1	0.0012294	1037.53	0.0012292	1037.54
250	0.070622	2856.5	0.067957	2851.4	0.065451	2846.2	0.063091	2840.8	0.060863	2835.3	0.058756	2829.7
260	0.072888	2886.4	0.070188	2881.9	0.067651	2877.2	0.065264	2872.5	0.063013	2867.8	0.060886	2862.9
270	0.075060	2914.8	0.072320	2910.7	0.069748	2906.6	0.067328	2902.4	0.065048	2898.1	0.062894	2893.8
280	0.077156	2942.2	0.074375	2938.4	0.071764	2934.7	0.069309	2930.9	0.066996	2927.0	0.064813	2923.1
290	0.079191	2968.6	0.076366	2965.2	0.073716	2961.8	0.071224	2958.3	0.068876	2954.8	0.066661	2951.2
300	0.081175	2994.3	0.078306	2991.2	0.075614	2988.0	0.073083	2984.9	0.070700	2981.6	0.068451	2978.4
310	0.083116	3019.5	0.080201	3016.6	0.077466	3013.7	0.074896	3010.7	0.072476	3007.7	0.070192	3004.8
320	0.085020	3044.2	0.082058	3041.5	0.079281	3038.8	0.076670	3036.0	0.074212	3033.3	0.071893	3030.5
330	0.086891	3068.5	0.083883	3065.9	0.081062	3063.4	0.078410	3060.8	0.075914	3058.3	0.073559	3055.7
340	0.088735	3092.4	0.085680	3090.0	0.082814	3087.7	0.080121	3085.3	0.077586	3082.9	0.075194	3080.5
350	0.090555	3116.1	0.087451	3113.8	0.084541	3111.6	0.081806	3109.4	0.079232	3107.1	0.076803	3104.8
360	0.092353	3139.5	0.089202	3137.4	0.086246	3135.3	0.083470	3133.2	0.080855	3131.1	0.078390	3128.9
370	0.094133	3162.7	0.090933	3160.7	0.087932	3158.8	0.085113	3156.8	0.082459	3154.8	0.079956	3152.7

续表

t/℃	3.0MPa t_s=233.86℃		3.1MPa t_s=235.68℃		3.2MPa t_s=237.46℃		3.3MPa t_s=239.20℃		3.4MPa t_s=240.90℃		3.5MPa t_s=242.56℃	
	v' 0.001217 v'' 0.06666 /(m^3/kg)	h' 1008.4 h'' 2803.3 /(kJ/kg)	v' 0.001220 v'' 0.06450 /(m^3/kg)	h' 1017.0 h'' 2803.3 /(kJ/kg)	v' 0.001224 v'' 0.06248 /(m^3/kg)	h' 1025.5 h'' 2803.2 /(kJ/kg)	v' 0.001228 v'' 0.06056 /(m^3/kg)	h' 1033.7 h'' 2803.1 /(kJ/kg)	v' 0.001231 v'' 0.05876 /(m^3/kg)	h' 1041.8 h'' 2803.0 /(kJ/kg)	v' 0.001235 v'' 0.05706 /(m^3/kg)	h' 1049.8 h'' 2802.7 /(kJ/kg)
380	0.095895	3185.8	0.092647	3183.9	0.089601	3182.0	0.086739	3180.2	0.084045	3178.3	0.081505	3176.4
390	0.097643	3208.7	0.094346	3207.0	0.091254	3205.2	0.088349	3203.4	0.085615	3201.6	0.083037	3199.8
400	0.099377	3231.6	0.096031	3229.9	0.092893	3228.2	0.089946	3226.5	0.087172	3224.8	0.084555	3223.0
410	0.101099	3254.3	0.097703	3252.7	0.094520	3251.1	0.091530	3249.4	0.088715	3247.8	0.086061	3246.2
420	0.102809	3277.0	0.099365	3275.4	0.096136	3273.9	0.093102	3272.3	0.090247	3270.8	0.087555	3269.2
430	0.104510	3299.6	0.101016	3298.1	0.097741	3296.6	0.094665	3295.1	0.091769	3293.7	0.089038	3292.2
440	0.106201	3322.1	0.102659	3320.7	0.099338	3319.3	0.096217	3317.9	0.093281	3316.5	0.090512	3315.0
450	0.107884	3344.7	0.104292	3343.3	0.100925	3341.9	0.097762	3340.6	0.094784	3339.2	0.091977	3337.9
460	0.109559	3367.2	0.105918	3365.9	0.102505	3364.6	0.099298	3363.2	0.096280	3361.9	0.093434	3360.6
470	0.111227	3389.6	0.107537	3388.4	0.104077	3387.1	0.100827	3385.9	0.097768	3384.6	0.094883	3383.4
480	0.112888	3412.1	0.109149	3410.9	0.105643	3409.7	0.102349	3408.5	0.099249	3407.3	0.096326	3406.1
490	0.114544	3434.6	0.110755	3433.4	0.107202	3432.3	0.103865	3431.1	0.100724	3429.9	0.097762	3428.8
500	0.116193	3457.0	0.112355	3455.9	0.108756	3454.8	0.105375	3453.7	0.102193	3452.6	0.099193	3451.5
510	0.117837	3479.5	0.113949	3478.4	0.110304	3477.4	0.106880	3476.3	0.103657	3475.2	0.100618	3474.1
520	0.119476	3502.0	0.115539	3501.0	0.111848	3499.9	0.108380	3498.9	0.105116	3497.9	0.102038	3496.8
530	0.121111	3524.5	0.117124	3523.5	0.113386	3522.5	0.109875	3521.5	0.106570	3520.5	0.103454	3519.5
540	0.122741	3547.0	0.118705	3546.1	0.114921	3545.1	0.111366	3544.1	0.108020	3543.2	0.104865	3542.2
550	0.124367	3569.6	0.120281	3568.7	0.116451	3567.7	0.112852	3566.8	0.109465	3565.9	0.106272	3564.9
560	0.125990	3592.2	0.121854	3591.3	0.117977	3590.4	0.114335	3589.5	0.110907	3588.6	0.107675	3587.6

续表

t/℃	3.6MPa t_s=244.19℃		3.7MPa t_s=245.78℃		3.8MPa t_s=247.33℃		3.9MPa t_s=248.86℃		4.0MPa t_s=250.36℃		4.1MPa t_s=251.83℃	
	ν' 0.001239 ν'' 0.05545 /(m^3/kg)	h' 1057.6 h'' 2802.5 /(kJ/kg)	ν' 0.001242 ν'' 0.05392 /(m^3/kg)	h' 1065.2 h'' 2802.2 /(kJ/kg)	ν' 0.001246 ν'' 0.05247 /(m^3/kg)	h' 1072.8 h'' 2801.8 /(kJ/kg)	ν' 0.001249 ν'' 0.05109 /(m^3/kg)	h' 1080.2 h'' 2801.4 /(kJ/kg)	ν' 0.001253 ν'' 0.04978 /(m^3/kg)	h' 1087.4 h'' 2800.9 /(kJ/kg)	ν' 0.001256 ν'' 0.04853 /(m^3/kg)	h' 1094.6 h'' 2800.4 /(kJ/kg)
0	0.0009983	3.615	0.0009982	3.717	0.0009982	3.818	0.0009982	3.919	0.0009981	4.021	0.0009981	4.122
10	0.0009986	45.52	0.0009986	45.62	0.0009985	45.72	0.0009985	45.82	0.0009984	45.91	0.0009984	46.01
20	0.0010002	87.30	0.0010002	87.39	0.0010001	87.49	0.0010001	87.58	0.0010000	87.68	0.0010000	87.77
30	0.0010028	129.02	0.0010028	129.11	0.0010027	129.20	0.0010027	129.29	0.0010026	129.38	0.0010026	129.48
40	0.0010063	170.72	0.0010062	170.81	0.0010062	170.90	0.0010062	170.99	0.0010061	171.08	0.0010061	171.16
50	0.0010105	212.43	0.0010105	212.51	0.0010105	212.60	0.0010104	212.68	0.0010104	212.77	0.0010103	212.86
60	0.0010155	254.16	0.0010155	254.24	0.0010154	254.33	0.0010154	254.41	0.0010153	254.50	0.0010153	254.58
70	0.0010211	295.94	0.0010211	296.02	0.0010210	296.10	0.0010210	296.18	0.0010209	296.26	0.0010209	296.34
80	0.0010274	337.78	0.0010273	337.86	0.0010273	337.94	0.0010272	338.02	0.0010272	338.09	0.0010271	338.17
90	0.0010342	379.70	0.0010342	379.78	0.0010341	379.86	0.0010341	379.93	0.0010340	380.01	0.0010340	380.09
100	0.0010417	421.73	0.0010416	421.80	0.0010416	421.88	0.0010415	421.95	0.0010415	422.03	0.0010414	422.10
110	0.0010497	463.88	0.0010497	463.95	0.0010496	464.03	0.0010496	464.10	0.0010495	464.17	0.0010495	464.25
120	0.0010584	506.18	0.0010584	506.25	0.0010583	506.32	0.0010583	506.39	0.0010582	506.46	0.0010581	506.53
130	0.0010677	548.64	0.0010677	548.71	0.0010676	548.78	0.0010676	548.85	0.0010675	548.92	0.0010675	548.98
140	0.0010777	591.30	0.0010777	591.37	0.0010776	591.43	0.0010775	591.50	0.0010775	591.56	0.0010774	591.63
150	0.0010884	634.18	0.0010883	634.25	0.0010883	634.31	0.0010882	634.37	0.0010881	634.43	0.0010881	634.50
160	0.0010998	677.32	0.0010998	677.38	0.0010997	677.44	0.0010996	677.50	0.0010996	677.56	0.0010995	677.61
170	0.0011121	720.75	0.0011120	720.80	0.0011119	720.86	0.0011118	720.91	0.0011118	720.97	0.0011117	721.02
180	0.0011252	764.50	0.0011251	764.55	0.0011250	764.61	0.0011249	764.66	0.0011249	764.71	0.0011248	764.76

续表

t/℃	3.6MPa t_s=244.19℃		3.7MPa t_s=245.78℃		3.8MPa t_s=247.33℃		3.9MPa t_s=248.86℃		4.0MPa t_s=250.36℃		4.1MPa t_s=251.83℃	
	ν' 0.001239 ν'' 0.05545 /(m³/kg)	h' 1057.6 h'' 2802.5 /(kJ/kg)	ν' 0.001242 ν'' 0.05392 /(m³/kg)	h' 1065.2 h'' 2802.2 /(kJ/kg)	ν' 0.001246 ν'' 0.05247 /(m³/kg)	h' 1072.8 h'' 2801.8 /(kJ/kg)	ν' 0.001249 ν'' 0.05109 /(m³/kg)	h' 1080.2 h'' 2801.4 /(kJ/kg)	ν' 0.001253 ν'' 0.04978 /(m³/kg)	h' 1087.4 h'' 2800.9 /(kJ/kg)	ν' 0.001256 ν'' 0.04853 /(m³/kg)	h' 1094.6 h'' 2800.4 /(kJ/kg)
190	0.0011393	808.64	0.0011392	808.69	0.0011391	808.74	0.0011390	808.78	0.0011389	808.83	0.0011388	808.88
200	0.0011544	853.22	0.0011543	853.26	0.0011542	853.31	0.0011541	853.35	0.0011540	853.39	0.0011539	853.43
210	0.0011708	898.31	0.0011707	898.35	0.0011706	898.38	0.0011705	898.42	0.0011704	898.45	0.0011703	898.49
220	0.0011886	943.99	0.0011884	944.02	0.0011883	944.05	0.0011882	944.07	0.0011881	944.10	0.0011879	944.13
230	0.0012079	990.36	0.0012077	990.38	0.0012076	990.40	0.0012075	990.42	0.0012073	990.44	0.0012072	990.46
240	0.0012291	1037.55	0.0012289	1037.55	0.0012287	1037.56	0.0012286	1037.57	0.0012284	1037.58	0.0012283	1037.59
250	0.056759	2824.0	0.054863	2818.1	0.053059	2812.1	0.051340	2805.9	0.0012517	1085.69	0.0012515	1085.68
260	0.058872	2857.9	0.056962	2852.9	0.055148	2847.8	0.053422	2842.5	0.051777	2837.2	0.050207	2831.7
270	0.060856	2889.4	0.058925	2885.0	0.057093	2880.4	0.055350	2875.9	0.053692	2871.2	0.052110	2866.5
280	0.062748	2919.2	0.060792	2915.2	0.058936	2911.1	0.057173	2907.0	0.055495	2902.9	0.053896	2898.7
290	0.064566	2947.6	0.062582	2944.0	0.060701	2940.4	0.058914	2936.6	0.057215	2932.9	0.055596	2929.1
300	0.066325	2975.1	0.064312	2971.8	0.062404	2968.4	0.060591	2965.1	0.058868	2961.7	0.057227	2958.2
310	0.068034	3001.7	0.065991	2998.7	0.064054	2995.6	0.062215	2992.5	0.060467	2989.4	0.058803	2986.2
320	0.069702	3027.7	0.067628	3024.9	0.065662	3022.0	0.063795	3019.2	0.062021	3016.3	0.060332	3013.4
330	0.071334	3053.1	0.069228	3050.5	0.067232	3047.8	0.065337	3045.2	0.063537	3042.5	0.061823	3039.8
340	0.072935	3078.0	0.070797	3075.6	0.068771	3073.1	0.066847	3070.6	0.065019	3068.1	0.063280	3065.6
350	0.074510	3102.6	0.072339	3100.3	0.070282	3098.0	0.068329	3095.6	0.066474	3093.3	0.064708	3091.0
360	0.076061	3126.8	0.073857	3124.6	0.071769	3122.5	0.069787	3120.3	0.067904	3118.1	0.066112	3115.9
370	0.077592	3150.7	0.075355	3148.7	0.073235	3146.7	0.071224	3144.6	0.069312	3142.5	0.067494	3140.5

续表

t/℃	3.6MPa t_s=244.19℃		3.7MPa t_s=245.78℃		3.8MPa t_s=247.33℃		3.9MPa t_s=248.86℃		4.0MPa t_s=250.36℃		4.1MPa t_s=251.83℃	
	ν' 0.001239 ν'' 0.05545 /(m^3/kg)	h' 1057.6 h'' 2802.5 /(kJ/kg)	ν' 0.001242 ν'' 0.05392 /(m^3/kg)	h' 1065.2 h'' 2802.2 /(kJ/kg)	ν' 0.001246 ν'' 0.05247 /(m^3/kg)	h' 1072.8 h'' 2801.8 /(kJ/kg)	ν' 0.001249 ν'' 0.05109 /(m^3/kg)	h' 1080.2 h'' 2801.4 /(kJ/kg)	ν' 0.001253 ν'' 0.04978 /(m^3/kg)	h' 1087.4 h'' 2800.9 /(kJ/kg)	ν' 0.001256 ν'' 0.04853 /(m^3/kg)	h' 1094.6 h'' 2800.4 /(kJ/kg)
380	0.079105	3174.4	0.076834	3172.5	0.074683	3170.6	0.072642	3168.7	0.070702	3166.7	0.068856	3164.8
390	0.080602	3198.0	0.078298	3196.1	0.076114	3194.3	0.074043	3192.5	0.072074	3190.6	0.070201	3188.8
400	0.082084	3221.3	0.079746	3219.6	0.077531	3217.9	0.075429	3216.1	0.073432	3214.4	0.071532	3212.6
410	0.083554	3244.5	0.081182	3242.9	0.078934	3241.3	0.076802	3239.6	0.074776	3237.9	0.072848	3236.3
420	0.085011	3267.7	0.082605	3266.1	0.080326	3264.5	0.078163	3262.9	0.076108	3261.4	0.074153	3259.8
430	0.086459	3290.7	0.084018	3289.2	0.081707	3287.7	0.079513	3286.2	0.077429	3284.7	0.075446	3283.2
440	0.087896	3313.6	0.085422	3312.2	0.083078	3310.7	0.080853	3309.3	0.078740	3307.9	0.076730	3306.4
450	0.089325	3336.5	0.086816	3335.1	0.084440	3333.7	0.082185	3332.4	0.080042	3331.0	0.078004	3329.6
460	0.090746	3359.3	0.088203	3358.0	0.085793	3356.7	0.083508	3355.4	0.081336	3354.0	0.079270	3352.7
470	0.092159	3382.1	0.089582	3380.8	0.087140	3379.6	0.084823	3378.3	0.082622	3377.1	0.080529	3375.8
480	0.093565	3404.9	0.090954	3403.7	0.088479	3402.4	0.086132	3401.2	0.083901	3400.0	0.081780	3398.8
490	0.094965	3427.6	0.092319	3426.4	0.089812	3425.3	0.087434	3424.1	0.085174	3422.9	0.083025	3421.8
500	0.096359	3450.3	0.093679	3449.2	0.091139	3448.1	0.088730	3447.0	0.086441	3445.8	0.084264	3444.7
510	0.097748	3473.1	0.095033	3472.0	0.092461	3470.9	0.090021	3469.8	0.087702	3468.7	0.085497	3467.6
520	0.099132	3495.8	0.096382	3494.7	0.093778	3493.7	0.091306	3492.6	0.088958	3491.6	0.086725	3490.5
530	0.100511	3518.5	0.097727	3517.5	0.095089	3516.5	0.092587	3515.5	0.090210	3514.5	0.087948	3513.5
540	0.101885	3541.2	0.099067	3540.3	0.096397	3539.3	0.093863	3538.3	0.091456	3537.3	0.089167	3536.4
550	0.103256	3564.0	0.100403	3563.0	0.097700	3562.1	0.095135	3561.2	0.092699	3560.2	0.090382	3559.3
560	0.104622	3586.7	0.101735	3585.8	0.098999	3584.9	0.096403	3584.0	0.093938	3583.1	0.091592	3582.2

续表

t/℃	4.2MPa t_s=253.27℃		4.3MPa t_s=254.68℃		4.4MPa t_s=256.07℃		4.5MPa t_s=257.44℃		4.6MPa t_s=258.78℃		4.7MPa t_s=260.10℃	
	ν' 0.001259 ν'' 0.04733 /(m^3/kg)	h' 1101.6 h'' 2799.9 /(kJ/kg)	ν' 0.001263 ν'' 0.04619 /(m^3/kg)	h' 1108.6 h'' 2799.3 /(kJ/kg)	ν' 0.001266 ν'' 0.04510 /(m^3/kg)	h' 1115.4 h'' 2798.7 /(kJ/kg)	ν' 0.001270 ν'' 0.04406 /(m^3/kg)	h' 1122.1 h'' 2798.0 /(kJ/kg)	ν' 0.001273 ν'' 0.04306 /(m^3/kg)	h' 1128.8 h'' 2797.3 /(kJ/kg)	ν' 0.001276 ν'' 0.04210 /(m^3/kg)	h' 1135.3 h'' 2796.6 /(kJ/kg)
0	0.0009980	4.223	0.0009980	4.324	0.0009979	4.426	0.0009979	4.527	0.0009978	4.628	0.0009978	4.729
10	0.0009984	46.11	0.0009983	46.20	0.0009983	46.30	0.0009982	46.40	0.0009982	46.49	0.0009981	46.59
20	0.0009999	87.86	0.0009999	87.96	0.0009998	88.05	0.0009998	88.14	0.0009997	88.24	0.0009997	88.33
30	0.0010025	129.57	0.0010025	129.66	0.0010025	129.75	0.0010024	129.84	0.0010024	129.93	0.0010023	130.02
40	0.0010060	171.25	0.0010060	171.34	0.0010059	171.43	0.0010059	171.52	0.0010059	171.61	0.0010058	171.70
50	0.0010103	212.95	0.0010102	213.03	0.0010102	213.12	0.0010102	213.20	0.0010101	213.29	0.0010101	213.38
60	0.0010152	254.66	0.0010152	254.75	0.0010152	254.83	0.0010151	254.91	0.0010151	255.00	0.0010150	255.08
70	0.0010209	296.43	0.0010208	296.51	0.0010208	296.59	0.0010207	296.67	0.0010207	296.75	0.0010206	296.84
80	0.0010271	338.25	0.0010270	338.33	0.0010270	338.41	0.0010269	338.49	0.0010269	338.57	0.0010269	338.65
90	0.0010339	380.17	0.0010339	380.20	0.0010338	380.32	0.0010338	380.40	0.0010337	380.48	0.0010337	380.55
100	0.0010414	422.18	0.0010413	422.26	0.0010413	422.33	0.0010412	422.41	0.0010412	422.48	0.0010411	422.56
110	0.0010494	464.32	0.0010494	464.39	0.0010493	464.46	0.0010493	464.54	0.0010492	464.61	0.0010492	464.68
120	0.0010581	506.60	0.0010580	506.67	0.0010580	506.74	0.0010579	506.81	0.0010579	506.88	0.0010578	506.95
130	0.0010674	549.05	0.0010673	549.12	0.0010673	549.19	0.0010672	549.26	0.0010672	549.32	0.0010671	549.39
140	0.0010774	591.69	0.0010773	591.76	0.0010772	591.82	0.0010772	591.89	0.0010771	591.96	0.0010770	592.02
150	0.0010880	634.56	0.0010879	634.62	0.0010879	634.68	0.0010878	634.74	0.0010877	634.81	0.0010877	634.87
160	0.0010994	677.67	0.0010993	677.73	0.0010993	677.79	0.0010992	677.85	0.0010991	677.91	0.0010991	677.97
170	0.0011116	721.08	0.0011115	721.13	0.0011115	721.19	0.0011114	721.24	0.0011113	721.30	0.0011112	721.35
180	0.0011247	764.81	0.0011246	764.86	0.0011245	764.91	0.0011244	764.96	0.0011244	765.01	0.0011243	765.07

续表

t/℃	4.2MPa t_s=253.27℃		4.3MPa t_s=254.68℃		4.4MPa t_s=256.07℃		4.5MPa t_s=257.44℃		4.6MPa t_s=258.78℃		4.7MPa t_s=260.10℃	
	ν' 0.001259 ν'' 0.04733 /(m³/kg)	h' 1101.6 h'' 2799.9 /(kJ/kg)	ν' 0.001263 ν'' 0.04619 /(m³/kg)	h' 1108.6 h'' 2799.3 /(kJ/kg)	ν' 0.001266 ν'' 0.04510 /(m³/kg)	h' 1115.4 h'' 2798.7 /(kJ/kg)	ν' 0.001270 ν'' 0.04406 /(m³/kg)	h' 1122.1 h'' 2798.0 /(kJ/kg)	ν' 0.001273 ν'' 0.04306 /(m³/kg)	h' 1128.8 h'' 2797.3 /(kJ/kg)	ν' 0.001276 ν'' 0.04210 /(m³/kg)	h' 1135.3 h'' 2796.6 /(kJ/kg)
190	0.0011387	808.92	0.0011386	808.97	0.0011386	809.01	0.0011385	809.06	0.0011384	809.11	0.0011383	809.15
200	0.0011538	853.47	0.0011537	853.51	0.0011536	853.55	0.0011535	853.59	0.0011534	853.63	0.0011533	853.68
210	0.0011701	898.52	0.0011700	898.56	0.0011699	898.59	0.0011698	898.63	0.0011697	898.66	0.0011696	898.70
220	0.0011878	944.16	0.0011877	944.19	0.0011876	944.21	0.0011874	944.24	0.0011873	944.27	0.0011872	944.30
230	0.0012070	990.48	0.0012069	990.50	0.0012068	990.52	0.0012066	990.54	0.0012065	990.56	0.0012063	990.58
240	0.0012281	1037.60	0.0012279	1037.61	0.0012278	1037.62	0.0012276	1037.63	0.0012275	1037.64	0.0012273	1037.65
250	0.0012513	1085.68	0.0012511	1085.68	0.0012510	1085.67	0.0012508	1085.67	0.0012506	1085.67	0.0012504	1085.67
260	0.048707	2826.1	0.047271	2820.4	0.045894	2814.6	0.044573	2808.6	0.043303	2802.5	0.0012761	1134.83
270	0.050600	2861.7	0.049157	2856.8	0.047775	2851.8	0.046451	2846.7	0.045181	2841.5	0.043960	2836.3
280	0.052371	2894.4	0.050914	2890.1	0.049521	2885.7	0.048186	2881.3	0.046907	2876.8	0.045680	2872.2
290	0.054052	2925.3	0.052578	2921.4	0.051169	2917.5	0.049820	2913.5	0.048528	2909.5	0.047289	2905.5
300	0.055663	2954.7	0.054169	2951.2	0.052742	2947.7	0.051377	2944.1	0.050069	2940.5	0.048816	2936.8
310	0.057216	2983.0	0.055702	2979.8	0.054256	2976.6	0.052872	2973.3	0.051548	2970.0	0.050278	2966.7
320	0.058723	3010.4	0.057187	3007.5	0.055720	3004.5	0.054318	3001.5	0.052975	2998.5	0.051688	2995.5
330	0.060190	3037.1	0.058632	3034.4	0.057144	3031.6	0.055721	3028.8	0.054359	3026.1	0.053054	3023.2
340	0.061623	3063.1	0.060042	3060.6	0.058532	3058.0	0.057088	3055.5	0.055707	3052.9	0.054383	3050.3
350	0.063026	3088.6	0.061422	3086.3	0.059890	3083.9	0.058425	3081.5	0.057023	3079.1	0.055681	3076.6
360	0.064405	3113.7	0.062776	3111.5	0.061222	3109.2	0.059735	3107.0	0.058313	3104.7	0.056951	3102.5
370	0.065761	3138.4	0.064109	3136.3	0.062531	3134.2	0.061023	3132.1	0.059580	3130.0	0.058198	3127.9

续表

t/℃	4.2MPa t_s=253.27℃		4.3MPa t_s=254.68℃		4.4MPa t_s=256.07℃		4.5MPa t_s=257.44℃		4.6MPa t_s=258.78℃		4.7MPa t_s=260.10℃	
	v' 0.001259 v'' 0.04733 /(m³/kg)	h' 1101.6 h'' 2799.9 /(kJ/kg)	v' 0.001263 v'' 0.04619 /(m³/kg)	h' 1108.6 h'' 2799.3 /(kJ/kg)	v' 0.001266 v'' 0.04510 /(m³/kg)	h' 1115.4 h'' 2798.7 /(kJ/kg)	v' 0.001270 v'' 0.04406 /(m³/kg)	h' 1122.1 h'' 2798.0 /(kJ/kg)	v' 0.001273 v'' 0.04306 /(m³/kg)	h' 1128.8 h'' 2797.3 /(kJ/kg)	v' 0.001276 v'' 0.04210 /(m³/kg)	h' 1135.3 h'' 2796.6 /(kJ/kg)
380	0.067097	3162.8	0.065421	3160.8	0.063820	3158.9	0.062290	3156.9	0.060826	3154.9	0.059424	3152.9
390	0.068418	3186.9	0.066716	3185.1	0.065092	3183.2	0.063540	3181.3	0.062054	3179.5	0.060632	3177.6
400	0.069722	3210.9	0.067996	3209.1	0.066348	3207.3	0.064773	3205.6	0.063267	3203.8	0.061824	3202.0
410	0.071013	3234.6	0.069262	3232.9	0.067590	3231.2	0.065993	3229.6	0.064465	3227.9	0.063001	3226.2
420	0.072291	3258.2	0.070515	3256.6	0.068820	3255.0	0.067200	3253.4	0.065650	3251.8	0.064166	3250.2
430	0.073558	3281.6	0.071757	3280.1	0.070038	3278.6	0.068395	3277.1	0.066824	3275.5	0.065319	3274.0
440	0.074815	3305.0	0.072989	3303.5	0.071246	3302.1	0.069581	3300.6	0.067987	3299.1	0.066461	3297.7
450	0.076063	3328.2	0.074212	3326.8	0.072445	3325.4	0.070756	3324.0	0.069141	3322.7	0.067594	3321.3
460	0.077303	3351.4	0.075426	3350.1	0.073635	3348.7	0.071924	3347.4	0.070286	3346.1	0.068719	3344.7
470	0.078534	3374.5	0.076633	3373.2	0.074818	3371.9	0.073083	3370.7	0.071424	3369.4	0.069835	3368.1
480	0.079759	3397.6	0.077832	3396.3	0.075993	3395.1	0.074236	3393.9	0.072554	3392.7	0.070944	3391.4
490	0.080978	3420.6	0.079025	3419.4	0.077162	3418.2	0.075381	3417.1	0.073678	3415.9	0.072047	3414.7
500	0.082190	3443.6	0.080212	3442.4	0.078325	3441.3	0.076521	3440.2	0.074795	3439.0	0.073143	3437.9
510	0.083396	3466.5	0.081394	3465.5	0.079482	3464.4	0.077655	3463.3	0.075907	3462.2	0.074234	3461.1
520	0.084598	3489.5	0.082570	3488.4	0.080633	3487.4	0.078783	3486.3	0.077014	3485.3	0.075319	3484.2
530	0.085794	3512.4	0.083741	3511.4	0.081780	3510.4	0.079907	3509.4	0.078115	3508.4	0.076400	3507.4
540	0.086987	3535.4	0.084907	3534.4	0.082923	3533.4	0.081026	3532.5	0.079212	3531.5	0.077475	3530.5
550	0.088174	3558.3	0.086070	3557.4	0.084061	3556.4	0.082141	3555.5	0.080305	3554.6	0.078547	3553.6
560	0.089358	3581.3	0.087228	3580.4	0.085195	3579.5	0.083252	3578.5	0.081394	3577.6	0.079614	3576.7

续表

t/℃	4.8MPa t_s=261.40℃		4.9MPa t_s=262.68℃		5.0MPa t_s=263.94℃		5.2MPa t_s=266.41℃		5.4MPa t_s=268.80℃		5.6MPa t_s=271.12℃	
	ν' 0.001280 ν'' 0.04118 /(m^3/kg)	h' 1141.8 h'' 2795.8 /(kJ/kg)	ν' 0.001283 ν'' 0.04030 /(m^3/kg)	h' 1148.2 h'' 2795.0 /(kJ/kg)	ν' 0.001286 ν'' 0.03945 /(m^3/kg)	h' 1154.5 h'' 2794.2 /(kJ/kg)	ν' 0.001293 ν'' 0.03784 /(m^3/kg)	h' 1166.9 h'' 2792.5 /(kJ/kg)	ν' 0.001300 ν'' 0.03635 /(m^3/kg)	h' 1179.0 h'' 2790.7 /(kJ/kg)	ν' 0.001306 ν'' 0.03496 /(m^3/kg)	h' 1190.8 h'' 2788.7 /(kJ/kg)
0	0.0009977	4.830	0.0009977	4.931	0.0009976	5.033	0.0009975	5.235	0.0009974	5.437	0.0009973	5.639
10	0.0009981	46.69	0.0009980	46.79	0.0009980	46.88	0.0009979	47.08	0.0009978	47.27	0.0009977	47.46
20	0.0009997	88.43	0.0009996	88.52	0.0009996	88.61	0.0009995	88.80	0.0009994	88.99	0.0009993	89.17
30	0.0010023	130.11	0.0010022	130.20	0.0010022	130.29	0.0010021	130.48	0.0010020	130.66	0.0010019	130.84
40	0.0010058	171.78	0.0010057	171.87	0.0010057	171.96	0.0010056	172.14	0.0010055	172.31	0.0010054	172.49
50	0.0010100	213.46	0.0010100	213.55	0.0010099	213.63	0.0010098	213.81	0.0010098	213.98	0.0010097	214.15
60	0.0010150	255.17	0.0010149	255.25	0.0010149	255.33	0.0010148	255.50	0.0010147	255.67	0.0010146	255.84
70	0.0010206	296.92	0.0010205	297.00	0.0010205	297.08	0.0010204	297.24	0.0010203	297.41	0.0010202	297.57
80	0.0010268	338.73	0.0010268	338.81	0.0010267	338.89	0.0010266	339.05	0.0010265	339.21	0.0010264	339.37
90	0.0010336	380.63	0.0010336	380.71	0.0010335	380.78	0.0010335	380.94	0.0010334	381.09	0.0010333	381.25
100	0.0010411	422.63	0.0010410	422.71	0.0010410	422.78	0.0010409	422.93	0.0010408	423.08	0.0010407	423.23
110	0.0010491	464.76	0.0010491	464.83	0.0010490	464.90	0.0010489	465.05	0.0010488	465.19	0.0010487	465.34
120	0.0010578	507.02	0.0010577	507.09	0.0010577	507.17	0.0010575	507.31	0.0010574	507.45	0.0010573	507.59
130	0.0010670	549.46	0.0010670	549.53	0.0010669	549.60	0.0010668	549.73	0.0010667	549.87	0.0010666	550.00
140	0.0010770	592.09	0.0010769	592.15	0.0010769	592.22	0.0010767	592.35	0.0010766	592.48	0.0010765	592.61
150	0.0010876	634.93	0.0010875	634.99	0.0010875	635.06	0.0010873	635.18	0.0010872	635.30	0.0010871	635.43
160	0.0010990	678.03	0.0010989	678.09	0.0010988	678.14	0.0010987	678.26	0.0010986	678.38	0.0010984	678.50
170	0.0011112	721.41	0.0011111	721.46	0.0011110	721.52	0.0011109	721.63	0.0011107	721.74	0.0011105	721.85
180	0.0011242	765.12	0.0011241	765.17	0.0011240	765.22	0.0011239	765.32	0.0011237	765.42	0.0011235	765.53

续表

t/℃	4.8MPa t_s=261.40℃		4.9MPa t_s=262.68℃		5.0MPa t_s=263.94℃		5.2MPa t_s=266.41℃		5.4MPa t_s=268.80℃		5.6MPa t_s=271.12℃	
	ν' 0.001280 ν'' 0.04118 /(m^3/kg)	h' 1141.8 h'' 2795.8 /(kJ/kg)	ν' 0.001283 ν'' 0.04030 /(m^3/kg)	h' 1148.2 h'' 2795.0 /(kJ/kg)	ν' 0.001286 ν'' 0.03945 /(m^3/kg)	h' 1154.5 h'' 2794.2 /(kJ/kg)	ν' 0.001293 ν'' 0.03784 /(m^3/kg)	h' 1166.9 h'' 2792.5 /(kJ/kg)	ν' 0.001300 ν'' 0.03635 /(m^3/kg)	h' 1179.0 h'' 2790.7 /(kJ/kg)	ν' 0.001306 ν'' 0.03496 /(m^3/kg)	h' 1190.8 h'' 2788.7 /(kJ/kg)
190	0.0011382	809.20	0.0011381	809.25	0.0011380	809.29	0.0011378	809.39	0.0011376	809.48	0.0011375	809.58
200	0.0011532	853.72	0.0011531	853.76	0.0011530	853.80	0.0011528	853.88	0.0011526	853.97	0.0011524	854.05
210	0.0011695	898.73	0.0011694	898.77	0.0011693	898.80	0.0011690	898.87	0.0011688	898.95	0.0011686	899.02
220	0.0011871	944.33	0.0011869	944.36	0.0011868	944.38	0.0011866	944.44	0.0011863	944.50	0.0011861	944.56
230	0.0012062	990.60	0.0012061	990.62	0.0012059	990.64	0.0012057	990.68	0.0012054	990.72	0.0012051	990.76
240	0.0012272	1037.66	0.0012270	1037.67	0.0012268	1037.68	0.0012265	1037.70	0.0012262	1037.72	0.0012259	1037.74
250	0.0012502	1085.67	0.0012501	1085.66	0.0012499	1085.66	0.0012495	1085.66	0.0012492	1085.66	0.0012488	1085.65
260	0.0012759	1134.81	0.0012756	1134.79	0.0012755	1134.77	0.0012751	1134.74	0.0012746	1134.71	0.0012742	1134.68
270	0.042787	2830.9	0.041657	2825.4	0.040568	2819.8	0.038501	2808.3	0.036569	2796.2	0.0013028	1185.06
280	0.044500	2867.6	0.043366	2862.9	0.042275	2858.1	0.040208	2848.3	0.038283	2838.1	0.036482	2827.6
290	0.046099	2901.4	0.044956	2897.2	0.043856	2893.0	0.041777	2884.4	0.039843	2875.6	0.038039	2866.5
300	0.047613	2933.1	0.046458	2929.4	0.045347	2925.6	0.043248	2918.0	0.041299	2910.1	0.039482	2902.1
310	0.049060	2963.4	0.047891	2960.0	0.046767	2956.6	0.044645	2949.7	0.042674	2942.6	0.040840	2935.4
320	0.050454	2992.4	0.049269	2989.3	0.048130	2986.2	0.045982	2979.9	0.043988	2973.5	0.042133	2966.9
330	0.051803	3020.4	0.050602	3017.6	0.049448	3014.7	0.047271	3008.9	0.045251	3003.0	0.043373	2997.1
340	0.053114	3047.6	0.051896	3045.0	0.050726	3042.4	0.048519	3037.0	0.046473	3031.6	0.044570	3026.1
350	0.054393	3074.2	0.053158	3071.8	0.051971	3069.3	0.049734	3064.3	0.047659	3059.3	0.045731	3054.2
360	0.055645	3100.2	0.054392	3097.9	0.053188	3095.6	0.050919	3091.0	0.048816	3086.3	0.046861	3081.6
370	0.056873	3125.7	0.055602	3123.6	0.054381	3121.4	0.052079	3117.1	0.049946	3112.7	0.047964	3108.3

续表

t/℃	4.8MPa t_s=261.40℃		4.9MPa t_s=262.68℃		5.0MPa t_s=263.94℃		5.2MPa t_s=266.41℃		5.4MPa t_s=268.80℃		5.6MPa t_s=271.12℃	
	ν' 0.001280 ν'' 0.04118 /(m^3/kg)	h' 1141.8 h'' 2795.8 /(kJ/kg)	ν' 0.001283 ν'' 0.04030 /(m^3/kg)	h' 1148.2 h'' 2795.0 /(kJ/kg)	ν' 0.001286 ν'' 0.03945 /(m^3/kg)	h' 1154.5 h'' 2794.2 /(kJ/kg)	ν' 0.001293 ν'' 0.03784 /(m^3/kg)	h' 1166.9 h'' 2792.5 /(kJ/kg)	ν' 0.001300 ν'' 0.03635 /(m^3/kg)	h' 1179.0 h'' 2790.7 /(kJ/kg)	ν' 0.001306 ν'' 0.03496 /(m^3/kg)	h' 1190.8 h'' 2788.7 /(kJ/kg)
380	0.058080	3150.9	0.056790	3148.9	0.055552	3146.8	0.053217	3142.8	0.051054	3138.6	0.049044	3134.5
390	0.059268	3175.7	0.057960	3173.8	0.056704	3171.9	0.054336	3168.0	0.052142	3164.2	0.050104	3160.3
400	0.060441	3200.2	0.059114	3198.4	0.057840	3196.6	0.055438	3193.0	0.053213	3189.3	0.051146	3185.6
410	0.061598	3224.5	0.060253	3222.8	0.058961	3221.1	0.056525	3217.6	0.054269	3214.2	0.052173	3210.6
420	0.062743	3248.6	0.061379	3246.9	0.060068	3245.3	0.057598	3242.0	0.055311	3238.8	0.053186	3235.5
430	0.063876	3272.5	0.062493	3270.9	0.061164	3269.4	0.058660	3266.3	0.056340	3263.1	0.054186	3260.0
440	0.064999	3296.2	0.063596	3294.7	0.062249	3293.3	0.059710	3290.3	0.057359	3287.3	0.055175	3284.3
450	0.066112	3319.8	0.064690	3318.4	0.063325	3317.0	0.060751	3314.2	0.058368	3311.4	0.056154	3308.5
460	0.067216	3343.4	0.065775	3342.0	0.064391	3340.7	0.061783	3338.0	0.059367	3335.3	0.057124	3332.5
470	0.068312	3366.8	0.066852	3365.5	0.065450	3364.2	0.062806	3361.6	0.060359	3359.0	0.058085	3356.4
480	0.069401	3390.2	0.067921	3389.0	0.066501	3387.7	0.063823	3385.2	0.061342	3382.7	0.059039	3380.2
490	0.070484	3413.5	0.068984	3412.3	0.067545	3411.1	0.064832	3408.7	0.062319	3406.3	0.059986	3403.9
500	0.071560	3436.8	0.070041	3435.6	0.068583	3434.5	0.065835	3432.2	0.063290	3429.9	0.060926	3427.6
510	0.072630	3460.0	0.071092	3458.9	0.069615	3457.8	0.066832	3455.6	0.064254	3453.4	0.061861	3451.2
520	0.073695	3483.2	0.072137	3482.1	0.070642	3481.1	0.067824	3478.9	0.065214	3476.8	0.062790	3474.7
530	0.074755	3506.3	0.073178	3505.3	0.071664	3504.3	0.068810	3502.3	0.066168	3500.2	0.063714	3498.2
540	0.075811	3529.5	0.074214	3528.5	0.072681	3527.5	0.069792	3525.6	0.067117	3523.6	0.064633	3521.6
550	0.076862	3552.7	0.075246	3551.7	0.073694	3550.8	0.070770	3548.8	0.068062	3546.9	0.065547	3545.0
560	0.077909	3575.8	0.076273	3574.9	0.074703	3574.0	0.071743	3572.1	0.069003	3570.3	0.066458	3568.4

续表

t/℃	5.8MPa t_s=273.38℃		6.0MPa t_s=275.59℃		6.2MPa t_s=277.73℃		6.4MPa t_s=279.83℃		6.6MPa t_s=281.88℃		6.8MPa t_s=283.88℃	
	ν' 0.001313 ν'' 0.03366 /(m^3/kg)	h' 1202.4 h'' 2786.7 /(kJ/kg)	ν' 0.001319 ν'' 0.03245 /(m^3/kg)	h' 1213.7 h'' 2784.6 /(kJ/kg)	ν' 0.001326 ν'' 0.03131 /(m^3/kg)	h' 1224.9 h'' 2782.3 /(kJ/kg)	ν' 0.001332 ν'' 0.03024 /(m^3/kg)	h' 1235.8 h'' 2780.0 /(kJ/kg)	ν' 0.001339 ν'' 0.02923 /(m^3/kg)	h' 1246.5 h'' 2777.6 /(kJ/kg)	ν' 0.001345 ν'' 0.02828 /(m^3/kg)	h' 1257.1 h'' 2775.1 /(kJ/kg)
0	0.0009972	5.841	0.0009971	6.043	0.0009970	6.245	0.0009969	6.447	0.0009968	6.648	0.0009967	6.850
10	0.0009976	47.66	0.0009975	47.85	0.0009974	48.05	0.0009973	48.24	0.0009972	48.43	0.0009971	48.63
20	0.0009992	89.36	0.0009991	89.55	0.0009990	89.74	0.0009989	89.92	0.0009988	90.11	0.0009988	90.30
30	0.0010018	131.02	0.0010017	131.20	0.0010017	131.38	0.0010016	131.57	0.0010015	131.75	0.0010014	131.93
40	0.0010053	172.67	0.0010052	172.84	0.0010051	173.02	0.0010051	173.20	0.0010050	173.37	0.0010049	173.55
50	0.0010096	214.32	0.0010095	214.49	0.0010094	214.67	0.0010093	214.84	0.0010092	215.01	0.0010091	215.18
60	0.0010145	256.01	0.0010144	256.17	0.0010144	256.34	0.0010143	256.51	0.0010142	256.68	0.0010141	256.84
70	0.0010201	297.73	0.0010200	297.90	0.0010199	298.06	0.0010199	298.22	0.0010198	298.39	0.0010197	298.55
80	0.0010263	339.53	0.0010262	339.69	0.0010262	339.85	0.0010261	340.01	0.0010260	340.16	0.0010259	340.32
90	0.0010332	381.40	0.0010331	381.56	0.0010330	381.71	0.0010329	381.87	0.0010328	382.02	0.0010327	382.18
100	0.0010406	423.38	0.0010405	423.53	0.0010404	423.69	0.0010403	423.84	0.0010402	423.99	0.0010401	424.14
110	0.0010486	465.49	0.0010485	465.63	0.0010484	465.78	0.0010483	465.92	0.0010482	466.07	0.0010481	466.22
120	0.0010572	507.73	0.0010571	507.87	0.0010570	508.01	0.0010568	508.15	0.0010568	508.30	0.0010567	508.44
130	0.0010665	550.14	0.0010663	550.28	0.0010662	550.41	0.0010661	550.55	0.0010660	550.68	0.0010659	550.82
140	0.0010764	592.74	0.0010762	592.87	0.0010761	593.00	0.0010760	593.13	0.0010759	593.26	0.0010757	593.39
150	0.0010870	635.55	0.0010868	635.68	0.0010867	635.80	0.0010866	635.93	0.0010864	636.05	0.0010863	636.18
160	0.0010983	678.62	0.0010981	678.73	0.0010980	678.85	0.0010979	678.97	0.0010977	679.09	0.0010976	679.21
170	0.0011104	721.96	0.0011102	722.07	0.0011101	722.18	0.0011099	722.30	0.0011098	722.41	0.0011096	722.52
180	0.0011234	765.63	0.0011232	765.73	0.0011230	765.84	0.0011229	765.94	0.0011227	766.04	0.0011225	766.15

续表

t/℃	5.8MPa t_s=273.38℃		6.0MPa t_s=275.59℃		6.2MPa t_s=277.73℃		6.4MPa t_s=279.83℃		6.6MPa t_s=281.88℃		6.8MPa t_s=283.88℃	
	ν' 0.001313 ν'' 0.03366 /(m³/kg)	h' 1202.4 h'' 2786.7 /(kJ/kg)	ν' 0.001319 ν'' 0.03245 /(m³/kg)	h' 1213.7 h'' 2784.6 /(kJ/kg)	ν' 0.001326 ν'' 0.03131 /(m³/kg)	h' 1224.9 h'' 2782.3 /(kJ/kg)	ν' 0.001332 ν'' 0.03024 /(m³/kg)	h' 1235.8 h'' 2780.0 /(kJ/kg)	ν' 0.001339 ν'' 0.02923 /(m³/kg)	h' 1246.5 h'' 2777.6 /(kJ/kg)	ν' 0.001345 ν'' 0.02828 /(m³/kg)	h' 1257.1 h'' 2775.1 /(kJ/kg)
190	0.0011373	809.67	0.0011371	809.76	0.0011369	809.86	0.0011367	809.95	0.0011366	810.05	0.0011364	810.14
200	0.0011523	854.13	0.0011521	854.22	0.0011519	854.30	0.0011517	854.38	0.0011515	854.47	0.0011513	854.55
210	0.0011684	899.09	0.0011682	899.16	0.0011680	899.23	0.0011677	899.30	0.0011675	899.38	0.0011673	899.45
220	0.0011858	944.61	0.0011856	944.67	0.0011854	944.73	0.0011851	944.79	0.0011849	944.85	0.0011846	944.90
230	0.0012048	990.80	0.0012046	990.84	0.0012043	990.88	0.0012040	990.93	0.0012037	990.97	0.0012035	991.01
240	0.0012256	1037.76	0.0012253	1037.79	0.0012250	1037.81	0.0012247	1037.83	0.0012244	1037.86	0.0012240	1037.88
250	0.0012484	1085.65	0.0012481	1085.65	0.0012477	1085.65	0.0012474	1085.65	0.0012470	1085.65	0.0012467	1085.65
260	0.0012738	1134.64	0.0012734	1134.61	0.0012730	1134.58	0.0012726	1134.55	0.0012721	1134.53	0.0012717	1134.50
270	0.0013023	1184.99	0.0013018	1184.92	0.0013013	1184.86	0.0013008	1184.79	0.0013003	1184.72	0.0012998	1184.66
280	0.034792	2816.6	0.033200	2805.2	0.031695	2793.4	0.030268	2780.9	0.0013323	1236.57	0.0013317	1236.45
290	0.036349	2857.1	0.034763	2847.5	0.033269	2837.5	0.031858	2827.2	0.030522	2816.6	0.029253	2805.5
300	0.037783	2893.9	0.036191	2885.5	0.034695	2876.9	0.033285	2868.0	0.031953	2858.9	0.030691	2849.5
310	0.039127	2928.1	0.037523	2920.6	0.036017	2912.9	0.034600	2905.1	0.033264	2897.1	0.032000	2888.9
320	0.040402	2960.3	0.038782	2953.5	0.037263	2946.7	0.035834	2939.7	0.034488	2932.5	0.033217	2925.3
330	0.041622	2991.0	0.039983	2984.9	0.038448	2978.6	0.037005	2972.3	0.035646	2965.8	0.034364	2959.3
340	0.042796	3020.5	0.041138	3014.9	0.039584	3009.2	0.038124	3003.4	0.036751	2997.5	0.035456	2991.5
350	0.043933	3049.1	0.042253	3043.9	0.040680	3038.6	0.039203	3033.3	0.037813	3027.9	0.036502	3022.4
360	0.045039	3076.8	0.043336	3072.0	0.041742	3067.1	0.040246	3062.1	0.038838	3057.1	0.037512	3052.1
370	0.046117	3103.8	0.044391	3099.3	0.042776	3094.8	0.041260	3090.2	0.039834	3085.5	0.038491	3080.9

续表

t/℃	5.8MPa t_s=273.38℃		6.0MPa t_s=275.59℃		6.2MPa t_s=277.73℃		6.4MPa t_s=279.83℃		6.6MPa t_s=281.88℃		6.8MPa t_s=283.88℃	
	ν' 0.001313 ν'' 0.03366 /(m^3/kg)	h' 1202.4 h'' 2786.7 /(kJ/kg)	ν' 0.001319 ν'' 0.03245 /(m^3/kg)	h' 1213.7 h'' 2784.6 /(kJ/kg)	ν' 0.001326 ν'' 0.03131 /(m^3/kg)	h' 1224.9 h'' 2782.3 /(kJ/kg)	ν' 0.001332 ν'' 0.03024 /(m^3/kg)	h' 1235.8 h'' 2780.0 /(kJ/kg)	ν' 0.001339 ν'' 0.02923 /(m^3/kg)	h' 1246.5 h'' 2777.6 /(kJ/kg)	ν' 0.001345 ν'' 0.02828 /(m^3/kg)	h' 1257.1 h'' 2775.1 /(kJ/kg)
380	0.047171	3130.3	0.045422	3126.1	0.043784	3121.8	0.042248	3117.6	0.040803	3113.2	0.039443	3108.9
390	0.048205	3156.3	0.046432	3152.4	0.044772	3148.4	0.043214	3144.3	0.041750	3140.3	0.040372	3136.2
400	0.049221	3181.9	0.047423	3178.2	0.045740	3174.4	0.044162	3170.6	0.042678	3166.8	0.041280	3163.0
410	0.050221	3207.2	0.048398	3203.6	0.046692	3200.1	0.045092	3196.5	0.043588	3192.9	0.042172	3189.3
420	0.051207	3232.1	0.049359	3228.8	0.047629	3225.4	0.046007	3222.0	0.044483	3218.6	0.043048	3215.2
430	0.052180	3256.8	0.050306	3253.7	0.048553	3250.5	0.046909	3247.3	0.045364	3244.0	0.043910	3240.8
440	0.053141	3281.3	0.051243	3278.3	0.049466	3275.3	0.047800	3272.2	0.046234	3269.2	0.044760	3266.1
450	0.054093	3305.6	0.052168	3302.8	0.050368	3299.9	0.048679	3297.0	0.047092	3294.0	0.045599	3291.1
460	0.055035	3329.8	0.053085	3327.0	0.051260	3324.3	0.049549	3321.5	0.047941	3318.7	0.046428	3315.9
470	0.055969	3353.8	0.053993	3351.2	0.052144	3348.5	0.050410	3345.9	0.048781	3343.2	0.047248	3340.6
480	0.056895	3377.7	0.054893	3375.2	0.053019	3372.7	0.051263	3370.1	0.049613	3367.6	0.048059	3365.0
490	0.057813	3401.5	0.055785	3399.1	0.053888	3396.7	0.052109	3394.3	0.050437	3391.8	0.048864	3389.4
500	0.058726	3425.3	0.056672	3422.9	0.054750	3420.6	0.052948	3418.3	0.051255	3416.0	0.049661	3413.6
510	0.059632	3448.9	0.057552	3446.7	0.055606	3444.5	0.053781	3442.2	0.052066	3440.0	0.050453	3437.7
520	0.060533	3472.5	0.058427	3470.4	0.056456	3468.2	0.054608	3466.1	0.052872	3463.9	0.051238	3461.8
530	0.061429	3496.1	0.059296	3494.0	0.057301	3492.0	0.055430	3489.9	0.053672	3487.8	0.052018	3485.7
540	0.062320	3519.6	0.060161	3517.6	0.058141	3515.6	0.056247	3513.6	0.054468	3511.6	0.052793	3509.6
550	0.063206	3543.1	0.061021	3541.2	0.058976	3539.3	0.057060	3537.3	0.055259	3535.4	0.053564	3533.5
560	0.064089	3566.6	0.061877	3564.7	0.059808	3562.9	0.057868	3561.0	0.056046	3559.1	0.054330	3557.3

续表

t/℃	7.0MPa t_s=285.83℃		7.2MPa t_s=287.74℃		7.4MPa t_s=289.62℃		7.6MPa t_s=291.45℃		7.8MPa t_s=293.25℃		8.0MPa t_s=295.01℃	
	ν' 0.001352 ν'' 0.02738 /(m^3/kg)	h' 1267.4 h'' 2772.6 /(kJ/kg)	ν' 0.001358 ν'' 0.02653 /(m^3/kg)	h' 1277.7 h'' 2769.9 /(kJ/kg)	ν' 0.001365 ν'' 0.02572 /(m^3/kg)	h' 1287.7 h'' 2767.2 /(kJ/kg)	ν' 0.001371 ν'' 0.02495 /(m^3/kg)	h' 1297.6 h'' 2764.4 /(kJ/kg)	ν' 0.001378 ν'' 0.02422 /(m^3/kg)	h' 1307.4 h'' 2761.6 /(kJ/kg)	ν' 0.001385 ν'' 0.02353 /(m^3/kg)	h' 1317.1 h'' 2758.6 /(kJ/kg)
0	0.0009966	7.052	0.0009965	7.253	0.0009964	7.455	0.0009963	7.656	0.0009962	7.858	0.0009961	8.059
10	0.0009970	48.82	0.0009969	49.01	0.0009968	49.21	0.0009968	49.40	0.0009967	49.59	0.0009966	49.79
20	0.0009987	90.48	0.0009986	90.67	0.0009985	90.86	0.0009984	91.05	0.0009983	91.23	0.0009982	91.42
30	0.0010013	132.11	0.0010012	132.29	0.0010011	132.47	0.0010010	132.66	0.0010010	132.84	0.0010009	133.02
40	0.0010048	173.73	0.0010047	173.90	0.0010046	174.08	0.0010045	174.26	0.0010045	174.43	0.0010044	174.61
50	0.0010091	215.36	0.0010090	215.53	0.0010089	215.70	0.0010088	215.87	0.0010087	216.04	0.0010086	216.22
60	0.0010140	257.01	0.0010139	257.18	0.0010138	257.35	0.0010137	257.51	0.0010136	257.68	0.0010136	257.85
70	0.0010196	298.71	0.0010195	298.88	0.0010194	299.04	0.0010193	299.21	0.0010192	299.37	0.0010191	299.53
80	0.0010258	340.48	0.0010257	340.64	0.0010256	340.80	0.0010255	340.96	0.0010254	341.12	0.0010253	341.28
90	0.0010326	382.33	0.0010325	382.49	0.0010324	382.64	0.0010323	382.80	0.0010322	382.95	0.0010321	383.11
100	0.0010400	424.29	0.0010399	424.44	0.0010398	424.59	0.0010396	424.74	0.0010396	424.89	0.0010395	425.04
110	0.0010480	466.36	0.0010479	466.51	0.0010478	466.65	0.0010477	466.80	0.0010476	466.95	0.0010474	467.09
120	0.0010566	508.58	0.0010564	508.72	0.0010563	508.86	0.0010562	509.00	0.0010561	509.14	0.0010560	509.28
130	0.0010658	550.96	0.0010657	551.09	0.0010655	551.23	0.0010654	551.37	0.0010653	551.50	0.0010652	551.64
140	0.0010756	593.52	0.0010755	593.65	0.0010754	593.78	0.0010753	593.92	0.0010751	594.05	0.0010750	594.18
150	0.0010862	636.30	0.0010860	636.43	0.0010859	636.55	0.0010858	636.68	0.0010856	636.80	0.0010855	636.93
160	0.0010974	679.33	0.0010973	679.45	0.0010972	679.56	0.0010970	679.68	0.0010969	679.80	0.0010967	679.92
170	0.0011095	722.63	0.0011093	722.74	0.0011092	722.85	0.0011090	722.96	0.0011089	723.08	0.0011087	723.19
180	0.0011224	766.25	0.0011222	766.35	0.0011221	766.46	0.0011219	766.56	0.0011217	766.66	0.0011216	766.77

续表

t/℃	7.0MPa t_s=285.83℃		7.2MPa t_s=287.74℃		7.4MPa t_s=289.62℃		7.6MPa t_s=291.45℃		7.8MPa t_s=293.25℃		8.0MPa t_s=295.01℃	
	ν' 0.001352 ν'' 0.02738 /(m^3/kg)	h' 1267.4 h'' 2772.6 /(kJ/kg)	ν' 0.001358 ν'' 0.02653 /(m^3/kg)	h' 1277.7 h'' 2769.9 /(kJ/kg)	ν' 0.001365 ν'' 0.02572 /(m^3/kg)	h' 1287.7 h'' 2767.2 /(kJ/kg)	ν' 0.001371 ν'' 0.02495 /(m^3/kg)	h' 1297.6 h'' 2764.4 /(kJ/kg)	ν' 0.001378 ν'' 0.02422 /(m^3/kg)	h' 1307.4 h'' 2761.6 /(kJ/kg)	ν' 0.001385 ν'' 0.02353 /(m^3/kg)	h' 1317.1 h'' 2758.6 /(kJ/kg)
190	0.0011362	810.23	0.0011360	810.33	0.0011359	810.42	0.0011357	810.52	0.0011355	810.60	0.0011353	810.71
200	0.0011511	854.64	0.0011509	854.72	0.0011507	854.81	0.0011505	854.89	0.0011503	854.98	0.0011501	855.06
210	0.0011671	899.52	0.0011669	899.59	0.0011667	899.67	0.0011664	899.74	0.0011662	899.81	0.0011660	899.89
220	0.0011844	944.96	0.0011842	945.02	0.0011839	945.08	0.0011837	945.14	0.0011834	945.20	0.0011832	945.26
230	0.0012032	991.05	0.0012029	991.10	0.0012027	991.14	0.0012024	991.18	0.0012021	991.23	0.0012019	991.27
240	0.0012237	1037.90	0.0012234	1037.93	0.0012231	1037.95	0.0012228	1037.98	0.0012225	1038.00	0.0012222	1038.03
250	0.0012463	1085.65	0.0012460	1085.65	0.0012456	1085.65	0.0012453	1085.66	0.0012449	1085.66	0.0012446	1085.66
260	0.0012713	1134.47	0.0012709	1134.44	0.0012705	1134.42	0.0012701	1134.39	0.0012697	1134.37	0.0012693	1134.34
270	0.0012993	1184.60	0.0012989	1184.53	0.0012984	1184.47	0.0012979	1184.41	0.0012974	1184.35	0.0012969	1184.29
280	0.0013311	1236.34	0.0013305	1236.23	0.0013300	1236.13	0.0013294	1236.02	0.0013288	1235.91	0.0013282	1235.81
290	0.028044	2794.0	0.0268889	2781.9	0.025782	2769.3	0.0013657	1289.66	0.0013650	1289.49	0.0013643	1289.33
300	0.029494	2839.8	0.028355	2829.9	0.027268	2819.6	0.026230	2808.9	0.025236	2797.9	0.024280	2786.4
310	0.030803	2880.6	0.029667	2872.0	0.028586	2863.2	0.027556	2854.1	0.026573	2844.8	0.025632	2835.3
320	0.032015	2917.9	0.030875	2910.3	0.029792	2902.6	0.028762	2894.7	0.027780	2886.6	0.026843	2878.4
330	0.033152	2952.6	0.032004	2945.9	0.030915	2939.0	0.029880	2932.0	0.028895	2924.8	0.027955	2917.5
340	0.034232	2985.5	0.033073	2979.4	0.031975	2973.1	0.030932	2966.8	0.029940	2960.4	0.028995	2953.9
350	0.035265	3016.8	0.034094	3011.2	0.032985	3005.6	0.031932	2999.8	0.030931	2994.0	0.029978	2988.1
360	0.036260	3047.0	0.035076	3041.8	0.033954	3036.6	0.032889	3031.3	0.031878	3026.0	0.030915	3020.6
370	0.037223	3076.1	0.036024	3071.3	0.034889	3066.5	0.033812	3061.6	0.032789	3056.7	0.031816	3051.7

续表

t/℃	7.0MPa t_s=285.83℃		7.2MPa t_s=287.74℃		7.4MPa t_s=289.62℃		7.6MPa t_s=291.45℃		7.8MPa t_s=293.25℃		8.0MPa t_s=295.01℃	
	ν' 0.001352 ν'' 0.02738 /(m³/kg)	h' 1267.4 h'' 2772.6 /(kJ/kg)	ν' 0.001358 ν'' 0.02653 /(m³/kg)	h' 1277.7 h'' 2769.9 /(kJ/kg)	ν' 0.001365 ν'' 0.02572 /(m³/kg)	h' 1287.7 h'' 2767.2 /(kJ/kg)	ν' 0.001371 ν'' 0.02495 /(m³/kg)	h' 1297.6 h'' 2764.4 /(kJ/kg)	ν' 0.001378 ν'' 0.02422 /(m³/kg)	h' 1307.4 h'' 2761.6 /(kJ/kg)	ν' 0.001385 ν'' 0.02353 /(m³/kg)	h' 1317.1 h'' 2758.6 /(kJ/kg)
380	0.038158	3104.4	0.036944	3100.0	0.035795	3095.5	0.034705	3091.0	0.033669	3086.4	0.032685	3081.8
390	0.039070	3132.1	0.037841	3127.9	0.036677	3123.7	0.035573	3119.5	0.034524	3115.2	0.033528	3110.9
400	0.039962	3159.1	0.038716	3155.2	0.037537	3151.3	0.036419	3147.3	0.035357	3143.3	0.034348	3139.3
410	0.040836	3185.6	0.039573	3182.0	0.038378	3178.3	0.037246	3174.6	0.036170	3170.8	0.035148	3167.0
420	0.041694	3211.8	0.040415	3208.3	0.039204	3204.8	0.038056	3201.3	0.036967	3197.8	0.035931	3194.2
430	0.042538	3237.5	0.041241	3234.3	0.040015	3231.0	0.038852	3227.6	0.037748	3224.3	0.036700	3220.9
440	0.043369	3263.0	0.042056	3259.9	0.040813	3256.7	0.039635	3253.6	0.038517	3250.4	0.037454	3247.3
450	0.044190	3288.2	0.042859	3285.2	0.041599	3282.2	0.040406	3279.3	0.039273	3276.2	0.038197	3273.2
460	0.045000	3313.1	0.043652	3310.3	0.042376	3307.5	0.041167	3304.6	0.040019	3301.8	0.038929	3298.9
470	0.045801	3337.9	0.044435	3335.2	0.043143	3332.5	0.041918	3329.8	0.040756	3327.1	0.039651	3324.3
480	0.046594	3362.5	0.045211	3359.9	0.043901	3357.3	0.042661	3354.7	0.041484	3352.1	0.040365	3349.5
490	0.047380	3386.9	0.045978	3384.5	0.044652	3382.0	0.043396	3379.5	0.042203	3377.0	0.041071	3374.5
500	0.048159	3411.3	0.046739	3408.9	0.045396	3406.5	0.044124	3404.1	0.042916	3401.8	0.041769	3399.4
510	0.048931	3435.5	0.047493	3433.2	0.046134	3430.9	0.044845	3428.6	0.043623	3426.4	0.042461	3424.1
520	0.049697	3459.6	0.048242	3457.4	0.046865	3455.2	0.045560	3453.0	0.044323	3450.8	0.043147	3448.6
530	0.050458	3483.6	0.048985	3481.5	0.047591	3479.4	0.046270	3477.3	0.045017	3475.2	0.043827	3473.1
540	0.051214	3507.6	0.049723	3505.6	0.048312	3503.6	0.046975	3501.5	0.045707	3499.5	0.044502	3497.5
550	0.051966	3531.5	0.050456	3529.6	0.049028	3527.6	0.047675	3525.7	0.046392	3523.7	0.045172	3521.8
560	0.052713	3555.4	0.051185	3553.5	0.049740	3551.7	0.048371	3549.8	0.047072	3547.9	0.045838	3546.0

续表

t/℃	8.2MPa t_s=296.74℃		8.4MPa t_s=298.44℃		8.6MPa t_s=300.10℃		8.8MPa t_s=301.74℃		9.0MPa t_s=303.35℃		9.2MPa t_s=304.93℃	
	v' 0.001391 v'' 0.02287 /(m^3/kg)	h' 1326.6 h'' 2755.6 /(kJ/kg)	v' 0.001398 v'' 0.02223 /(m^3/kg)	h' 1336.0 h'' 2752.5 /(kJ/kg)	v' 0.001405 v'' 0.02163 /(m^3/kg)	h' 1345.3 h'' 2749.4 /(kJ/kg)	v' 0.001411 v'' 0.02105 /(m^3/kg)	h' 1354.5 h'' 2746.2 /(kJ/kg)	v' 0.001418 v'' 0.02049 /(m^3/kg)	h' 1363.7 h'' 2742.9 /(kJ/kg)	v' 0.001425 v'' 0.01996 /(m^3/kg)	h' 1372.7 h'' 2739.5 /(kJ/kg)
0	0.0009960	8.260	0.0009959	8.462	0.0009959	8.663	0.0009958	8.864	0.0009957	9.065	0.0009956	9.266
10	0.0009965	49.98	0.0009964	50.17	0.0009963	50.37	0.0009962	50.56	0.0009961	50.75	0.0009960	50.95
20	0.0009981	91.61	0.0009980	91.79	0.0009979	91.98	0.0009979	92.17	0.0009978	92.35	0.0009977	92.54
30	0.0010008	133.20	0.0010007	133.38	0.0010006	133.56	0.0010005	133.74	0.0010004	133.92	0.0010003	134.11
40	0.0010043	174.79	0.0010042	174.96	0.0010041	175.14	0.0010040	175.32	0.0010039	175.49	0.0010038	175.67
50	0.0010085	216.39	0.0010084	216.56	0.0010084	216.73	0.0010083	216.90	0.0010082	217.07	0.0010081	217.25
60	0.0010135	258.02	0.0010134	258.19	0.0010133	258.35	0.0010132	258.52	0.0010131	258.69	0.0010130	258.86
70	0.0010190	299.70	0.0010190	299.86	0.0010189	300.02	0.0010188	300.19	0.0010187	300.35	0.0010186	300.51
80	0.0010252	341.44	0.0010251	341.60	0.0010250	341.76	0.0010250	341.92	0.0010249	342.08	0.0010248	342.23
90	0.0010320	383.26	0.0010319	383.42	0.0010318	383.57	0.0010317	383.73	0.0010316	383.88	0.0010315	384.04
100	0.0010394	425.19	0.0010393	425.34	0.0010392	425.49	0.0010391	425.64	0.0010390	425.79	0.0010389	425.94
110	0.0010473	467.24	0.0010472	467.39	0.0010471	467.53	0.0010470	467.68	0.0010469	467.82	0.0010468	467.97
120	0.0010559	509.43	0.0010558	509.57	0.0010557	509.71	0.0010556	509.85	0.0010555	509.99	0.0010554	510.13
130	0.0010651	551.78	0.0010650	551.91	0.0010648	552.05	0.0010647	552.18	0.0010646	552.32	0.0010645	552.46
140	0.0010749	594.31	0.0010748	594.44	0.0010747	594.57	0.0010745	594.70	0.0010744	594.83	0.0010743	594.97
150	0.0010854	637.05	0.0010853	637.18	0.0010851	637.30	0.0010850	637.43	0.0010849	637.56	0.0010847	637.68
160	0.0010966	680.04	0.0010965	680.16	0.0010963	680.28	0.0010962	680.40	0.0010960	680.52	0.0010959	680.63
170	0.0011086	723.30	0.0011084	723.41	0.0011083	723.52	0.0011081	723.64	0.0011080	723.75	0.0011078	723.86
180	0.0011214	766.87	0.0011212	766.98	0.0011211	767.08	0.0011209	767.18	0.0011208	767.29	0.0011206	767.39

续表

t/℃	8.2MPa t_s=296.74℃		8.4MPa t_s=298.44℃		8.6MPa t_s=300.10℃		8.8MPa t_s=301.74℃		9.0MPa t_s=303.35℃		9.2MPa t_s=304.93℃	
	ν' 0.001391 ν'' 0.02287 /(m³/kg)	h' 1326.6 h'' 2755.6 /(kJ/kg)	ν' 0.001398 ν'' 0.02223 /(m³/kg)	h' 1336.0 h'' 2752.5 /(kJ/kg)	ν' 0.001405 ν'' 0.02163 /(m³/kg)	h' 1345.3 h'' 2749.4 /(kJ/kg)	ν' 0.001411 ν'' 0.02105 /(m³/kg)	h' 1354.5 h'' 2746.2 /(kJ/kg)	ν' 0.001418 ν'' 0.02049 /(m³/kg)	h' 1363.7 h'' 2742.9 /(kJ/kg)	ν' 0.001425 ν'' 0.01996 /(m³/kg)	h' 1372.7 h'' 2739.5 /(kJ/kg)
190	0.0011351	810.80	0.0011350	810.90	0.0011348	810.99	0.0011346	811.09	0.0011344	811.19	0.0011343	811.28
200	0.0011499	855.15	0.0011497	855.23	0.0011495	855.32	0.0011493	855.40	0.0011491	855.49	0.0011489	855.57
210	0.0011658	899.96	0.0011656	900.03	0.0011654	900.11	0.0011652	900.18	0.0011649	900.26	0.0011647	900.33
220	0.0011830	945.32	0.0011827	945.38	0.0011825	945.44	0.0011823	945.50	0.0011820	945.57	0.0011818	945.63
230	0.0012016	991.32	0.0012013	991.36	0.0012011	991.41	0.0012008	991.45	0.0012005	991.50	0.0012003	991.54
240	0.0012219	1038.05	0.0012216	1038.08	0.0012213	1038.11	0.0012210	1038.13	0.0012207	1038.16	0.0012204	1038.19
250	0.0012442	1085.66	0.0012439	1085.67	0.0012435	1085.67	0.0012432	1085.68	0.0012429	1085.68	0.0012425	1085.69
260	0.0012689	1134.32	0.0012685	1134.29	0.0012681	1134.27	0.0012677	1134.25	0.0012673	1134.23	0.0012669	1134.21
270	0.0012965	1184.23	0.0012960	1184.17	0.0012955	1184.12	0.0012951	1184.06	0.0012946	1184.00	0.0012941	1183.95
280	0.0013277	1235.70	0.0013271	1235.60	0.0013265	1235.50	0.0013260	1235.40	0.0013254	1235.30	0.0013248	1235.20
290	0.0013636	1289.16	0.0013628	1289.00	0.0013622	1288.84	0.0013615	1288.68	0.0013608	1288.52	0.0013601	1288.36
300	0.023360	2774.4	0.022472	2761.9	0.0014042	1344.76	0.0014033	1344.51	0.0014024	1344.27	0.0014015	1344.03
310	0.024730	2825.4	0.023863	2815.2	0.023030	2804.7	0.022226	2793.9	0.021449	2782.6	0.020697	2770.9
320	0.025946	2869.9	0.025087	2861.2	0.024264	2852.4	0.023472	2843.3	0.022710	2833.9	0.021976	2824.3
330	0.027058	2910.1	0.026200	2902.5	0.025378	2894.8	0.024590	2886.9	0.023834	2878.9	0.023106	2870.6
340	0.028093	2947.2	0.027232	2940.5	0.026408	2933.6	0.025618	2926.7	0.024861	2919.6	0.024134	2912.4
350	0.029069	2982.1	0.028201	2976.0	0.027372	2969.8	0.026579	2963.6	0.025818	2957.2	0.025089	2950.8
360	0.029998	3015.1	0.029123	3009.6	0.028286	3004.0	0.027487	2998.3	0.026721	2992.5	0.025987	2986.7
370	0.030888	3046.7	0.030004	3041.6	0.029160	3036.5	0.028352	3031.3	0.027579	3026.0	0.026839	3020.7

续表

t/℃	8.2MPa t_s=296.74℃		8.4MPa t_s=298.44℃		8.6MPa t_s=300.10℃		8.8MPa t_s=301.74℃		9.0MPa t_s=303.35℃		9.2MPa t_s=304.93℃	
	ν' 0.001391 ν'' 0.02287 /(m³/kg)	h' 1326.6 h'' 2755.6 /(kJ/kg)	ν' 0.001398 ν'' 0.02223 /(m³/kg)	h' 1336.0 h'' 2752.5 /(kJ/kg)	ν' 0.001405 ν'' 0.02163 /(m³/kg)	h' 1345.3 h'' 2749.4 /(kJ/kg)	ν' 0.001411 ν'' 0.02105 /(m³/kg)	h' 1354.5 h'' 2746.2 /(kJ/kg)	ν' 0.001418 ν'' 0.02049 /(m³/kg)	h' 1363.7 h'' 2742.9 /(kJ/kg)	ν' 0.001425 ν'' 0.01996 /(m³/kg)	h' 1372.7 h'' 2739.5 /(kJ/kg)
380	0.031747	3077.1	0.030853	3072.4	0.029999	3067.7	0.029183	3062.9	0.028402	3058.0	0.027655	3053.2
390	0.032579	3106.6	0.031674	3102.2	0.030810	3097.8	0.029985	3093.4	0.029196	3088.9	0.028440	3084.4
400	0.033387	3135.3	0.032471	3131.2	0.031597	3127.1	0.030762	3122.9	0.029963	3118.8	0.029199	3114.5
410	0.034175	3163.2	0.033248	3159.4	0.032363	3155.6	0.031518	3151.7	0.030710	3147.8	0.029936	3143.9
420	0.034946	3190.7	0.034007	3187.1	0.033111	3183.4	0.032255	3179.8	0.031437	3176.1	0.030654	3172.4
430	0.035701	3217.6	0.034750	3214.2	0.033843	3210.8	0.032976	3207.3	0.032148	3203.9	0.031355	3200.4
440	0.036443	3244.1	0.035480	3240.9	0.034561	3237.6	0.033683	3234.4	0.032844	3231.1	0.032041	3227.9
450	0.037173	3270.2	0.036197	3267.2	0.035266	3264.1	0.034377	3261.0	0.033528	3257.9	0.032715	3254.8
460	0.037892	3296.0	0.036903	3293.1	0.035960	3290.2	0.035060	3287.3	0.034200	3284.4	0.033377	3281.4
470	0.038601	3321.6	0.037599	3318.8	0.036645	3316.1	0.035733	3313.3	0.034862	3310.5	0.034028	3307.7
480	0.039301	3346.9	0.038287	3344.3	0.037320	3341.6	0.036397	3339.0	0.035514	3336.3	0.034670	3333.7
490	0.039993	3372.0	0.038966	3369.5	0.037987	3367.0	0.037052	3364.5	0.036159	3361.9	0.035304	3359.4
500	0.040678	3397.0	0.039638	3394.6	0.038647	3392.2	0.037700	3389.7	0.036795	3387.3	0.035930	3384.9
510	0.041356	3421.8	0.040303	3419.5	0.039299	3417.2	0.038341	3414.8	0.037425	3412.5	0.036549	3410.2
520	0.042028	3446.4	0.040962	3444.2	0.039946	3442.0	0.038976	3439.8	0.038049	3437.6	0.037162	3435.3
530	0.042694	3471.0	0.041616	3468.9	0.040587	3466.7	0.039605	3464.6	0.038666	3462.5	0.037769	3460.3
540	0.043356	3495.4	0.042264	3493.4	0.041222	3491.3	0.040229	3489.3	0.039279	3487.2	0.038370	3485.2
550	0.044012	3519.8	0.042907	3517.8	0.041853	3515.9	0.040847	3513.9	0.039886	3511.9	0.038966	3509.9
560	0.044664	3544.1	0.043546	3542.2	0.042479	3540.3	0.041462	3538.4	0.040489	3536.5	0.039558	3534.6

续表

t/℃	9.4MPa t_s= 306.48℃		9.6MPa t_s= 308.01℃		9.8MPa t_s= 309.52℃		10.0MPa t_s= 311.00℃		10.5MPa t_s= 314.61℃		11MPa t_s= 318.08℃	
	ν' 0.001432 ν'' 0.01945 /(m^3/kg)	h' 1381.6 h'' 2736.1 /(kJ/kg)	ν' 0.001439 ν'' 0.01896 /(m^3/kg)	h' 1390.4 h'' 2732.6 /(kJ/kg)	ν' 0.001446 ν'' 0.01849 /(m^3/kg)	h' 1399.2 h'' 2729.1 /(kJ/kg)	ν' 0.001453 ν'' 0.01804 /(m^3/kg)	h' 1407.9 h'' 2725.5 /(kJ/kg)	ν' 0.001470 ν'' 0.01697 /(m^3/kg)	h' 1429.3 h'' 2716.1 /(kJ/kg)	ν' 0.001489 ν'' 0.01599 /(m^3/kg)	h' 1450.3 h'' 2706.4 /(kJ/kg)
0	0.0009955	9.467	0.0009954	9.668	0.0009953	9.869	0.0009952	10.069	0.0009949	10.571	0.0009947	11.072
10	0.0009959	51.14	0.0009958	51.33	0.0009957	51.52	0.0009956	51.72	0.0009954	52.20	0.0009952	52.68
20	0.0009976	92.73	0.0009975	92.91	0.0009974	93.10	0.0009973	93.29	0.0009971	93.75	0.0009969	94.22
30	0.0010003	134.29	0.0010002	134.47	0.0010001	134.65	0.0010000	134.83	0.0009998	135.28	0.0009996	135.74
40	0.0010038	175.85	0.0010037	176.02	0.0010036	176.20	0.0010035	176.37	0.0010033	176.81	0.0010031	177.26
50	0.0010080	217.42	0.0010079	217.59	0.0010078	217.76	0.0010078	217.93	0.0010075	218.36	0.0010073	218.79
60	0.0010129	259.02	0.0010129	259.19	0.0010128	259.36	0.0010127	259.53	0.0010125	259.94	0.0010122	260.36
70	0.0010185	300.68	0.0010184	300.84	0.0010183	301.00	0.0010182	301.17	0.0010180	301.57	0.0010178	301.98
80	0.0010247	342.39	0.0010246	342.55	0.0010245	342.71	0.0010244	342.87	0.0010242	343.27	0.0010239	343.67
90	0.0010314	384.19	0.0010313	384.35	0.0010313	384.50	0.0010312	384.66	0.0010309	385.05	0.0010307	385.43
100	0.0010388	426.10	0.0010387	426.25	0.0010386	426.40	0.0010385	426.55	0.0010382	426.93	0.0010380	427.30
110	0.0010467	468.12	0.0010466	468.26	0.0010465	468.41	0.0010464	468.56	0.0010462	468.92	0.0010459	469.29
120	0.0010553	510.28	0.0010551	510.42	0.0010550	510.56	0.0010549	510.70	0.0010547	511.05	0.0010544	511.41
130	0.0010644	552.59	0.0010643	552.73	0.0010642	552.87	0.0010640	553.00	0.0010638	553.35	0.0010635	553.69
140	0.0010742	595.10	0.0010740	595.23	0.0010739	595.36	0.0010738	595.49	0.0010735	595.82	0.0010732	596.15
150	0.0010846	637.81	0.0010845	637.93	0.0010844	638.06	0.0010842	638.18	0.0010839	638.50	0.0010836	638.81
160	0.0010958	680.75	0.0010956	680.87	0.0010955	680.99	0.0010954	681.11	0.0010950	681.41	0.0010947	681.71
170	0.0011077	723.97	0.0011075	724.08	0.0011074	724.20	0.0011072	724.31	0.0011069	724.59	0.0011065	724.87
180	0.0011204	767.50	0.0011203	767.60	0.0011201	767.71	0.0011200	767.81	0.0011196	768.07	0.0011192	768.34

续表

t/℃	9.4MPa t_s= 306.48℃		9.6MPa t_s= 308.01℃		9.8MPa t_s= 309.52℃		10.0MPa t_s= 311.00℃		10.5MPa t_s= 314.61℃		11MPa t_s= 318.08℃	
	ν' 0.001432 ν'' 0.01945 /(m^3/kg)	h' 1381.6 h'' 2736.1 /(kJ/kg)	ν' 0.001439 ν'' 0.01896 /(m^3/kg)	h' 1390.4 h'' 2732.6 /(kJ/kg)	ν' 0.001446 ν'' 0.01849 /(m^3/kg)	h' 1399.2 h'' 2729.1 /(kJ/kg)	ν' 0.001453 ν'' 0.01804 /(m^3/kg)	h' 1407.9 h'' 2725.5 /(kJ/kg)	ν' 0.001470 ν'' 0.01697 /(m^3/kg)	h' 1429.3 h'' 2716.1 /(kJ/kg)	ν' 0.001489 ν'' 0.01599 /(m^3/kg)	h' 1450.3 h'' 2706.4 /(kJ/kg)
190	0.0011341	811.38	0.0011339	811.47	0.0011337	811.57	0.0011336	811.66	0.0011331	811.91	0.0011327	812.15
200	0.0011487	855.66	0.0011486	855.75	0.0011484	855.83	0.0011482	855.92	0.0011477	856.13	0.0011472	856.35
210	0.0011645	900.41	0.0011643	900.48	0.0011641	900.56	0.0011639	900.63	0.0011634	900.82	0.0011628	901.01
220	0.0011815	945.69	0.0011813	945.75	0.0011811	945.81	0.0011808	945.87	0.0011803	946.03	0.0011797	946.19
230	0.0012000	991.59	0.0011997	991.64	0.0011995	991.68	0.0011992	991.73	0.0011986	991.85	0.0011979	991.97
240	0.0012201	1038.22	0.0012198	1038.25	0.0012195	1038.27	0.0012192	1038.30	0.0012185	1038.38	0.0012178	1038.45
250	0.0012422	1085.70	0.0012418	1085.70	0.0012415	1085.71	0.0012412	1085.72	0.0012403	1085.74	0.0012395	1085.76
260	0.0012665	1134.19	0.0012661	1134.17	0.0012657	1134.15	0.0012653	1134.13	0.0012644	1134.08	0.0012634	1134.04
270	0.0012937	1183.90	0.0012932	1183.84	0.0012927	1183.79	0.0012923	1183.74	0.0012911	1183.61	0.0012900	1183.49
280	0.0013243	1235.10	0.0013237	1235.01	0.0013232	1234.91	0.0013226	1234.82	0.0013213	1234.59	0.0013199	1234.36
290	0.0013594	1288.21	0.0013587	1288.05	0.0013581	1287.90	0.0013574	1287.75	0.0013557	1287.38	0.0013541	1287.02
300	0.0014006	1343.79	0.0013998	1343.56	0.0013989	1343.33	0.0013980	1343.10	0.0013959	1342.53	0.0013938	1341.98
310	0.019967	2758.7	0.019255	2745.9	0.018561	2732.4	0.0014471	1401.77	0.0014443	1400.91	0.0014415	1400.08
320	0.021267	2814.4	0.020581	2804.1	0.019916	2793.6	0.019272	2782.7	0.017733	2753.5	0.016278	2721.1
330	0.022405	2862.2	0.021729	2853.6	0.021077	2844.7	0.020446	2835.7	0.018954	2811.9	0.017566	2786.4
340	0.023436	2905.0	0.022763	2897.5	0.022115	2889.9	0.021490	2882.1	0.020017	2861.8	0.018658	2840.4
350	0.024388	2944.2	0.023715	2937.6	0.023067	2930.8	0.022442	2924.0	0.020975	2906.3	0.019627	2887.8
360	0.025282	2980.8	0.024605	2974.8	0.023954	2968.8	0.023327	2962.6	0.021858	2946.9	0.020511	2930.5
370	0.026129	3015.3	0.025447	3009.9	0.024791	3004.4	0.024161	2998.8	0.022683	2984.6	0.021333	2969.9

续表

t/℃	9.4MPa t_s= 306.48℃		9.6MPa t_s= 308.01℃		9.8MPa t_s= 309.52℃		10.0MPa t_s= 311.00℃		10.5MPa t_s= 314.61℃		11MPa t_s= 318.08℃	
	ν' 0.001432 ν'' 0.01945 /(m^3/kg)	h' 1381.6 h'' 2736.1 /(kJ/kg)	ν' 0.001439 ν'' 0.01896 /(m^3/kg)	h' 1390.4 h'' 2732.6 /(kJ/kg)	ν' 0.001446 ν'' 0.01849 /(m^3/kg)	h' 1399.2 h'' 2729.1 /(kJ/kg)	ν' 0.001453 ν'' 0.01804 /(m^3/kg)	h' 1407.9 h'' 2725.5 /(kJ/kg)	ν' 0.001470 ν'' 0.01697 /(m^3/kg)	h' 1429.3 h'' 2716.1 /(kJ/kg)	ν' 0.001489 ν'' 0.01599 /(m^3/kg)	h' 1450.3 h'' 2706.4 /(kJ/kg)
380	0.026938	3048.2	0.026249	3043.2	0.025588	3038.2	0.024952	3033.1	0.023464	3020.2	0.022105	3006.8
390	0.027715	3079.8	0.027020	3075.2	0.026352	3070.6	0.025710	3065.9	0.024208	3054.0	0.022838	3041.8
400	0.028466	3110.3	0.027763	3106.0	0.027088	3101.7	0.026439	3097.4	0.024923	3086.4	0.023540	3075.1
410	0.029194	3139.9	0.028483	3135.9	0.027801	3131.9	0.027145	3127.8	0.025612	3117.6	0.024214	3107.2
420	0.029903	3168.7	0.029184	3165.0	0.028493	3161.2	0.027829	3157.5	0.026279	3147.9	0.024867	3138.1
430	0.030595	3196.9	0.029867	3193.4	0.029168	3189.9	0.028496	3186.3	0.026928	3177.3	0.025499	3168.2
440	0.031272	3224.6	0.030535	3221.2	0.029827	3217.9	0.029147	3214.6	0.027560	3206.1	0.026115	3197.6
450	0.031936	3251.7	0.031189	3248.6	0.030473	3245.4	0.029785	3242.3	0.028178	3234.3	0.026716	3226.2
460	0.032588	3278.5	0.031832	3275.5	0.031107	3272.5	0.030410	3269.5	0.028784	3262.0	0.027304	3254.3
470	0.033230	3304.9	0.032464	3302.1	0.031730	3299.2	0.031025	3296.4	0.029378	3289.2	0.027880	3282.0
480	0.033862	3331.0	0.033087	3328.3	0.032343	3325.6	0.031629	3322.9	0.029962	3316.1	0.028446	3309.2
490	0.034485	3356.8	0.033701	3354.3	0.032948	3351.7	0.032225	3349.1	0.030538	3342.6	0.029003	3336.1
500	0.035101	3382.4	0.034307	3380.0	0.033545	3377.5	0.032813	3375.1	0.031105	3368.9	0.029551	3362.6
510	0.035710	3407.8	0.034906	3405.5	0.034134	3403.1	0.033393	3400.8	0.031664	3394.9	0.030092	3388.9
520	0.036312	3433.1	0.035498	3430.8	0.034717	3428.6	0.033968	3426.3	0.032217	3420.6	0.030626	3414.9
530	0.036909	3458.2	0.036085	3456.0	0.035294	3453.8	0.034535	3451.7	0.032764	3446.2	0.031153	3440.7
540	0.037500	3483.1	0.036666	3481.0	0.035866	3479.0	0.035098	3476.9	0.033305	3471.6	0.031675	3466.4
550	0.038086	3507.9	0.037242	3505.9	0.036432	3503.9	0.035655	3501.9	0.033841	3496.9	0.032192	3491.9
560	0.038667	3532.7	0.037813	3530.7	0.036994	3528.8	0.036208	3526.9	0.034373	3522.1	0.032704	3517.2

附录 B
标准差压装置流出系数表（部分）

表 B.1　角接取压孔板——$D \geqslant 71.12$mm 的流出系数 C

直径比 β	Re_D											
	5×10^3	1×10^4	2×10^4	3×10^4	5×10^4	7×10^4	1×10^5	3×10^5	1×10^6	1×10^7	1×10^8	∞
0.10	0.600 6	0.599 0	0.598 0	0.597 6	0.597 2	0.597 0	0.596 9	0.596 6	0.596 5	0.596 4	0.596 4	0.596 4
0.12	0.601 4	0.599 5	0.598 3	0.597 9	0.597 5	0.597 3	0.597 1	0.596 8	0.596 6	0.596 5	0.596 5	0.596 5
0.14	0.602 1	0.600 0	0.598 7	0.598 2	0.597 7	0.597 5	0.597 3	0.596 9	0.596 8	0.596 6	0.596 6	0.596 6
0.16	0.602 8	0.600 5	0.599 1	0.598 5	0.598 0	0.597 8	0.597 6	0.597 1	0.596 9	0.596 8	0.596 8	0.596 8
0.18	0.603 6	0.601 1	0.599 5	0.598 9	0.598 3	0.598 1	0.597 8	0.597 4	0.597 1	0.597 0	0.597 0	0.596 9
0.20	0.604 5	0.601 7	0.600 0	0.599 3	0.598 7	0.598 4	0.598 1	0.597 6	0.597 4	0.597 2	0.597 2	0.597 1
0.22	0.605 3	0.602 3	0.600 5	0.599 8	0.599 1	0.598 7	0.598 5	0.597 9	0.597 6	0.597 4	0.597 4	0.597 4
0.24	0.606 2	0.603 0	0.601 0	0.600 2	0.599 5	0.599 1	0.598 8	0.598 2	0.597 9	0.597 7	0.597 6	0.597 6
0.26	0.607 2	0.603 8	0.601 6	0.600 7	0.599 9	0.599 6	0.599 2	0.598 6	0.598 2	0.598 0	0.597 9	0.597 9
0.28	0.608 3	0.604 6	0.602 2	0.601 3	0.600 4	0.600 0	0.599 7	0.599 0	0.598 6	0.598 3	0.598 2	0.598 1
0.30	0.609 5	0.605 4	0.602 9	0.601 9	0.601 0	0.600 5	0.600 1	0.599 4	0.598 9	0.598 6	0.598 5	0.598 4
0.32	0.610 7	0.606 3	0.603 6	0.602 6	0.601 6	0.601 1	0.600 6	0.599 8	0.599 3	0.599 0	0.598 8	0.598 7
0.34	0.612 0	0.607 3	0.604 4	0.603 3	0.602 9	0.601 7	0.601 2	0.600 3	0.599 8	0.599 3	0.599 2	0.599 1
0.36	0.613 5	0.608 4	0.605 3	0.604 0	0.603 6	0.602 3	0.601 8	0.600 8	0.600 2	0.599 7	0.599 6	0.599 4
0.38	0.615 1	0.609 6	0.606 2	0.604 9	0.603 6	0.603 0	0.602 4	0.601 3	0.600 7	0.600 1	0.599 9	0.599 8
0.40	0.616 8	0.610 9	0.607 2	0.605 8	0.604 4	0.603 7	0.603 1	0.601 9	0.601 2	0.600 6	0.600 3	0.600 1
0.42	0.618 7	0.612 2	0.608 3	0.606 7	0.605 2	0.604 4	0.603 8	0.602 5	0.601 7	0.601 0	0.600 7	0.600 5
0.44	0.620 7	0.613 7	0.609 4	0.607 7	0.606 1	0.605 2	0.604 5	0.603 1	0.602 2	0.601 4	0.601 1	0.600 8
0.46	0.622 8	0.615 2	0.610 6	0.608 7	0.607 0	0.606 1	0.605 3	0.603 7	0.602 7	0.601 9	0.601 5	0.601 2
0.48	0.625 1	0.616 9	0.611 8	0.609 8	0.607 9	0.606 9	0.606 1	0.604 3	0.603 3	0.602 3	0.601 9	0.601 5
0.50	0.627 6	0.618 6	0.613 1	0.610 9	0.608 8	0.607 8	0.606 9	0.605 0	0.603 8	0.602 7	0.602 2	0.601 8
0.51	0.628 9	0.619 5	0.613 8	0.611 5	0.609 3	0.608 2	0.607 3	0.605 3	0.604 0	0.602 9	0.602 4	0.601 9
0.52	0.630 2	0.620 4	0.614 4	0.612 1	0.609 8	0.608 7	0.607 7	0.605 6	0.604 3	0.603 0	0.602 5	0.602 0
0.53	0.631 6	0.621 3	0.615 1	0.612 6	0.610 3	0.609 1	0.608 0	0.605 9	0.604 5	0.603 2	0.602 6	0.602 1
0.54	0.633 0	0.622 3	0.615 8	0.613 2	0.610 8	0.609 5	0.608 4	0.606 1	0.604 7	0.603 3	0.602 7	0.602 1
0.55	0.634 4	0.623 2	0.616 5	0.613 8	0.611 2	0.609 9	0.608 8	0.606 4	0.604 9	0.603 4	0.602 8	0.602 2
0.56	—	0.624 2	0.617 2	0.614 3	0.611 7	0.610 3	0.609 1	0.606 6	0.605 0	0.603 5	0.602 8	0.602 2
0.57	—	0.625 2	0.617 9	0.614 9	0.612 1	0.610 7	0.609 5	0.606 9	0.605 2	0.603 6	0.602 8	0.602 2
0.58	—	0.626 2	0.618 5	0.615 5	0.612 6	0.611 1	0.609 8	0.607 0	0.605 3	0.603 6	0.602 8	0.602 1
0.59	—	0.627 2	0.619 2	0.616 0	0.613 0	0.611 4	0.610 1	0.607 2	0.605 4	0.603 6	0.602 8	0.602 0
0.60	—	0.628 2	0.619 8	0.616 5	0.613 4	0.611 7	0.610 3	0.607 3	0.605 4	0.603 5	0.602 7	0.601 9
0.61	—	0.629 2	0.620 5	0.617 0	0.613 7	0.612 0	0.610 6	0.607 4	0.605 4	0.603 4	0.602 5	0.601 7
0.62	—	0.630 2	0.621 1	0.617 5	0.614 0	0.612 3	0.610 8	0.607 5	0.605 4	0.603 3	0.602 3	0.601 4
0.63	—	0.631 2	0.621 7	0.617 9	0.614 3	0.612 5	0.610 9	0.607 5	0.605 2	0.603 0	0.602 1	0.601 1
0.64	—	0.632 1	0.622 2	0.618 3	0.614 5	0.612 6	0.611 0	0.607 4	0.605 1	0.602 8	0.601 7	0.600 7

续表

直径比 β	Re_D											
	5×10^3	1×10^4	2×10^4	3×10^4	5×10^4	7×10^4	1×10^5	3×10^5	1×10^6	1×10^7	1×10^8	∞
0.65	—	0.633 1	0.622 7	0.618 6	0.614 7	0.612 7	0.611 0	0.607 3	0.604 8	0.602 4	0.601 3	0.600 2
0.66	—	0.634 0	0.623 2	0.618 9	0.614 8	0.612 8	0.611 0	0.607 1	0.604 5	0.602 0	0.600 8	0.599 7
0.67	—	0.634 8	0.623 6	0.619 1	0.614 9	0.612 7	0.610 8	0.606 8	0.604 1	0.601 4	0.600 2	0.599 0
0.68	—	0.635 7	0.623 9	0.619 3	0.614 9	0.612 6	0.610 6	0.606 4	0.603 6	0.600 8	0.599 5	0.598 3
0.69	—	0.636 4	0.624 2	0.619 3	0.614 7	0.612 4	0.610 4	0.605 9	0.603 0	0.600 1	0.598 7	0.597 4
0.70	—	0.637 2	0.624 4	0.619 3	0.614 5	0.612 1	0.610 0	0.605 3	0.602 3	0.599 2	0.597 8	0.596 4
0.71	—	0.637 8	0.624 5	0.619 2	0.614 2	0.611 7	0.609 4	0.604 6	0.601 4	0.598 2	0.596 7	0.595 3
0.72	—	0.638 3	0.624 4	0.618 9	0.613 8	0.611 1	0.608 8	0.603 8	0.600 5	0.597 1	0.595 5	0.594 0
0.73	—	0.638 8	0.624 3	0.618 6	0.613 2	0.610 4	0.608 0	0.602 8	0.599 3	0.595 8	0.594 2	0.592 6
0.74	—	0.639 1	0.624 0	0.618 1	0.612 5	0.609 6	0.607 1	0.601 6	0.598 0	0.594 3	0.592 6	0.591 0
0.75	—	0.639 4	0.623 6	0.617 4	0.611 6	0.608 6	0.606 0	0.600 3	0.596 5	0.592 7	0.590 9	0.589 2

注：提供本表是为方便使用，表中的数值不供精确内插使用，不允许外推。

表 B.2　具有 *D* 和 *D*/2 取压口的孔板——*D*≥71.12mm 的流出系数 *C*

直径比 β	Re_D											
	5×10^3	1×10^4	2×10^4	3×10^4	5×10^4	7×10^4	1×10^5	3×10^5	1×10^6	1×10^7	1×10^8	∞
0.10	0.600 3	0.598 7	0.597 7	0.597 3	0.596 9	0.596 7	0.596 6	0.596 3	0.596 2	0.596 1	0.596 1	0.596 0
0.12	0.601 0	0.599 1	0.597 9	0.597 5	0.597 1	0.596 9	0.596 7	0.596 4	0.596 2	0.596 1	0.596 1	0.596 1
0.14	0.601 6	0.599 5	0.598 2	0.597 7	0.597 2	0.597 0	0.596 8	0.596 5	0.596 3	0.596 2	0.596 1	0.596 1
0.16	0.602 3	0.600 0	0.598 5	0.598 0	0.597 4	0.597 2	0.597 0	0.596 6	0.596 4	0.596 2	0.596 2	0.596 2
0.18	0.602 9	0.600 4	0.598 9	0.598 2	0.597 7	0.597 4	0.597 1	0.596 7	0.596 5	0.596 3	0.596 3	0.596 3
0.20	0.603 7	0.600 9	0.599 2	0.598 5	0.597 9	0.597 6	0.597 4	0.596 9	0.596 6	0.596 4	0.596 4	0.596 4
0.22	0.604 4	0.601 5	0.599 6	0.598 9	0.598 2	0.597 9	0.597 6	0.597 1	0.596 8	0.596 6	0.596 5	0.596 5
0.24	0.605 3	0.602 1	0.600 1	0.599 3	0.598 5	0.598 2	0.597 9	0.597 3	0.597 0	0.596 7	0.596 7	0.596 6
0.26	0.606 2	0.602 7	0.600 6	0.599 7	0.598 9	0.598 5	0.698 2	0.597 5	0.597 2	0.596 9	0.596 9	0.596 8
0.28	0.607 2	0.603 4	0.601 1	0.600 2	0.599 3	0.598 9	0.598 5	0.597 8	0.597 5	0.597 2	0.597 1	0.597 0
0.30	0.608 2	0.604 2	0.601 7	0.600 7	0.599 8	0.599 3	0.598 9	0.598 2	0.597 8	0.597 4	0.597 3	0.597 3
0.32	0.609 4	0.605 1	0.602 4	0.601 3	0.600 3	0.599 8	0.599 4	0.598 6	0.598 1	0.597 7	0.597 6	0.597 5
0.34	0.610 7	0.606 0	0.603 1	0.602 0	0.600 9	0.600 4	0.599 9	0.599 0	0.598 5	0.598 1	0.597 9	0.597 8
0.36	0.612 1	0.607 1	0.604 0	0.602 7	0.601 6	0.601 0	0.600 5	0.599 5	0.598 9	0.598 4	0.598 3	0.598 1
0.38	0.613 7	0.608 2	0.604 9	0.603 5	0.602 3	0.601 6	0.601 1	0.600 0	0.599 4	0.598 8	0.598 6	0.598 5
0.40	0.615 3	0.609 5	0.605 9	0.604 4	0.603 1	0.602 4	0.601 8	0.600 6	0.599 9	0.599 3	0.599 1	0.598 9
0.42	0.617 2	0.610 9	0.607 0	0.605 4	0.603 9	0.603 2	0.602 5	0.601 2	0.600 5	0.599 8	0.599 5	0.599 3
0.44	0.619 2	0.612 4	0.608 2	0.606 5	0.604 9	0.604 1	0.603 4	0.601 9	0.601 1	0.600 3	0.600 0	0.599 7
0.46	0.621 4	0.614 0	0.609 4	0.607 6	0.605 9	0.605 0	0.604 2	0.602 7	0.601 7	0.600 8	0.600 5	0.600 2
0.48	0.623 8	0.615 7	0.610 8	0.608 8	0.607 0	0.606 0	0.605 2	0.603 5	0.602 4	0.601 4	0.601 0	0.600 6
0.50	0.626 4	0.617 6	0.612 3	0.610 1	0.608 1	0.607 1	0.606 2	0.604 3	0.603 1	0.602 0	0.601 6	0.601 1
0.51	0.627 8	0.618 6	0.613 1	0.610 8	0.608 7	0.607 6	0.606 7	0.604 7	0.603 5	0.602 3	0.601 9	0.601 4
0.52	0.629 2	0.619 7	0.613 9	0.611 5	0.609 3	0.608 2	0.607 2	0.605 2	0.603 9	0.602 7	0.602 1	0.601 6
0.53	0.630 7	0.620 7	0.614 7	0.612 3	0.610 0	0.608 8	0.607 8	0.605 6	0.604 3	0.603 0	0.602 4	0.601 9
0.54	0.632 2	0.621 8	0.615 5	0.613 0	0.610 6	0.609 4	0.608 3	0.606 1	0.604 7	0.603 3	0.602 7	0.602 1

续表

直径比 β	Re_D											
	5×10^3	1×10^4	2×10^4	3×10^4	5×10^4	7×10^4	1×10^5	3×10^5	1×10^6	1×10^7	1×10^8	∞
0.55	0.633 7	0.622 9	0.616 4	0.613 8	0.611 3	0.610 0	0.608 9	0.606 5	0.605 0	0.603 6	0.603 0	0.602 4
0.56	—	0.624 1	0.617 3	0.614 5	0.611 9	0.610 6	0.609 5	0.607 0	0.605 4	0.603 9	0.603 2	0.602 6
0.57	—	0.625 3	0.618 2	0.615 3	0.612 6	0.611 2	0.610 0	0.607 5	0.605 8	0.604 2	0.603 5	0.602 8
0.58	—	0.626 5	0.619 1	0.616 1	0.613 3	0.611 9	0.610 6	0.607 9	0.606 2	0.604 5	0.603 8	0.603 0
0.59	—	0.627 7	0.620 0	0.616 9	0.614 0	0.612 5	0.611 2	0.608 4	0.606 6	0.604 8	0.604 0	0.603 2
0.60	—	0.629 0	0.621 0	0.617 7	0.614 7	0.613 1	0.611 8	0.608 8	0.607 0	0.605 1	0.604 2	0.603 4
0.61	—	0.630 3	0.621 9	0.618 6	0.615 4	0.613 8	0.612 4	0.609 3	0.607 3	0.605 3	0.604 4	0.603 6
0.62	—	0.631 6	0.622 9	0.619 4	0.616 1	0.614 4	0.612 9	0.609 7	0.607 7	0.605 6	0.604 6	0.603 7
0.63	—	0.632 9	0.623 8	0.620 2	0.616 8	0.615 0	0.613 5	0.610 2	0.608 0	0.605 8	0.604 8	0.603 9
0.64	—	0.634 3	0.624 8	0.621 0	0.617 5	0.615 6	0.614 0	0.610 6	0.608 3	0.606 0	0.605 0	0.603 9
0.65	—	0.635 6	0.625 8	0.621 9	0.618 2	0.616 2	0.614 6	0.610 9	0.608 6	0.606 2	0.605 1	0.604 0
0.66	—	0.637 0	0.626 8	0.622 7	0.618 8	0.616 8	0.615 1	0.611 3	0.608 8	0.606 3	0.605 1	0.604 0
0.67	—	0.638 4	0.627 7	0.623 5	0.619 5	0.617 4	0.615 6	0.611 6	0.609 0	0.606 4	0.605 2	0.604 0
0.68	—	0.639 8	0.628 7	0.624 3	0.620 1	0.617 9	0.616 1	0.612 0	0.609 2	0.606 5	0.605 2	0.603 9
0.69	—	0.641 1	0.629 6	0.625 0	0.620 7	0.618 5	0.616 5	0.612 2	0.609 4	0.606 5	0.605 1	0.603 8
0.70	—	0.642 5	0.630 5	0.625 8	0.621 3	0.618 9	0.616 9	0.612 5	0.609 5	0.606 5	0.605 1	0.603 7
0.71	—	0.643 9	0.631 5	0.626 5	0.621 8	0.619 4	0.617 3	0.612 7	0.609 6	0.606 4	0.604 9	0.603 5
0.72	—	0.645 3	0.632 3	0.627 2	0.622 3	0.619 8	0.617 6	0.612 8	0.609 6	0.606 3	0.604 7	0.603 2
0.73	—	0.646 7	0.633 2	0.627 9	0.622 8	0.620 2	0.617 9	0.612 9	0.609 6	0.606 1	0.604 5	0.602 9
0.74	—	0.648 0	0.634 0	0.628 5	0.623 3	0.620 6	0.618 2	0.613 0	0.609 5	0.605 9	0.604 2	0.602 5
0.75	—	0.649 4	0.634 9	0.629 1	0.623 7	0.620 9	0.618 4	0.613 0	0.609 4	0.605 6	0.603 8	0.602 1

注：提供本表是为方便使用，表中的数值不供精确内插使用，不允许外推。

表 B.3　具有法兰取压口的孔板——*D*＝200mm 的流出系数 *C*

直径比 β	Re_D											
	5×10^3	1×10^4	2×10^4	3×10^4	5×10^4	7×10^4	1×10^5	3×10^5	1×10^6	1×10^7	1×10^8	∞
0.10	0.600 5	0.598 9	0.597 9	0.597 5	0.597 1	0.596 9	0.596 8	0.596 5	0.596 3	0.596 3	0.596 2	0.596 2
0.12	0.601 2	0.599 3	0.598 2	0.597 7	0.597 3	0.597 1	0.596 9	0.596 6	0.596 4	0.596 3	0.596 3	0.596 3
0.14	0.601 9	0.599 8	0.598 5	0.598 0	0.597 5	0.597 3	0.597 1	0.596 7	0.596 6	0.596 4	0.596 4	0.596 4
0.16	0.602 6	0.600 3	0.598 9	0.598 3	0.597 8	0.597 5	0.597 3	0.596 9	0.596 7	0.596 6	0.596 5	0.596 5
0.18	0.603 3	0.600 8	0.599 3	0.598 6	0.598 1	0.597 8	0.597 5	0.597 1	0.596 9	0.596 7	0.596 7	0.596 7
0.20	0.604 1	0.601 4	0.599 7	0.599 0	0.598 4	0.598 1	0.597 8	0.597 3	0.597 1	0.596 9	0.596 8	0.596 8
0.22	0.605 0	0.602 0	0.600 1	0.599 4	0.598 7	0.598 4	0.598 1	0.597 6	0597 3	0.597 1	0.597 0	0.597 0
0.24	0.605 8	0.602 6	0.600 6	0.599 8	0.599 1	0.598 7	0.598 4	0.597 8	0.597 5	0.597 3	0.597 2	0.597 2
0.26	0.606 8	0.603 3	0.601 1	0.600 3	0.599 5	0.599 1	0.598 8	0.598 1	0.597 8	0.597 5	0.597 5	0.597 4
0.28	0.607 8	0.604 1	0.601 7	0.600 8	0.600 0	0.599 5	0.599 2	0.598 5	0.598 1	0.597 8	0.597 7	0.597 6
0.30	0.608 9	0.604 9	0.602 4	0.601 4	0.600 5	0.600 0	0.599 6	0.598 8	0.598 4	0.598 1	0.598 0	0.597 9
0.32	0.610 1	0.605 8	0.603 1	0.602 0	0.601 0	0.600 5	0.600 1	0.599 2	0.598 8	0.598 4	0.598 3	0.598 2
0.34	0.611 4	0.606 7	0.603 8	0.602 7	0.601 6	0.601 1	0.600 6	0.599 7	0.599 2	0.598 7	0.598 6	0.598 5
0.36	0.612 8	0.607 8	0.604 7	0.603 4	0.602 2	0.601 7	0.601 2	0.600 2	0.599 6	0.599 1	0.598 9	0.598 8
0.38	0.614 4	0.608 9	0.605 6	0.604 2	0.602 9	0.602 3	0.601 8	0.600 7	0.600 0	0.599 5	0.599 3	0.599 1

续表

直径比	Re_D											
β	5×10^3	1×10^4	2×10^4	3×10^4	5×10^4	7×10^4	1×10^5	3×10^5	1×10^6	1×10^7	1×10^8	∞
0.40	—	0.610 2	0.606 5	0.605 1	0.603 7	0.603 0	0.602 4	0.601 2	0.600 5	0.599 9	0.599 7	0.599 5
0.42	—	0.611 5	0.607 6	0.606 0	0.604 5	0.603 8	0.603 1	0.601 8	0.601 0	0.600 3	0.600 1	0.599 8
0.44	—	0.612 9	0.608 7	0.607 0	0.605 4	0.604 5	0.603 8	0.602 4	0.601 5	0.600 8	0.600 4	0.600 2
0.46	—	0.614 5	0.609 9	0.608 0	0.606 3	0.605 4	0.604 6	0.603 0	0.602 1	0.601 2	0.600 8	0.600 5
0.48	—	0.616 1	0.611 1	0.609 1	0.607 2	0.606 2	0.605 4	0.603 7	0.602 6	0.601 6	0.601 2	0.600 9
0.50	—	0.617 9	0.612 4	0.610 2	0.608 2	0.607 1	0.606 2	0.604 3	0.603 2	0.602 1	0.601 6	0.601 2
0.51	—	0.618 8	0.613 1	0.610 8	0.608 7	0.607 6	0.606 7	0.604 7	0.603 4	0.602 3	0.601 8	0.601 3
0.52	—	0.619 7	0.613 8	0.611 4	0.609 2	0.608 1	0.607 1	0.605 0	0.603 7	0.602 5	0.601 9	0.601 4
0.53	—	0.620 6	0.614 5	0.612 0	0.609 7	0.608 5	0.607 5	0.605 3	0.603 9	0.602 6	0.602 1	0.601 5
0.54	—	0.621 6	0.615 2	0.612 6	0.610 2	0.609 0	0.607 9	0.605 6	0.604 2	0.602 8	0.602 2	0.601 6
0.55	—	—	0.615 9	0.613 2	0.610 7	0.609 4	0.608 3	0.605 9	0.604 4	0.603 0	0.602 2	0.601 7
0.56	—	—	0.616 6	0.613 8	0.611 2	0.609 9	0.608 7	0.606 2	0.604 6	0.603 1	0.602 4	0.601 8
0.57	—	—	0.617 4	0.614 5	0.611 7	0.610 3	0.609 1	0.606 5	0.604 8	0.603 2	0.602 5	0.601 8
0.58	—	—	0.618 1	0.615 1	0.612 2	0.610 7	0.609 4	0.606 7	0.605 0	0.603 3	0.602 5	0.601 8
0.59	—	—	0.618 8	0.615 6	0.612 7	0.611 1	0.609 8	0.607 0	0.605 1	0.603 3	0.602 5	0.601 8
0.60	—	—	0.619 5	0.616 2	0.613 1	0.611 5	0.610 1	0.607 2	0.605 2	0.603 4	0.602 5	0.601 7
0.61	—	—	0.620 2	0.616 8	0.613 5	0.611 9	0.610 4	0.607 3	0.605 3	0.603 3	0.602 4	0.601 6
0.62	—	—	0.620 9	0.617 3	0.613 9	0.612 2	0.610 7	0.607 5	0.605 3	0.603 3	0.602 3	0.601 4
0.63	—	—	0.621 6	0.617 8	0.614 3	0.612 5	0.610 9	0.607 6	0.605 3	0.603 2	0.602 2	0.601 2
0.64	—	—	0.622 2	0.618 3	0.614 7	0.612 8	0.611 1	0.607 6	0.605 3	0.603 0	0.601 9	0.600 9
0.65	—	—	0.622 8	0.618 8	0.615 0	0.613 0	0.611 3	0.607 6	0.605 2	0.602 8	0.601 6	0.600 6
0.66	—	—	0.623 4	0.619 2	0.615 2	0.613 2	0.611 4	0.607 5	0.605 0	0.602 5	0.601 3	0.600 2
0.67	—	—	0.623 9	0.619 5	0.615 4	0.613 3	0.611 4	0.607 4	0.604 7	0.602 1	0.600 9	0.599 7
0.68	—	—	0.624 4	0.619 8	0.615 5	0.613 3	0.611 4	0.607 2	0.604 4	0.601 6	0.600 3	0.599 1
0.69	—	—	0.624 8	0.620 1	0.615 6	0.613 3	0.611 2	0.606 9	0.604 0	0.601 1	0.599 7	0.598 4
0.70	—	—	0.625 2	0.620 2	0.615 5	0.613 1	0.611 0	0.606 5	0.603 5	0.600 4	0.599 0	0.597 6
0.71	—	—	0.625 5	0.620 3	0.615 4	0.612 9	0.610 7	0.606 0	0.602 8	0.599 6	0.598 2	0.596 7
0.72	—	—	0.625 7	0.620 3	0.615 2	0.612 6	0.610 3	0.605 4	0.602 1	0.598 8	0.597 2	0.595 7
0.73	—	—	0.625 8	0.620 2	0.614 9	0.612 2	0.609 8	0.604 7	0.601 2	0.597 7	0.596 1	0.594 5
0.74	—	—	0.625 8	0.619 9	0.614 5	0.611 6	0.609 2	0.603 8	0.600 2	0.596 6	0.594 9	0.593 2
0.75	—	—	0.625 6	0.619 6	0.613 9	0.611 0	0.608 4	0.602 8	0.599 1	0.595 3	0.593 5	0.591 7

注：提供本表是为方便使用，表中的数值不供精确内插使用，不允许外推。

表 B.4 ISA 1932 喷嘴——流出系数 *C*

直径比	Re_D								
β	2×10^4	3×10^4	5×10^4	7×10^4	1×10^5	3×10^5	1×10^6	2×10^6	1×10^7
0.30	—	—	—	0.985 5	0.986 5	0.987 8	0.988 2	0.988 3	0.988 4
0.32	—	—	—	0.984 7	0.985 8	0.987 3	0.987 7	0.987 8	0.987 9
0.34	—	—	—	0.983 8	0.985 0	0.986 6	0.987 1	0.987 2	0.987 3
0.36	—	—	—	0.982 8	0.984 0	0.985 9	0.986 4	0.986 5	0.986 6
0.38	—	—	—	0.981 6	0.983 0	0.984 9	0.985 5	0.985 6	0.985 7

续表

直径比 β	Re_D								
	2×10^4	3×10^4	5×10^4	7×10^4	1×10^5	3×10^5	1×10^6	2×10^6	1×10^7
0.40	—	—	—	0.980 3	0.981 8	0.983 9	0.984 5	0.984 6	0.984 7
0.42	—	—	—	0.978 9	0.980 5	0.982 7	0.983 3	0.983 4	0.983 5
0.44	0.961 6	0.969 2	0.975 0	0.977 3	0.978 9	0.981 3	0.982 0	0.982 1	0.982 2
0.45	0.960 4	0.968 2	0.974 1	0.976 4	0.978 1	0.980 5	0.981 2	0.981 3	0.981 4
0.46	0.959 2	0.967 2	0.973 1	0.975 5	0.977 3	0.979 7	0.980 4	0.980 5	0.980 6
0.47	0.957 9	0.966 1	0.972 2	0.974 6	0.976 3	0.978 8	0.979 5	0.979 7	0.979 7
0.48	0.956 7	0.965 0	0.971 1	0.973 6	0.975 4	0.977 9	0.978 6	0.978 7	0.978 8
0.49	0.955 4	0.963 8	0.970 0	0.972 6	0.974 3	0.976 9	0.977 6	0.977 7	0.977 8
0.50	0.954 2	0.962 6	0.968 9	0 971 5	0.973 3	0.975 8	0.976 6	0.976 7	0.976 8
0.51	0.952 9	0.961 4	0.967 8	0.970 3	0.972 1	0.974 7	0.975 4	0.975 6	0.975 7
0.52	0.951 6	0.960 2	0.966 5	0.969 1	0.970 9	0.973 5	0.974 3	0.974 4	0.974 5
0.53	0.950 3	0.958 9	0.965 8	0.967 8	0.969 6	0.972 2	0.973 0	0.973 1	0.973 2
0.54	0.949 0	0.957 6	0.963 9	0.966 5	0.968 3	0.970 9	0.971 7	0.971 8	0.971 9
0.55	0.947 7	0.956 2	0.962 6	0.965 1	0.966 9	0.969 5	0.970 2	0.970 4	0.970 5
0.56	0.946 4	0.954 8	0.961 1	0.963 7	0.965 5	0.968 0	0.968 8	0.968 9	0.969 0
0.57	0.945 1	0.953 4	0.959 6	0.962 1	0.963 9	0.966 4	0.967 2	0.967 3	0.967 4
0.58	0.943 8	0.952 0	0.958 1	0.960 6	0.962 3	0. 964 8	0.965 5	0.965 6	0.965 7
0.59	0.942 4	0.950 5	0.956 5	0 958 9	0.960 6	0.983 0	0.963 8	0.963 9	0.964 0
0.60	0.941 1	0.949 0	0.954 8	0.957 2	0.958 8	0.961 2	0.961 9	0.962 0	0.962 1
0.61	0.939 8	0.947 4	0.953 1	0.955 4	0.957 0	0.959 3	0.960 0	0.960 1	0.960 2
0.62	0.938 5	0.945 8	0.951 3	0.953 5	6.955 0	0.957 3	0.957 9	0.958 0	0.958 1
0.63	0.937 1	0.944 2	0.949 4	0.951 5	0.953 0	0.955 1	0.955 8	0.955 9	0.956 0
0.64	0.935 8	0.942 5	0.947 5	0.949 5	0.950 9	0.952 9	0.953 5	0.953 6	0.953 7
0.65	0.934 5	0.940 8	0.945 5	0.947 3	0.948 7	0.950 6	0.951 1	0.951 2	0.951 3
0.66	0.933 2	0.939 0	0.943 4	0.945 1	0.946 4	0.948 1	0.948 7	0.948 7	0.948 8
0.67	0.931 9	0.937 2	0.941 2	0.942 8	0.944 0	0.945 6	0.946 0	0.946 1	0.946 2
0.68	0.930 6	0.935 4	0.939 0	0.940 4	0.941 4	0.942 9	0.943 3	0.943 4	0.943 5
0.69	0.929 3	0.933 5	0.936 7	0.937 9	0.938 8	0.940 1	0.940 5	0.940 5	0.940 6
0.70	0.928 0	0.931 6	0.934 3	0.935 3	0.936 1	0.937 2	0.937 5	0.937 5	0.937 6
0.71	0.926 8	0.929 6	0.931 8	0.932 6	0.933 2	0.934 1	0.934 4	0.934 4	0.934 4
0.72	0.925 5	0.927 6	0.929 2	0.929 8	0.930 3	0.930 9	0.931 1	0.931 1	0.931 2
0.73	0.924 3	0.925 6	0.926 5	0.926 9	0.927 2	0.927 6	0.927 7	0.927 7	0.927 8
0.74	0.923 1	0.923 5	0.923 8	0.923 9	0.924 0	0.924 1	0.924 2	0.924 2	0.924 2
0.75	0.921 9	0.921 3	0.920 9	0.920 8	0.920 7	0.920 5	0.920 5	0.920 5	0.920 5
0.76	0.920 7	0.919 2	0.918 0	0.917 6	0.917 2	0.916 8	0.916 6	0.916 6	0.916 6
0.77	0.919 5	0.916 9	0.915 0	0.914 2	0.913 6	0.912 8	0.912 6	0.912 6	0.912 5
0.78	0.918 4	0.914 7	0.911 8	0.910 7	0.909 9	0.908 8	0.908 4	0.908 4	0.908 3
0.79	0.917 3	0.912 3	0.908 6	0.907 1	0.906 0	0.904 5	0.904 1	0.904 0	0.904 0
0.80	0.916 2	0.910 0	0.905 3	0.903 4	0.902 0	0.900 1	0.899 6	0.899 5	0.899 4

注：提供本表是为了方便使用，表中数值不供精确内插使用，不允许外推。

表 B.5 长径喷嘴——流出系数 C

直径比 β	Re_D								
	2×10^4	3×10^4	5×10^4	7×10^4	1×10^5	3×10^5	1×10^6	2×10^6	1×10^7
0.20	0.967 3	0.975 9	0.983 4	0.987 3	0.99	0.992 4	0.993 6	0.995 2	0.995 6
0.22	0.965 9	0.974 8	0.982 8	0.986 8	0.989 7	0.992 2	0.993 4	0.995 1	0.995 5
0.24	0.964 5	0.973 9	0.982 2	0.986 4	0.989 3	0.992 0	0.993 3	0.995 1	0.995 5
0.26	0.963 2	0.973 0	0.981 6	0.986 0	0.989 1	0.991 8	0.993 2	0.995 0	0.995 4
0.28	0.961 9	0.972 1	0.981 0	0.985 6	0.988 8	0.991 6	0.993 0	0.995 0	0.995 4
0.30	0.960 7	0.971 2	0.980 5	0.985 2	0.988 5	0.991 4	0.992 9	0.994 9	0.995 4
0.32	0.959 6	0.970 4	0.980 0	0.984 8	0.988 2	0.991 3	0.992 8	0.994 8	0.995 3
0.34	0.958 4	0.969 6	0.979 5	0.984 5	0.988 0	0.991 1	0.992 7	0.994 8	0.995 3
0.36	0.957 3	0.968 8	0.979 0	0.984 1	0.987 7	0.991 0	0.992 6	0.994 7	0.995 3
0.38	0.956 2	0.968 0	0.978 5	0.983 8	0.987 5	0.990 8	0.992 5	0.994 7	0.995 2
0.40	0.955 2	0.967 3	0.978 0	0.983 4	0.987 3	0.990 7	0.992 4	0.994 7	0.995 2
0.42	0.954 2	0.966 6	0.977 6	0.983 1	0.987 0	0.990 5	0.992 3	0.994 6	0.995 2
0.44	0.953 2	0.965 9	0.977 1	0.982 8	0.986 8	0.990 4	0.992 2	0.994 6	0.995 1
0.46	0.952 3	0.965 2	0.976 7	0.982 5	0.986 6	0.990 2	0.992 1	0.994 5	0.995 1
0.48	0.951 3	0.964 5	0.976 3	0.982 2	0.986 4	0.990 1	0.992 0	0.994 5	0.995 1
0.50	0.950 3	0.963 9	0.975 9	0.981 9	0.986 2	0.990 0	0.991 9	0.994 4	0.995 0
0.51	0.949 9	0.963 5	0.975 6	0.981 8	0.986 1	0.989 9	0.991 8	0.994 4	0.995 0
0.52	0.949 4	0.963 2	0.975 4	0.981 6	0.986 0	0.989 8	0.991 8	0.994 4	0.995 0
0.53	0.949 0	0.962 9	0.975 2	0.981 5	0.985 9	0.989 8	0.991 7	0.994 4	0.995 0
0.54	0.948 5	0.962 6	0.975 0	0.981 3	0.985 8	0.989 7	0.991 7	0.994 4	0.995 0
0.55	0.948 1	0.962 3	0.974 8	0.981 2	0.985 7	0.989 7	0.991 7	0.994 3	0.995 0
0.56	0.947 6	0.961 9	0.974 6	0.981 0	0.985 6	0.989 6	0.991 6	0.994 3	0.995 0
0.57	0.947 2	0.961 6	0.974 5	0.980 9	0.985 5	0.989 5	0.991 6	0.994 3	0.994 9
0.58	0.946 8	0.961 3	0.974 3	0.980 8	0.985 4	0.989 5	0.991 5	0.994 3	0.994 9
0.59	0.946 3	0.961 0	0.974 1	0.980 6	0.985 3	0.989 4	0.991 5	0.994 3	0.994 9
0.60	0.945 9	0.960 7	0.973 9	0.980 5	0.985 2	0.989 3	0.991 4	0.994 2	0.994 9
0.61	0.945 5	0.960 4	0.973 7	0.980 4	0.985 1	0.989 3	0.991 4	0.994 2	0.994 9
0.62	0.945 1	0.960 1	0.973 5	0.980 2	0.985 0	0.989 2	0.991 4	0.994 2	0.994 9
0.63	0.944 7	0.959 9	0.973 3	0.980 1	0.984 9	0.989 2	0.991 3	0.994 2	0.994 9
0.64	0.944 3	0.959 6	0.97	0.980 0	0.984 8	0.989 1	0.991 3	0.994 2	0.994 8
0.65	0.943 9	0.959 3	0.973 0	0.979 9	0.984 7	0.989 1	0.991 2	0.994 1	0.994 8
0.66	0.943 5	0.959 0	0.972 8	0.979 7	0.984 6	0.989 0	0.991 2	0.994 1	0.994 8
0.67	0.943 0	0.958 7	0.972 6	0.979 6	0.984 5	0.988 9	0.991 2	0.994 1	0.994 8
0.68	0.942 7	0.958 4	0.972 4	0.979 5	0.984 5	0.988 9	0.991 1	0.994 1	0.994 8
0.69	0.942 3	0.958 1	0.972 2	0.979 3	0.984 4	0.988 8	0.991 1	0.994 1	0.994 8
0.70	0.941 9	0.957 9	0.972 1	0.979 2	0.984 3	0.988 8	0.991 0	0.994 1	0.994 8
0.71	0.941 5	0.957 6	0.971 9	0.979 1	0.984 2	0.988 7	0.991 0	0.994 0	0.994 8
0.72	0.94	0.957 3	0.971 7	0.979 0	0.984 1	0.988 7	0.991 0	0.994 0	0.994 7
0.73	0.940 7	0.957 0	0.971 5	0.978 9	0.984 0	0.988 6	0.990 9	0.994 0	0.994 7
0.74	0.940 3	0.956 8	0.971 4	0.978 7	0.983 9	0.988 6	0.990 9	0.994 0	0.994 7

续表

直径比 β	Re_D								
	2×10^4	3×10^4	5×10^4	7×10^4	1×10^5	3×10^5	1×10^6	2×10^6	1×10^7
0.75	0.939 9	0.956 5	0.971 2	0.978 6	0.983 9	0.988 5	0.990 8	0.994 0	0.994 7
0.76	0.939 6	0.956 2	0.971 0	0.978 5	0.983 8	0.988 4	0.990 8	0.994 0	0.994 7
0.77	0.939 2	0.956 0	0.970 9	0.978 4	0.983 7	0.988 4	0.990 8	0.993 9	0.994 7
0.78	0.938 8	0.955 7	0.970 7	0.978 3	0.983 6	0.988 3	0.990 7	0.993 9	0.994 7
0.79	0.938 5	0.955 5	0.970 5	0.978 1	0.983 5	0.988 3	0.990 7	0.993 9	0.994 7
0.80	0.938 1	0.955 2	0.970 4	0.978 0	0.983 4	0.988 2	0.990 7	0.993 9	0.994 7

注：提供本表是为了方便使用，表中数值不供精确内插使用，不允许外推。

表 B.6 文丘里喷嘴——流出系数 C

直径比 β	流出系数 C
0.316	0.984 7
0.320	0.984 6
0.330	0.984 5
0.340	0.984 3
0.350	0.984 1
0.360	0.983 8
0.370	0.983 6
0.380	0.983 3
0.390	0.983 0
0.400	0.982 6
0.410	0.982 3
0.420	0.981 8
0.430	0.981 4
0.440	0.980 9
0.450	0.980 4
0.460	0.979 8
0.470	0.979 2
0.480	0.978 6
0.490	0.977 9
0.500	0.977 1
0.510	0.976 3
0.520	0.975 5
0.530	0.974 5
0.540	0.973 6
0.550	0.972 5
0.560	0.971 4
0.570	0.970 2
0.580	0.968 9
0.590	0.967 6

续表

直径比 β	流出系数 C
0.600	0.966 1
0.610	0.964 6
0.620	0.963 0
0.630	0.961 3
0.640	0.959 5
0.650	0.957 6
0.660	0.955 6
0.670	0.953 5
0.680	0.951 2
0.690	0.948 9
0.700	0.946 4
0.710	0.943 8
0.720	0.941 1
0.730	0.938 2
0.740	0.935 2
0.750	0.932 1
0.760	0.928 8
0.770	0.925 3
0.775	0.923 6

注：提供本表是为了方便使用，表中数值不供精确内插使用，不允许外推。

附录 C 标准差压装置可膨胀性系数表（部分）

表 C.1 可膨胀性系数 ε 值（孔板）

直径比		p_2/p_1							
β	β^4	0.98	0.96	0.94	0.92	0.90	0.85	0.80	0.75
$\kappa=1.2$									
0.1000	0.0001	0.9941	0.9883	0.9824	0.9764	0.9705	0.9555	0.9404	0.9252
0.5623	0.1000	0.9936	0.9871	0.9806	0.9741	0.9676	0.9511	0.9345	0.9177
0.6687	0.2000	0.9927	0.9853	0.9779	0.9705	0.9631	0.9443	0.9254	0.9063
0.7401	0.3000	0.9915	0.9829	0.9743	0.9657	0.9570	0.9352	0.9132	0.8910
0.7500	0.3164	0.9912	0.9824	0.9736	0.9648	0.9559	0.9335	0.9109	0.8881
$\kappa=1.3$									
0.1000	0.0001	0.9946	0.9891	0.9837	0.9782	0.9727	0.9587	0.9446	0.9303
0.5623	0.1000	0.9940	0.9881	0.9821	0.9760	0.9700	0.9547	0.9391	0.9234
0.6687	0.2000	0.9932	0.9864	0.9796	0.9727	0.9658	0.9484	0.9307	0.9128
0.7401	0.3000	0.9921	0.9842	0.9762	0.9682	0.9602	0.9399	0.9193	0.8985
0.7500	0.3164	0.9919	0.9838	0.9756	0.9674	0.9591	0.9383	0.9172	0.8958

续表

直径比		p_2/p_1							
β	β^4	0.98	0.96	0.94	0.92	0.90	0.85	0.80	0.75
$\kappa=1.4$									
0.1000	0.0001	0.9950	0.9899	0.9848	0.9797	0.9746	0.9615	0.9483	0.9348
0.5623	0.1000	0.9945	0.9889	0.9833	0.9777	0.9720	0.9577	0.9431	0.9283
0.6687	0.2000	0.9937	0.9874	0.9810	0.9746	0.9681	0.9518	0.9353	0.9184
0.7401	0.3000	0.9927	0.9853	0.9779	0.9704	0.9629	0.9439	0.9246	0.9050
0.7500	0.3164	0.9925	0.9847	0.9773	0.9696	0.9619	0.9424	0.9226	0.9025

注：提供本表是为了方便使用，表中的数值不供精确内插使用，不允许外推。

表 C.2　可膨胀性系数 ε 值（喷嘴、文丘里管和文丘里喷嘴）

直径比		p_2/p_1								
β	β^4	1.00	0.98	0.96	0.94	0.92	0.90	0.85	0.80	0.75
$\kappa=1.2$										
0.2000	0.0016	1.0000	0.9874	0.9747	0.9619	0.9490	0.9359	0.9028	0.8687	0.8338
0.5623	0.1000	1.0000	0.9856	0.9712	0.9568	0.9423	0.9278	0.8913	0.8543	0.8169
0.6687	0.2000	1.0000	0.9834	0.9669	0.9504	0.9341	0.9178	0.8773	0.8371	0.7970
0.7401	0.3000	1.0000	0.9805	0.9613	0.9424	0.9238	0.9053	0.8602	0.8163	0.7733
0.7953	0.4000	1.0000	0.9767	0.9541	0.9320	0.9105	0.8895	0.8390	0.7909	0.7448
0.8000	0.4096	1.0000	0.9763	0.9533	0.9309	0.9091	0.8878	0.8367	0.7882	0.7418
$\kappa=1.3$										
0.2000	0.0016	1.0000	0.9884	0.9766	0.9648	0.9528	0.9407	0.9099	0.8781	0.8454
0.5623	0.1000	1.0000	0.9867	0.9734	0.9600	0.9466	0.9331	0.8990	0.8645	0.8294
0.6687	0.2000	1.0000	0.9846	0.9693	0.9541	0.9389	0.9237	0.8859	0.8481	0.8102
0.7401	0.3000	1.0000	0.9820	0.9642	0.9466	0.9292	0.9120	0.8697	0.8283	0.7875
0.7953	0.4000	1.0000	0.9785	0.9575	0.9369	0.9168	0.8971	0.8495	0.8039	0.7599
0.8000	0.4096	1.0000	0.9781	0.9567	0.9358	0.9154	0.8955	0.8473	0.8013	0.7570
$\kappa=1.4$										
0.2000	0.0016	1.0000	0.9892	0.9783	0.9673	0.9561	0.9448	0.9160	0.8863	0.8556
0.5623	0.1000	1.0000	0.9877	0.9753	0.9628	0.9503	0.9377	0.9058	0.8733	0.8402
0.6687	0.2000	1.0000	0.9857	0.9715	0.9573	0.9430	0.9288	0.8933	0.8577	0.8219
0.7401	0.3000	1.0000	0.9832	0.9667	0.9503	0.9340	0.9178	0.8780	0.8388	0.8000
0.7953	0.4000	1.0000	0.9800	0.9604	0.9411	0.9223	0.9038	0.8588	0.8154	0.7733
0.8000	0.4096	1.0000	0.9796	0.9597	0.9401	0.9210	0.9022	0.8567	0.8129	0.7705

注：提供本表是为了方便使用，表中的数值不供精确内插使用，不允许外推。

附录 D
流动调整器[1]

流动调整器可用于减少上游直管段长度，GB/T 2624.1—2006 正文中列举了两种流动调整器，它可以用在任何上游管件的下游。

D.1
19 管管束流动整直器（1998）

D.1.1　19 管管束流动整直器（1998）的概述

（1）结构

19 管管束流动整直器（1998）由 19 根管子组成，装配成如图 D.1 所示的圆柱形样式。

为了减少 19 管管束流动整直器（1998）外部管子与管道壁之间产生的旋涡，流动整直器的最大外部直径 D_f 应满足：$0.95D \leqslant D_f \leqslant D$。

管子的长度 L 应在 $2D$～$3D$，最好尽可能接近 $2D$。

（2）19 管管束流动整直器（1998）的管材

管束中管子的平整度、外径和壁厚必须统一。19 管管束流动整直器（1998）的单个管子的壁厚应较薄，所有管子的两端应有内倒角。

壁厚应小于 $0.025D$，此值是根据用于收集数据的管子壁厚确定的，GB/T 2624 的本部分就是以这些数据为基础的。

（3）19 管管束流动整直器（1998）的制造

19 管管束流动整直器（1998）应制造得非常坚固。各个管子的接触点处应彼此焊牢，至少要在管束的两端焊牢。尤为重要的是要确保这些管子彼此平行并与管道轴线平行，因为如果不能满足这个要求，整直器本身就可能会引入旋涡。整直器的外部可设置定中心垫片，以帮助安装者在管道中为装置定中心。定中心垫片可以采取平行于管道轴线的小凸缘或小棒杆的形式。管束插入管道后应可靠地固定就位，但固定应不破坏管束部件在管道中的对称性。

（4）压力损失

19 管管束流动整直器（1998）的压力损失系数 K 约等于 0.75，K 由下式给出：

$$K=\frac{\Delta p_c}{\frac{1}{2}\rho v^2}$$

式中　Δp_c——19 管管束流动整直器（1998）的压力损失；

ρ——管道中流体的密度；

v——管道中流体的平均轴向速度。

D.1.2　19 管管束流动整直器的安装

只要满足 GB/T 2624 的制造规范并按 GB/T 2624 安装，如图 D.1 所示的 19 管管束流

[1] 引自 GB/T 2624.1—2006。

动整直器（1998）就可以与直径比为 0.67 或更小的孔板一起用在所有管件的下游。

安装 19 管管束流动整直器（1998）应使孔板与上游管件之间至少有 $30D$ 的距离，19 管管束流动整直器（1998）的下游端与孔板之间的距离等于 $13D \pm 0.25D$。

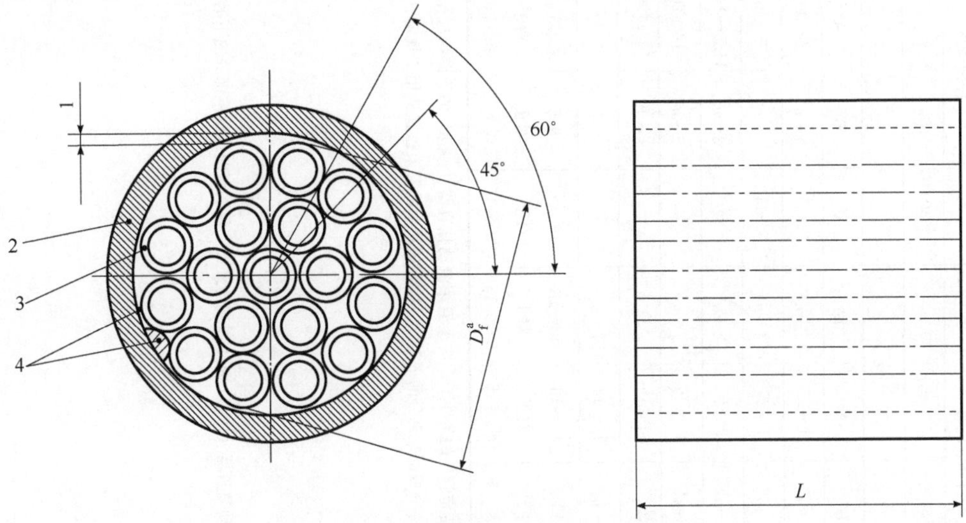

图 D.1　19 管管束流动整直器（1998）

1—最小间隙；2—管道壁；3—管壁厚度；4—定中心垫片选项（一般有 4 处）；D_f^a—流动整直器外径

D.1.3　附加选项

除了 GB/T 2624 所述的情况以外，19 管管束流动整直器（1998）亦可用于减少所需上游直管段长度。

19 管管束流动整直器（1998）的允许位置取决于孔板到最近上游管件的距离 L_f，此距离要量至最近的（或唯一的）弯头或三通的弯曲部分的下游端，或者量到渐缩管或渐扩管的弯曲部分或圆锥形部分的下游端。

表 D.1 提供了两个 L_f 范围的 19 管管束流动整直器（1998）的允许位置范围和推荐位置：$30D > L_f \geqslant 18D$、$L_f \geqslant 30D$。

L_f 应大于或等于 $18D$。表 D.1 是以 19 管管束流动整直器（1998）的下游端与孔板之间的直管段长度描述 19 管管束流动整直器（1998）的位置。

对于特定的上游管件，如果表 D.1 没有给出 19 管管束流动整直器（1998）的位置，则不建议采用表中的管件、β 和 L_f。在这种情况下，必须增大 L_f 和（或）减小 β。

孔板下游所需的直管段长度应如表 7.1 所示。

当孔板与 19 管管束流动整直器（1998）之间的直管段长度等于或大于表 D.1 的 A 栏规定的值，下游直管段长度等于或大于表 7.1 的 A 栏规定的值时，就不必为考虑特定安装的影响而增加流出系数的不确定度。

在下列情况下，应在流出系数不确定度中算术相加 0.5%附加不确定度：

a. 孔板在 19 管管束流动整直器（1998）之间的直管段短于表 D.1 A 栏给出的值，但等于或大于表 D.1 B 栏给出的值；

b. 下游直管段短于表 7.1A 栏中对应于“零附加不确定度”的值，但等于或大于表 7.1 B 栏中某个给定管件的“0.5%附加不确定度”的值。

表 D.1 孔板与管件下游 19 管管束流动整直器（1998）之间的允许直管段长度范围（孔板与管件间距 L_f）

直径比	单个 90°弯头[b]				互成垂直平面上的两个 90°弯头[b]（$2D \geqslant S$）[a]				单个 90°三通				任何管件			
β	$30>L_f\geqslant 18$		$L_f\geqslant 30$		$30>L_f\geqslant 18$		$L_f\geqslant 30$		$30>L_f\geqslant 18$		$L_f\geqslant 30$		$30>L_f\geqslant 18$		$L_f\geqslant 30$	
1	2		3		4		5		6		7		8		9	
—	A[c]	B[d]	A[c]	B[d]	A[c]	B[d]	A[c]	B[d]	A[c]	B[d]	A[c]	B[d]	A[c]	B[d]	A[c]	B[d]
≤0.2	5～14.5	1～n[e]	5～25	1～n[e]	5～14.5	1～n[e]	5～25	1～n[e]	5～14.5	1～n[e]	1～25	1～n[e]	5～11	1～n[e]	5～13	1～n[e]
0.4	5～14.5	1～n[e]	5～25	1～n[e]	5～14.5	1～n[e]	5～25	1～n[e]	5～14.5	1～n[e]	1～25	1～n[e]	5～11	1～n[e]	5～13	1～n[e]
0.5	11.5～14.5	3～n[e]	11.5～25	3～n[e]	9.5～14.5	1～n[e]	9～25	1～n[e]	11～13	1～n[e]	9～23	1～n[e]	[f,g]	3～n[e]	11.5～14.5	3～n[e]
0.6	12～13	5～n[e]	12～15	5～n[e]	13.5～14.5	6～n[e]	9～25	1～n[e]	[f,h]	7～n[e]	11～16	1～n[e]	[f]	7～n[e]	12～16	6～n[e]
0.67	13	7～n[e]	13～16.5	7～n[e]	13～14.5	7～n[e]	10～16	5～n[e]	[f]	8～n[e]	11～13	6～n[e]	[f]	8～10	13	7～n－1.5[e]
0.75	14	8～n[e]	14～16.5	8～n[e]	[f]	9.5～n[e]	12～12.5	8～n[e]	[f]	9～n[e]	12～14	7～n[e]	[f]	9.5	[f]	8～22
推荐值	13 对于 $\beta\leqslant 0.67$	13 对于 $\beta\leqslant 0.75$	14～16.5 对于 $\beta\leqslant 0.75$	14～16.5 对于 $\beta\leqslant 0.75$	13.5～14.5 对于 $\beta\leqslant 0.67$	13.5～14.5 对于 $\beta\leqslant 0.75$	12～12.5 对于 $\beta\leqslant 0.75$	12～12.5 对于 $\beta\leqslant 0.75$	13 对于 $\beta\leqslant 0.54$	13 对于 $\beta\leqslant 0.75$	12～13 对于 $\beta\leqslant 0.75$	12～13 对于 $\beta\leqslant 0.75$	9.5 对于 $\beta\leqslant 0.46$	9.5 对于 $\beta\leqslant 0.75$	13 对于 $\beta\leqslant 0.67$	13 对于 $\beta\leqslant 0.75$

注：表中给出的直管段长度是假定在 GB/T 2624.2—2006 所述 19 管管束流动整直器（1998）的上游距孔板 L_f 处装有特定管件的条件下，19 管管束流动整直器（1998）的下游端与孔板之间的允许直管段长度。与孔板的距离 L_f 为其到最近的（或唯一的）弯头或三通的弯曲部分的下游端，或者其到渐缩管或渐扩管的弯曲部分或圆锥部分的下游端。推荐值给出的管束位置适用于规定 β 值范围。表中数值以管道内径 D 的倍数表示。

a. S 是上游弯头弯曲部分的下游端到下游弯头弯曲部分的上游端测得的两个弯头之间的间隔。

b. 弯头的曲率半径宜等于 1.5D。

c. 各种管件的 A 栏给出对应于“零附加不确定度”值的直管段。

d. 各种管件的 B 栏给出对应于“0.5%附加不确定度”值的直管段。

e. n 是 19 管管束流动整直器（1998）的上游端距最近管件的弯曲或圆锥部分的下游端 1D 处的直径倍数。19 管管束流动整直器（1998）的上游端与最近管件的弯曲或圆锥部分的下游端之间的长度至少是 2.5D 最为理想，不能给出孔板与 19 管管束流动整直器（1998）的下游端之间合适距离值的场合除外。

f. 无法为该栏内所有 L_f 值找出特定管件下游 19 管管束流动整直器（1998）的合适位置。

g. 若 β=0.46，可以是 9.5。

h. 若 β=0.54，可以是 13。

在下列情况下，不能用 GB/T 2624 的本部分来预测任何附加不确定值：

a. 孔板与 19 管管束流动整直器（1998）直接的直管段短于表 D.1 B 栏中给出的值；

b. 下游直管段短于表 7.1B 栏规定的“0.5%附加不确定度”的值；

c. 孔板与 19 管管束流动整直器（1998）之间的直管段长度不符合表 D.1 的 A 栏中“零附加不确定度”的值，且下游直管段短于表 7.1 的 A 栏中规定的“零附加不确定度”的值。

表 D.1 给出的值是在所述管件的上游安装很长的直管段，通过实验确定的。所以紧靠管件上游的流动被认为是充分发展的且无旋涡。因为实际上这样的条件是难以实现的，因此，除了任何管件一栏外，表 D.1 中列出的管件与最近的管件之间至少应有 15*D* 的直管段。

D.1.4　实例

如果有必要在直径比为 0.6 的孔板上游安装单个弯头，不采用任何流动调整器需要 42*D* 上游直管段（见表 7.1），而采用 19 管管束流动整直器（1998）则可减少上游直管段。采用 19 管管束流动整直器（1998）有两种选择。一种选择是允许采用如 GB/T 2624 中的装置［见图 D.2（a）］，其优点是任何管件都可以安装在单个弯头上游的任何距离处。另一种选择是允许采用如表 D.1 中的装置［见图 D.2（b）］，弯头下游所需的直管段较短，但弯头上游需要一个直管段。如果从孔板到弯头的上游直管段大于或等于 30*D*，也可用表 D.1 提供一个较宽的管束位置范围，但由于在设计装置时极少需要这些位置，所以图 D.2 中没有表示这些位置。

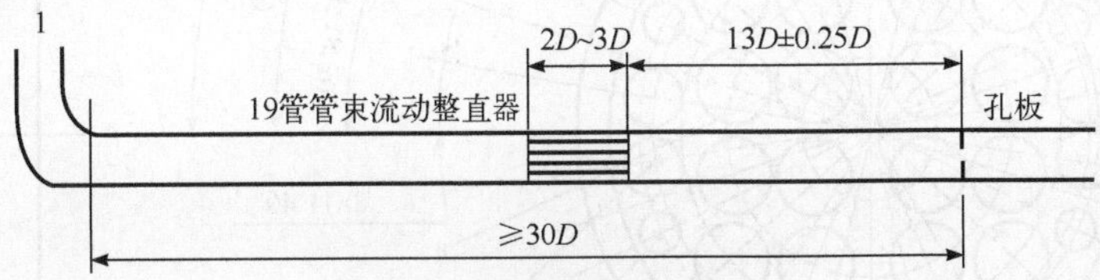

(a) 孔板与整直器及任何管件的距离

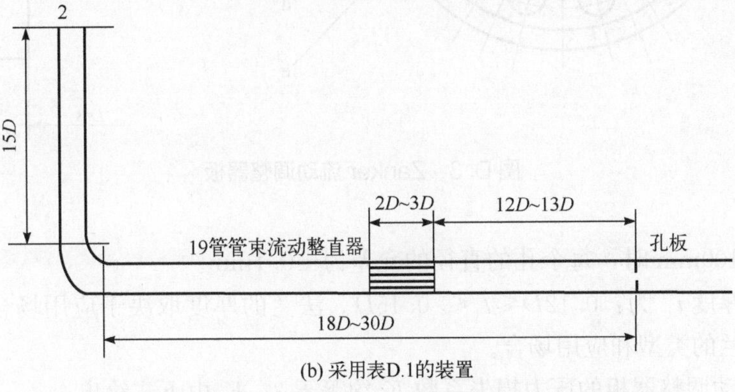

(b) 采用表D.1的装置

图 D.2　单个弯头下游采用 19 管管束流动整直器的装置实例

1—单个弯头上游任何距离处的任何管件的位置；2—单个弯头上游直管段前的前一个管件的位置

D.2 Zanker 流动调整器板

D.2.1　Zanker 流动调整器板的概述

Zanker 流动调整器板是 GB/T 2624.1—2006 的第 C.3.2.5 节所述 Zanker 调整器的一种改进。Zanker 流动调整器板板上孔洞的分布与 Zanker 调整器相同，但板上没有附置蛋箱形蜂窝，而板的厚度增大到 $D/8$，这种调整器板不受专利保护。

图 D.3 所示的 Zanker 流动调整器板符合 GB/T 2624.1—2006 中第 7.4.1.2 节～第 7.4.1.6 节的配合性试验要求。符合 GB/T 2624 中的制造规范并按 GB/T 2624 中规范安装的 Zanker 流动调整器板符合要求。

D.2.2 Zanker 流动调整器板的结构

如图 D.3 所示，Zanker 流动调整器板由对称环形分布的 32 个钻孔组成，孔的尺寸是管道内径 D 的函数，如下所示：

a. $0.25D \pm 0.0025D$ 节圆直径上，一圈 4 个直径 $0.141D \pm 0.001D$ 的孔；

b. $0.56D \pm 0.0056D$ 节圆直径上，一圈 8 个直径 $0.139D \pm 0.001D$ 的孔；

c. $0.75D \pm 0.0075D$ 节圆直径上，一圈 4 个直径 $0.1365D \pm 0.001D$ 的孔；

d. $0.85D \pm 0.0085D$ 节圆直径上，一圈 8 个直径 $0.110D \pm 0.001D$ 的孔；

e. $0.90D \pm 0.009D$ 节圆直径上，一圈 8 个直径 $0.077D \pm 0.001D$ 的孔。

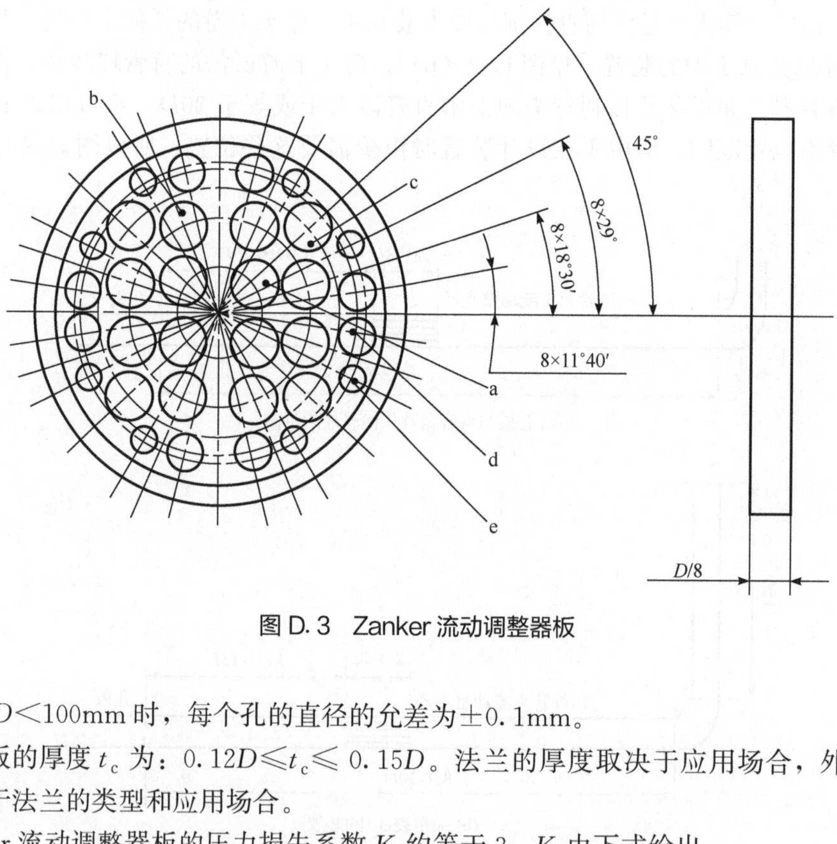

图 D.3 Zanker 流动调整器板

对于 $D<100$mm 时，每个孔的直径的允差为 ±0.1mm。

多孔板的厚度 t_c 为：$0.12D \leqslant t_c \leqslant 0.15D$。法兰的厚度取决于应用场合，外径和法兰端面取决于法兰的类型和应用场合。

Zanker 流动调整器板的压力损失系数 K 约等于 3，K 由下式给出：

$$K=\frac{\Delta p_c}{\frac{1}{2}\rho v^2}$$

式中 Δp_c——Zanker 流动调整器板的压力损失；

ρ——管道中流体的密度；

v——管道中流体的平均轴向速度。

D. 2. 3　Zanker 流动调整器板的安装

孔板与最近的上游管件之间的距离 L_f 应至少等于 $17D$。安装 Zanker 流动调整器板后，调整器板的下游面与孔板之间的距离 L_s 应为

$$7.5D \leqslant L_s \leqslant L_f - 8.5D$$

Zanker 流动调整器板可用于 $\beta \leqslant 0.67$ 的场合。

Zanker 流动调整器板至弯头（或弯头组合）或三通的距离要测量其到最靠近的（或唯一的）弯头或三通弯曲部分的下游端；至渐缩管或渐扩管的距离要测量其到渐缩管或渐扩管弯曲部分或圆锥部分的下游端。

以上内容给出的位置适用于任何管件的下游。如果上游管件的范围受到限制，或上游管件与孔板之间的总长度增大，或孔板的直径比减小，允许放宽 Zanker 流动调整器板位置范围。

附录 E
孔板流量计系统不确定度估算实例

E.1
已知条件

介质名称：蒸汽；
流量测量上限：$q_{m\,max}=16000\text{kg/h}$；
常用流量：$q_m=11200\text{kg/h}$；
管道内径：$D_{20}=207\text{mm}$；
孔板开孔直径：$d_{20}=86.887\text{mm}$；
直径比：$\beta=0.420168$；
差压上限：$\Delta p_{max}=100\text{kPa}$；
差压变送器准确度等级：$\xi_{\Delta P}=0.055\%$；
压力变送器测量上限：$p_{max}=2.5\text{MPa A}$；
压力变送器准确度等级：$\xi_p=0.055\%$；
常用压力：$p_1=1.7\text{MPa A}$；
当地平均大气压：$p_a=101.6\text{kPa}$；
温度传感器准确度等级：B 级；
常用温度：$t_1=250℃$。

E.2
不确定度计算所依据的标准和公式

① 所依据的标准

ISO 5167 和 GB/T 2624 及 GB/T 21446—2008。

② 所依据的公式[1,2]

$$\frac{\delta q_{\mathrm{m}}}{q_{\mathrm{m}}}=\left[\left(\frac{\delta C}{C}\right)^2+\left(\frac{\delta \varepsilon}{\varepsilon}\right)^2+\left(\frac{2\beta^4}{1-\beta^4}\right)^2\left(\frac{\delta D}{D}\right)^2+\left(\frac{2}{1-\beta^4}\right)^2\left(\frac{\delta d}{d}\right)^2+\frac{1}{4}\left(\frac{\delta \Delta p}{\Delta p}\right)^2+\frac{1}{4}\left(\frac{\delta Z_1}{Z_1}\right)^2+\frac{1}{4}\left(\frac{\delta T_1}{T_1}\right)^2+\frac{1}{4}\left(\frac{\delta p_1}{p_1}\right)^2\right]^{0.5} \tag{E.1}$$

式中 $\frac{\delta q_{\mathrm{m}}}{q_{\mathrm{m}}}$——流量测量不确定度；

$\frac{\delta C}{C}$——流出系数不确定度；

$\frac{\delta \varepsilon}{\varepsilon}$——可膨胀性系数不确定度；

$\frac{\delta D}{D}$——管道内径不确定度；

$\frac{\delta d}{d}$——孔板开孔直径不确定度；

$\frac{\delta \Delta p}{\Delta p}$——差压测量不确定度；

$\frac{\delta Z_1}{Z_1}$——孔板正端取压口处气体压缩系数不确定度；

$\frac{\delta T_1}{T_1}$——孔板正端取压口处气体热力学温度测量不确定度；

$\frac{\delta p_1}{p_1}$——孔板正端取压口处气体压力测量不确定度。

E.3
各因子数值的计算

E.3.1 流出系数不确定度$\frac{\delta C}{C}$的计算

按照 GB/T 2624，本例中 β 在 $0.2\leqslant\beta\leqslant0.6$ 区间，所以有如下关系：

$$\frac{\delta C}{C}=0.5\% \tag{E.2}$$

E.3.2 可膨胀性系数不确定度$\frac{\delta \varepsilon}{\varepsilon}$的计算

按照 GB/T 2624，用下式计算：

$$\frac{\delta \varepsilon}{\varepsilon}=3.5\frac{\Delta p}{\kappa p_1}\quad\% \tag{E.3}$$

式中 Δp——常用流量的差压，Pa；

p_1——节流件正端取压口处常用压力，Pa A；

κ——等熵指数。

从孔板计算书（见附录E.7）知：

$$p_1=1.7\text{MPa} \tag{E.4}$$

$$\kappa=1.2954 \tag{E.5}$$

因为

$$\Delta p=\left(\frac{q_{\text{m}}}{q_{\text{m max}}}\right)^2\Delta p_{\max} \tag{E.6}$$

$$=\left(\frac{11200}{16000}\right)^2\times 100$$

$$=49\text{kPa}=49000\text{Pa}$$

将式（E.4）、式（E.5）、式（E.6）的值代入式（E.3）得

$$\frac{\delta\varepsilon}{\varepsilon}=3.5\times\frac{49000}{1.2954\times 1700000}\%=0.08\% \tag{E.7}$$

E.3.3　管道内径不确定度$\frac{\delta D}{D}$的确定

本例中，20℃条件下的 D 应为 207mm，因管道内壁经精密加工，内径误差控制在±0.02mm 范围内，即

$$\frac{\delta D}{D}\leqslant 0.01\% \tag{E.8}$$

管道内径不确定度对 $\frac{\delta q_{\text{m}}}{q_{\text{m}}}$ 的影响太小，予以忽略。

E.3.4　孔板开孔直径不确定度$\frac{\delta d}{d}$的确定

本例中，20℃条件下的 d 应为 86.887mm，因孔板开孔直径经精密加工，d_{20} 误差控制在±0.01mm 范围内，即

$$\frac{\delta d}{d}\leqslant 0.012\%$$

孔板开孔直径不确定度对 $\frac{\delta q_{\text{m}}}{q_{\text{m}}}$ 的影响太小，予以忽略。

E.3.5　差压测量不确定度$\frac{\delta \Delta p}{\Delta p}$的计算

根据 GB/T 21446—2008 的规定，$\frac{\delta\Delta p}{\Delta p}$ 用式（E.9）估算：

$$\frac{\delta\Delta p}{\Delta p}=\frac{2}{3}\xi_{\Delta\text{P}}\frac{\Delta p_{\max}}{\Delta p} \tag{E.9}$$

式中 $\xi_{\Delta P}$——差压变送器准确度等级；

Δp_{max}——差压上限，kPa；

Δp——常用流量对应的差压，kPa。

因

$$\xi_{\Delta P}=0.055\%$$

$$\Delta p_{max}=100\text{kPa}$$

$$\Delta p=49.000\text{kPa}$$

代入式（E.9）得

$$\frac{\delta\Delta p}{\Delta p}=0.075\% \tag{E.10}$$

E.3.6 压缩系数不确定度$\frac{\delta Z_1}{Z_1}$的计算

压缩系数对流量测量精确度的影响是由流体密度求取操作的不确定性引起的。在本例中，流体密度是根据蒸汽温度、压力查蒸汽密度表得来，所以$\frac{\delta Z_1}{Z_1}$影响可忽略，即

$$\frac{\delta Z_1}{Z_1}=0 \tag{E.11}$$

E.3.7 温度测量不确定度$\frac{\delta T_1}{T_1}$的计算

被测气体在操作条件下的热力学温度测量的不确定度按温度测量误差限与 T_1 比值的 2/3 估算。

因温度传感器（B级铂热电阻）在常用温度条件下的误差限为 ΔT_1[3]，公式如下：

$$\Delta T_1=(0.30+0.005|t_1|) \tag{E.12}$$

因为

$$t_1=250℃$$

所以

$$\Delta T_1=1.55\text{K}$$

因为

$$T_1=273.15+t_1 \tag{E.13}$$

$$=523.15\text{K}$$

所以

$$\frac{\delta T_1}{T_1}=\frac{2}{3}\times\frac{\Delta T_1}{T_1} \tag{E.14}$$

$$=0.19\%$$

E.3.8 压力测量不确定度$\frac{\delta p_1}{p_1}$的计算

被测气体在操作条件下，节流件正端取压口绝对压力测量的不确定度$\frac{\delta p_1}{p_1}$用式（E.15）

估算：

$$\frac{\delta p_1}{p_1}=\frac{2}{3}\xi_p\frac{p_k}{p_1} \tag{E.15}$$

式中 ξ_p——压力变送器准确度等级；

p_k——压力变送器上限压力，Pa A；

p_1——常用压力，Pa A。

因本例中：

$$\xi_p=0.055\%$$

$$p_k=2500000\text{Pa A}$$

$$p_1=1700000\text{Pa A}$$

代入式（E. 15）得

$$\frac{\delta p_1}{p_1}=\frac{2}{3}\xi_p\frac{p_k}{p_1} \tag{E.16}$$

$$=\frac{2}{3}\times 0.00055\times\frac{2500000}{1700000}=0.054\%$$

E.4

计算$\frac{\delta q_m}{q_m}$的值

将式（E. 2）、式（E. 7）、式（E. 10）、式（E. 14）和式（E. 16）的值代入式（E. 1）得

$$\frac{\delta q_m}{q_m}=\left(0.5^2+0.08^2+\frac{1}{4}\times 0.075^2+\frac{1}{4}\times 0.19^2+\frac{1}{4}\times 0.054^2\right)^{0.5}\% \tag{E.17}$$

$$=0.52\%$$

E.5

二次表显示值的不确定度$\frac{\delta q_m'}{q_m}$计算

式（E. 17）为二次表之外的系统不确定度。

因为二次表在温度、压力信号输入通道分别输入常用温度和常用压力标准信号，差压信号输入通道输入常用流量对应的差压标准信号时，二次表的流量显示值相对误差不会大于0.2%，所以整个系统的不确定度为

$$\frac{\delta q'_m}{q_m}=\left[\left(\frac{\delta q_m}{q_m}\right)^2+0.2\%^2\right]^{0.5}$$

$$=0.56\%$$

E.6
不确定度最大的点的不确定度的计算

上面计算的是常用流量条件下的流量测量不确定度。其实，全量程范围内不同的流量点，其流量不确定度是不同的。对于如设计计算书所列的双量程差压流量计来说，高量程段流量不确定度最大的是 17.32%FS 流量点，低量程段流量不确定度最大的是 3.00%FS 流量点。下面是这两点的 $\frac{\delta q_m}{q_m}$ 计算。

E.6.1 17.32%FS 点的流量不确定度计算

在 $q_m=17.32\%\ q_{m\max}$ 时，$\Delta p=3\%\ \Delta p_{\max}$，代入式（E.7）得

$$\frac{\delta\varepsilon}{\varepsilon}=3.5\times\frac{3000}{1.2954\times1700000}\%=0.005\%$$

将 $\Delta p=3\%\Delta p_{\max}$ 代入式（E.9）得

$$\frac{\delta\Delta p}{\Delta p}=1.22\%$$

代入式（E.17）得

$$\frac{\delta q_m}{q_m}=0.84\%$$

E.6.2 3.00%FS 点的不确定度计算

在 $q_m=3.00\%q_{m\max}$ 时，流量计工作在低量程段，流量不确定度与 17.32%FS 点近似相同。

将各流量特征点在直角坐标系中标点，就可以得到流量计系统不确定度曲线。

E.7
一体化差压装置计算书示例

一体化差压装置计算书

订货单位：苏州 XX 能源服务有限公司　　　设计单编号：120807

用户：　　　安装地点所在城市：苏州

联系电话：　　　设计标准：GB/T 2624

流体名称		水蒸气		安装方式		孔板/水平	
常用（表面）压力	p_1	1.5984	MPa	管道内径	D_{20}	207.00	mm
常用温度	t	250	℃	管道外径		219.00	mm
刻度流量	$q_{m\max}$	16000	kg/h	管道材质		20 钢	
常用流量	$q_{m\,com}$	11200	kg/h	管道状况		$K=0.075$	

续表

最小流量	$q_{m\,min}$	640	kg/h	管道线膨胀系数	λ_D	0.0000128	℃$^{-1}$
介质密度	ρ_1	7.52134	kg/m^3	节流件线膨胀系数	λ_d	0.0000172	℃$^{-1}$
介质黏度	μ	0.00001791	Pa·s	节流件材质		304SS	
等熵指数	κ	1.2954		最大压损		80.747	kPa
介质湿度	φ	0		安装地点平均大气压		101.6	kPa
计算结果							
D_{20} 实测值	d_{20}	207.00	mm	常用雷诺数	$Re_{D\,com}$	1065327	
节流件开孔直径	d_{20}	86.887	mm	一次装置不确定度		0.5000	%
直径比	β	0.420168		低差压上限	$\Delta p_{L\,max}$	3000	Pa
流出系数	C	0.601662		差压计精确度等级		0.055	
高差压上限	Δp_{Hmax}	100000	Pa	压力变送器精确度等级		0.055	
可膨胀性系数	ε_1	0.991966		压力变送器上限		2.50	MPa
前直管长	L_1	3.56	m	后直管长	L_2	1.24	m
特征点：FS	4.0%	系统不确定度：0.61%		特征点：FS	10%	系统不确定度：0.51%	
特征点：FS	18%	系统不确定度：0.76%		特征点：FS	40%	系统不确定度：0.51%	
特征点：FS	70%	系统不确定度：0.51%		特征点：FS	100%	系统不确定度：0.53%	

雷诺数补偿折线表

q_{f0}	000000	kg/h	$k_{\alpha 0}$	1.00215	q_{f5}	004480	kg/h	$k_{\alpha 5}$	1.00047
q_{f1}	000560	kg/h	$k_{\alpha 1}$	1.00215	q_{f6}	005600	kg/h	$k_{\alpha 6}$	1.00034
q_{f2}	001120	kg/h	$k_{\alpha 2}$	1.00147	q_{f7}	007840	kg/h	$k_{\alpha 7}$	1.00017
q_{f3}	002240	kg/h	$k_{\alpha 3}$	1.00092	q_{f8}	011200	kg/h	$k_{\alpha 8}$	1.00000
q_{f4}	003360	kg/h	$k_{\alpha 4}$	1.00064	q_{f9}	016800	kg/h	$k_{\alpha 9}$	0.99983

0～3kPa 对应 0～2771kg/h；3～100kPa 对应 2771～16000kg/h。　差变 100kPa 线性

操作员：曾某某　　计算日期：2024-4-8

流量计系统不确定度曲线

刻度流量　16000kg/h　　设计单编号：120807

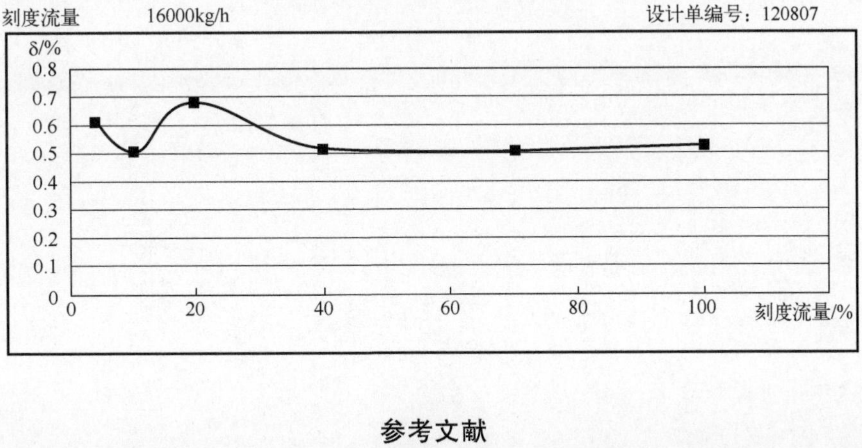

参考文献

[1] 全国工业过程测量和控制标准化技术委员会第一分技术委员会. 用安装在圆形截面管道中的差压装置测量满管流体流

附录

量：GB/T 2624. 1～2624. 4—2006. 中国标准出版社，2006.

[2] 石油工业油气计量及分析方法专业标准化技术委员会. 用标准孔板流量计测量天然气流量：GB/T 21446—2008. 中国标准出版社，2008.

[3] 工业铂热电阻技术条件及分度表：JB/T 8622—1997，1997.